Kriechfestigkeit
metallischer Werkstoffe

Kriechfestigkeit metallischer Werkstoffe

Von

Folke K. G. Odqvist
Dr. phil. Professor
Kungl. Tekniska Högskolan
Stockholm

Jan Hult
Dr. techn.
Chalmers Tekniska Högskola
Göteborg

Mit 173 Abbildungen

Springer-Verlag

Berlin / Göttingen / Heidelberg

1962

ISBN 978-3-642-52433-2   ISBN 978-3-642-52432-5 (eBook)
DOI 10.1007/978-3-642-52432-5

Vorwort

In diesem Buch wird der Versuch unternommen, den neuesten Stand des Wissens über Kriechfestigkeit zusammenfassend darzustellen. Wir folgten damit einer Bitte des Verlages, die bisher vorliegenden Erkenntnisse dieses in stürmischer Entwicklung befindlichen Gebietes buchmäßig zu behandeln.

Das Buch wendet sich besonders an den Konstrukteur und Berechnungsingenieur von Hochtemperaturgeräten und -maschinen, ein Gebiet, das durch die heutige Entwicklung immer mehr an Bedeutung gewonnen hat.

Wir möchten an dieser Stelle unseren bewährten Mitarbeitern, Frau MARIANNE BURÉN und Herrn Civilingenjör GERT HEDNER, besonders herzlich danken. Sie haben die Reinschrift des Manuskriptes sowie das Lesen der Korrekturen übernommen und beides mit vorbildlicher Sorgfalt ausgeführt.

Schließlich danken wir dem Springer-Verlag herzlich für sein Entgegenkommen.

Stockholm und Göteborg, im Januar 1962

Folke K. G. Odqvist   Jan Hult

Inhaltsverzeichnis

I. Allgemeine Grundlagen der Kriechmechanik

1. Einführung

Für die Tätigkeit des Ingenieurs war das Ansteigen der Temperaturen bei technischen Arbeitsprozessen immer von großer Bedeutung und wird es auch anscheinend bleiben. Man denke etwa an die Entwicklung der Wärmekraftmaschinen der letzten zweihundert Jahre. Um den thermischen Wirkungsgrad zu verbessern, hat man versucht, mit der höchstmöglichen Anfangstemperatur der betreffenden Prozesse zu arbeiten. Die Höchsttemperatur war dabei immer durch die mit genügender Sicherheit verträglichen Beanspruchungen der im Maschinen- und Kesselbau verwendeten Werkstoffe bedingt. Wenn die Werkstoffe und Herstellungsverfahren verbessert wurden, ist man allmählich auf höhere Temperaturen übergegangen. Abb. 1.1 zeigt das Anwachsen der Höchsttemperaturen in Kesseln und Überhitzern im Verlauf der letzten anderthalb Jahrhunderte. Die Höchsttemperatur war anfänglich durch den Sättigungsdruck bedingt, und dieser wurde wiederum durch die verwendeten Werkstoffe und Herstellungsverfahren (Falzen, Nieten, Schweißen) begrenzt. Seit etwa 1900 hat man durch besondere Überhitzer die Sättigungstemperatur verlassen und nunmehr weit überschritten. Neue Werkstoffe tragen dazu bei, die sich mit der Temperatursteigung anhäufenden Schwierigkeiten (Dichtung, Korrosion usw.) zu überwinden. Die Kurve von Abb. 1.1 dürfte mittleren Verhältnissen der derzeitigen Anlagetechnik entsprechen. Vereinzelte Höchstleistungen sind ausgeschlossen. Andere Beispiele für das Ansteigen der Betriebstemperaturen liefern die Triebwerke von Luftfahrzeugen und Raketen und nicht im wenigsten die neuzeitliche Entwicklung der Atomreaktoren.

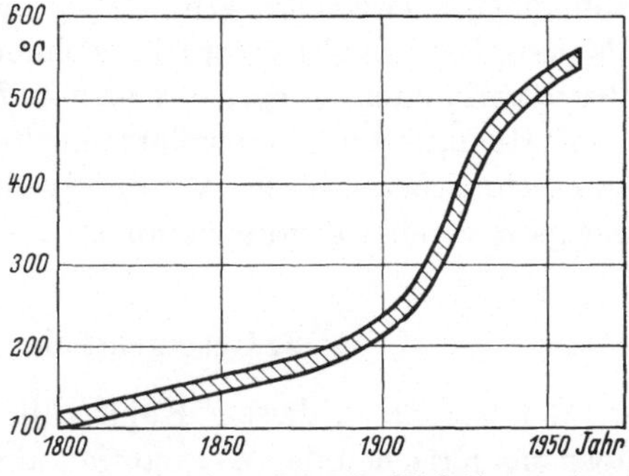

Abb. 1.1. Anwachsen der Höchsttemperaturen in Kesseln und Überhitzern

Als eine wissenschaftliche Festigkeitsberechnung für den Maschinenbau im neunzehnten Jahrhundert entwickelt wurde, suchte man den Festigkeitsforderungen des Dauerbetriebes durch erfahrungsgemäße Sicherheitsfaktoren gerecht zu werden.

Es genügt in dieser Beziehung, an die zulässigen Spannungen nach C. BACH[1] zu erinnern, die noch während des ersten Weltkrieges in den Ingenieurhandbüchern zu finden waren und darauf hinzielten, eine genügende „Sicherheit gegen Bruch" unter bestimmten Voraussetzungen zu garantieren. Diese „zulässigen Spannungen" sollten in die gewöhnlich auf das HOOKEsche Gesetz gegründeten Formeln der Festigkeitslehre eingetragen werden, um eine befriedigende Bemessung der Bauteile zu gewährleisten. Insbesondere wollte man hierdurch auch die mit den Spannungen verbundenen Deformationen innerhalb erträglicher Grenzen halten.

Es zeigte sich aber, daß die genannte Berechnungsweise keineswegs zu befriedigenden Ergebnissen führte, auch dann nicht, wenn sie durch Festigkeitszahlen ergänzt wurde, die sich auf die betreffende Betriebstemperatur bezogen. Insbesondere traten in vielen Fällen, z. B. bei Ofenarmaturen, Überhitzerrohren und Dampfturbinenteilen mit der Zeit große und gegebenenfalls unzulässige Deformationen auf, die unter Umständen auch zu Bruch führen konnten.

Es handelte sich also hier um eine bleibende Deformation, die sich allmählich entwickelte. Wir werden diese Erscheinung in diesem Buche als *Kriechen* (Engl.: creep) bezeichnen. Falls das Kriechen mit einem Bruch verbunden ist, spricht man vom *Kriechbruch* (Engl.: creep rupture).

Systematische Untersuchungen über die Kriecherscheinung wurden von technischer Seite her vor den zwanziger Jahren dieses Jahrhunderts nur ganz vereinzelt vorgenommen.

2. Geschichtliche Entwicklung

Wir werden in diesem Kapitel die Entwicklung der Anschauungen über das Kriechen der Werkstoffe kurz darstellen und dabei das Hauptgewicht auf die ingenieurmäßigen Theorien und Gesichtspunkte legen. Ausführlichere geschichtliche Angaben, besonders über die entsprechenden physikalischen Fortschritte, finden sich in den von uns zitierten zusammenfassenden Arbeiten. Im übrigen verweisen wir auf das diesbezügliche Schrifttum in Teil VII.

Eine Durchsicht der älteren technischen Literatur zeigt zwar Angaben über Temperatur- und Zeitabhängigkeit der allerdings weniger genau erfaßten Festigkeitseigenschaften des Stahles. Charakteristisch ist jedoch,

---

[1] Elastizität und Festigkeit, 7. Aufl., Berlin: Springer 1917.

daß die verhängnisvollen Erscheinungen des Kriechens und der Warmfestigkeit damals wohl kaum als solche erkannt wurden und bei dem
derzeitigen Standpunkt der Technik auch nicht erkannt zu werden
brauchten.

Wenn ferner von vereinzelten Beobachtungen von den Wissen-
schaftlern des neunzehnten Jahrhunderts (VICAT, WEBER usw.) abgesehen wird, kann man sagen, daß die ersten Kriechuntersuchungen
vom Engländer E. N. da C. ANDRADE durchgeführt wurden. Jedenfalls
scheint er einen bedeutenden Anstoß für die Weiterentwicklung gegeben
zu haben (ANDRADE 1910). Am National Physical Laboratory in
Teddington, England, arbeiteten H. J. TAPSELL und seine Mitarbeiter in
den zwanziger Jahren dieses Jahrhunderts mit verbesserter Apparatur
und trugen vielfach dazu bei, die neuen Befunde der Technik bekannt zu
machen (TAPSELL 1931). Es ist charakteristisch, daß man damals
darauf eingestellt war, die für eine bestimmte Temperatur gültige
Spannung zu bestimmen, unterhalb der das Kriechen zum Stillstand
kommt. Man erkannte aber bald, daß dies nur eine Frage der Empfindlichkeit der verwendeten Dehnungsmesser war, vergleichbar etwa mit
der Bestimmung der sogenannten „Proportionalitätsgrenze" im gewöhnlichen Zugversuch bei Zimmertemperatur. In Amerika waren
P. G. McVETTY und besonders F. H. NORTON zu ähnlichen Schlüssen
gekommen, die den Letztgenannten zu seinem bekannten Potenzgesetz
führte (NORTON 1929).

Von ingenieurmäßigem Standpunkt aus waren die Eigenschaften des
einachsigen Kriechens hierdurch genügend geklärt, obgleich natürlich
noch vieles fehlte z. B. in Bezug auf das Verhalten im Primär- und
Tertiärzustande (vgl. unten Abschn. 4.1) sowie über den Kriechbruch,
der damals wenig bekannt war. Auch fehlte damals Auskunft über die
zugehörigen Nachwirkungserscheinungen.

Im Anfang der dreißiger Jahren publizierte A. STODOLA, Altmeister
der Dampf- und Gasturbinenforschung, eine Abhandlung (STODOLA 1933),
die den Älteren von uns zu seinem ersten Versuch einer Theorie des
isotropen Kriechens fester Körper unter Einwirkung von mehrachsigen
Spannungszuständen (in diesem Buch als Invariantentheorie bezeichnet)
anregte (ODQVIST 1933, 1934, 1936). Hier wurde nur die Invariante
zweiten Grades des Spannungsdeviators berücksichtigt. Ungefähr gleichzeitig hatte R. W. BAILEY bei der Metropolitan Vickers Co. dasselbe
Problem in Angriff genommen (BAILEY 1929, 1935). Bei der endgültigen
Ausgestaltung seiner Theorie hat BAILEY zwar die Invarianten sowohl
zweiten wie dritten Grades berücksichtigt, dafür aber die Darstellung
auf die Hauptachsen beschränken müssen. Diese Theorie wurde erst viel
später auf allgemeine Koordinatensysteme bezogen durch eine Darstellung mit CARTESISchen Tensoren (PRAGER 1945; REINER 1945). Die

1*

Gültigkeit der klassischen Balkentheorie (Ebenbleiben der Querschnitte usw.) bei der Biegung im Kriechzustand wurde an Hand von Modellversuchen an Blei erwiesen (MAC CULLOUGH 1933). Die tatkräftige Gruppe unter A. NADAI (ehemaliger PRANDTL-Schüler aus Göttingen) an der Westinghouse Electric Corp. hatte inzwischen das Problem der Zeitverfestigung (siehe Abschn. 15.1) und die Frage der Existenz einer *Zustandsgleichung des Kriechens* in Angriff genommen und so die Dehnungsverfestigungstheorie begründet (NADAI 1938; SODERBERG 1938). Diese Frage hängt nahe zusammen mit der Gültigkeit des sogenannten kommutativen Gesetzes (vgl. Abschn. 17.1) (DAVIS 1938, 1943; ROBERTS 1951; RABOTNOV und Mitarbeiter 1953; ODQVIST 1956) sowie mit der Existenz überhaupt von stabilen Werkstoffen.

Die wichtige Frage von den Nachwirkungserscheinungen wurde bald erkannt (TAPSELL u. PROSSER 1934; ZSCHOKKE 1938; JOHNSON 1941). Sie wurde vorläufig dahin beantwortet, daß die Nachwirkung bei technischen Metallen, z. B. bei einer Entlastung im Kriechversuch, höchstens von der Größenordnung der elastischen Deformationen ist. Solange es sich um beträchtliche Kriechdeformationen handelt, die während längerer Zeit entstehen, kann man daher die Nachwirkungserscheinung vernachlässigen. Anders kann dies werden bei kriechfesten Stoffen, die großes Primärkriechen aufweisen, dafür aber nur geringe Kriechgeschwindigkeit im Sekundärgebiet besitzen. Über Nachwirkung im Kriechen bei niedrigen Belastungen ist immer noch wenig bekannt geworden.

In Amerika, wo man sich, wie wir gesehen haben, frühzeitig mit der technischen Bedeutung von Kriechuntersuchungen beschäftigte, wurde schon in den dreißiger Jahren ein großes Sammelwerk herausgegeben, das den damaligen Stand der Kenntnis von Stoffwerten des Kriechens metallischer Werkstoffe zusammenfassen sollte ("High Temperature Creep Characteristics, Creep Data", ASTM 1938). Das Werk ist keineswegs frei von Widersprüchen und unerklärlichen Zusammenhängen, die später zum Teil durch Empfindlichkeit der Stoffwerte für Analyse und Herstellungsverfahren, zum Teil aber auch als reine Meßfehler erklärt werden mußten. Es hat sich gezeigt, daß die Stoffwerte des Kriechens viel schwieriger zu messen sind als z. B. die des gewöhnlichen Zugversuches bei Zimmertemperatur (vgl. Kap. 6). Vor Extrapolation auf längere Zeiten wird nunmehr ausdrücklich gewarnt.

Die Erscheinung des Kriechbruches, d. h. der mehr oder weniger deformationslose sogenannte Dauerbruch, der im allgemeinen nach längerer Zeit bei Kriechversuchen mit konstanter Last entsteht, wurde während des letzten Weltkrieges an Hand von Dauerstandsproben mit einer Reihe von Stählen bis zu 100 000 St. bei 500° C im Laboratorium der I. G. Farben AG von Dr. RICHARD studiert (RICHARD 1952).

Nach dem letzten Weltkriege im Zeitalter der Gasturbinen, Düsenflugzeuge und Atomreaktoren hat sich die Kriechforschung der technischen Baustoffe eines mächtigen Aufschwungs erfreuen können. Viele neue Werkstoffe wurden entwickelt und dabei besonders kriechfeste Stoffe, die bei hohen Temperaturen zu verwenden sind. Hierdurch hat die Frage einer Theorie des Primärkriechens an Bedeutung gewonnen. Als solche Theorie ist die obengenannte Dehnungsverfestigungstheorie von NADAI anzusehen. Neben dieser wurde eine alternative Theorie aufgestellt, in diesem Buche als Gesamtdehnungstheorie bezeichnet (ODQVIST 1952).

Die Entwicklung von Überschallgeschwindigkeitsflugzeugen und Raketen führte zum Erwärmen der Tragwerke im Flug und zu deren Gefährdung durch Knickung und Beulerscheinungen. N. J. HOFF, Polytechnic Institute of Brooklyn (nunmehr Stanford University), hat um sich eine Gruppe von jungen begeisterten Forschern gesammelt, die die Bearbeitung dieses Problemenkreises in Angriff genommen hat. Dabei wurde die Analogie zwischen Kriechen und nicht-linearer Elastizitätstheorie (von uns als HOFFsche Analogie bezeichnet) hervorgehoben (HOFF 1954a). Ferner wurde das Problem der Kriechknickung von gedrückten Stäben zum ersten Mal befriedigend behandelt (HOFF 1954b, 1958b).

Inzwischen hatten sowjetrussische Forscher auch die Kriechprobleme in Angriff genommen. In dem zusammenfassenden Werke von V. V. SOKOLOVSKIJ (SOKOLOVSKIJ 1950, 1955) werden Kriechfragen zwar nur vorübergehend erwähnt. Die dort gegebenen Lösungen der Probleme des plastischen Gleichgewichts z. B. für Scheiben und Platten unter Zugrundelegung der *„Potenzbedingung der Plastizität mit Verfestigung"* sind aber unter Ausnützung der HOFFschen Analogie sofort auf Probleme des stationären Kriechens verwendbar. Neue Gesichtspunkte sind von G. N. RABOTNOV eingeführt worden, der eine Theorie des Kriechens unter Berücksichtigung der BOLTZMANNschen Erinnerungsfunktion begründet hat (RABOTNOV 1948). Es ist zu vermuten, daß diese Theorie sich besonders gut für Stoffe, die im Kriechen hohe Nachwirkung aufweisen, z. B. Polymere eignen wird. Sie ist übrigens auch für Kontaktprobleme verwendet worden (ARUTYUNIAN 1960). Dagegen ist der neue Versuch, eine Stabilitätstheorie des Kriechens zu begründen (RABOTNOV und SHESTERIKOV 1957) weniger gut gelungen und ist mit Recht bestritten worden (HOFF 1958b).

Die lineare Theorie der zähplastischen Stoffe entspricht dem Falle, bei dem der Exponent des NORTONschen Potenzgesetzes gleich eins angenommen wird. Alle Gleichungen werden dann linear, und bei jedem entsprechenden Kriechproblem mit einer endlichen Anzahl von Freiheitsgraden läßt sich ein Modell aus sogenannten VOIGTschen und MAXWELLschen Elementen (siehe Abschn. 3.1) aufbauen, das imstande ist, den Kriechverlauf zu beschreiben. Diese Theorie, die jedenfalls für technische Metalle höchstens nur qualitativ richtige Ergebnisse liefern kann, wird in diesem Buche nur kurz gestreift. Sie dürfte sich für gewisse Stoffe wie Hochpolymere und Beton besser eignen und ist in der letzten Zeit weitgehend gefördert worden, besonders durch Arbeiten von B. GROSS und E. H. LEE (BLAND 1960). Dasselbe gilt übrigens auch für verwandte Fragen aus der Rheologie der Polymeren (TOBOLSKY 1960; BERGEN 1960).

Die Fachwelt ist gegenwärtig mit dem weiteren Ausbau der Kriechtheorie einschließlich der bei Stabilitätsproblemen von Tragwerken, wie etwa Rahmentragwerken, Membranen, Platten und Schalen beschäftigt. Man sieht dies besonders gut an einer Reihe von internationalen Tagungen auf diesem und verwandten Gebieten, die in den letzten Jahren organisiert worden sind, z. B. das Symposium *Creep in Structures*, von der Internationalen Union für reine und angewandte Mechanik (IUTAM), Juli 1960 in Stanford, Californien (erscheint im Springer-Verlag).

Bis jetzt war ausschließlich von phänomenologischen Theorien die Rede. Neben diesen gab es natürlich schon frühzeitig Versuche einer *physikalischen* Beschreibung des Kriechens und besonders seiner Charakterisierung im Vergleich mit der gewöhnlichen plastischen Gleitung der Kristalle. Die zähplastische Deformation wurde so z. B. an die Korngrenzen des Kristallgefüges verlegt (MOORE und Mitarbeiter 1935).

In dieser kurzen Übersicht, die an sich selbstverständlich keine Vollständigkeit beansprucht, muß jedoch zum Schluß auch einiges über die Fortschritte der Versetzungstheorien gesagt werden. Diese sind Mitte der dreißiger Jahre ungefähr gleichzeitig von drei Physikern zur Erklärung der Diskrepanz zwischen atomarer und wirklicher Festigkeit der Kristalle herangezogen worden (OROWAN 1934; POLANYI 1934; TAYLOR 1934). Der Begriff *Versetzung* entspricht dem englischen *dislocation*, der erstmalig von A. E. H. LOVE[1] benutzt wurde. Die z. B. von G. I. TAYLOR eingeführten Versetzungen bezogen sich der Einfachheit halber auf *zweidimensionale* kubische Kristalle, bei denen sich alle Deformationen durch Angabe der Bewegung der Atome einer einzigen Ebene beschreiben lassen. Die plastische Beweglichkeit hängt von der Anzahl der Versetzungen ab.

Man bekommt ein sehr schönes und einleuchtendes Modell eines solchen *zweidimensionalen* Kristalles, wenn man eine Schicht von gleich großen, dicht gepackten auf einer Wasseroberfläche fließenden Seifenblasen betrachtet (BRAGG und NYE 1947).

Diesem einfachen ursprünglichen Modell einer Versetzung hat man seither eine ganze Reihe von immer komplizierteren Typen von Ver-

---

[1] The Mathematical Theory of Elasticity, (4. Edition), Oxford 1927, S. 22.

setzungen an die Seite gestellt. Es ist den Metallphysikern hierdurch gelungen, manche wichtigen Eigenschaften des Kristallhaufwerkes zu erklären. Viele dieser Untersuchungen sind für die Festigkeitseigenschaften der Metalle besonders wichtig. Es seien genannt die Verfestigung der Einkristalle, die Korngrenzenerscheinungen, die Entstehung von Rissen usw. Ja, es lassen sich sogar spezifische Erscheinungen wie obere und untere Streckgrenze des Stahles vom Standpunkt der Versetzungstheorie aus verstehen (COTTRELL und BILBY 1949).

Es gibt auch Versuche einer Versetzungstheorie des Kriechens der Metalle (MOTT und NABARRO 1947). Man hat ferner versucht, sich eine mehr oder weniger einleuchtende, anschauliche Vorstellung einer fortlaufenden Auflösung der Behinderung der Versetzungsbeweglichkeit durch Selbstdiffusion zu machen (SHERBY und DORN 1954). Von einem nur angenähert vollständigen Bericht dieser riesenhaft angewachsenen Literatur sei jedoch hier abgesehen. Wir müssen auf die nunmehr reichlich vertretenen Sammelwerke des Gebiets der Versetzungsforschung verweisen (COTTRELL 1953; READ 1953; SEITZ, KOEHLER und OROWAN 1954).

Es ist nicht zu verneinen, daß die Versetzungstheorien immer mehr an Bedeutung gewonnen haben. Nunmehr ist es sogar gelungen, die physikalische Realität der Versetzungen mit elektronenmikroskopischen Hilfsmitteln zu beweisen, ja man hat auch ihre Bewegungen gefilmt. Man hat besonders von den Filmen einen lebhaften Eindruck etwa wie von umherkriechendem Ungeziefer, das das Metall nach allen Seiten durchdringt. Schöne anregende Bilder von Versetzungen, auch in technischen Metallen, finden sich in neuzeitlichen Büchern über diesen Gegenstand (FISCHER, JOHNSTON, THOMSON und VREELAND 1956).

Leider sind bis jetzt die Ergebnisse der Versetzungstheorien eigentlich nur qualitativ geblieben. Jedenfalls haben sie dem berechnenden Ingenieur bis jetzt wenig zu bieten. Diese Theorien sind trotzdem nicht zu umgehen, wenn man eine vertiefte Einsicht in den Mechanismus des Kriechens und der Warmfestigkeit gewinnen will.

3. Physikalische Grundlagen

Kriecherscheinungen kommen bei einer Reihe von verschiedenen Feststoffen vor. Bei Baustählen und gewissen Leichtmetallen tritt Kriechen im allgemeinen erst bei erhöhter Temperatur auf; bei anderen Werkstoffen wie Blei, Beton, Glas und gewissen Kunstharzen sind oft Kriecherscheinungen schon bei Zimmertemperatur vorhanden. Es handelt sich also um eine physikalische Eigenschaft, die das mechanische Verhalten vieler ganz artverschiedener Werkstoffe charakterisiert. Es sei z. B. daran erinnert, daß die Metalle ein regelmäßiges Kristallgefüge aufweisen, weil Glas hauptsächlich als eine Flüssigkeit charakterisiert werden kann. Es ist daher kaum erstaunlich, daß das Kriechen kein einheitlicher Verformungsprozeß ist.

In diesem Buche werden nur einheitliche Stoffe behandelt. Diese Aussage ist so zu verstehen, daß die hier angegebenen Stoffwerte (z. B. k, n in Kap. 4) für gegebene Temperatur den Stoff restlos definieren. Dies schließt jedoch nicht aus, daß die betrachtete Kriecherscheinung als Endergebnis einer Reihe von verschiedenen Elementarprozessen betrachtet werden kann. Die Temperaturabhängigkeit des Kriechens läßt sich jedenfalls qualitativ — wie wir sehen werden — vom Standpunkt der Versetzungstheorie verstehen. Darüber hinaus kommt bei heterogenen Stoffen noch die Einwirkung der Kapillarität der einzelnen Phasen in Betracht, die unter Umständen zum Herabsetzen des Kriechwiderstandes beitragen kann, man vergleiche etwa die Sphäroidisierung des Zementits beim Kriechen von Kohlenstoffstahl. Siehe ferner SMITH 1950 und DUWEZ 1958.

Der Kriechprozeß ist für die meisten Feststoffe nur teilweise reversibel. Die Rückbildung kann an sich bei verschiedenen Feststoffen verschieden sein. Im allgemeinen ist die Rückbildung bei den technischen Metallen im Kriechbereich sehr viel kleiner als z. B. bei den Hochpolymeren. Diese Tatsache kann man sich so vorstellen, daß bei der Deformation verschiedene Elementarprozesse in verschiedenem Umfange beteiligt werden.

Es fehlt aber heute eine vollständige Kenntnis der grundlegenden Kriecherscheinungen. Die Zeit scheint noch weit fern, in der es möglich sein wird, die Kriecheigenschaften eines willkürlichen Werkstoffes aus seinem atomaren Aufbau vollständig bestimmen zu können.

Die eigentliche physikalische Kriechforschung fing mit den oben erwähnten Untersuchungen von ANDRADE an. Schon früher wurden aber gewisse Beobachtungen von MAXWELL gemacht, die sich auf das Verhalten von Pech und Glas bezogen. Die immer zunehmende Anwendung von Kunstharzen, wie z. B. der Hochpolymeren, hat diese letztgenannte Behandlung des Kriechens wieder in den Vordergrund treten lassen. Wir werden uns daher hier erst mit diesen einfacheren Kriecherscheinungen beschäftigen, um später auf die weit komplizierteren Fragen des Kriechens bei Metallen einzugehen. Obwohl wir dabei vom Hauptgegenstand dieses Buches erst etwas abweichen, wird es sich zeigen, daß das Studium des Kriechens etwa bei Hochpolymeren für das Verständnis des Kriechens bei Metallen nützlich ist.

3.1 Lineare Viskoelastizität. Rheologische Modelle

Das mechanische Verhalten von Pech und Glas erinnert an das einer zähen Flüssigkeit. Befindet sich eine solche Flüssigkeit zwischen zwei benachbarten parallelen Scheiben nach Abb. 3.1, so wird eine gewisse Kraft F erfordert, um die eine Scheibe parallel zu der anderen mit der Geschwindigkeit $\dfrac{d\Delta}{dt}$ zu bewegen. Die Verschiebung Δ der einen Scheibe

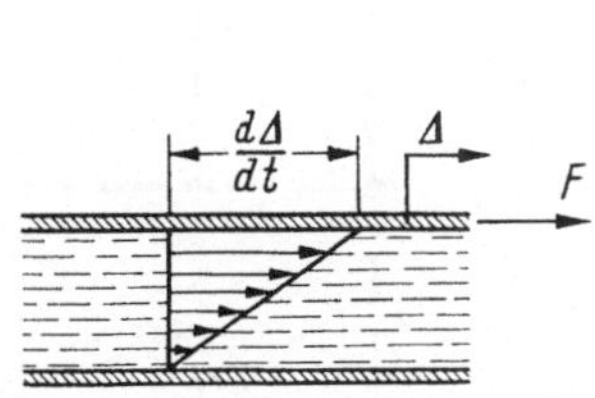

Abb. 3.1.   Geschwindigkeitsverteilung bei einer zähen Flüssigkeit im Schub

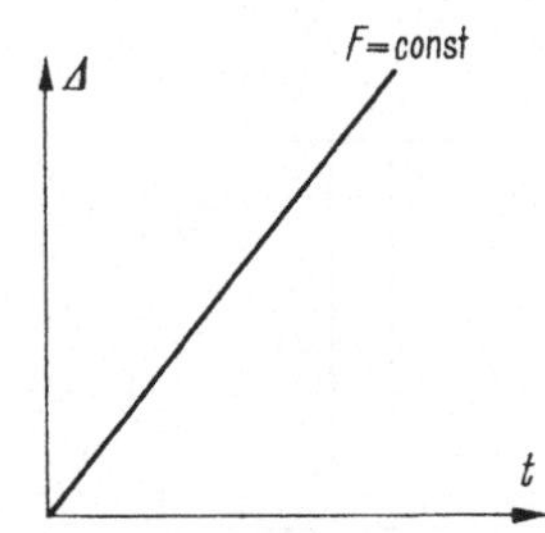

Abb. 3.2.   Zur Definition der Zähigkeit

gegenüber der anderen wächst also, bei konstanter Kraft F, linear mit der Zeit t; vgl. Abb. 3.2. Bei nicht zu großen Geschwindigkeiten gilt

$$\frac{d\Delta}{dt} = \varkappa \cdot F \tag{3.1}$$

wo die Konstante $\varkappa$ zu der Zähigkeit der Flüssigkeit umgekehrt proportional ist. Flüssigkeiten, bei denen Gl. (3.1) gültig ist, werden häufig NEWTONsche Flüssigkeiten genannt. Es wurde schon früh erkannt, daß die Beziehung (3.1) auch die Verformung eines belasteten Stabes aus z. B. Pech ziemlich gut wiedergibt, vgl. Abb. 3.3. Diese Erfahrung deutet an, daß das Pech sich genau wie eine Flüssigkeit großer Zähigkeit verformen läßt. In diesem Sinne ist Pech gerade wie Glas selbst eine Flüssigkeit. Dies schließt offenbar keineswegs aus, daß sich diese Stoffe in anderem Zusammenhang als spröde verhalten können.

Das einfache Ergebnis der zähen Flüssigkeitsbewegung läßt sich aber nicht unmittelbar auf andere Kriecherscheinungen erweitern. Betrachten wir den Fall, bei dem der Stab von Abb. 3.3 gemäß Abb. 3.4a belastet wird, so findet man im allgemeinen eine Verformung gemäß Abb. 3.4b, weil eine reine zähe Flüssigkeit sich gemäß Abb. 3.4c verformen würde. Der wirkliche Werkstoff zeigt außer dem Kriechen sowohl reine Elastizität wie auch gewisse Nachwirkungserscheinungen (Rückbildung).

Nehmen wir aber an, daß der Werkstoff aus einer Menge von Teilchen besteht, von denen einige rein elastisch sind und andere sich wie eine zähe Flüssigkeit verformen, so kann das Verhalten von Abb. 3.4b gut wiedergegeben werden. Diese Betrachtungsweise hat sich z. B. bei Hochpolymeren sehr fruchtbar erwiesen. Sie liegt einem Hauptgebiet der gegenwärtigen *Rheologie* zu Grunde. Auf die Einzelheiten des Verformungsverlaufes der diesbezüglichen Werkstoffe soll hier nicht weiter eingegangen werden. Eingehende Studien dieser Fragen finden sich in der rheologischen Spezialliteratur. Wir begnügen uns hier damit, auf das umfassende Werk von EIRICH 1956, 1958, 1960 sowie die Zusammenfassung von TOBOLSKY 1960 zu verweisen.

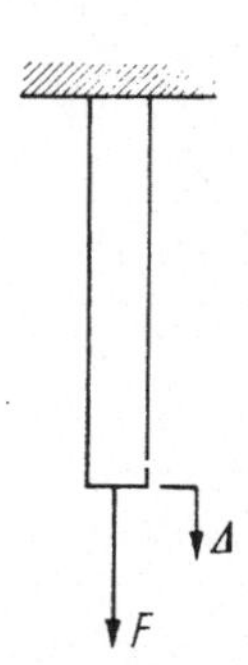

Abb. 3.3. Belasteter Zugstab

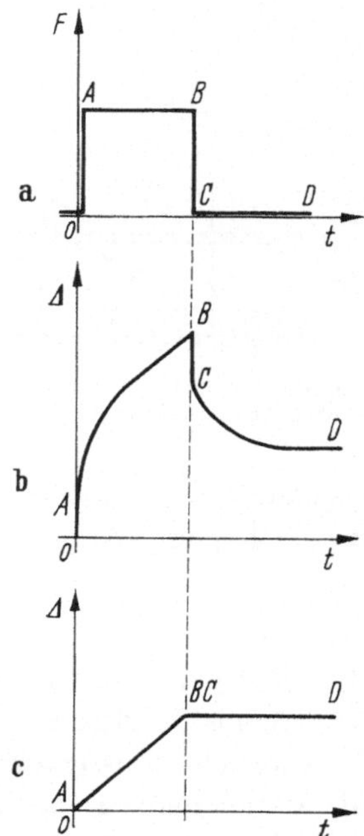

Abb. 3.4. Belastung und Verformung des Zugstabes von Abb. 3.3. *a* Belastungsverlauf; *b* Verformungsverlauf beim Kriechen; *c* Verformungsverlauf bei reinem Schub einer zähen Flüssigkeit

Das Verhalten eines Werkstoffes, der aus einem Konglomerat von elastischen und zähen Teilchen besteht, kann mittels gewisser vereinfachter Elemente dargestellt werden. Die Grundelemente sind die elastische Feder, Abb. 3.5a und der linear zähe Dämpfzylinder, Abb. 3.5b.

Bezeichnen wir mit δ die Verlängerung eines Elementes, so gilt bei der Feder

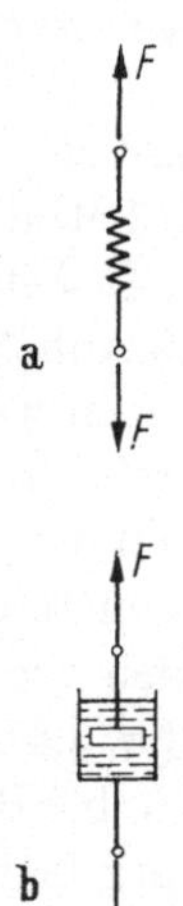

$$\delta = \frac{1}{c} \cdot F \qquad (3.2)$$

wo c die Federkonstante genannt wird. Beim Dämpfzylinder gilt

$$\frac{d\delta}{dt} = \varkappa \cdot F \, . \qquad (3.3)$$

Diese Grundgleichungen sind hinreichend, um die Verformung eines willkürlichen Systems von Federn und Dämpfzylindern zu berechnen. Die beiden Beziehungen (3.2) und (3.3) sind linear, und wir nennen daher jedes System, das aus solchen Elementen besteht, ein *linear viskoelastisches System*.

Abb. 3.5. Rheologische Grundelemente *a* Feder; *b* Dämpfzylinder

Zwei möglichst einfache Systeme dieser Art zeigen Abb. 3.6a und 3.7a.

Bei Reihenschaltung von den zwei Grundelementen entsteht ein sogenanntes MAXWELLsches Modell; vgl. Abb. 3.6a. Seine Grundgleichung folgt aus den Gln. (3.2) und (3.3)

$$\frac{d\delta}{dt} = \frac{1}{c} \cdot \frac{dF}{dt} + \varkappa \cdot F \,. \tag{3.4}$$

Wird die Kraft $F = F(t)$ nach Abb. 3.6b angebracht, so folgt der Deformationsverlauf von Abb. 3.6c. Integration von Gl. (3.4) bei zeitlich konstanter Kraft $F = F_0$ liefert nämlich

$$\delta = \frac{F_0}{c} + \varkappa F_0 \cdot t \tag{3.5}$$

und bei jeder sprungweisen Kraftänderung ΔF folgt die entsprechende Längenänderung

$$\Delta \delta = \frac{\Delta F}{c} \,. \tag{3.6}$$

Außer der rein elastischen Wiederholung kommt also beim MAXWELLschen Modell keine Rückbildung vor.

Werden die Grundelemente parallel geschaltet, so entsteht ein sogenanntes VOIGTsches Modell (auch KELVINsches Modell); vgl. Abb. 3.7a. Seine Grundgleichung folgt auch einfach aus den Gln. (3.2) und (3.3)

$$\frac{1}{\varkappa} \cdot \frac{d\delta}{dt} + c \cdot \delta = F \,. \tag{3.7}$$

Wird die Kraft $F = F(t)$ nach Abb. 3.7b angebracht, so folgt der Deformationsverlauf von Abb. 3.7c. Integration von Gl. (3.7) bei zeitlich konstanter Kraft $F = F_0$ liefert nämlich

$$\delta = \frac{F_0}{c}\left(1 - e^{-\frac{t}{\tau}}\right) \tag{3.8}$$

mit

$$\tau = \frac{1}{\varkappa c} \,. \tag{3.9}$$

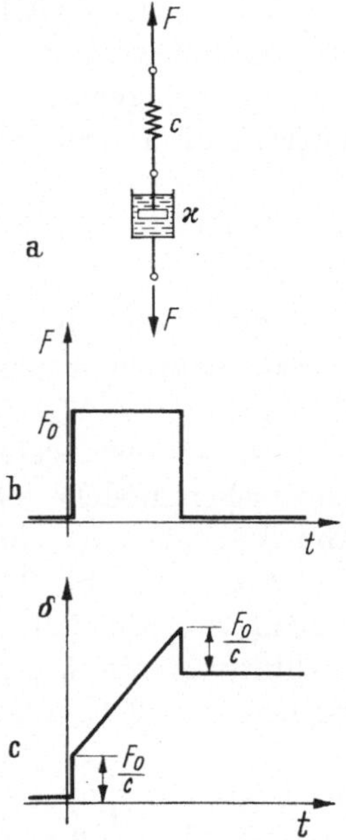

Abb. 3.6. *a* MAXWELLsches Modell. Der Belastungsverlauf *b* verursacht den Verformungsverlauf *c*

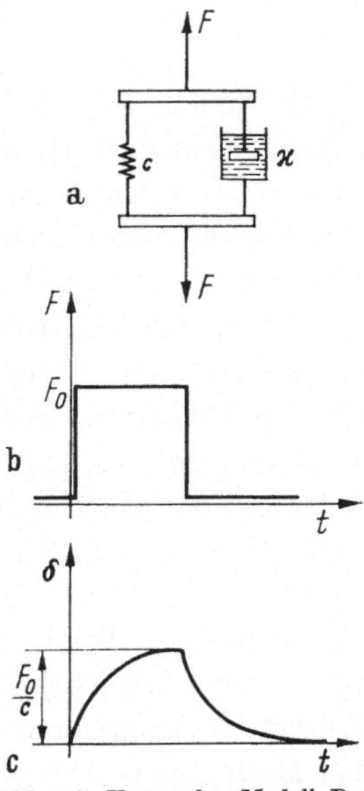

Abb. 3.7. VOIGTsches Modell. Der Belastungsverlauf *b* verursacht den Verformungsverlauf *c*

Das VOIGTsche Modell beschreibt somit einen vollständig reversiblen Deformationsverlauf.

Wird andererseits das MAXWELLsche Modell plötzlich um $\Delta\delta$ verlängert und dann mit konstanter Länge festgehalten, so folgt aus Gl. (3.4)

$$F = c \cdot \Delta\delta \cdot e^{-\frac{t}{\tau}} \qquad (3.10)$$

wo τ dieselbe Größe wie oben bedeutet. Das MAXWELLsche Modell beschreibt dann einen sogenannten *Relaxationsvorgang*; vgl. hierzu später Kap. 18.

Aus den oben gefundenen Eigenschaften der MAXWELLschen und VOIGTschen Modelle folgt, daß eine Reihenschaltung der beiden gemäß Abb. 3.8a ein sehr verwendbares System liefert. Wird hier die Kraft $F = F(t)$ nach Abb. 3.8b auferlegt, so folgt nämlich der Deformationsverlauf von Abb. 3.8c, was mit dem wirklichen Verlauf von Abb. 3.4b qualitativ identisch gleich ist. Die Grundgleichung dieses Systems geht aus den Gln. (3.4) und (3.7) hervor und lautet

$$\ddot{\delta} + \frac{1}{\tau_2}\dot{\delta} = \frac{1}{c_1}\ddot{F} + \left(\frac{1}{c_1\tau_1} + \frac{1}{c_2\tau_2} + \frac{1}{c_1\tau_2}\right)\dot{F} + \frac{1}{c_1\tau_1\tau_2}F \qquad (3.11)$$

mit

$$\tau_1 = \frac{1}{\varkappa_1 c_1} ; \qquad \tau_2 = \frac{1}{\varkappa_2 c_2} . \qquad (3.12)$$

Zu jedem willkürlichen Kraftverlauf $F = F(t)$ gehört dann ein Deformationsverlauf, der mittels dieser Differentialgleichung bestimmt werden kann. Ein Beispiel der Verwendung dieses Modells beim Studium von Kriechverformungen in biegebeanspruchten Stäben findet sich bei KEMPNER 1954a, (siehe Kap. 8).

Bei genauen Kriechversuchen mit linear viskoelastischen Stoffen findet man aber häufig, daß eine genaue quantitative Übereinstimmung mit dem Deformationsverlauf des kombinierten MAXWELL-VOIGT-Modells nicht erreicht werden kann. Dies deutet darauf hin, daß das Kriechverhalten des Werkstoffes im allgemeinen von mehr als vier Parametern abhängig sein muß. Wir betrachten ja hier den Werkstoff als ein Konglomerat von elastischen und zähen Teilchen. Es wäre daher auch vielmehr zu erwarten, daß wir eine Menge von Elementarmodellen einzuführen hätten, um das mechanische Verhalten genau wiedergeben zu können. Werden N Doppelmodelle nach Abb. 3.8 reihengeschaltet, so entsteht das Modell von Abb. 3.9. Es sei dabei bemerkt, daß eine Anzahl von reihengeschalteten MAXWELL-Modellen immer durch ein einziges MAXWELL-Modell ersetzt werden kann.

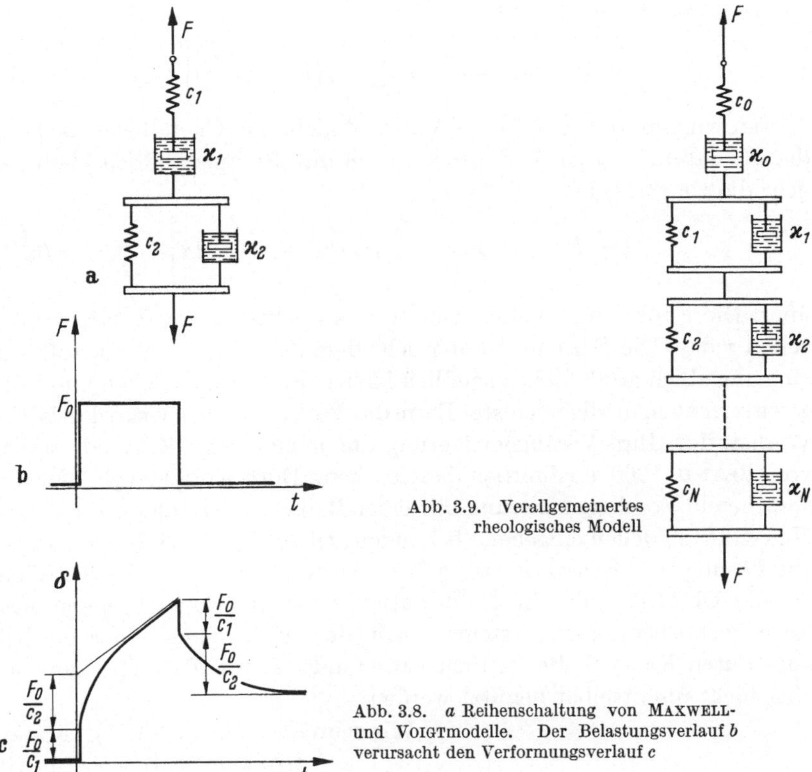

Abb. 3.9. Verallgemeinertes rheologisches Modell

Abb. 3.8. *a* Reihenschaltung von MAXWELL- und VOIGTmodelle. Der Belastungsverlauf *b* verursacht den Verformungsverlauf *c*

Wird dieses verallgemeinerte Modell plötzlich mit einer konstanten Kraft F belastet, so folgt die Deformation aus den Gln. (3.5) und (3.8)

$$\delta = \frac{F}{c_0} + \varkappa_0\, F \cdot t + \sum_{n=1}^{N} \frac{F}{c_n}\left(1 - e^{-\frac{t}{\tau_n}}\right) \qquad (3.13)$$

wo die Größen

$$\tau_n = \frac{1}{\varkappa_n c_n}\,(n = 1, 2, \ldots, N) \qquad (3.14)$$

Verzögerungszeiten genannt werden. Es liegt also hier ein unstetiges Spektrum von Verzögerungszeiten vor.

Eine noch weitere Verallgemeinerung kann schließlich dadurch erreicht werden, daß man das unstetige Spektrum durch ein stetiges ersetzt. Führen wir erst den Kehrwert von c, die Nachgiebigkeit

$$J = \frac{1}{c} \qquad (3.15)$$

ein, so schreibt sich Gl. (3.13)

$$\delta = F \left[J_0 + \varkappa_0\, t + \sum_{n=1}^{N} J_n \left(1 - e^{-\frac{t}{\tau_n}} \right) \right].$$ (3.16)

Lassen wir nun die Anzahl der VOIGT-Modelle ins Unendliche wachsen, derart, daß alle J_n zu Null streben, weil ihre Summe endlich bleibt, so geht die Gl. (3.16) in

$$\delta = F \left[J_0 + \varkappa_0\, t + \int_0^{\infty} j(\tau) \left(1 - e^{-\frac{t}{\tau}} \right) d\tau \right]$$ (3.17)

über. Die Funktion $j(\tau)$ stellt ein stetiges Spektrum von Verzögerungszeiten τ dar. Die Beziehung entspricht dem Zerlegen des Werkstoffes in eine unendlich große Zahl unendlich kleiner Elementarteilchen und zeigt gewissermaßen in allgemeinster Form das Verhalten eines viskoelastischen Werkstoffes. Ihre Verallgemeinerung auf mehrachsige Zustände wurde von BLAND 1960 ausführlich beschrieben. Dort wurde auch die entsprechende Verallgemeinerung mit einer Reihe von parallel geschalteten MAXWELL-Modellen eingehend behandelt. Diese eignet sich besonders gut zur Lösung von Relaxationsaufgaben bei viskoelastischen Werkstoffen.

Die Gl. (3.17) gibt die Deformation eines ursprünglich spannungslosen viskoelastischen Systems, nach der Anbringung einer zeitlich konstanten Kraft F. Bei zeitlich variierender Kraft $F = F(t)$ kann sie aber nicht unmittelbar benutzt werden.

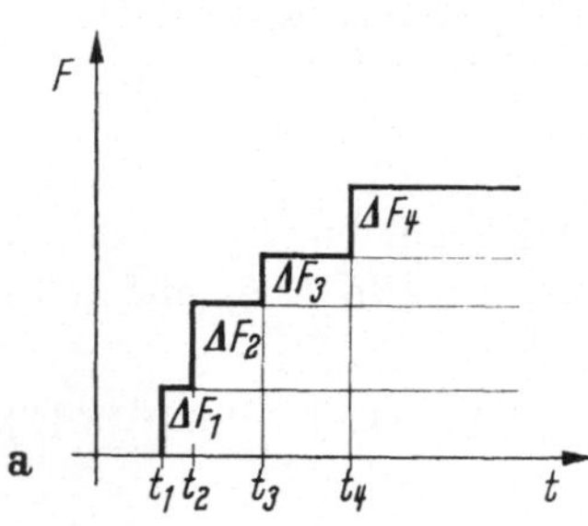
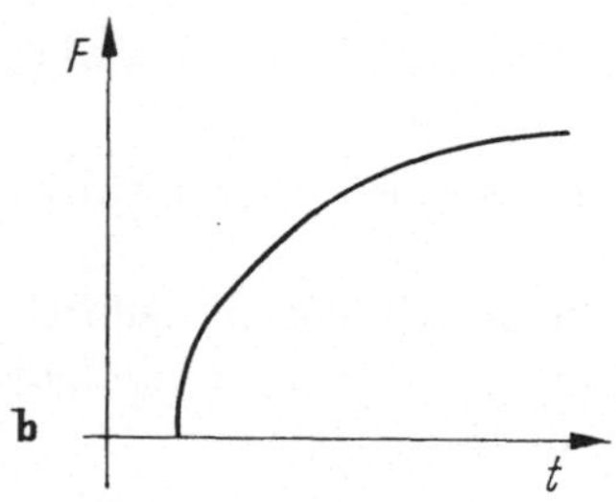

Abb. 3.10. Zum BOLTZMANNschen Superpositionsprinzip *a* stufenförmiger Kraftverlauf; *b* stetiger Kraftverlauf

Wir schreiben die Gl. (3.17) kurz als

$$\delta(t) = F \cdot \psi(t)$$ (3.18)

wo $\psi(t)$ die Kriechfunktion genannt wird. Aus dem linearen Aufbau dieser Beziehung folgt, daß bei den Lastfolgen von Abb. 3.10a die Deformation in einem willkürlichen Augenblicke t als

$$\delta(t) = \Delta F_1 \cdot \psi(t - t_1)$$
$$+ \Delta F_2 \cdot \psi(t - t_2) + \ldots$$ (3.19)

geschrieben werden kann. Bei einem stetig differenzierbaren Kraftverlauf nach Abb. 3.10b geht Gl. (3.19) in

$$\delta(t) = \int_{-\infty}^{t} \psi(t - t') \frac{dF}{dt'} dt'$$ (3.20)

über. Dieses sogenannte BOLTZMANNsche Superpositionsprinzip erlaubt die Berechnung der Deformation bei willkürlich variierender Kraft. Eine ähnliche

Integraldarstellung wurde von RABOTNOV auch bei nichtlinearem Kriechen benutzt, vgl. hierzu Abschn. 17.3.

Die früher hergeleiteten Beziehungen zwischen Kraft und Deformation bei viskoelastischen Körpern waren alle von der Form

$$\sum_{n=0}^{p} p_n \frac{d^n F}{dt^n} = \sum_{n=0}^{q} q_n \frac{d^n \delta}{dt^n}. \tag{3.21}$$

Schreiben wir Spannung σ statt Kraft F und Dehnung ε statt Verschiebung δ, so kann Gl. (3.21) auch als

$$P(\sigma) = Q(\varepsilon) \tag{3.22}$$

geschrieben werden, wo P und Q die allgemeinen linearen Differentialoperatoren

$$\left\{ \begin{aligned} P &= \sum_{n=0}^{p} p_n \frac{d^n}{dt^n} \\[2mm] Q &= \sum_{n=0}^{q} q_n \frac{d^n}{dt^n} \end{aligned} \right. \tag{3.23}$$

darstellen. Die Theorie der linearen Viskoelastizität beschäftigt sich mit Aufgaben, bei denen die Beziehung (3.22), bzw. ihre Verallgemeinerung auf mehrere Dimensionen, gültig ist. Die klassische Theorie der linearen Elastizität ist ein Sonderfall ($p_0 = 1, q_0 = E, p_n \equiv q_n \equiv 0; n = 1, 2, 3 \ldots$) dieser weit allgemeineren Theorie. Die Theorie der linearen Viskoelastizität ist vor allem von LEE in einer großen Reihe von Arbeiten entwickelt worden. Eine zusammenfassende Arbeit wurde kürzlich von BLAND 1960 veröffentlicht. Es sei hier nur erwähnt, daß man häufig mittels LAPLACE-Transformationen eine Aufgabe der Theorie der linearen Viskoelastizität in eine analoge Aufgabe der Theorie der linearen Elastizität überführen kann. Die verschiedenen Lösungsmethoden der letztgenannten Theorie sind also auch zu der Lösung von Aufgaben der Theorie der linearen Viskoelastizität verwendbar.

3.2 Versetzungstheorien

Die oben behandelte Theorie der linearen Viskoelastizität kann eigentlich nicht als eine physikalische Theorie bezeichnet werden. Sie besagt nämlich nichts über den Verformungsmechanismus selbst, sondern beschreibt hauptsächlich das linear viskoelastische Kriechen im großen. Bei metallischen Werkstoffen besitzt man aber eine tiefer eindringende Kenntnis des Kriechens vom physikalischen Standpunkt aus. Wie schon früher erwähnt, kommen mehrere, prinzipiell verschiedene, Kriechprozesse bei Metallen gleichzeitig vor. Sie sind aber alle — jedenfalls bei den hier interessierenden Stoffen — von dem Vorkommen von *Versetzungen* (Engl.: dislocations) im Werkstoffe abhängig.

Die Versetzungstheorie wurde zuerst zur Erklärung der verhältnismäßig niedrigen Fließgrenzen bei metallischen Einkristallen herangezogen; vgl. TAYLOR 1934, OROWAN 1934 und POLANYI 1934. Bei einem vollständig fehlerfreien kubischen Metallkristall nach Abb. 3.11, der

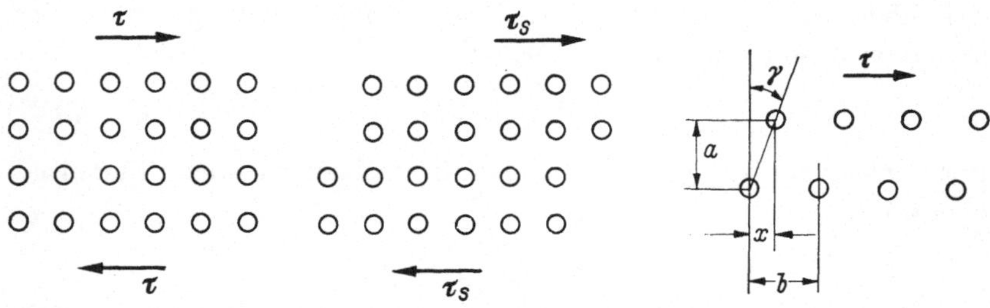

Abb. 3.11. Fehlerfreier kubischer Kristall auf Schub beansprucht

Abb. 3.12. Plastische Verformung eines fehlerfreien kubischen Kristalls

Abb. 3.13. Zur Herleitung der theoretischen Schubfestigkeit

durch eine Schubspannung τ belastet wird, tritt plastische Verformung bei einem gewissen Werte von τ auf, die sogenannte Fließgrenze im Schub,

$$\tau_{\text{fließ}} = \tau_s. \tag{3.24}$$

Diese Verformung besteht darin, daß die Atomebenen aufeinandergleiten, vgl. Abb. 3.12. Setzt man voraus, daß die Atomebenen sich als starre Einheiten bewegen, kann man die Größe der Fließgrenze einfach angenähert berechnen, vgl. FRENKEL 1926.

Wegen des regelmäßigen Aufbaus des Kristalls muß die Schubkraft τ eine periodische Funktion der Verschiebung x sein, wobei die Periodenlänge gleich dem Atomabstand b ist. Es gilt also nach Abb. 3.13

$$\tau(x) = \sum_{\nu=1}^{\infty} \tau_\nu \sin \frac{2\,\nu\,\pi\,x}{b} = \tau_1 \sin \frac{2\,\pi\,x}{b} + \ldots \tag{3.25}$$

Wenn wir nur das erste Glied beibehalten, so gilt nach Einführung des Schubwinkels $\gamma = \dfrac{x}{a}$

$$\tau(\gamma) \simeq \tau_1 \cdot \sin \frac{2\,\pi\,\gamma\,a}{b}. \tag{3.26}$$

Bei kleinen Schubwinkeln sollte diese Beziehung in das HOOKEsche Gesetz

$$\tau(\gamma) = G \cdot \gamma \tag{3.27}$$

übergehen, wo G den Gleitmodul des Kristalles bedeutet. Man erhält somit

$$\tau_s \simeq \tau_1 = \frac{G}{2\pi} \cdot \frac{b}{a}\,. \tag{3.28}$$

Bei einem kubischen Kristall gilt also angenähert

$$\tau_s \simeq \frac{1}{6} \cdot G\,.$$

Diese berechnete Fließgrenze ist aber hundert- bis tausendmal größer als die wirkliche Fließgrenze der Einkristalle. Obwohl man mit einer verfeinerten Berechnung den Wert

$$\tau_s \simeq \frac{1}{30} \cdot G \tag{3.29}$$

erreicht, ist es jedoch klar, daß die plastische Verformung auf grundsätzlich andere Weise vorgehen muß: die Atomebenen bewegen sich nicht als starre Einheiten. Dies hängt seinerseits davon ab, daß die Metallkristalle fast niemals fehlerfrei sind; unter anderen Fehlern des Kristallgefüges sind hier vor allem die Versetzungen von Bedeutung.

Unter Versetzung verstehen wir einen Fehler des Gefüges der z. B. rings um die Kanten einer eingeschobenen zusätzlichen Atomebene entsteht; vgl. Abb. 3.14, wo die Atome dieser Ebene schraffiert worden sind. Auch andere, gleichartige Abweichungen des regelmäßigen Kristallgefüges werden Versetzungen genannt, man vgl. hierzu z. B. COTTRELL 1953, BURGERS und BURGERS 1956 oder READ 1953. Die für uns wichtigste Eigenschaft der Versetzungen ist aber an der einfachen sogenannten Stufenversetzung (Engl.: edge dislocation) von Abb. 3.14 leicht erkennbar. Das Vorkommen einer zusätzlichen Atomebene oberhalb und senkrecht zu der Ebene $A - A$ bewirkt das Auftreten von Eigenspannungen in der Nähe der Versetzung (Gebiet innerhalb des Kreises). Oberhalb der Ebene $A - A$ kommen dabei hauptsächlich Druckspannungen und unterhalb derselben Zugspannungen vor. Längs der Ebene $A - A$ treten daher Schubspannungen auf. In der unmittelbaren Nähe der eingeschobenen Atomebene sind diese Schubspannungen von derselben Größenordnung wie die früher hergeleitete Spannung τ_s, Gl. (3.29). Es ist daher nur eine sehr kleine äußere Schubkraft erforderlich um eine beschränkte Gleitung längs der Ebene $A - A$ zu bewirken. Diese Gleitung findet nur in der unmittelbaren Nähe der eingeschobenen Atomebene statt, in den übrigen Teilen des Kristalles kommen nur sehr kleine, rein elastische Verschiebungen der Atome vor. Diese örtlich begrenzte Gleitung resultiert in einer Bewegung der Versetzung selbst, die bewirkt, daß die benachbarten Ebenen, der Reihe nach, die Rolle einer eingeschobenen Atomebene übernehmen, vgl. Abb. 3.15a. Die Versetzung erreicht schließlich die Außenfläche des Kristalls und verschwindet dort, vgl. Abb. 3.15b. Das Endergebnis dieser Bewegung der Versetzung ist

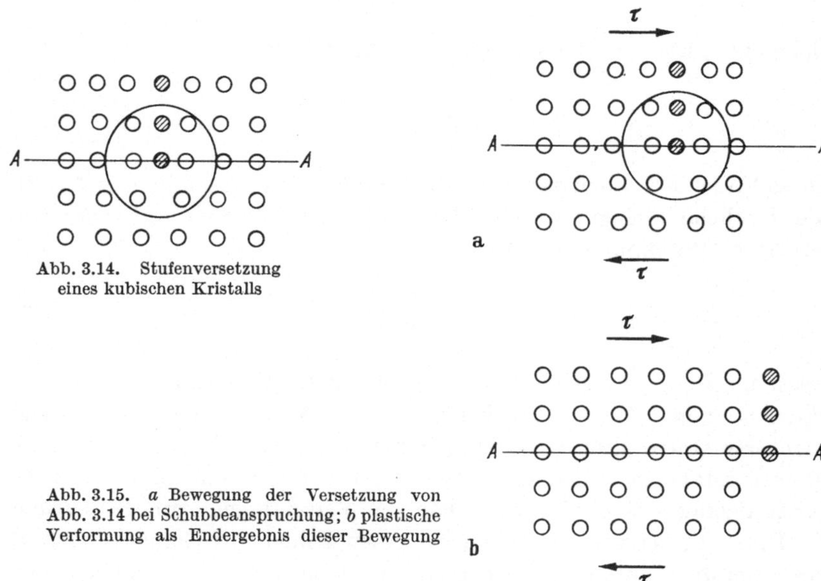

Abb. 3.14.   Stufenversetzung
eines kubischen Kristalls

Abb. 3.15.   *a* Bewegung der Versetzung von
Abb. 3.14 bei Schubbeanspruchung; *b* plastische
Verformung als Endergebnis dieser Bewegung

eine gewisse Schubdeformation, die aus Abb. 3.15b ersichtlich ist. Eine verhältnismäßig kleine Spannung hat also auf diese Weise eine plastische Verformung im Kristall verursacht.

Diese Theorie der plastischen Verformung in Kristallen setzt also voraus, daß der Kristall eine hinreichende Anzahl von Versetzungen von vornherein besitzt, oder aber, daß immer neue Versetzungen während des Deformationsvorganges entstehen. Es sind viele verschiedene Mechanismen der Entstehung von Versetzungen vorgeschlagen worden; es handelt sich hier in der Tat um die vielleicht wichtigste Hauptfrage der nunmehr klassischen Versetzungstheorie. Wir werden aber diese Sache nicht weiter verfolgen, sondern verweisen auf die Spezialliteratur dieses Gebietes der Festkörperphysik, z. B. auf die oben angeführte Zusammenfassung von COTTRELL, vgl. auch SEEGER 1955, 1958. Neuere Ergebnisse finden sich z. B. bei FISHER, JOHNSTON, THOMSON und VREELAND 1957. Aus diesen Arbeiten, die sich vielfach mit der metallographischen Veranschaulichung wirklicher Versetzungen befassen, geht hervor, daß es sich hier um weit kompliziertere Vorgänge handelt als den durch die Abb. 3.15 dargestellten.

Obwohl eine Versetzung als ein gewisser Fehler des Kristallgefüges definiert wird, kann die Mechanik der Versetzungen in guter Annäherung mittels einer Kontinuumstheorie beschrieben werden. Das Eigenspannungsfeld rings um eine Versetzung umfaßt im allgemeinen so viele Atome, daß die kontinuumstheoretische Betrachtungsweise gestattet werden kann. Eine umfassende Darstellung der Kontinuumstheorie der Versetzungen wurde von KRÖNER 1958 veröffentlicht.

Eines der Hauptergebnisse der Versetzungstheorie kann also folgendermaßen formuliert werden: Wegen des Vorkommens von Versetzungen befindet sich jeder Kristall in einem Zustande mit einer Menge von mikroskopischen Gebieten von sehr hohen Eigenspannungen. Wird eine äußere Last auferlegt, bewegen sich diese Gebiete sehr leicht, was das Auftreten von plastischen Verformungen zur Folge hat. Wird der Kristall außerdem erwärmt, so wird die Bewegung der Versetzungen wegen der thermischen Schwingungen der Atome um ihre Ruhelagen wesentlich erleichtert. Bei hohen Temperaturen entstehen so starke Schwingungen, daß eine gewisse zeitlich konstante äußere Last eine stetig fortschreitende Verformung verursacht, die wir als Kriechen kennengelernt haben.

Die Beschränkung der plastischen Verformung auf kleinen Gebieten des Kristalles ist eine notwendige Voraussetzung für den oben angedeuteten Mechanismus des Kriechens. Die thermischen Schwingungen der Atome verursachen nämlich elastische Spannungswellen, die sich überall im Kristall verbreiten. Die Superposition solcher Spannungswellen verursacht eine statistisch unregelmäßige Spannungsvariation in jedem Punkte des Kristalles. Das gleichzeitige Auftreten hoher Spannungsspitzen in einer ganzen Atomebene ist aber vollkommen unwahrscheinlich. Solche hohen Spannungen kommen natürlich nur in beschränkten Gebieten vor. Wie wir oben gesehen haben, ist aber eine solche örtlich beschränkte Anregung für eine plastische Verformung durchaus hinreichend.

Die durchschnittliche Anzahl der Spannungsspitzen, die einer Energiemenge A entsprechen, beträgt je Raum- und Zeiteinheit nach BOLTZMANN

$$v = B \cdot e^{-\frac{A}{kT}} \tag{3.30}$$

wo B eine Konstante, T die absolute Temperatur und k die BOLTZMANNsche Konstante bedeutet. Es ist daher zu erwarten, daß die durchschnittliche Kriechgeschwindigkeit etwa als ($D =$ konstant)

$$\dot{\varepsilon} = D \cdot e^{-\frac{c}{kT}} \tag{3.31}$$

geschrieben werden kann. Die hieraus hervorgehende Temperaturabhängigkeit des Kriechens wurde von DORN 1954 und seinen Mitarbeitern in manchen Fällen verifiziert; vgl. auch GREEN 1952.

Wie oben erwähnt, ist jede Versetzung eine Eigenspannungsquelle. Daraus folgt, daß eine Versetzung von anderen Versetzungen durch Kräfte beansprucht wird, die ihre Bewegung beeinflussen. Falls immer mehrere Versetzungen während der Verformung gebildet werden, könnte man vermuten, daß hierdurch die Beweglichkeit vergrößert werde. Hingegen bewirkt die gegenseitige Beeinflussung der Versetzungen, die sich als Widerstand gegen ihre Bewegung äußert und letzten Endes überwiegt, ein Abnehmen der Kriechgeschwindigkeit, die man als Primärkriechen bezeichnet. Die gebremsten Versetzungen häufen sich zu Gruppen an, die aber bei erhöhter Temperatur nicht stabil sind. Die hohen Eigenspannungen dieser Gruppen bewirken ihre Zerteilung, und es wird schließlich zwischen ankommenden und abgehenden Versetzungen ein Gleichgewichtszustand erreicht. Der entsprechende Kriechzustand konstanter Verformungsgeschwindigkeit wird Sekundärkriechen genannt.

Die frühzeitigen versetzungstheoretischen Studien über das Kriechen von Metallen bezogen sich hauptsächlich auf Einkristalle, bei denen die Entstehung und Bewegung von Versetzungen wie oben als ziemlich einfache Prozesse beschrieben werden konnten. Die technisch wichtigen Metalle kommen aber immer in polykristallinem Zustande vor, d. h. ein Metallstück besteht aus einem Konglomerat von kleinen Kristallkörnern mit untereinander beliebig verschiedenen Richtungen der Kristallachsen. Durch Studien des Gefüges solcher Metallstücke vor und nach einem gewissen Kriechen hat man gelernt, daß im allgemeinen mehrere Arten von Kriechmechanismen wirksam sind. Es kommen Kriechverformungen vor, bei denen sich einzelne Kristallkörner als mehr oder weniger starre Körper relativ zu einander bewegen. Andererseits findet man auch Verformungen, die hauptsächlich im Innern der Körner stattfinden. Ferner kommen Kombinationen dieser beiden Hauptmechanismen vor.

Die Rolle der Versetzungen ist hier viel komplizierter als im Falle von Einkristallen. Die Korngrenzen stellen hier selbst Reihen von Versetzungen dar, und die Eigenschaften der Korngrenzen sind also von größter Bedeutung. Die Bewegung der Versetzungen wird aber nicht nur — wie oben erwähnt — im Innern der Körner erschwert, sondern auch an den Korngrenzen. Dazu kommen als Behinderung auch Fremdatome u. dgl. in Betracht.

Um eine quantitative Theorie des Kriechens auf einfache Versetzungsbegriffe gründen zu können, müssen mehrere, noch ziemlich willkürliche, ergänzende Annahmen gemacht werden. Eine nur qualitative Beschreibung der Kriecherscheinungen läßt sich dagegen ohne größere Schwierigkeiten mittels der Versetzungstheorie darstellen. Zur Beurteilung der Kriechfestigkeit technisch wichtiger Metalle genügt eine solche qualitative Theorie aber nicht. Ja, eine solche qualitative Theorie mag in der Tat sogar irreführend sein. Es gibt mehrere Beispiele von Theorien,

besonders auf diesem Gebiete, die einen gewissen Vorgang genau vorauszusagen vermögen, bei denen aber die Größenordnung der berechneten
Wirkung leider von der beobachteten Wirkung um einige Zehnerpotenzen
verschieden ist. An eine physikalische Theorie des Kriechens müßte man
erst recht die Forderung nach einigermaßen quantitativ richtigen
Ergebnissen stellen.

Es scheint offenbar, daß man auf dem nunmehr eingeschlagenen Wege
der Versetzungstheorie einmal zum Ziel gelangen wird; die entscheidende
Rolle der Versetzungen sowie deren physikalische Realität ist vollständig
anerkannt worden. Die Schwierigkeiten der weiteren Entwicklung einer
Versetzungsmechanik liegen teilweise auf mathematischem Gebiet. Die
Aufgabe besteht hauptsächlich darin, ein genügend physikalisch umfassendes jedoch hinreichend mathematisch einfaches Modell herzustellen, damit man eine verwendbare Beschreibung des gesamten Kriechvorganges erlangen kann. Der Begriff stetig verteilter Versetzungen, der
von BILBY, GARDNER und STROH 1956 eingeführt wurde, mag vielleicht
einen näheren Zusammenhang zwischen den Mikromechanismen des
Kriechens und seinen Äußerungen im Großen erkennen lassen.

3.3 Kriechbruch

Außer dem stetig fortschreitenden Kriechen kommt bei erhöhter
Temperatur auch eine andere charakteristische Erscheinung vor, die
Kriechbruch genannt wird. Es handelt sich hier um einen Bruch der bei
zeitlich konstanter Last nach gewissem Kriechen plötzlich zustande
kommt. Der Bruch kann sowohl zähen wie spröden Charakter aufweisen.

Der zähe Kriechbruch kann als eine Folge der fortschreitenden Verminderung der Querschnittsfläche durch Kriechen beschrieben werden;
vgl. hierzu Abschn. 20.1.

Der spröde Kriechbruch aber hängt von einer inneren Beschädigung
des Werkstoffes ab; vgl. auch Abschn. 20.1. Wie wir oben angedeutet
haben, entstehen während des Kriechens sehr hohe Spannungen in
denjenigen Gebieten, wo mehrere Versetzungen angehäuft sind. Beispiele
solcher Gebiete sind die Korngrenzen. Es besteht nun eine Neigung für
sogenannte Lücken, die im Metallgefüge immer vorhanden sind, sich bei
diesen Spannungskonzentrationen zu versammeln. Diese Bewegung der
Lücken bewirkt allmählich das Auftreten von kleinen Rissen, sogenannten
Mikrorissen. Diese bewirken ihrerseits Spannungskonzentrationen, die
noch mehr Lücken anziehen. Die Risse wachsen also stetig und die
spannungtragenden Teile des Werkstoffes werden immer kleiner. Hieraus
folgt eine stetig wachsende Verformungsgeschwindigkeit; diese Phase des
Kriechens wird Tertiärkriechen genannt. Die Risse wachsen immer mehr
an Anzahl und Größe, bis schließlich die wirkliche Spannung die Bruch-

grenze der vorhandenen Temperatur erreicht; Kriechbruch tritt ein. Die Literatur auf diesem Gebiete ist nunmehr sehr umfassend; viele Hinweise dazu finden sich z. B. bei KOCHENDÖRFER 1954.

Außer der Bildung von Mikrorissen kommen nach langzeitigem Kriechen auch verschiedene Phasenänderungen vor, die das Tertiärkriechen und den danach folgenden Kriechbruch fördern.

4. Phänomenologische Darstellung stationärer Kriecherscheinungen

Im vorigen Kapitel wurden die physikalischen Grundlagen der Kriecherscheinungen erörtert. Es ging daraus hervor, daß das Kriechen der Feststoffe ein sehr komplizierter Prozeß ist, der in der Tat von mehreren verschiedenen Elementarprozessen abhängig ist. Es existiert heute auch noch keine zusammenfassende, physikalisch begründete Theorie des Kriechens. Ja, man kann sogar vorausschicken, daß eine solche Theorie außerhalb des Bereiches der gegenwärtigen Physik ist.

Vergleichen wir z. B. mit der elastischen Formänderung der Feststoffe, so liegen hier ganz andere Verhältnisse vor. Die elastische Formänderung eines Metallstückes besteht in einer kleinen Verschiebung der Gitteratome aus ihren Ruhelagen. Die elastischen Konstanten können direkt mit den Parametern der interatomaren Kräfte verknüpft werden. Wesentliche Kennzeichen der elastischen Formänderung bei Metallen sind unter anderen, daß sie proportional zu der Spannung ist, daß sie in einem großen Temperaturgebiet sehr wenig von der Temperatur abhängig ist, und daß sie von Legierungszusätzen nur wenig beeinflußt wird.

Beim Kriechen gelten diese Beziehungen gar nicht mehr. Es gibt keinen einfachen Zusammenhang zwischen Verzerrungsgeschwindigkeit und Spannung, die Verzerrungsgeschwindigkeit hängt von der Temperatur sehr stark ab und wird außerdem in hohem Maße auch von sehr kleinen Legierungszusätzen beeinflußt. Bei identischen Kriechversuchen mit Probestäben aus denselben Werkstoffen, die bei derselben Temperatur geprüft sind, erhält man oft eine große Streuung der gemessenen Kriechgeschwindigkeiten. Eine Unsicherheit von $\pm 50\%$ in der gesamten Dehnung ist bei Kriechversuchen gar nicht ungewöhnlich.

Diese Streuung hängt teils davon ab, daß die Probestäbe nicht ganz identische Abmessungen haben und daß die Temperatur und die Belastung bei den verschiedenen Versuchen nicht ganz unverändert sind, teils davon, daß kleine Unregelmäßigkeiten im Werkstoff immer vorhanden sind. Man vergleiche hierzu Kap. 6.

Die Variationen der Abmessungen, der Temperatur und der Belastung können alle mittels verbesserter Versuchstechnik kleiner gemacht werden.

Die von Materialunregelmäßigkeiten verursachte Variation ist aber immer da. Dies bedeutet, daß man mit gegenwärtigen Werkstoffen keinesfalls bei Kriechversuchen eine Reproduzierbarkeit erreichen kann, die in der Nähe von derjenigen bei gewöhnlichen Festigkeitsversuchen liegt.

Das mit einer physikalisch begründeten Kriechtheorie erreichbare praktische Ziel wird hierdurch begrenzt. Es verhält sich jedoch keineswegs so, daß die physikalischen Grundlagen des Kriechens den Ingenieur nicht interessieren. Er kann aber mit der Berechnung seiner Konstruktionen, in denen Kriechprobleme auftreten, nicht warten, bis quantitativ verwendbare Ergebnisse der physikalischen Theorie vorliegen.

Der Konstrukteur wünscht vor allem die äußeren Manifestationen des Kriechens kennen zu lernen, damit er das Verhalten seiner Konstruktionen beim Kriechen voraussagen kann. Ihm genügt es ganz und gar, eine *phänomenologische* Darstellung des Kriechens zu besitzen.

Dieser Wunsch ist mit einer physikalischen Kriechtheorie gar nicht unverträglich. Denken wir z. B. an das HOOKEsche Gesetz. Es wurde 1676 als ein rein phänomenologisches Gesetz formuliert, und ist lange danach aus physikalischen Gründen erklärt worden, d. h. die in die phänomenologische Theorie eingehenden, empirisch bestimmten Konstanten sind aus anderen physikalischen Erscheinungen bestimmbar.

Kritische Gesichtspunkte der phänomenologischen Theorien des Kriechens sind jedoch von ODING 1955 sowie anderen Forschern herangezogen worden.

Was wird dann von einer phänomenologischen Theorie gefordert? Nichts anderes, als daß sie ein gewisses physikalisches Geschehen beschreibt, und daß sie außerdem keine inneren Widersprüche enthält.

Die drei Hauptparameter beim Kriechen sind Spannung, Verzerrung und Zeit. Wir wollen nun die Beziehungen zwischen diesen erörtern, um zu einer phänomenologischen Theorie des Kriechens zu gelangen. Wir fangen dabei mit dem einfachsten Falle, dem des einachsigen Kriechens unter konstanter Spannung, an, um danach die komplizierteren mehrachsigen Fälle zu behandeln.

4.1 Einachsiger Zustand

Kriechversuche werden oft mit Zugstäben durchgeführt, die mit einer zeitlich konstanten Kraft belastet sind, während sich der Zugstab bei erhöhter Temperatur befindet. Die Dehnung, ε, des Zugstabes wird als Funktion der Zeit, t, gemessen. Sie wird oft als eine *Kriechkurve* graphisch dargestellt. Die Kriechkurve von Abb. 4.1 ist charakteristisch für viele technisch wichtige Metalle, wie z. B. Stahl in einem ziemlich großen Temperatur- und Spannungsbereich.

Die Neigung der Kriechkurve, das heißt die Dehnungsgeschwindigkeit, auch Kriechgeschwindigkeit genannt, fällt erst mit der Zeit ab, wird dann konstant, und steigt schließlich wieder. Die drei Perioden von

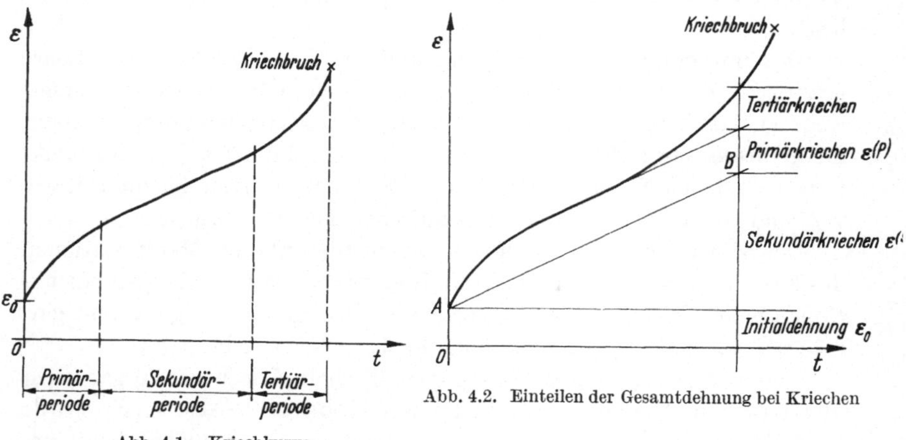

Abb. 4.1.   Kriechkurve

Abb. 4.2.   Einteilen der Gesamtdehnung bei Kriechen

fallender, konstanter und steigender Kriechgeschwindigkeit werden häufig *Primär-* bzw. *Sekundär-* und *Tertiärperiode* genannt. Die Tertiärperiode endet mit dem Kriechbruch. Diese Begriffe bezeichnen also eine zeitliche Einteilung des Kriechverlaufes.

Wir werden in diesem Kapitel nicht weiter von dem Tertiärkriechen sprechen, da es in Abschn. 3.3 sowie in Kap. 20 behandelt ist. Wir beschränken uns demnach an dieser Stelle auf die Erörterung der Vorgänge, die zeitlich vor dem Eintritt des Tertiärkriechens liegen.

Die gesamte Dehnung kann auch gemäß Abb. 4.2 als

$$\varepsilon = \varepsilon_0 + \varepsilon^{(p)} + \varepsilon^{(s)} \tag{4.1}$$

geschrieben werden, wo ε_0 als *Initialdehnung*, $\varepsilon^{(p)}$ als *Primärkriechen* und $\varepsilon^{(s)}$ als *Sekundärkriechen* bezeichnet wird. Diese Bezeichnungen sollen nicht mit den oben eingeführten Perioden verwechselt werden.

Wird die konstante Kriechgeschwindigkeit während der Sekundärperiode $\dot{\varepsilon}$ genannt, so folgt

$$\varepsilon^{(s)} = \dot{\varepsilon} \cdot t \; . \tag{4.2}$$

In manchen Fällen ist das Primärkriechen ziemlich klein und wird vernachlässigt, $\varepsilon^{(p)} = 0$. Es folgt somit aus den Gln. (4.1) und (4.2)

$$\varepsilon = \varepsilon_0 + \dot{\varepsilon} \cdot t \tag{4.3}$$

das heißt, die Kriechkurve wird dann durch die gerade Linie $A\,B$ von Abb. 4.2 ersetzt. Die beiden Parameter ε_0 und $\dot{\varepsilon}$ von Gl. (4.3) sind von der Spannung σ abhängig. Werden mehrere Kriechversuche mit verschiedenen Spannungen durchgeführt, so kann diese Abhängigkeit bestimmt werden.

Da ε_0 die augenblicklich sich einstellende Dehnung bedeutet, gilt, falls diese Dehnung rein elastisch ist,

$$\varepsilon_0 = \frac{\sigma}{E}, \tag{4.4}$$

wo E den Elastizitätsmodul an der vorhandenen Temperatur bezeichnet.

Die konstante Dehnungsgeschwindigkeit während der Sekundärperiode, $\dot{\varepsilon}$, ist bei technisch wichtigen Metallen von der wirkenden Spannung sehr stark abhängig. Wird die Spannung verdoppelt, so mag die Kriechgeschwindigkeit vervielfältigt werden. Es sind viele verschiedene Ansätze der Funktion

$$\dot{\varepsilon} = f(\sigma) \tag{4.5}$$

vorgeschlagen worden, z. B.

$$\dot{\varepsilon} = k\sigma^n \quad \text{(Norton 1929, Bailey 1929)} \tag{4.6}$$

$$\dot{\varepsilon} = k_1 \left(e^{\frac{\sigma}{\sigma_1}} - 1 \right) \quad \text{(Soderberg 1936)} \tag{4.7}$$

$$\dot{\varepsilon} = k_2 \sinh \frac{\sigma}{\sigma_2} \quad \text{(Prandtl 1928, Nadai 1938)} \tag{4.8}$$

wo k, n, k_1, σ_1, k_2 und σ_2 temperaturabhängige Konstanten sind.

Alle diese Ausdrücke können in einem gewissen Spannungsgebiet experimentell gefundenen Werten der Kriechgeschwindigkeit gut angepaßt werden. Die erste, von Norton aufgestellte Gleichung besitzt darüber hinaus, wie wir sehen werden, die sehr wichtige Eigenschaft, daß sie die Grenzfälle von linear elastischer und starrplastischer Verformung wiedergeben kann. Auch führt sie manchmal zu weniger komplizierten Ausdrücken als die zwei anderen Ansätze. Das sogenannte Nortonsche Gesetz bildet demnach die grundlegende Gleichung der angewandten Kriechmechanik.

Die einer gewissen Referenzspannung $\sigma = \sigma_c$ entsprechende Kriechgeschwindigkeit $\dot{\varepsilon} = \dot{\varepsilon}_c$ beträgt nach dem Nortonschen Gesetz (4.6)

$$\dot{\varepsilon}_c = k\sigma_c^n . \tag{4.9}$$

Man kann das Nortonsche Gesetz demgemäß auch in der Form

$$\dot{\varepsilon} = \dot{\varepsilon}_c \left(\frac{\sigma}{\sigma_c} \right)^n \tag{4.10}$$

anschreiben.

Die zu $\dot{\varepsilon}_c = 10^{-\mu}$ St.$^{-1}$ gehörige Spannung bezeichnet man $\sigma_{c\mu}$ und sie wird häufig *Kriechgrenze* genannt. Nach Gl. (4.9) gilt dann

$$k = 10^{-\mu} \cdot \sigma_{c\mu}^{-n} \tag{4.11}$$

und das NORTONsche Gesetz schreibt sich

$$\dot{\varepsilon} = 10^{-\mu} \left(\frac{\sigma}{\sigma_{c\mu}}\right)^n. \tag{4.12}$$

Es ist jedoch zu beachten, daß hier der Faktor $10^{-\mu}$ mit einer gewissen Zeiteinheit verknüpft ist, nämlich Stunde. Die Formulierungen (4.6) und (4.10) des NORTONschen Gesetzes bleiben aber in jedem Einheitssystem gültig.

Einer Gesamtdehnung von 1 % in zwölf Jahren ($= 12 \cdot 8760$ St. $= 105\,120$ St.) entspricht angenähert eine durchschnittliche Dehnungsgeschwindigkeit von 10^{-7} St.$^{-1}$. Die entsprechende Spannung, σ_{c7}, ist die am häufigsten benutzte Kriechgrenze metallischer Werkstoffe. Im Teil VI dieses Buches sind Werte für σ_{c7} und n für eine Reihe von technisch wichtigen Metallen aufgetragen. Es ist aber zu bemerken, daß diese Werte in den meisten Fällen durch ziemlich kurzdauernde Kriechversuche bestimmt worden sind. Die angegebenen Werte besagen also im allgemeinen nichts von dem Verhalten des Werkstoffes nach zwölfjährigem Kriechen.

Es kommt bisweilen vor, daß σ_{c6}, σ_{c5} oder auch andere Kriechgrenzen angegeben sind. Aus der allgemeinen Beziehung

$$\sigma_{c\mu_1} = \sigma_{c\mu_2} \cdot 10^{\frac{\mu_2 - \mu_1}{n}} \tag{4.13}$$

folgt dann z. B.

$$\sigma_{c7} = \sigma_{c6} \cdot 10^{-\frac{1}{n}}. \tag{4.14}$$

Die sogenannte VDM-Kriechgrenze wird in Kap. 6 speziell besprochen.

In der folgenden Darstellung der technischen Kriechmechanik werden wir durchgehend das NORTONsche Gesetz in der Form (4.6) heranziehen. Bei numerischen Beispielen, wo σ_{c7} und n gegeben sind, erhält man die zugehörige Größe von k aus Gl. (4.11), d. h. es gilt z. B.

$$k = 10^{-7} \cdot \sigma_{c7}^{-n}. \tag{4.15}$$

Die Parameter k und n bei Gl. (4.6) können folgendermaßen experimentell bestimmt werden. Bei einer Reihe von Kriechversuchen werden die konstante Kriechgeschwindigkeit $\dot{\varepsilon}$ und die zugehörige Spannung σ in einem logarithmischen Diagramm nach Abb. 4.3 aufgetragen. Aus Gl. (4.6) folgt nun

$$\log \dot{\varepsilon} = \log k + n \cdot \log \sigma \tag{4.16}$$

das heißt eine lineare Beziehung zwischen $\log \dot{\varepsilon}$ und $\log \sigma$ (vgl. Abb. 4.8). Wird an die im Diagramm aufgetragenen Punkte eine gerade Linie angepaßt, wie in Abb. 4.3, können demnach k und n aus dem Abschnitt an der Abszissenachse, a, und der Neigung, φ, berechnet werden. Es gilt nämlich nach Gl. (4.16)

$$\begin{cases} k = 10^{\,-a\,\mathrm{ctg}\,\varphi} \\ n = \mathrm{ctg}\,\varphi \; . \end{cases} \qquad (4.17)$$

Ein spezielles Verfahren, das es ermöglicht, den Exponenten n aus einem einzigen Kriechversuch zu bestimmen, wurde von HOFF 1956a beschrieben.

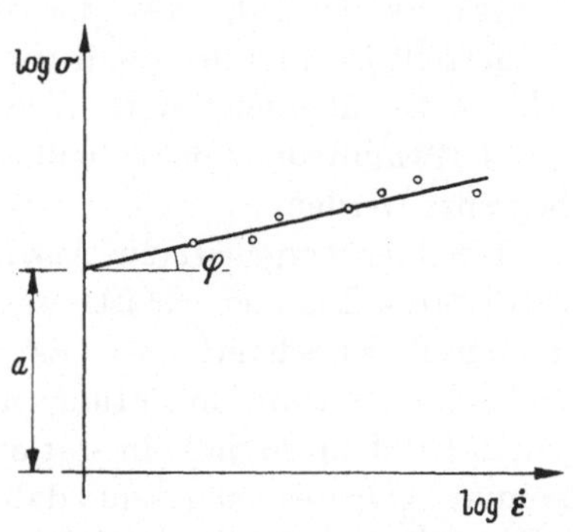

Abb. 4.3.   Zur Bestimmung der Stoffwerte k und n

Auf die Größe der Stoffwerte k und n wird hier nicht weiter eingegangen, da diese Frage in Teil VI behandelt wird.

Die Hauptgleichung des stationären einachsigen Kriechens unter zeitlich konstanter Last lautet somit nach den Gln. (4.3), (4.4) und (4.6)

$$\varepsilon = \frac{\sigma}{E} + k\sigma^n \cdot t \qquad (4.18)$$

oder kürzer

$$\varepsilon^{(s)} = k\sigma^n \cdot t \; . \qquad (4.19)$$

Es entsteht unmittelbar die Frage, ob diese Gleichung auch bei zeitlich veränderlicher Spannung gültig ist. Betrachten wir z. B. eine Lastfolge nach Abb. 4.4a so würde das Sekundärkriechen gemäß Gl. (4.19) wie in Abb. 4.4b erfolgen, d. h. mit einem Sprung im Lastwechselaugenblick. Bei derartigen Versuchen findet man aber keinen solchen Sprung des Sekundärkriechens sondern es schreitet nach Abb. 4.4c vor. Die Gl. (4.19) ist demnach nur bei zeitlich konstanter Last verwendbar.

Schreiben wir aber die Kriechgleichung als

$$\frac{d\,\varepsilon^{(s)}}{dt} = k\sigma^n \qquad (4.20)$$

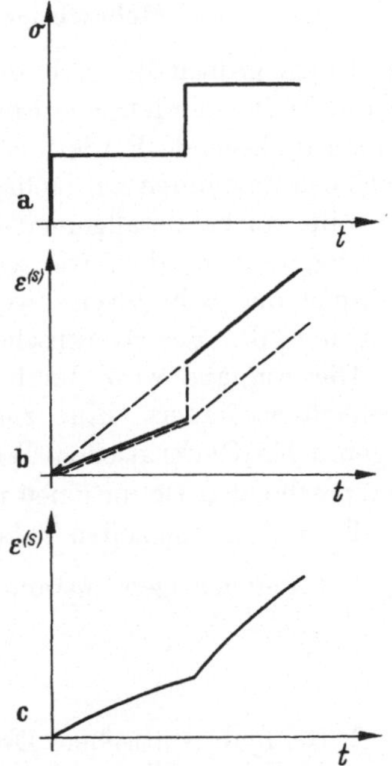

Abb. 4.4. a Stufenförmiger Spannungsverlauf; b resultierender Verlauf des Sekundärkriechens gemäß Gl. (4.19); c wirklicher Verlauf des Sekundärkriechens

so liegen die Verhältnisse anders. Integriert man die Gl. (4.20) mit Rücksicht auf die Bedingung, daß $\varepsilon^{(s)}$ sich stetig verändert, so folgt ein Sekundärkriechverlauf, der von der unteren gestrichelten Linie in Abb. 4.4b dargestellt ist, und der somit ganz gut mit dem wirklichen Verlauf nach Abb. 4.4c übereinstimmt. Die Verwendung der integrierten Form Gl. (4.19) muß somit ausschließlich auf Fälle zeitlich konstanter Spannung begrenzt werden.

Die hier hergeleiteten Ausdrücke beziehen sich sämtlich auf den stationären Zustand. Er ist zweifellos der praktisch wichtigste Teil des gesamten Kriechverlaufes. Es kommen aber Fälle vor, für die der Anlaufzustand von Bedeutung ist. Es mag sich um sehr kurze Belastungszeiten handeln, so daß ein stationärer Verlauf überhaupt nicht zustande kommt. Oder es mag sein, daß die Sekundärperiode des Werkstoffes selbst sehr kurz ist, ja, es gibt sogar Metalle, die überhaupt keine Sekundärperiode aufweisen.

Das Primärkriechen, das dadurch gekennzeichnet ist, daß die Dehnungsgeschwindigkeit stetig abnimmt, wird in den Kapiteln 15 bis 17 eingehend behandelt.

4.2 Mehrachsige Zustände. Invariantentheorie

In der großen Mehrzahl der Aufgaben der technischen Mechanik hat man es mit mehrachsigen Spannungszuständen zu tun. Es ist demnach eine grundlegende Forderung jeder Kriechtheorie, daß sie sich von einachsigen Zuständen auf mehrachsige Zustände verallgemeinern läßt.

Eine solche Verallgemeinerung kann in einer systematischen Weise durchgeführt werden, wie wir es im folgenden sehen werden. Als ein Beispiel der Schlußweise wollen wir zunächst die wohlbekannte allgemeine Form des HOOKEschen Gesetzes herleiten.

Die Aufgabe wird durch das Benutzen von Tensorbezeichnungen vielfach erleichtert. Eine zusammenfassende Darstellung der Tensoralgebra bei CARTESIschen Tensoren ist im Teil V gegeben, wo sich die entsprechenden Definitionen und Bezeichnungen vorfinden.

Es sind die folgenden Tatsachen als bekannt vorausgesetzt:

1. Im einachsigen Zustand lautet das HOOKEsche Gesetz

$$\varepsilon = \frac{1}{E} \cdot \sigma \, . \tag{4.21}$$

2. Bei hydrostatischem Druck p ist die relative Volumenänderung

$$\frac{\Delta V}{V} = - \varkappa \cdot p \tag{4.22}$$

wo $\varkappa$ die Kompressibilität genannt ist.

3. Der Werkstoff ist isotrop, woraus folgt, daß die Hauptrichtungen der Dehnungs- und Spannungstensoren kollinear sind.

Der einfachste allgemeine Ansatz, der die Bedingung 3 erfüllt, ist

$$\varepsilon_{ij} = A\,\sigma_{ij} + B\delta_{ij} \tag{4.23}$$

da Addition eines Kugeltensors die Hauptspannungsrichtungen nicht beeinflußt.

Die Gleichung (4.22) kann als

$$\varepsilon_{ii} = -\,\varkappa\left(-\frac{1}{3}\,\sigma_{ii}\right) \tag{4.24}$$

geschrieben werden, und liefert sodann mit Bezug auf Gl. (4.23)

$$B = \frac{1}{3}\left(\frac{\varkappa}{3} - A\right)\sigma_{ii}\,. \tag{4.25}$$

Wird dies in die Gl. (4.23) eingeführt, folgt

$$\varepsilon_{ij} = A\,\sigma_{ij} + \frac{1}{3}\left(\frac{\varkappa}{3} - A\right)\sigma_{kk}\,\delta_{ij}\,. \tag{4.26}$$

Im einachsigen Zustande $\sigma_{11} = \sigma$, $\sigma_{22} = \sigma_{33} = \sigma_{12} = \sigma_{23} = \sigma_{31} = 0$, $\varepsilon_{11} = \varepsilon$ liefert dies und die Gl. (4.21)

$$\frac{1}{E}\,\sigma = A\,\sigma + \frac{1}{3}\left(\frac{\varkappa}{3} - A\right)\sigma$$

woraus sich

$$A = \frac{3}{2E} - \frac{\varkappa}{6}$$

ergibt. Das Hookesche Gesetz (4.23) nimmt sodann die Gestalt

$$\varepsilon_{ij} = \left(\frac{3}{2\,E} - \frac{\varkappa}{6}\right)\sigma_{ij} + \left(\frac{\varkappa}{6} - \frac{1}{2\,E}\right)\sigma_{kk}\,\delta_{ij} \tag{4.27}$$

an.

Bei einachsigem Zug $\sigma_{11} = \sigma$, $\sigma_{22} = \sigma_{33} = \sigma_{12} = \sigma_{23} = \sigma_{31} = 0$, wird die Querdehnung $\varepsilon_{22} = \varepsilon_{33} = \varepsilon$ gemäß Gl. (4.27)

$$\varepsilon = \left(\frac{\varkappa}{6} - \frac{1}{2\,E}\right)\sigma \equiv -\frac{\nu}{E}\,\sigma$$

wo ν die Poissonsche Zahl ist. Hieraus folgt der bekannte Ausdruck der Kompressibilität

$$\varkappa = \frac{3\,(1 - 2\,\nu)}{E}\,. \tag{4.28}$$

Wenn $i \neq j$ ist, kann ε_{ij} durch $\dfrac{\gamma}{2}$ und σ_{ij} durch τ ersetzt werden, weil δ_{ij} verschwindet. Es folgt demnach die Beziehung zwischen Schub und Schubspannung

$$\frac{\gamma}{2} = \left(\frac{3}{2\,E} - \frac{\varkappa}{6} \right) \tau \equiv \frac{1}{2\,G}\, \tau \; .$$

Mit Rücksicht auf Gl. (4.28) folgt sodann die wohlbekannte Beziehung

$$G = \frac{E}{2\,(1 + \nu)} \; . \tag{4.29}$$

Beim Kriechen werden wir nun in ganz ähnlicher Weise verfahren. Es ist hier eine Beziehung zwischen dem Verzerrungsgeschwindigkeitstensor und dem Spannungstensor gesucht, die die folgenden Postulate erfüllt.

1. Im einachsigen Zustand gilt das NORTONsche Gesetz, Gl. (4.6).

2. Das Kriechen findet unter konstantem Volumen statt, das heißt es gilt

$$\dot{\varepsilon}_{ii} = 0 \; . \tag{4.30}$$

3. Die Verzerrungsgeschwindigkeit ist von einem überlagerten hydrostatischen Druck nicht beeinflußt.

4. Der Werkstoff ist isotrop, woraus die Kollinearität der Hauptrichtungen der Verzerrungsgeschwindigkeits- und Spannungstensoren folgt.

Die Postulate 2 und 3 sind teils in der gegenwärtigen Kenntnis des atomaren Mechanismus des Kriechens begründet, teils von experimentellen Beobachtungen abhängig.

Wir bemerken zunächst, daß die durchgehende Verwendung des Spannungsdeviators s_{ij} anstatt des Spannungstensors σ_{ij} durch das Postulat 3 bedingt wird. Bei einer Überlagerung eines hydrostatischen Druckes ändert sich ja σ_{ij}, weil s_{ij} unverändert bleibt.

Ein einfacher Ansatz der Form

$$\dot{\varepsilon}_{ij} = C \cdot s_{ij} \tag{4.31}$$

liegt dann nahe. Es bedeutet hier C eine zu bestimmende invariante Funktion des Spannungsdeviators. Durch diesen Ansatz ist nämlich das Postulat 2, Gl. (4.30), automatisch erfüllt, da nach der Definition des Deviators $s_{ii} = 0$ gilt.

Da jeder symmetrische Tensor mit seinem Deviator kollinear ist, folgt, daß dieser Ansatz auch das Postulat 4 erfüllt.

Es bleibt sodann nur die Aufgabe übrig, den Faktor C derart zu bestimmen, daß das Postulat 1 auch erfüllt wird.

Eine invariante Funktion eines Tensors kann immer als eine Funktion seiner Invarianten geschrieben werden, d. h.

$$C = f\,(I_1,\, I_2,\, I_3)$$

wo I_1, I_2 und I_3 die erste, zweite, bzw. dritte Invariante des Spannungsdeviators bedeutet:

$$\begin{cases} I_1 = s_{ii} \equiv 0 \\[2mm] I_2 = \dfrac{1}{2}\, s_{ij}^2 \\[2mm] I_3 = \dfrac{1}{3}\, s_{ij}\, s_{jk}\, s_{ki} \end{cases} \qquad (4.32)$$

Da I_1 identisch verschwindet, gilt die einfachere Beziehung

$$C = f\,(I_2, I_3)\;.$$

Um nicht zu komplizierte Ausdrücke zu erreichen, wollen wir die noch einfachere Beziehung

$$C = f\,(I_2)$$

benutzen, das heißt, die Hauptgleichung des mehrachsigen Zustandes erhält die endgültige Gestalt

$$\dot{\varepsilon}_{ij} = f\,(I_2) \cdot s_{ij} \qquad (4.33)$$

wie sie erst von ODQVIST 1934 vorgeschlagen wurde. Diese Darstellung des mehrachsigen Kriechens wird im folgenden die Invariantentheorie genannt.

Im einachsigen Zustande

$$\dot{\varepsilon}_{ij} \equiv \begin{pmatrix} \dot{\varepsilon} & 0 & 0 \\[2mm] 0 & -\dfrac{1}{2}\,\dot{\varepsilon} & 0 \\[2mm] 0 & 0 & -\dfrac{1}{2}\,\dot{\varepsilon} \end{pmatrix} \qquad \sigma_{ij} \equiv \begin{pmatrix} \sigma & 0 & 0 \\ 0 & 0 & 0 \\ 0 & 0 & 0 \end{pmatrix}$$

ist der Spannungsdeviator

$$s_{ij} \equiv \begin{pmatrix} \dfrac{2}{3}\,\sigma & 0 & 0 \\[3mm] 0 & -\dfrac{1}{3}\,\sigma & 0 \\[3mm] 0 & 0 & -\dfrac{1}{3}\,\sigma \end{pmatrix}$$

und dessen zweite Invariante

$$I_2 = \frac{1}{2}\left(\frac{4}{9}\,\sigma^2 + \frac{1}{9}\,\sigma^2 + \frac{1}{9}\,\sigma^2\right) = \frac{1}{3}\,\sigma^2\;.$$

Es folgt somit aus Gl. (4.33)

$$\dot{\varepsilon} = f\left(\frac{1}{3}\,\sigma^2\right) \cdot \frac{2\,\sigma}{3}$$

was identisch mit Gl. (4.6) sein soll, woraus schließlich

$$f(I_2) = \frac{3\,k}{2}\,(3\,I_2)^{\frac{n-1}{2}} \tag{4.34}$$

folgt.

Die Hauptgleichung der Invariantentheorie des stationären mehrachsigen Kriechens wird sodann

$$\dot{\varepsilon}_{ij} = \frac{3\,k}{2}\,(3\,I_2)^{\frac{n-1}{2}} \cdot s_{ij}\,. \tag{4.35}$$

Bevor wir auf einige Einzelheiten und Anwendungen der Invariantentheorie näher eingehen, wollen wir aber eine andere von BAILEY 1935 herangezogene Verallgemeinerung des NORTONschen Gesetzes erwähnen.

Die Hauptwerte der Dehnungsgeschwindigkeiten werden dann als

$$\left\{ \begin{array}{l} \dot{\varepsilon}_1 = K\,[(\sigma_1 - \sigma_2)^2 + (\sigma_2 - \sigma_3)^2 + (\sigma_3 - \sigma_1)^2]^m \\ \qquad\qquad\qquad \cdot [(\sigma_1 - \sigma_2)^{n-2m} - (\sigma_3 - \sigma_1)^{n-2m}] \\ \text{zykl. } 1, 2, 3 \end{array} \right. \tag{4.36}$$

geschrieben, wo K und m Konstanten sind, während n der NORTONsche Exponent ist. Es sei bemerkt, daß sich die Gl. (4.36) nur auf die Hauptachsen bezieht. Die Verallgemeinerung auf ein beliebiges Koordinatensystem wird hierdurch ziemlich kompliziert, vgl. hierzu PRAGER 1945 und REINER 1945. Zur Zeit gibt es auch keine experimentellen Tatsachen, die diese etwas allgemeinere Gleichung gegenüber der Gl. (4.35) begünstigen würden. Die Gl. (4.36) hat z. B. bei Problemen mit umlaufenden Scheiben praktische Anwendung gefunden.

a) Effektive Spannung und effektive Dehnung

Es ist häufig statt der Spannungsinvariante I_2 eine andere Invariante des Spannungsdeviators, die *effektive Spannung* σ_e, benutzt, die als

$$\sigma_e = (3\,I_2)^{\frac{1}{2}} = \left(\frac{3}{2}\,s_{ij}^2\right)^{\frac{1}{2}} \tag{4.37}$$

definiert ist. Damit nimmt Gl. (4.35) die etwas einfachere Gestalt

$$\dot{\varepsilon}_{ij} = \frac{3\,k}{2}\,\sigma_e^{n-1} \cdot s_{ij} \tag{4.38}$$

an. Bei einachsigem Zug wird die effektive Spannung gemäß Gl. (4.37) identisch mit der Zugspannung selbst.

Analog hierzu wird bisweilen eine *effektive Dehnung*, ε_e, eingeführt, derart daß

$$\varepsilon_e = \left(\frac{2}{3}\,\varepsilon_{ij}^2\right)^{\frac{1}{2}} \tag{4.39}$$

gilt. Die effektive Dehnung ist somit eine Invariante des Verzerrungstensors, und reduziert sich außerdem bei einachsigem Zustand auf die Längsdehnung selbst. In gleicher Weise wird die *effektive Dehnungsgeschwindigkeit*, $\dot{\varepsilon}_e$, definiert

$$\dot{\varepsilon}_e = \left(\frac{2}{3}\,\dot{\varepsilon}_{ij}^2\right)^{\frac{1}{2}}. \tag{4.40}$$

Wird nun $\dot{\varepsilon}_{ij}$ nach Gl. (4.38) hier eingeführt, so resultiert

$$\dot{\varepsilon}_e = k\sigma_e^n \tag{4.41}$$

was an Form ganz analog zu dem Nortonschen Gesetze (4.6) des einachsigen Kriechens ist.

Die *spezifische Dissipationsleistung*, d. h. die Arbeit der inneren Kräfte je Volumen- und Zeiteinheit, beträgt

$$D = \sigma_{ij}\,\dot{\varepsilon}_{ij} \tag{4.42}$$

oder, mit Rücksicht auf die Gln. (4.37) und (4.38)

$$D = \left(s_{ij} + \frac{1}{3}\,\sigma_{kk}\delta_{ij}\right)\frac{3\,k}{2}\,\sigma_e^{n-1} \cdot s_{ij} = k\sigma_e^{n+1}. \tag{4.43}$$

Es bedeutet also dies, daß die spezifische Dissipationsleistung eine eindeutige Funktion der effektiven Spannung ist. Es sei bemerkt, daß die spezifische Dissipationsleistung gemäß Gl. (4.41) auch als

$$D = \sigma_e\,\dot{\varepsilon}_e \tag{4.44}$$

geschrieben werden kann.

b) Einachsiger Druck

Bei einachsigem Druck ist der Spannungstensor

$$\sigma_{ij} \equiv \begin{pmatrix} -\sigma & 0 & 0 \\ 0 & 0 & 0 \\ 0 & 0 & 0 \end{pmatrix}$$

und somit wird die effektive Spannung

$$\sigma_e = \sigma$$

Der Dehnungsgeschwindigkeitstensor ist

$$\dot{\varepsilon}_{ij} \equiv \begin{pmatrix} -\dot{\varepsilon} & 0 & 0 \\ 0 & \frac{1}{2}\dot{\varepsilon} & 0 \\ 0 & 0 & \frac{1}{2}\dot{\varepsilon} \end{pmatrix}$$

woraus folgt die effektive Dehnungsgeschwindigkeit

$$\dot{\varepsilon}_e = \dot{\varepsilon}$$

Mittels der effektiven Größen σ_e und $\dot{\varepsilon}_e$ und der Gl. (4.41) werden somit einachsiger Zug und einachsiger Druck wie identisch gleiche Phänomene beschrieben.

c) Reiner Schub

Bei reinem Schub ist der Spannungstensor mit dem Spannungsdeviator identisch

$$\sigma_{ij} \equiv s_{ij} \equiv \begin{pmatrix} 0 & \tau & 0 \\ \tau & 0 & 0 \\ 0 & 0 & 0 \end{pmatrix}$$

und es folgt

$$\sigma_e = \sqrt{3} \cdot \tau \,.$$

Weiterhin ist der Verzerrungsgeschwindigkeitstensor

$$\dot{\varepsilon}_{ij} \equiv \begin{pmatrix} 0 & \frac{1}{2}\dot{\gamma} & 0 \\ \frac{1}{2}\dot{\gamma} & 0 & 0 \\ 0 & 0 & 0 \end{pmatrix}$$

und es gilt somit nach Gl. (4.38)

$$\dot{\gamma} = 3^{\frac{n+1}{2}} \cdot k \tau^n \,. \tag{4.45}$$

Im Falle $n = 1$ gilt sodann speziell

$$\dot{\gamma} = 3\, k\tau$$

was genau linear elastischer Deformation mit $\nu = \frac{1}{2}$ entspricht

$$\gamma = \frac{\tau}{G} = 2\,(1 + \nu) \cdot \frac{\tau}{E} = \frac{3}{E}\,\tau \,.$$

4.3 Vergleich mit der klassischen Plastizitätstheorie

Die rein plastische Deformation metallischer Werkstoffe ist in vielen Hinsichten ganz ähnlich der Kriechdeformation. Sie ist von einem überlagerten hydrostatischen Druck nicht beeinflußt, und sie findet unter konstantem Volumen statt, d. h. sie erfüllt die Postulate 2 und 3 oben. Es ist demnach zu erwarten, daß man Theorien der Kriecherscheinungen ganz analog zu den Theorien der klassischen mathematischen Plastizitätstheorie herstellen kann. Die oben erwähnte Invariantentheorie, entspricht in dieser Hinsicht gerade der von MISESschen Plastizitätstheorie. Wir werden hier zwei andere Ansätze erörtern, die ebenfalls die beiden Hauptpostulate 2 und 3 oben erfüllen.

Erst erwähnen wir aber eine von PATEL, VENKATRAMAN und VAFAKOS 1959 vorgeschlagene Modifizierung der Invariantentheorie, die einer etwaigen Kompressibilität des Werkstoffes Rechnung trägt. Dies wird einfach durch eine andere Definition der Größe s_{ij} oben erreicht, indem

$$s_{ij}' = \sigma_{ij} - \alpha \sigma_{kk}\, \delta_{ij} \tag{4.46}$$

mit $0 \leq \alpha \leq \dfrac{1}{3}$, statt s_{ij} eingeführt wird. Man vergleiche auch PATEL und VENKATRAMAN 1960.

a) Allgemeine Invariantentheorie

Bei Werkstoffen, die sich unter Verfestigung plastisch deformieren (vgl. Abb. 4.5), gibt es, bei monoton steigender Belastung, eine eindeutige Beziehung zwischen plastischer Verzerrung und Spannung. Die allgemeinste derartige Beziehung, die die Postulate 2 und 3 erfüllt und bei der die Verzerrungs- und Spannungstensoren kollinear sind, wurde von PRAGER 1945 und unabhängig von REINER 1945 vorgeschlagen; vgl. auch HILL 1950, S. 34

$$\int d\varepsilon_{ij} = \varepsilon_{ij} = f\,(I_2, I_3) \cdot [p\,(I_2, I_3) \cdot s_{ij}$$
$$+ \; q\,(I_2, I_3) \cdot t_{ij}] \; . \tag{4.47}$$

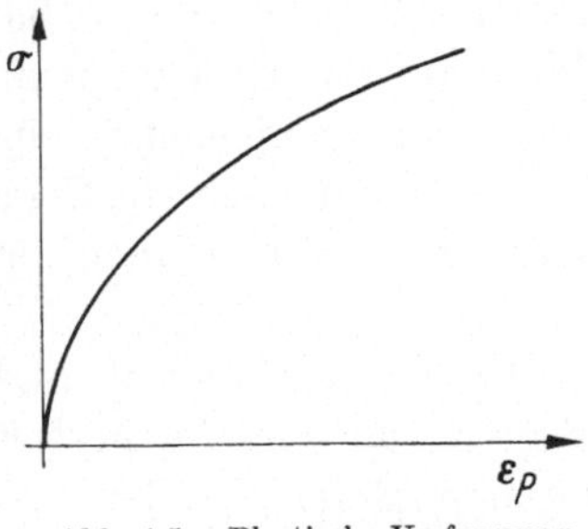

Abb. 4.5. Plastische Verformung mit Verfestigung

Es ist hier t_{ij} der Deviator des Quadrates des Spannungsdeviators

$$t_{ij} = s_{ik}\, s_{kj} - \frac{2}{3}\, I_2\, \delta_{ij} \tag{4.48}$$

weil f eine willkürliche Funktion und p und q Polynomenausdrücke der beiden nichtverschwindenden Invarianten des Spannungsdeviators bedeuten, vgl. auch PRAGER 1957. Mit Rücksicht auf die Gl. (4.32) gilt gemäß Gl. (4.48)

$$t_{ii} = 0 \, .$$

Die Gl. (4.47) wurde von HOFF (1954a) in eine allgemeine Beziehung zwischen den Verzerrungsgeschwindigkeits- und Spannungstensoren beim Kriechen übergeführt, indem ε_{ij} durch $\dot{\varepsilon}_{ij}$ ersetzt wurde

$$\dot{\varepsilon}_{ij} = f\,(I_2, I_3) \cdot [p\,(I_2, I_3) \cdot s_{ij} + q\,(I_2, I_3) \cdot t_{ij}] \, . \tag{4.49}$$

Diese Beziehung erfüllt somit die drei Postulate 2, 3 und 4 oben. Die drei noch zu bestimmenden Funktionen f, p und q können aber nicht eindeutig aus dem Postulat 1 festgelegt werden, d. h. es genügt hier nicht, mit nur einachsigen Kriechversuchen zu vergleichen. Unsere Kenntnis der Einzelheiten des mehrachsigen Zustandes ist aber streng begrenzt, da sehr wenige verschiedene derartige Versuche durchgeführt worden sind. Die Funktionen f, p und q können deswegen nicht mit besonders großer Sicherheit festgelegt werden. Deshalb hat die allgemeine Beziehung (4.49), trotz ihrer großen theoretischen Bedeutung, vorläufig keine weitere praktische Anwendung gefunden.

Es sei bemerkt, daß die Kriechgesetze von ODQVIST (4.33) und von BAILEY (4.36) spezielle Fälle des allgemeinen Kriechgesetzes (4.49) darstellen.

b) Schubspannungstheorie

Die Anwendung der allgemeinen Invariantentheorie, Gl. (4.49) oder sogar der viel einfacheren Invariantentheorie, Gl. (4.33), ist in manchen Fällen sehr schwierig. Es hängt dies davon ab, daß die dort eingehenden Invariantenausdrücke ganz komplizierte Funktionen der eingehenden Spannungskomponenten sind.

Es ist demnach ein Gegenstück der TRESCAschen Theorie der plastischen Verformung auch für Kriechen entwickelt worden; vgl. WAHL 1956.

In der klassischen mathematischen Plastizitätstheorie spielt der Begriff von dem *Fließgebiet* und seiner Begrenzungsfläche eine grundlegende Rolle. In dem von den drei Hauptspannungen definierten Spannungsraum entspricht jedem Punkt eine bestimmte Kombination der drei Hauptspannungen. Zu jedem metallischen Werkstoff gehört in diesem Raum eine bestimmte Fläche, Fließfläche genannt, derart, daß Spannungspunkte innerhalb der Fließfläche einem elastischen Zustand entsprechen, während Spannungspunkte auf der Fließfläche einem plastischen Zustand entsprechen. Bei Werkstoffen, bei denen ein überlagerter hydrostatischer Druck das Fließen nicht beeinflußt, ist die Fließfläche ein gerader Zylinder mit dem Hauptdiagonal $\sigma_1 = \sigma_2 = \sigma_3$

als Längsachse. Sie kann somit durch ihre Projektion auf die zur Längsachse senkrechte Ebene dargestellt werden, vgl. Abb. 4.6, wo jedem Spannungszustand ein bestimmter Radiusvektor zugeordnet wird. Bei der Theorie von TRESCA ist die Projektionskurve der Fließfläche ein regelmäßiges Sechseck, bei der von MISESschen ein Kreis. Werden in Richtung der Koordinatenachsen auch die entsprechenden plastischen Hauptdehnungskomponenten aufgetragen, so kann der Verzerrungszustand ebenfalls mittels eines Vektors in demselben Diagramm dargestellt werden. Das Hauptgesetz der

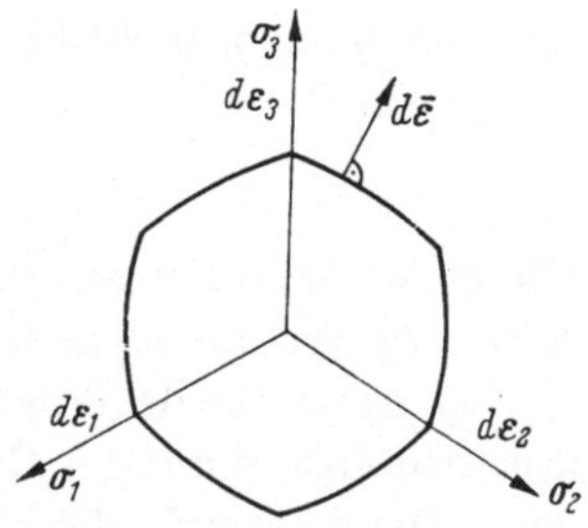

Abb. 4.6.   Projektion der Fließfläche

mathematischen Plastizitätstheorie besagt nun, daß der *Verzerrungsvektor überall senkrecht zu der Fließfläche steht.*

Beim Kriechen gibt es keine Fließfläche, da ja Kriechen bei jeder Spannung vorhanden ist; die Fließfläche ist somit auf einen Punkt zusammengeschrumpft. Der Verzerrungszustand kann jedoch mit dieser entarteten Fließfläche verknüpft werden, und es wird daher auch beim Kriechen das obige Hauptgesetz der mathematischen Plastizitätstheorie benutzt. Das heißt, es wird in gerade derselben Weise eine bestimmte Richtung des Verzerrungsgeschwindigkeitsvektors jeder vom Vektor $(\sigma_1,\ \sigma_2,\ \sigma_3)$ definierten Richtung zugeordnet.

Falls die Fließfläche, nach von MISES, ein Kreiszylinder ist, wird diese Beziehung durch die Gl. (4.33) ausgedrückt.

Falls sie, nach TRESCA, ein regelmäßiges Sechskantprisma ist, wird eine allgemeine analytische Darstellung viel komplizierter. In speziellen Fällen kann aber eine bedeutende Vereinfachung erreicht werden.

Es gibt z. B. Aufgaben bei ebenem Spannungszustand ($\sigma_3 = 0$), für die überall in dem Körper

$$0 < \sigma_2 < \sigma_1 \qquad (4.50)$$

gilt. Die Projektion des Verzerrungsgeschwindigkeitsvektors auf die Ebene $\dot{\varepsilon}_3 = 0$ liegt dann, wie es in Abb. 4.7 dargestellt ist, d. h. es gilt überall

$$\dot{\varepsilon}_2 = 0 \qquad (4.51)$$

und sodann, wegen der Inkompressibilität

$$\dot{\varepsilon}_1 = -\dot{\varepsilon}_3 . \qquad (4.52)$$

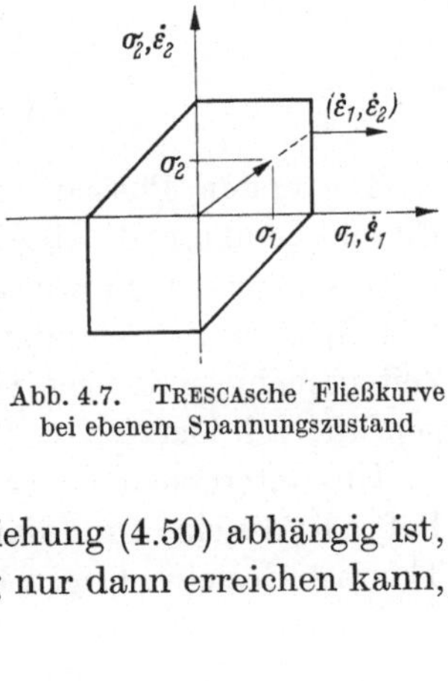

Abb. 4.7.   TRESCAsche Fließkurve bei ebenem Spannungszustand

Da die Schlußfolge Gl. (4.51) von der Beziehung (4.50) abhängig ist, folgt, daß man diese besondere Vereinfachung nur dann erreichen kann, wenn der Spannungszustand im Sinne der Ungleichung (4.50) schon vorher bekannt ist.

Solange die Beziehung (4.50) erfüllt ist, wird also das Kriechen von der Spannung σ_2 nicht beeinflußt, und es gilt die sehr einfache Gleichung

$$\dot{\varepsilon}_1 = k\sigma_1^n \, . \tag{4.53}$$

Diese zu Gl. (4.33) alternative Theorie wird im folgenden die Schubspannungstheorie genannt werden.

Die Annahme der Fließfläche nach TRESCA bedeutet, daß die Kriechgeschwindigkeit mit der Größe der maximalen Schubspannung verknüpft wird. Die maximale Schubspannung im Falle der Gl. (4.50) ist

$$\tau_{\max} = \frac{1}{2} \left(\sigma_1 - \sigma_3 \right) = \frac{1}{2} \sigma_1 \tag{4.54}$$

und die entsprechende Schubgeschwindigkeit gemäß Gl. (4.52)

$$\dot{\gamma}_{\max} = \dot{\varepsilon}_1 - \dot{\varepsilon}_3 = 2\,\dot{\varepsilon}_1 \, . \tag{4.55}$$

Es muß nun zwischen $\tau_{\max}$ und $\dot{\gamma}_{\max}$ eine Beziehung bestehen, die rich im einachsigen Falle $\sigma_2 = +0$ auf das NORTONsche Gesetz (4.6) seduziert. Mit Rücksicht auf die Gln. (4.54) und (4.55) gilt sodann

$$\dot{\gamma}_{\max} = 2^{n+1} \cdot k\tau_{\max}^n \tag{4.56}$$

was mit der Gl. (4.45) verglichen werden mag.

Sofern die Eckpunkte des Fließbereichs durch Ungleichungen vom Typus (4.50) nicht von vornherein ausgeschlossen werden können, entstehen bei der Schubspannungstheorie gewisse Schwierigkeiten, vgl. unten Abschn. 12.3 und 13.2, sowie PRAGER 1953.

4.4 Experimentelle Tatsachen

Die ersten Phasen beim Studium des Kriechens aus technischen Gesichtspunkten umfaßten eine Reihe von verschiedenen experimentellen Untersuchungen. Es wurden Beziehungen zwischen gemessenen Werten von Spannung, Dehnung, Dehnungsgeschwindigkeit, Temperatur und Zeit gesucht; und viele verschiedene graphische Darstellungen wurden geprüft, vgl. hierzu z. B. TAPSELL 1931 und SULLY 1949.

Uns interessieren hier vor allen Dingen diejenigen experimentellen Befunde, die eine Grundlage für die oben erwähnten phänomenologischen Theorien des einachsigen bzw. mehrachsigen Kriechens darstellen.

a) Einachsiger Zustand

Eine notwendige und hinreichende Bedingung für die Gültigkeit des NORTONschen Gesetzes Gl. (4.6) ist eine lineare Abhängigkeit von log σ auf log $\dot{\varepsilon}$; vgl. Abb. 4.3.

Graphische Darstellungen dieser Größen finden sich in Abb. 4.8 und 4.9. Abb. 4.8 zeigt Ergebnisse, die von NORTON 1929 mit einer Reihe von

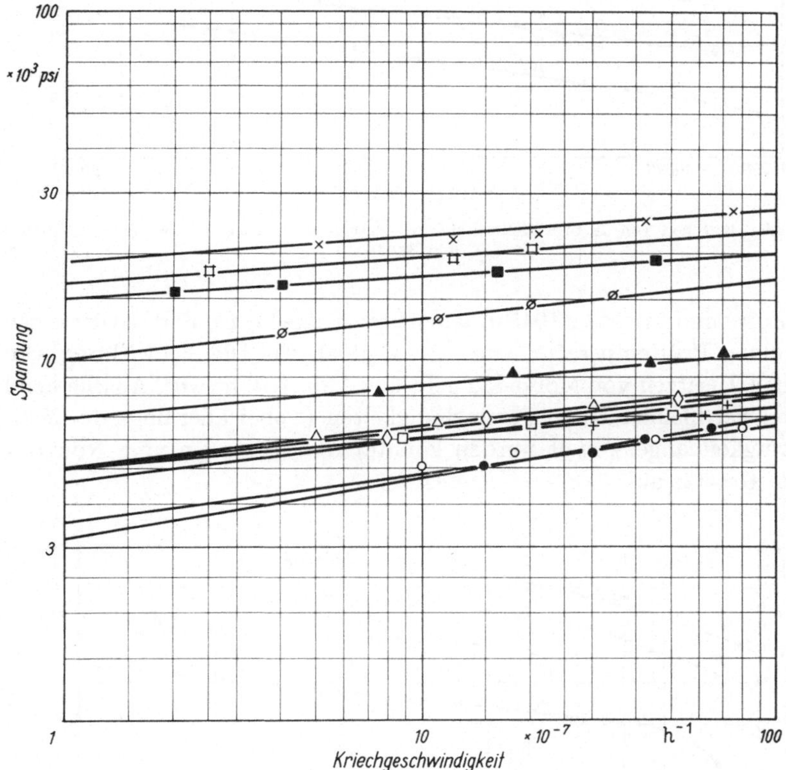

Abb. 4.8.   Kriechversuche von NORTON

verschiedenen Stählen bei einer Temperatur von 538° C (1000° F) erhalten wurden. Die Prüfzeit umfaßte 400 Stunden, und die kleinste beobachtbare Kriechgeschwindigkeit lag bei 10^{-7} St.$^{-1}$. Die Linearität ist genau gültig. Abb. 4.9 zeigt Ergebnisse, die von SMITH, MILLER und BENZ 1947 mit einem 18 Cr-8 Ni-Mo-Stahl bei einer Reihe von verschiedenen Prüftemperaturen erhalten wurden. Auch hier ist die Linearität ganz genau erfüllt.

Die Gültigkeit des NORTONschen Gesetzes bei verschiedenen Legierungen und Prüftemperaturen bildet den Gegenstand einer großen Menge von experimentellen Untersuchungen; vgl. hierzu z. B. SMITH 1950. Wir begnügen uns hier damit, ein einziges Beispiel daraus zu zeigen. AUSTIN,

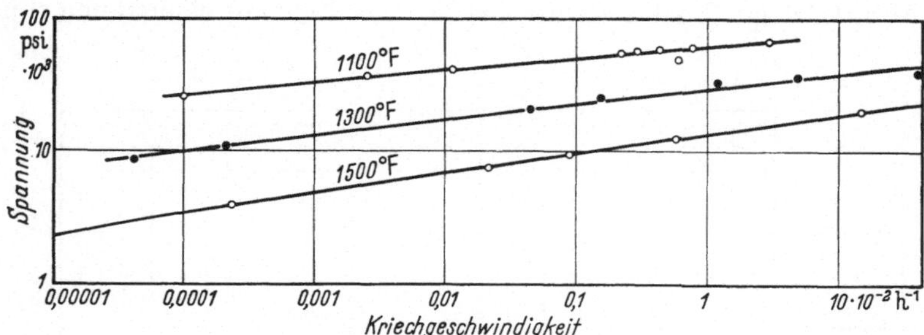

Abb. 4.9. Kriechen von 18 Cr-8 Ni-Mo-Stahl bei verschiedenen Temperaturen (SMITH, MILLER und BENZ)

ST. JOHN und LINDSAY 1945 untersuchten einige binäre Ferritlegierungen bei einer Prüftemperatur von 427° C (800° F). Die Einwirkung von kleinen Zusätzen von Molybdän geht aus Abb. 4.10 hervor. Anscheinend treten bei kleinen Kriechgeschwindigkeiten (wobei allerdings die Meßgenauigkeit angezweifelt werden könnte) Abweichungen vom NORTONschen Gesetze auf.

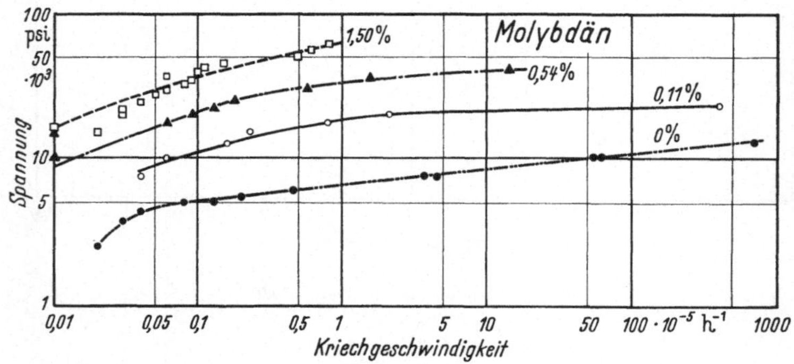

Abb. 4.10. Einwirkung von Molybdänzusätzen auf das Kriechen von Ferrit (AUSTIN, ST. JOHN und LINDSAY)

Bei den gewöhnlichen Baustählen sowie bei vielen neuentwickelten Hochtemperaturstählen bleibt das NORTONsche Gesetz im allgemeinen angenähert gültig. Es wird im folgenden ausschließlich zugrunde gelegt werden.

b) Mehrachsige Zustände

Die verschiedenen Ansätze der mehrachsigen Kriechzustände zu überprüfen ist im allgemeinen viel schwieriger als die entsprechende Aufgabe des einachsigen Zustandes. Der Idealfall des dreiachsigen Zustandes kommt leider nicht in Frage, und man ist daher auf verschiedene zweiachsige Zustände angewiesen. Solche sind vor allem von JOHNSON und seinen Mitarbeitern 1940—1961 in einer Reihe von Untersuchungen studiert worden. Andere diesbezügliche Untersuchungen rühren von ODING und seinen Mitarbeitern her.

Die Beurteilung dieser Ergebnisse, die im allgemeinen aus Versuchen mit dünnwandigen Rohren herrühren, wird durch die Einführung der sogenannten LODEschen Veränderlichen

$$\left\{ \begin{aligned} \mu &= \frac{2\,\sigma_3 - (\sigma_1 + \sigma_2)}{\sigma_1 - \sigma_2} \\[2mm] \nu &= \frac{2\,\dot{\varepsilon}_3 - (\dot{\varepsilon}_1 + \dot{\varepsilon}_2)}{\dot{\varepsilon}_1 - \dot{\varepsilon}_2} \end{aligned} \right. \tag{4.57}$$

wesentlich erleichtert. Im Falle eines ebenen Spannungszustandes mit $\sigma_3 = 0$, und mit Rücksicht auf die Inkompressibilitätsbedingung $\dot{\varepsilon}_1 + \dot{\varepsilon}_2 + \dot{\varepsilon}_3 = 0$, gilt speziell

$$\left\{ \begin{aligned} \mu &= -\,\frac{\sigma_1 + \sigma_2}{\sigma_1 - \sigma_2} \\[2mm] \nu &= -\,3\,\frac{\dot{\varepsilon}_1 + \dot{\varepsilon}_2}{\dot{\varepsilon}_1 - \dot{\varepsilon}_2}\,. \end{aligned} \right. \tag{4.58}$$

Werden diese Ausdrücke in der Hauptgleichung der Invariantentheorie, Gl. (4.35), eingeführt, folgt einfach

$$\mu = \nu\,. \tag{4.59}$$

Diese Beziehung ist nichts anderes als eine alternative Formulierung der Kollinearität der Tensoren s_{ij} und $\dot{\varepsilon}_{ij}$. Reine Zugversuche $\left(\sigma_2 = 0;\ \dot{\varepsilon}_2 = -\frac{1}{2}\dot{\varepsilon}_1\right)$ entsprechen $\mu = \nu = -1$. Reine Drehversuche $(\sigma_2 = -\sigma_1;\ \dot{\varepsilon}_2 = -\dot{\varepsilon}_1)$ entsprechen $\mu = \nu = 0$.

Gemäß der Invariantentheorie gilt weiterhin die rein skalare Beziehung (4.41). Bei einer vollständigen Überprüfung der Invariantentheorie muß sowohl diese Gleichung wie Gl. (4.59) betrachtet werden. Da Gl. (4.41) gerade dieselbe Form wie das NORTONsche Gesetz beim einachsigen Kriechen besitzt, wird sie zweckmäßig in einem doppelt logarithmischen Diagramm dargestellt.

Einige Beispiele dieses Verfahrens werden in Abb. 4.11 gezeigt, die alle aus Versuchen von JOHNSON und seinen Mitarbeitern herrühren.

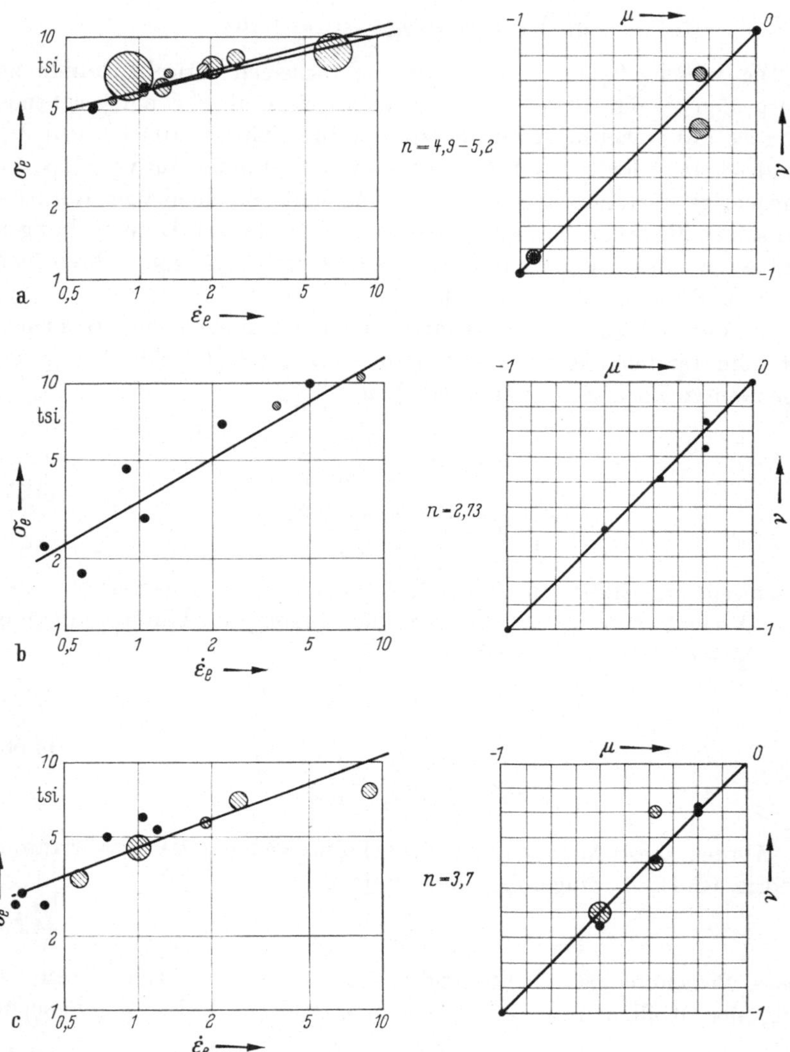

Abb. 4.11. Kriechen unter mehrachsiger Beanspruchung (Versuchswerte von Johnson, bearbeitet von Odqvist) *a* 0,17 C Stahlguß, 455° C; *b* Nimonic 75, 650° C; *c* RR 59 (Guß), 200° C

Man sieht, daß die Streuung im σ_e-$\dot{\varepsilon}_e$-Diagramm größer ist als im Falle einachsigen Kriechens, was teilweise durch experimentelle Schwierigkeiten bedingt ist.

In dieser Weise kann auch die später zu behandelnde Theorie des Primärkriechens im Falle mehrachsigen Kriechens überprüft werden; vgl. Odqvist 1952.

5. Mathematische Hilfsmittel

Die Kontinuumsmechanik ist der Aufgabe gewidmet, Spannungen und Deformationen in belasteten Körpern zu bestimmen. Die Belastung mag aus gegebenen Kräften bestehen, die an der Oberfläche bzw. an den Volumenteilen des Körpers angreifen. Gegebenenfalls können aber auch die Verschiebungen der Oberfläche gegeben sein. Es mag auch so sein, daß an gewissen Teilen der Oberfläche Kräfte, an den übrigen Teilen Verschiebungen vorgeschrieben sind.

Es kommen in der Kontinuumsmechanik drei Arten von Grundgleichungen vor, nämlich Gleichgewichtsbedingungen, Verträglichkeitsbedingungen und Spannungs-Verzerrungsbeziehungen. Dazu kommen verschiedene Arten von Randbedingungen.

Die klassische *mathematische Elastizitätstheorie* behandelt Aufgaben, bei denen die Spannungs-Verzerrungsbeziehung aus dem HOOKEschen Gesetz besteht.

Die klassische *mathematische Plastizitätstheorie* behandelt Aufgaben, bei denen die Spannungs-Verzerrungsbeziehung aus einem Plastizitätsgesetz wie z. B. dem PRANDTL-REUSSschen Gesetz besteht; vgl. HILL 1950 oder PRAGER 1961.

Die *mathematische Kriechtheorie* behandelt Aufgaben, bei denen die Spannungs-Verzerrungsbeziehung aus einem Kriechgesetz, wie z. B. dem NORTONschen Gesetz bzw. seiner räumlichen Verallgemeinerung besteht. Wir werden in diesem Kapitel auf die Einzelheiten dieser mathematischen Theorie eingehen. Um eine kurze Darstellung zu erreichen, werden wir wieder durchgehend Tensorbezeichnungen benutzen, vgl. Teil V.

5.1 Grundgleichungen

An einem gegebenen Körper sind gegebene Oberflächenkräfte sowie Oberflächengeschwindigkeiten vorhanden, derart, daß im Gebiet F_T der Kraftvektor $T_i(t)$ vorgeschrieben ist, während im Gebiet F_ξ der Geschwindigkeitsvektor $\xi_i(t)$ vorgeschrieben ist. Man sucht den hierdurch hervorgerufenen Spannungszustand $\sigma_{ij}(x, t)$ und Verzerrungszustand $\varepsilon_{ij}(x, t)$ zu bestimmen.

Es wird zunächst angenommen, daß nur sehr langsame Geschwindigkeitsänderungen berücksichtigt werden, wodurch alle Trägheitskräfte außer Betracht kommen.

Werden etwaig vorgeschriebene

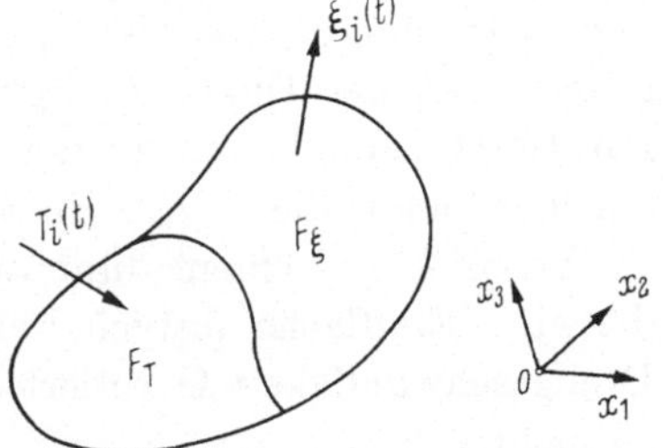

Abb. 5.1. Körper mit vorgeschriebenen Kräften und Geschwindigkeiten an der Oberfläche

Volumenkräfte (als Vektor) mit X_i bezeichnet, so lauten die drei allgemeinen Gleichgewichtsbedingungen ($i = 1, 2, 3$)

$$\frac{\partial \sigma_{ij}}{\partial x_j} + X_i = 0 \ . \tag{5.1}$$

Wird der Geschwindigkeitsvektor $\dot{u}_i$ genannt, folgt der Verzerrungsgeschwindigkeitstensor

$$\dot{\varepsilon}_{ij} = \frac{1}{2}\left(\frac{\partial \dot{u}_i}{\partial x_j} + \frac{\partial \dot{u}_j}{\partial x_i}\right) \tag{5.2}$$

und somit die sechs Verträglichkeitsbedingungen

$$\frac{\partial^2 \dot{\varepsilon}_{ij}}{\partial x_k\, \partial x_l} + \frac{\partial^2 \dot{\varepsilon}_{kl}}{\partial x_i\, \partial x_j} - \frac{\partial^2 \dot{\varepsilon}_{ik}}{\partial x_j\, \partial x_l} - \frac{\partial^2 \dot{\varepsilon}_{jl}}{\partial x_i\, \partial x_k} = 0 \ . \tag{5.3}$$

Die Verzerrungsgeschwindigkeits- und Spannungstensoren werden mittels des Gesetzes (4.33) verknüpft

$$\left\{ \begin{aligned} \dot{\varepsilon}_{ij} &= f\,(I_2) \cdot s_{ij} \\[2mm] f\,(I_2) &= \frac{3\,k}{2}\,(3\,I_2)^{\frac{n-1}{2}} \\[2mm] I_2 &= \frac{1}{2}\,s_{ij}^2 \ , \quad s_{ij} = \sigma_{ij} - \frac{1}{3}\,\sigma_{kk}\,\delta_{ij} \ . \end{aligned} \right. \tag{5.4}$$

Schließlich müssen die Randbedingungen

$$\left\{ \begin{aligned} \sigma_{ij}\,n_j &= T_i \quad \text{auf } F_T \\[2mm] \dot{u}_i &= \xi_i \qquad \text{auf } F_\xi \end{aligned} \right. \tag{5.5}$$
$$\tag{5.6}$$

erfüllt sein.

Es können hier prinzipiell $\dot{\varepsilon}_{ij}$ und σ_{ij} zwischen den Gln. (5.1), (5.2) und (5.4) eliminiert werden, wodurch ein System von drei Differentialgleichungen der Geschwindigkeitskomponenten $\dot{u}_i$ erhalten wird. Falls nur Geschwindigkeiten an der Oberfläche vorgeschrieben sind, genügt darüber hinaus die einzige Randbedingung (5.6).

Beispiel: Bei einem dünnwandigen Zylinder von der Länge L wird die eine Endfläche festgehalten, während die andere mit konstanter Drehgeschwindigkeit Ω rotiert. Man berechne das erforderliche Drehmoment.

Die Gln. (5.1), (5.2) und (5.4) werden hier, da nur die tangentiale Verschiebungsgeschwindigkeit $\dot{v}$ und die entsprechende Schubspannung

τ_{xs} von Null verschieden sind (vgl. Abb. 5.2)

$$\frac{\partial \tau_{xs}}{\partial s} = 0 , \qquad \frac{\partial \tau_{xs}}{\partial x} = 0$$

$$\dot{\varepsilon}_{xs} = \frac{1}{2} \cdot \frac{\partial \dot{v}}{\partial x}$$

$$\dot{\varepsilon}_{xs} = 3^{\frac{n+1}{2}} \cdot \frac{k}{2} \tau_{xs}^n$$

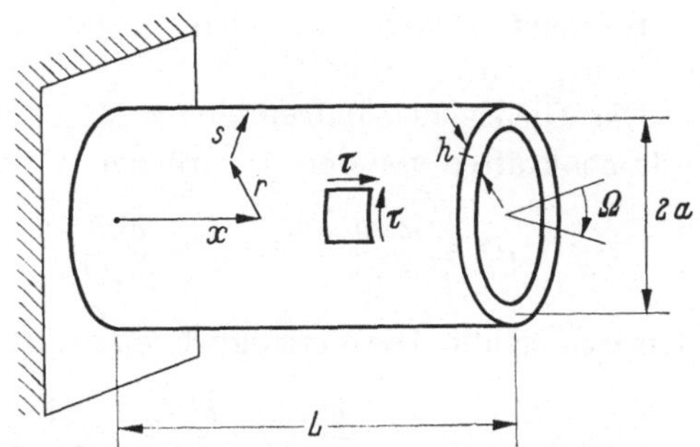

Abb. 5.2. Fest eingespanntes dünnwandiges Rohr mit vorgeschriebener Verdrehungsgeschwindigkeit der freien Endfläche

während die Randbedingungen lauten

$$\dot{v}(0) = 0 , \quad \dot{v}(L) = \Omega a .$$

Es folgt nunmehr die Differentialgleichung

$$\frac{d\dot{v}}{dx} = 3^{\frac{n+1}{2}} \cdot k \tau_{xs}^n$$

mit der allgemeinen Lösung

$$\dot{v} = 3^{\frac{n+1}{2}} \cdot k \tau_{xs}^n \cdot x + C .$$

Aus der Randbedingung $\dot{v}(0) = 0$ folgt $C = 0$, wonach die Randbedingung $\dot{v}(L) = \Omega a$ liefert

$$\tau_{xs} = \frac{(\Omega a)^{\frac{1}{n}}}{3^{\frac{n+1}{2n}} \cdot k^{\frac{1}{n}} \cdot L^{\frac{1}{n}}} .$$

Das entsprechende Drehmoment wird schließlich

$$M = 2\pi a^2 h \tau_{xs} = \frac{2\pi a^2 h (\Omega a)^{\frac{1}{n}}}{3^{\frac{n+1}{2n}} \cdot k^{\frac{1}{n}} \cdot L^{\frac{1}{n}}}$$

(vgl. auch Kap. 11).

Falls sowohl Kräfte wie Geschwindigkeiten an der Oberfläche vorgeschrieben sind, liegen die Verhältnisse formal viel schwieriger. Die Geschwindigkeitskomponenten sind dann nicht selbstverständlich als Unbekannte zu wählen.

Verglichen mit der mathematischen Elastizitätstheorie ist die Aufgabe, ein allgemeines System von Differentialgleichungen zu formulieren, wegen des NORTONschen Exponenten n hier viel komplizierter.

Betrachten wir z. B. den ebenen Spannungszustand, bei dem $\sigma_{33} = \sigma_{31} = \sigma_{23} = 0$ ist.

Die Gleichgewichtsbedingungen (5.1) werden bei verschwindenden Volumenkräften von den Ausdrücken

$$\sigma_{11} = \frac{\partial^2 \Phi}{\partial x_2{}^2}, \qquad \sigma_{22} = \frac{\partial^2 \Phi}{\partial x_1{}^2}, \qquad \sigma_{12} = - \frac{\partial^2 \Phi}{\partial x_1 \, \partial x_2} \tag{5.7}$$

identisch erfüllt. Die Verträglichkeitsbedingung lautet hier

$$\frac{\partial^2 \dot{\varepsilon}_{11}}{\partial x_2{}^2} + \frac{\partial^2 \dot{\varepsilon}_{22}}{\partial x_1{}^2} - \frac{2 \, \partial^2 \dot{\varepsilon}_{12}}{\partial x_1 \, \partial x_2} = 0 \; . \tag{5.8}$$

Aus Gl. (5.4) folgt dann nach Einsetzen von den Gln. (5.7)

$$\begin{cases} \dot{\varepsilon}_{11} = f \cdot \left(\dfrac{2}{3} \dfrac{\partial^2 \Phi}{\partial x_2{}^2} - \dfrac{1}{3} \dfrac{\partial^2 \Phi}{\partial x_1{}^2} \right) \\[3mm] \dot{\varepsilon}_{22} = f \cdot \left(\dfrac{2}{3} \dfrac{\partial^2 \Phi}{\partial x_1{}^2} - \dfrac{1}{3} \dfrac{\partial^2 \Phi}{\partial x_2{}^2} \right) \\[3mm] \dot{\varepsilon}_{12} = - f \cdot \dfrac{\partial^2 \Phi}{\partial x_1 \, \partial x_2} \end{cases} \tag{5.9}$$

wo

$$f = f(I_2) = \frac{3\,k}{2} \left[\left(\frac{\partial^2 \Phi}{\partial x_1{}^2} \right)^2 + \left(\frac{\partial^2 \Phi}{\partial x_2{}^2} \right)^2 - \frac{\partial^2 \Phi}{\partial x_1{}^2} \cdot \frac{\partial^2 \Phi}{\partial x_2{}^2} + 3 \left(\frac{\partial^2 \Phi}{\partial x_1 \, \partial x_2} \right)^2 \right]^{\frac{n-1}{2}} \tag{5.10}$$

eingeführt worden ist.

Werden nun die Gln. (5.9) in die Gl. (5.8) eingeführt, so folgt bei willkürlichem n eine sehr komplizierte nichtlineare Differentialgleichung der Spannungsfunktion $\Phi(x, y)$. Im Grenzfalle $n = 1$ erhält man speziell

$$\frac{\partial^4 \Phi}{\partial x_1{}^4} + 2 \frac{\partial^4 \Phi}{\partial x_1{}^2 \, \partial x_2{}^2} + \frac{\partial^4 \Phi}{\partial x_2{}^4} = 0$$

das heißt die bekannte AIRYsche Differentialgleichung.

Bei statisch bestimmten Aufgaben genügen die Gleichgewichtsbedingungen (5.1) und die Randbedingungen (5.5), um den Spannungszustand eindeutig zu bestimmen. Der Spannungszustand hängt dann nicht von den Deformationseigenschaften des Kontinuums, sondern nur von der gegebenen äußeren Last ab. Ist diese zeitlich konstant, so wird auch der Spannungszustand zeitlich konstant.

Bei statisch unbestimmten Aufgaben liegen andere Verhältnisse vor, denn Spannungszustand und Deformationszustand sind dann voneinander abhängig. Wir betrachten den Fall, bei dem sich die äußere Last L nach Abb. 5.3 zeitlich ändert. Im Zeitpunkt $t = 0$ tritt also eine zeitlich konstante Last plötzlich auf. Wird von etwaigem Primärkriechen abgesehen, folgt dann aus Gl. (4.18), daß im ersten Augenblick nach der

Lastauferlegung das HOOKEsche Gesetz überall gültig ist. Die Spannungsverteilung des Körpers wird also im ersten Augenblick identisch gleich
der linear elastischen.

Mit fortgehendem Kriechen wird die Kriechverzerrung immer größer,
und die ursprüngliche elastische Verzerrung kann dann allmählich vernachlässigt werden; ein stationärer Verlauf
wird erreicht. Dies bedeutet, daß eine zeitlich
konstante Spannungsverteilung sich asymptotisch einstellt. Sobald $n \neq 1$ ist, unterscheidet sich diese sich einstellende Spannungsverteilung von der ursprünglichen linear
elastischen.

In statisch unbestimmten Fällen haben wir
es also gleichzeitig mit einer Anfangswertauf-
gabe und einer Randwertaufgabe zu tun. Der

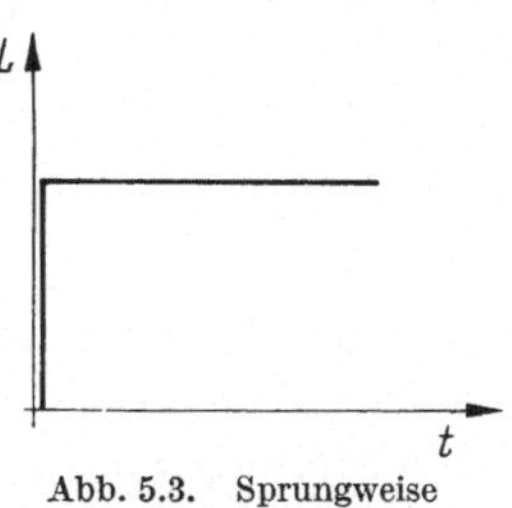

Abb. 5.3. Sprungweise
Lastanbringung

Anlaufvorgang, d. h. der Übergang von dem ursprünglichen Zustande
zu dem stationären wird im Kapitel 16 erörtert werden. Es sei erwähnt,
daß diese Fragestellung erstmalig von STODOLA 1933 aufgeworfen wurde.
In derselben Arbeit wurde übrigens die Entwicklung einer dreidimensionalen Kriechtheorie angeregt.

5.2 HOFFs Analogie

In manchen Fällen ist die Kenntnis des stationären Zustandes ganz
hinreichend. Es zeigt sich nämlich, daß dieser Zustand bis auf vernach-
lässigbare Größen, und zwar schon bei ganz kleinen Gesamtdehnungen,
erreicht wird (HOFF 1954a); der Anlaufvorgang ist demnach verhältnismäßig kurzdauernd. Größtenteils herrscht somit während der ganzen
Lebensdauer des Körpers ein stationärer Kriechzustand. Im stationären
Zustand sind die Spannungs- und Verzerrungsgeschwindigkeitsvertei-
lungen zeitlich konstant, das heißt, die Zeit verschwindet aus den entsprechenden Formelausdrücken. Hierdurch wird angedeutet, daß man
die Aufgabe, den stationären Zustand zu bestimmen, mittels rein statischer
Gleichungen lösen kann.

HOFF 1954a hat die Analogie zwischen dem stationären Zustand
bei nichtlinearem Kriechen und dem Zustand bei nichtlinearer elastischer
Deformation erst streng bewiesen. Sie wurde früher von ILYUSHIN 1945
angedeutet, und von ALFREY 1944 und TSIEN 1950 bei linear viskoelastischem Kriechen unter Zugrundelegung infinitesimaler Kriechgeschwindigkeiten bewiesen. Der allgemeine Beweis bei nichtlinear
viskoelastischem Kriechen wurde später (HOFF 1958a) auch zu Primärkriechen, im Sinne von NADAI-DAVIS, Gl. (15.2), erweitert.

Die Analogie kann folgendermaßen formuliert werden:

Der Spannungszustand eines Körpers, bei dem ein stationärer Kriechverlauf gemäß

$$\dot{\varepsilon}_{ij} = f(I_2) \cdot s_{ij}$$

herrscht, ist gleich dem Spannungszustand eines geometrisch identischen Körpers, der dem Spannungs-Verzerrungsgesetz

$$\varepsilon_{ij} = f(I_2) \cdot s_{ij}$$

gehorcht. Es sind dabei die beiden Körper von denselben äußeren Kräften angegriffen, weil die Geschwindigkeiten des ersten Körpers den Verschiebungen des zweiten Körpers entsprechen.

Der Beweis, der bei HOFF 1954a, 1958a ausführlich zu finden ist, gründet sich ganz einfach darauf, daß in den beiden Fällen die Gleichgewichtsbedingungen und Randbedingungen der Kräfte identisch sind, und daß die anderen Grundgleichungen nach Umtausch von $\dot{\varepsilon}_{ij}$ und ε_{ij} auch identisch werden. Die entsprechenden Spannungszustände sind somit auch identisch.

Die Analogie ist auch dann gültig, wenn die äußeren Kräfte sich langsam verändern (PRAGER 1957), vorausgesetzt, daß ein stationärer Kriechzustand immer vorhanden ist. Es wird dabei ein Spannungszustand $\sigma_{ij}(x) \cdot \varphi(t)$ stationär genannt, wenn dieser von einer äußeren Last $L_i(x) \cdot \varphi(t)$ hervorgerufen ist.

Die HOFFsche Analogie hat eine weite Verbreitung gefunden, und sie ist heute das Hauptwerkzeug beim Studium stationärer Kriechzustände. Sie wird in diesem Buch vor allem in Teil II durchgehend benutzt.

5.3 Variationsmethoden

Variationsmethoden, bisweilen auch Extremalmethoden oder Energiemethoden genannt, spielen in der mathematischen Elastizitätstheorie eine wichtige Rolle. Sie liefern dann eine alternative Formulierung der Hauptgleichungen (Randwertaufgaben von Differentialgleichungen), und zwar mit Hilfe gewisser Integralausdrücke. Der wichtigste Vorteil der Variationsmethoden ist aber, daß sie es ermöglichen, angenäherte Lösungen der gestellten Aufgaben zu finden. Sie sind keinesfalls auf linear elastische Verformungen begrenzt, sondern gelten auch im nichtlinearen Falle.

Beim Kriechen sind gleichartige Variationsmethoden auch entwickelt worden. Einige von diesen beziehen sich auf den stationären Kriechzustand, weil andere einen allgemeinen Kriechzustand betrachten.

a) Stationärer Zustand

Gemäß der HOFFschen Analogie gehört zu jeder Aufgabe bei stationärem Kriechen eine analoge Aufgabe bei elastischer Verformung. Es können somit unmittelbar die bei nichtlinear elastischer Verformung entwickelten Variationsmethoden auch bei stationärem Kriechen angewandt werden.

Wir nennen U das Potential je Volumeneinheit der inneren Kräfte, und es gilt definitionsgemäß

$$dU = \sigma_{ij}\, d\varepsilon_{ij}\,. \tag{5.11}$$

Wird hier das Elastizitätsgesetz, analog mit Gl. (4.38) als

$$\varepsilon_{ij} = \frac{3\,k}{2}\,\sigma_e^{n-1}\,s_{ij} \tag{5.12}$$

geschrieben[1], folgt nach Gl. (5.11) ähnlich wie auf S. 33

$$dU = s_{ij}\, d\varepsilon_{ij} = nk\sigma_e^{n}\, d\sigma_e\,.$$

Integration liefert sofort

$$U = \frac{n}{n+1}\cdot k\sigma_e^{n+1}\,. \tag{5.13}$$

Wird die effektive Dehnung gemäß Gl. (4.39) eingeführt, folgen die zu Gl. (5.13) analogen Ausdrücke

$$U = \frac{n}{n+1}\,\sigma_e\,\varepsilon_e = \frac{n}{n+1}\,k^{-\frac{1}{n}}\,\varepsilon_e^{1+\frac{1}{n}}\,. \tag{5.14),(5.15}$$

Analog nennen wir $\overline{U}$ das komplementäre Potential je Volumeneinheit der inneren Kräfte, und es gilt definitionsgemäß

$$d\overline{U} = \varepsilon_{ij}\, d\sigma_{ij} \tag{5.16}$$

oder mit Rücksicht auf Gl. (5.12)

$$d\overline{U} = \varepsilon_{ij}\, ds_{ij} = k\sigma_e^{n}\, d\sigma_e$$

Integration liefert sofort

$$\overline{U} = \frac{1}{n+1}\,k\sigma_e^{n+1} \tag{5.17}$$

mit den alternativen Formen

$$\overline{U} = \frac{1}{n+1}\,\sigma_e\,\varepsilon_e = \frac{1}{n+1}\,k^{-\frac{1}{n}}\,\varepsilon_e^{1+\frac{1}{n}}\,. \tag{5.18),(5.19}$$

---

[1] Es ist zu bemerken, daß k hier eine ganz fiktive Größe ist.

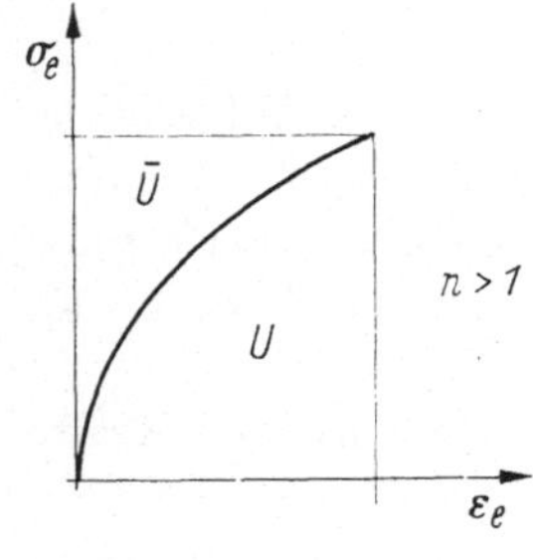

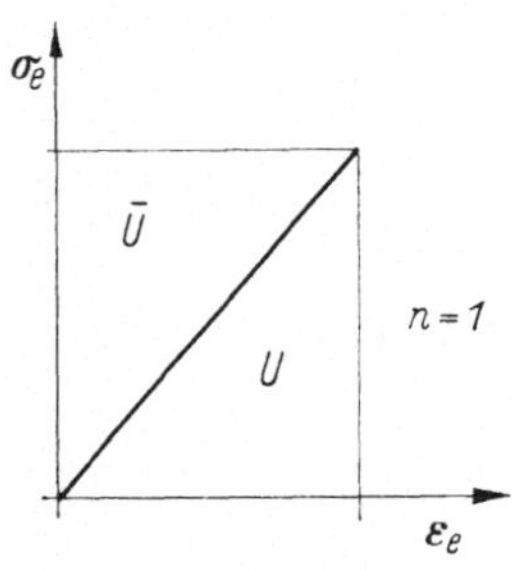

Abb. 5.4. Potential U und komplementäres Potential $\overline{U}$ je Volumeneinheit

Es sei bemerkt, daß

$$U = n \cdot \overline{U} \qquad (5.20)$$

ist, d. h. für alle $n > 1$ gilt

$$U > \overline{U}$$

wie es in Abb. 5.4 veranschaulicht ist. Im Falle $n = 1$ gilt speziell $U = \overline{U}$; eine aus der linearen Elastizitätstheorie wohlbekannte Beziehung.

Schließlich bilden wir das gesamte Potential der inneren und äußeren Kräfte

$$\Pi = \int_V U \, dV - \int_{F_T} T_i \, u_i \, dF - \int_V X_i \, u_i \, dV \qquad (5.21)$$

und das gesamte komplementäre Potential der inneren und äußeren Kräfte

$$\overline{\Pi} = \int_V \overline{U} \, dV - \int_{F_\xi} T_i \, u_i \, dF \ . \qquad (5.22)$$

Hier bedeutet dV ein Volumenelement, dF ein Oberflächenelement und F_T und F_ξ, wie vorher, diejenigen Teile der Oberfläche, bei denen Kräfte bzw. Verschiebungen vorgeschrieben sind.

Es gelten nun die folgenden Gesetze, die hier ohne Beweis angeführt werden[1]

Erstes Minimumgesetz: Von allen Verschiebungsverteilungen u_i, die etwaige Verschiebungsrandbedingungen erfüllen, ist diejenige die richtige Verteilung, die das Potential Π zu einem Minimum macht.

Das Potential Π ist dabei als Funktion der Verschiebungskomponenten zu betrachten, das heißt, es muß U nach Gl. (5.15) gebildet werden.

Zweites Minimumgesetz: Von allen Spannungsverteilungen σ_{ij}, die die Gleichgewichtsbedingungen und etwaige Kraftrandbedingungen erfüllen, ist diejenige die richtige Verteilung, die das komplementäre Potential $\overline{\Pi}$ zu einem Minimum macht.

Das komplementäre Potential $\overline{\Pi}$ ist dabei als Funktion der Spannungskomponenten zu betrachten, d. h. es muß $\overline{U}$ nach Gl. (5.17) gebildet werden. Außerdem gilt im richtigen Zustand die allgemeine Beziehung

$$\Pi + \overline{\Pi} = 0 \ . \qquad (5.23)$$

---

[1] Man vergleiche z. B. COURANT, R. und HILBERT, D., Methoden der mathematischen Physik, I, S. 139 ff. Berlin: Springer 1931.

Zusammen mit den Minimumgesetzen liefert diese Gleichung die Möglichkeit, untere und obere Grenzen der Potentiale zu bestimmen.

Im Teil II werden diese Energiemethoden manchmal benutzt werden, um strenge und angenäherte Lösungen bei verschiedenen Aufgaben zu finden.

b) Allgemeiner Kriechzustand

Wie schon früher erwähnt, ist der stationäre Zustand bei statisch unbestimmten Konstruktionen erst nach einer gewissen Anlaufperiode erreicht. Während dieser Periode sind die Kriechverzerrungen und elastischen Verzerrungen von derselben Größenordnung, und es können demnach die letzteren nicht vernachlässigt werden. Die Energieausdrücke werden dann auch komplizierter, da auch die elastische Arbeit in Betracht gezogen werden muß.

Allgemeine Extremalgesetze beim Kriechen wurden von WANG und PRAGER 1954, HILL 1956, SANDERS, McCOMB und SCHLECHTE 1957, SHESTERIKOV 1957a und OLSZAK und PERZYNA 1959 aufgestellt.

Das von SANDERS und Mitarbeitern herrührende Extremalgesetz gründet sich auf ein allgemeines Extremalgesetz der Elastizitätstheorie, das von REISSNER 1950, 1953 aufgestellt wurde. Es hat vor allem bei der Behandlung von gewissen Kriechknickungsaufgaben Anwendung gefunden; vgl. Kap. 21.

6. Prüfungsverfahren

Die Kriecheigenschaften eines metallischen Werkstoffes können im allgemeinen nicht aus anderen physikalischen Eigenschaften des Werkstoffes hergeleitet werden. Es hängt dies natürlich davon ab, daß man bisher keine quantitative Theorie des Kriechens bei polykristallinen Metallen besitzt; man vergleiche hierzu Kap. 3.

Es sind zwei verschiedene Arten von Kriecheigenschaften von Interesse: die Kriechgeschwindigkeit und die Kriechbruchzeit unter gegebener Belastung und Temperatur. Sie werden im allgemeinen mit speziellen Geräten, sogenannten *Kriechprüfmaschinen* bestimmt. Darüber hinaus benutzt man auch gewöhnliche Festigkeitsprüfmaschinen, die mit speziellen Heizvorrichtungen ausgerüstet worden sind, um weitere Eigenschaften wie etwa Elastizitätsmodul und Härte bei erhöhter Temperatur zu bestimmen.

Wir werden hier ganz kurz auf diese Prüfverfahren eingehen, verzichten aber auf eine genaue Beschreibung der verschiedenen Geräte, die wegen der sehr schnellen Entwicklung sehr bald überholt werden würde. Im zweiten Abschnitt werden wir auf die prinzipiell wichtigeren Fragen der verschiedenen Fehlerquellen bei Kriechprüfungen eingehen.

6.1 Prüfmaschinen und Meßeinrichtungen

Die Entwicklung der ersten Kriechprüfgeräte wurde von Tapsell 1931 und Sully 1949 eingehend beschrieben. Eine ausführliche Übersicht über gegenwärtige Geräte findet sich bei Siebel 1955; man vergleiche hierzu auch z. B. Olsson 1957. Einrichtungen für Kurzzeitmessungen wurden auch von Smith 1950 beschrieben.

Deutsche Normen für die Prüfung metallischer Werkstoffe bei erhöhter Temperatur sind:

DIN 50 112: Bestimmung der Streckgrenze bei höheren Temperaturen (Warm-
            streckgrenze)
DIN 50 117: Bestimmung der DVM-Kriechgrenze
DIN 50 118: Zeitstandversuch
DIN 50 119: Standversuch (Begriffe, Zeichen, Durchführung, Auswertung).

Dort finden sich ausführliche Empfehlungen für die Durchführung von Kriechversuchen, sowie Begriffsbestimmungen des ganzen Kriechprüfgebietes. Die DVM-Kriechgrenze (DVM = Deutscher Verband für die Materialprüfungen der Technik) wird aus einem Kurzzeitversuch bestimmt, und bezieht sich auf die durchschnittliche Kriechgeschwindigkeit zwischen der 25. und 35. Stunde. Sie hat hauptsächlich bei Stahl und Stahlguß im Temperaturbereiche 350° bis 500° C als ein rasch zu ermittelnder, angenäherter Kennwert Anwendung gefunden, vgl. Pomp und Dahmen 1927. Über das Verhalten des Werkstoffes bei langzeitigem Kriechen besagt sie aber nichts, da die Primärperiode in manchen Fällen nach 35 Stunden gar nicht beendet ist.

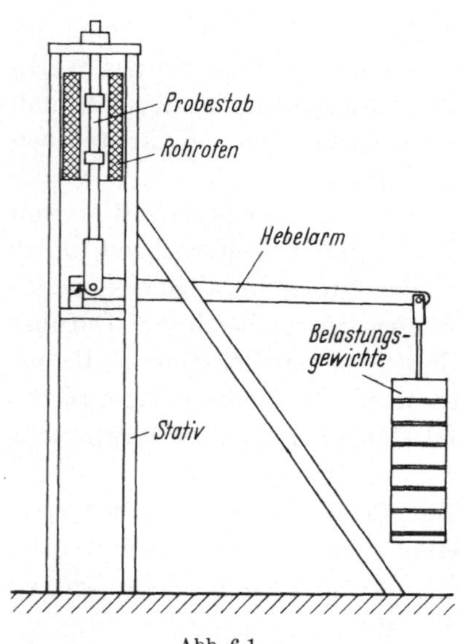

Abb. 6.1.
Kriechprüfmaschine mit Gewichtsbelastung

Die meisten Kriechversuche beziehen sich auf die Bestimmung des Dehnungsverlaufes bei einachsigen, ruhenden Belastungen unter konstanter Temperatur.

Die Prüfmaschine wird häufig nach Abb. 6.1 aufgebaut. Da Kriechversuche im allgemeinen sehr lange Prüfzeiten umfassen, benutzt man oft eine Reihe von identischen Prüfmaschinen in demselben Laboratorium, um die Kriecheigenschaften eines gewissen Werkstoffes in einem gewissen Temperaturgebiet oder einem gewissen Spannungsgebiet schneller beurteilen zu können. Oder aber man kann nach Tapsell oder Norton mehrere Probestäbe in demselben Ofen prüfen. Wegen der

langen Prüfzeiten sucht man die Temperaturregelung sowie die Dehnungsmessung möglichst selbsttätig durchzuführen. Besonders wichtig und oft
vernachlässigt ist die Lastauferlegung, die großen Einfluß auf den Verlauf
der Kriechkurve während der Primärperiode hat.

Ein vollständiger Kriechversuch benötigt eine ganze Reihe von Regel-
vorrichtungen. Eine schematische Übersicht über eine moderne Kriechprüfanlage für höchste Empfindlichkeit und Genauigkeit zeigt Abb. 6.2,
die sich im Laboratorium für Warmfestigkeit an der Königlichen
Technischen Hochschule zu Stockholm befindet. Für bescheidenere An-
sprüche kann man selbstverständlich entsprechende Komponenten ent-
behren. Hier bedeutet 1 den Probestab, 2—14 gehören zu der Temperaturregelung, 15—17 zu der Belastungsanordnung, und 18—21 schließlich, machen die Dehnungsmeßvorrichtung aus. Die Anlage besteht aus
acht Prüfapparaten mit den folgenden Komponenten:

1. Der Probestab, der die Belastung P trägt. Darüber hinaus sind
die folgenden Geräte am Probestabe angebracht

    1 a) ein Thermoelement für die Temperaturregelung,
    1 b) vier Thermoelemente für die Temperaturmessung, von denen eines auch
        für die Registrierung benutzt wird,
    1 c) drei Dehnungsmesser.

2. Ein Ölbad (Thermostat) mit genau regulierter Temperatur (etwa
Zimmertemperatur), das als die kalte Vergleichsstelle der Thermo-
elemente benutzt wird. Der Temperaturregler dieses Bades mag ein
Kontaktthermometer sein.

3. Ein Schalter, der es ermöglicht, die Thermoelemente an einen
Temperaturschreiber (4.) oder an einen Kompensator (5.) einzuschalten.

4. Ein Potentiometerschreiber für die stetige Registrierung der
Ofentemperatur.

5. Ein Kompensator mit Galvanometer für genaue Temperatur-
messungen.

6. Eine Konstantstromquelle für die Verschiebung des Nullpunktes
beim Temperaturreglerfühler, wodurch der Temperaturregler (8.) in
einem kleineren Temperaturgebiete arbeiten mag, was die Regelungs-
genauigkeit verbessert.

7. Ein Gerät für die Verstärkung der Thermospannungen.

8. Ein Temperaturregler, an dem die gewünschte Temperatur, nach
genauer Messung mit dem Kompensator (5.), von Hand eingestellt
werden kann.

9. Ein Effektrelais, von dem Temperaturregler gesteuert, das Hoch-
oder Kleineffekt einschaltet.

10. Ein Zwischentransformator.

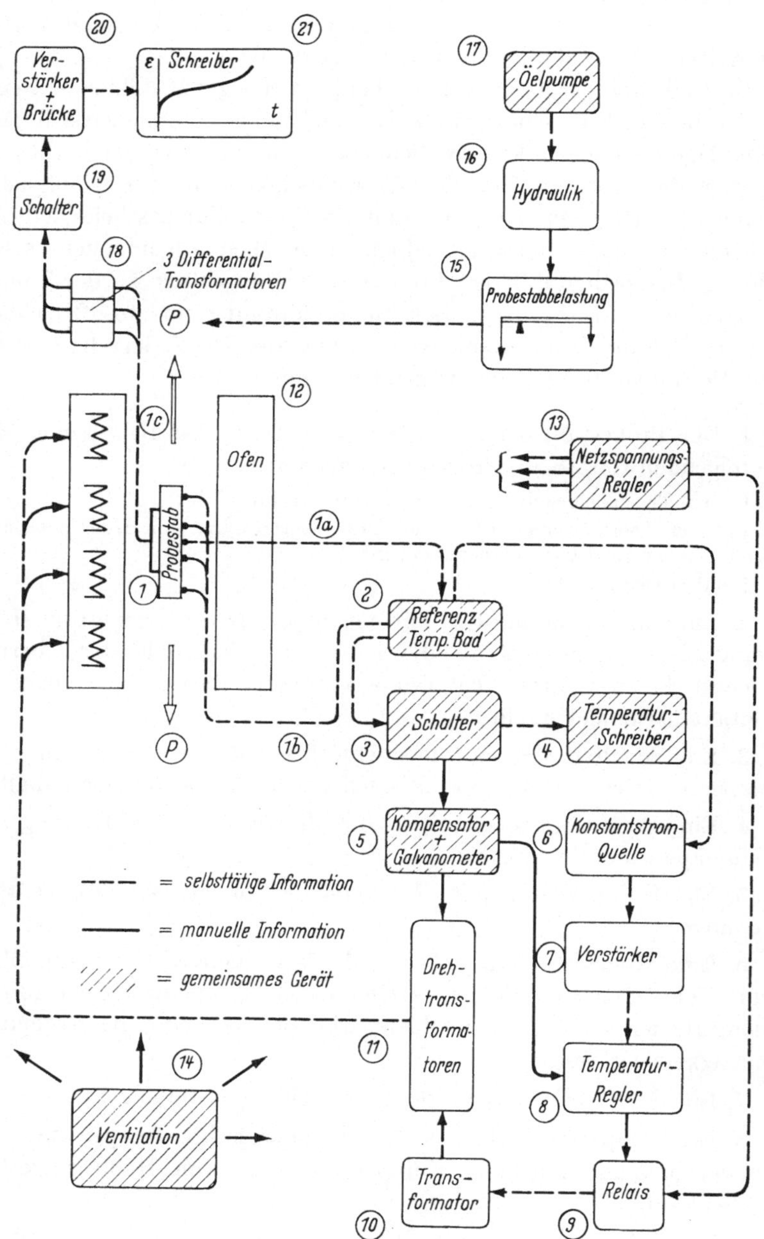

Abb. 6.2.   Blockschema einer modernen Kriechprüfanlage

11. Vier Drehtransformatoren, die den regulierten Effekt auf die vier Ofenelemente verteilen. Diese Transformatoren werden nach genauer Messung mit dem Kompensator (5.) derart von Hand eingestellt, daß die Temperatur des Probestabes in axialer Richtung möglichst konstant gehalten wird.

12. Ein Rohrofen mit vier verschiedenen Stromschleifen, die es ermöglichen, den axialen Temperaturgradienten hinreichend klein zu halten.

13. Ein Netzspannungsregeler für Öfen und Instrumente, der genaue Regelungen und Messungen ermöglicht.

14. Eine Ventilationsanlage, mit der die Zimmertemperatur je nach Ansprüchen konstant gehalten wird. Dies ist bei genauen Messungen unentbehrlich (vgl. hierzu Abschn. 19.2).

15. Eine Belastungsanordnung, die das Konstanthalten der Probestabbelastung während des Kriechens ermöglicht. Es kann vorkommen, daß die stetige Verlängerung des Probestabes ein Nachstellen des Hebelsystems erfordert.

16. Eine hydraulische Anlage, die für eine wohldefinierte Lastaufbringung benutzt wird.

17. Eine Ölpumpe, die einen pulsationsfreien Öldruck liefert.

18. Drei elektrische Verschiebungsfühler, z. B. Differentialtransformatoren. Für die vollständige Bestimmung des Dehnungszustandes sind drei solche Fühler notwendig.

19. Ein Schalter der die verschiedenen Dehnungsfühler an einen Linienschreiber (21.) derart anzuschließen gestattet, daß sowohl Summe wie Differenz der Ausschläge ermittelt werden können.

20. Eine Kompensatorbrücke und ein Verstärker für die Meßspannung der Dehnungsfühler.

21. Ein Linienschreiber für die stetige Registrierung des Dehnungsverlaufes. Eine umschaltbare Papiergeschwindigkeit ermöglicht dabei die genaue Registrierung des Primärverlaufes sowie des Sekundärverlaufes und des endgültigen Kriechbruches.

Verzichtet man auf eine selbsttätige Dehnungsmessung, können statt der Differentialtransformatoren andere Geräte benutzt werden. Solche wurden von SIEBEL 1955 beschrieben, und umfassen rein mechanische sowie auch mechanisch-optische und andere Systeme. Es sei aber hier erwähnt, daß Widerstands-Meßstreifen für Kriechmessungen ungeeignet sind, da der Klebestoff bei den hier vorkommenden Temperaturen häufig selbst ein gewisses Kriechen aufweist. Die Dehnung des Meßstreifens wird dadurch kleiner als die des Probestabes. Darüber hinaus kommen häufig metallurgische Veränderungen des Meßstreifenstoffes vor, die die stetige Änderung ihrer Resistivität bewirken.

Eine gewöhnliche Form der Probestäbe für einachsige Zugversuche geht aus Abb. 6.3 hervor. Bei einachsigen Druckversuchen werden meistens ziemlich kurze zylindrische Stäbe als Probestücke benutzt. Zweiachsiges Kriechen wird häufig mit gleichzeitig zug- und drehbelasteten Rohren studiert; vgl. hierzu JOHNSON 1940—1961. Es sind auch zweiachsig zugbelastete dünne Scheiben für diesen Zweck benutzt worden, JOHNSON 1951.

Bei einem sogenannten Relaxationsversuch (vgl. Kap. 18) wird die Länge des Probestabes konstant gehalten und die zeitliche Abnahme der Spannung gemessen. Eine automatische Relaxationsprüfmaschine wurde schon von BOYD 1937 beschrieben; vgl. hierzu auch die oben zitierten Werke von SMITH 1950 und SIEBEL 1955.

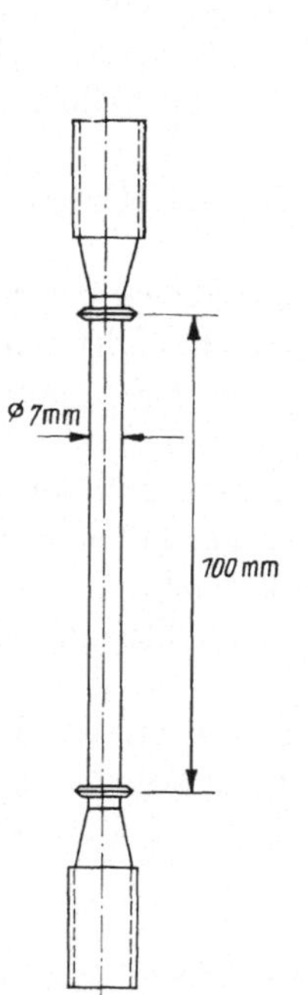

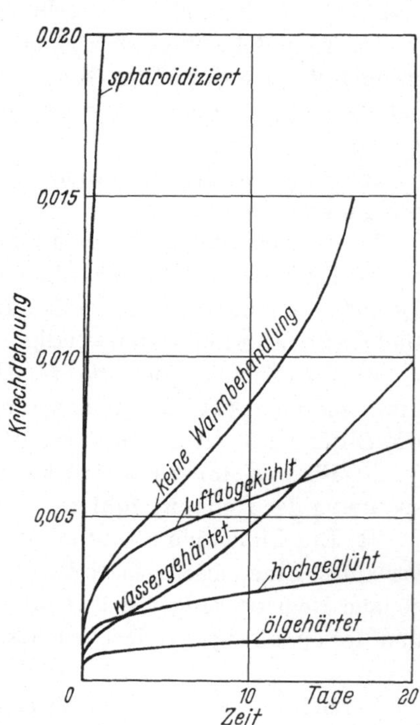

Abb. 6.3. Probestab für Kriechversuche bei einachsigem Zug. Die Flanschen dienen zum Befestigen der Dehnungsmeßgeräte

Abb. 6.4. Einwirkung der Warmbehandlung bei einem C-Mo-Stahl (JENKINS, TAPSELL, MELLOR und JOHNSON)

6.2 Fehlerquellen und Meßgenauigkeiten

Bei Kriechversuchen zeigen die Versuchsergebnisse im allgemeinen eine große Streuung auf. Die Reproduzierbarkeit ist viel kleiner als bei z. B. gewöhnlichen Festigkeitsversuchen, wo Elastizitätsmodul, Streckgrenze, Zugfestigkeit u. dgl. bestimmt werden. Da die Kriecheigenschaften metallischer Werkstoffe von ihrer Zusammensetzung und Herstellungsmethode sehr stark abhängig sind, können nur Ergebnisse mit identisch gleichen Probestäben unmittelbar verglichen werden. Die Einwirkung der Wärmebehandlung bei einem C-Mo-Stahl geht aus Abb. 6.4 hervor; vgl. SMITH 1950, wo auch andere Beispiele der Einwirkung vom Gefüge zu finden sind.

Wir werden hier auf die gefügeabhängige Streuung nicht weiter eingehen, sondern wenden uns nur der von dem Prüfungsverfahren selbst abhängigen Streuung zu. Ein Beispiel zeigt Abb. 6.5. Diese stellt sieben Kriechkurven dar, die in sieben verschiedenen Kriechprüflaboratorien mit identisch gleichen Probestäben erhalten wurden (ASTM 1938). Wie

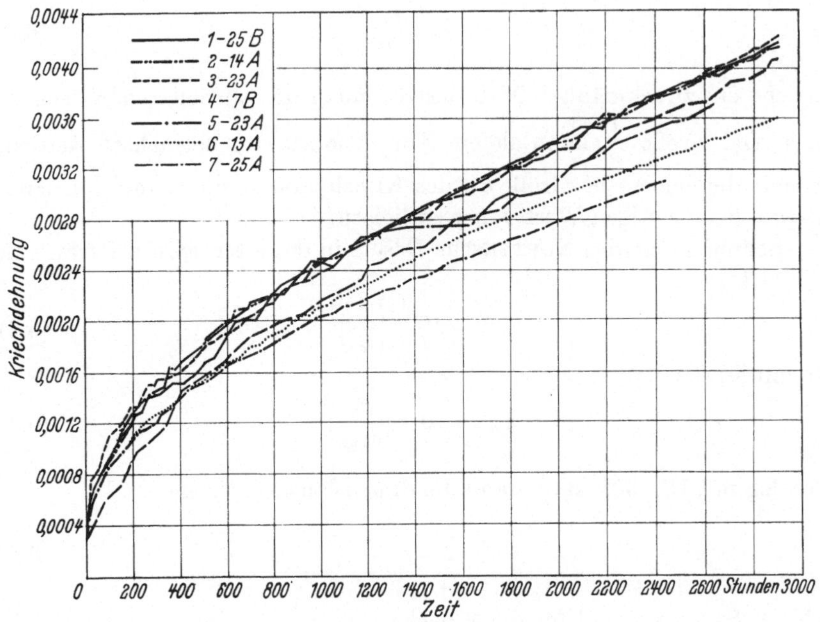

Abb. 6.5.   Streuung bei Kriechversuchen mit identisch gleichen Probestäben (ASTM 1938)

wir unten sehen werden, kommen bei Kriechversuchen eine Reihe von Fehlerquellen vor, die alle eine Streuung der Versuchsergebnisse bewirken. In einigen Fällen kann die Streuung mit verbesserten Prüfungsmethoden vermindert werden, in anderen Fällen aber nicht. In letzteren handelt es sich also um eine im Probestab selbst steckende Eigenschaft.

Der stationäre Kriechzustand kann im allgemeinen mittels des NORTONschen Gesetzes, Gl. (4.6), beschrieben werden. Wenn man die Stoffwerte k und n aus einigen Reihen von Kriechversuchen gemäß Abschn. 4.1 berechnet, findet man häufig eine viel größere Variation bei k als bei n. Wir werden daher im folgenden die experimentell gefundene Streuung der Kriechgeschwindigkeiten im stationären Zustand als eine Variation bei k ausdrücken.

Bei einem Kriechversuch wird eine stationäre Kriechgeschwindigkeit $\dot{\varepsilon}_m$ sowie eine Spannung σ_m gemessen. Die Größen $\dot{\varepsilon}_m$ und σ_m sind im allgemeinen von den wirklichen Größen $\dot{\varepsilon}$ und σ verschieden. Mittels der Beziehung

$$\dot{\varepsilon}_m = k_m\, \sigma_m^n \tag{6.1}$$

die mit dem Nortonschen Gesetz (4.6) an Form übereinstimmt, wird dann der gemessene Wert k_m von k definiert. Die Variation der dimensionslosen Größe

$$\varkappa = \frac{k_m}{k} \tag{6.2}$$

macht ein zweckmäßiges Maß der Streuung des stationären Kriechens aus. Die Größe $\dfrac{1}{\varkappa}$ kann als ein Korrektionsfaktor betrachtet werden, womit die gemessene Größe k_m des Kriechparameters zu multiplizieren ist um den richtigen Wert von k zu liefern.

Schreibt man das Nortonsche Gesetz in der alternativen Form, vgl. Gl. (4.12)

$$\dot{\varepsilon} = 10^{-\mu} \left(\frac{\sigma}{\sigma_{c\mu}}\right)^n \tag{6.3}$$

so gilt statt Gl. (6.1)

$$\dot{\varepsilon}_m = 10^{-\mu} \left(\frac{\sigma_m}{\sigma_{c\mu m}}\right)^n . \tag{6.4}$$

Analog mit Gl. (6.2) kann dann die dimensionslose Größe

$$\zeta = \frac{\sigma_{c\mu m}}{\sigma_{c\mu}} \tag{6.5}$$

als ein Streuungsmaß für die Kriechgrenze $\sigma_{c\mu}$ benutzt werden. Gerade wie oben kann $\dfrac{1}{\zeta}$ als ein Korrektionsfaktor betrachtet werden. Aus Gl. (4.11) erhält man die Beziehung

$$\zeta = \varkappa^{-\frac{1}{n}} . \tag{6.6}$$

Schreiben wir

$$\varkappa = 1 + \Delta \tag{6.7}$$

wo also Δ einen Fehler bedeutet, so gilt im Falle $\Delta \ll 1$

$$\zeta = 1 - \frac{1}{n} \cdot \Delta + O\left(\Delta^2\right) . \tag{6.8}$$

Der Fehler an der gemessenen Kriechgrenze $\sigma_{c\mu}$ ist also bei nichtlinearem Kriechen immer kleiner als derjenige am gemessenen Kriechparameter k. Wir werden nun auf die numerische Berechnung dieser Größen näher eingehen, und richten uns dabei hauptsächlich auf $\varkappa$ ein, die bei diesen Rechnungen in erster Linie bestimmt wird. Nachträglich kann dann die Größe ζ aus Gl. (6.6) berechnet werden.

a) Meßfehler der Probestababmessungen

Der wirkliche Durchmesser eines kreiszylindrischen Probestabes sei

$$d = d_m \, (1 + \delta) \tag{6.9}$$

wo d_m der gemessene Durchmesser und δ einen Meßfehler bedeutet. Wir nehmen hier $\delta \ll 1$ an, d. h. es handelt sich um einen kleinen Meßfehler. Für die wirkliche Spannung erhält man

$$\sigma = \sigma_m \cdot \frac{1}{(1 + \delta)^2} \tag{6.10}$$

woraus sich

$$\varkappa = \frac{1}{(1 + \delta)^{2\,n}} = 1 - 2\,n\delta + O\,(\delta^2) \tag{6.11}$$

und

$$\zeta = (1 + \delta)^2 = 1 + 2\delta + O(\delta^2) \tag{6.12}$$

ergeben.

Beispiel: Aus einigen Kriechversuchen mit kreiszylindrischen Probestäben ($d_m = 10{,}0$ mm) erhielt man $n = 5$, $k_m = 2 \cdot 10^{-9}$ kg^{-5} mm^{10} St.$^{-1}$. Der wirkliche Durchmesser war $d = 9{,}9$ mm. Man berechne den wirklichen Wert von k.

Aus Gl. (6.9) folgt $\delta = -0{,}01$ womit $\varkappa \simeq 1{,}10$. Der wirkliche Wert von k ist also

$$k = \frac{1}{1{,}10} \cdot 2 \cdot 10^{-9} = 1{,}82 \cdot 10^{-9} \, \text{kg}^{-5} \, \text{mm}^{10} \, \text{St}^{-1} \, .$$

Ein Meßfehler von $1\,\%$ am Durchmesser bewirkt also einen Fehler von $10\,\%$ am Kriechparameter k. Der Fehler in der Kriechgrenze $\sigma_{c\mu}$ aber beträgt nur $2\,\%$.

b) Konstanter Fehler der Belastung

Die wirkliche Last am Probestabe sei

$$P = P_m \, (1 + \delta) \tag{6.13}$$

wo P_m die gemessene Last und δ einen kleinen Meßfehler bedeutet. Es folgt dann

$$\varkappa = (1 + \delta)^n = 1 + n\delta + O(\delta^2) \qquad (6.14)$$

und

$$\zeta = \frac{1}{1+\delta} = 1 - \delta + O(\delta^2) \,. \qquad (6.15)$$

In diesem sowie dem vorigen Falle wird also der Fehler der berechneten Größe des Kriechparameters k zu δ angenähert proportional.

c) Schwankungen der Belastung

Wir nehmen an, daß die Spannung am Probestabe gemäß Abb. 6.6 zeitlich variiert. Die wirkliche durchschnittliche Kriechgeschwindigkeit wird dann

$$\bar{\dot{\varepsilon}} = k\sigma_0^n \cdot \frac{1}{2}\left[(1 + \delta)^n\right.$$
$$\left. + (1 - \delta)^n\right] \,. \qquad (6.16)$$

Schreiben wir sie, nach Gl. (6.1), als

$$\bar{\dot{\varepsilon}} = k_m \, \sigma_0^n \qquad (6.17)$$

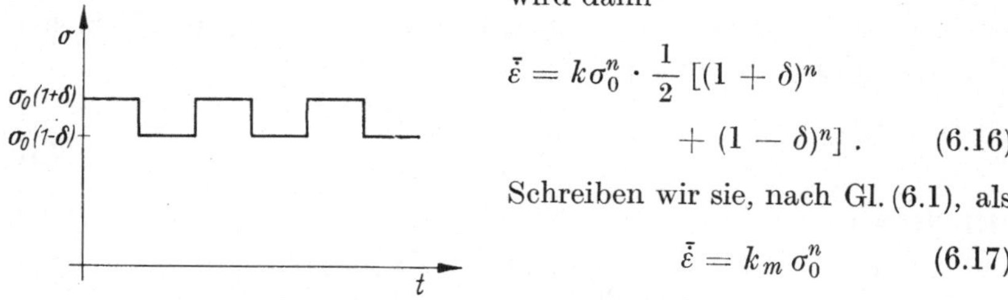

Abb. 6.6. Stufenförmig schwankende Belastung so folgt gemäß Gl. (6.2)

$$\varkappa = \frac{1}{2}\left[(1 + \delta)^n + (1 - \delta)^n\right] = 1 + \frac{1}{2}\,n\,(n - 1)\,\delta^2 + O(\delta^4) \,. \quad (6.18)$$

Im Falle $n = 1$ gilt $\varkappa = 1$, d. h. bei linear viskoelastischem Kriechen sind derartige Belastungsschwankungen ohne Einfluß auf die Bestimmung des Kriechparameters k. Bei nichtlinearem Kriechen entsteht aber ein Fehler am Kriechparameter k. Es sei bemerkt, daß dieser Fehler zu δ^2 proportional ist.

Bei sinusförmigen Belastungsschwankungen

$$\sigma = \sigma_0 \, (1 + \delta \sin \omega t) \qquad (6.19)$$

erhält man statt Gl. (6.18); vgl. HOFF 1960

$$\varkappa = \frac{1}{2\pi} \int\limits_0^\pi \left[(1 + \delta \sin \omega t)^n + (1 - \delta \sin \omega t)^n\right] d\,(\omega t) =$$

$$= 1 + \frac{1}{4}\,n\,(n - 1)\,\delta^2 + O(\delta^4) \,. \qquad (6.20)$$

Dieser Ausdruck ist von gerade demselben Aufbau wie Gl. (6.18). Der Fehler ist aber hier halb so groß.

Beispiel: Mit $n = 5$ und $\delta = 0{,}01$ folgt aus Gl. (6.20) $\varkappa = 1{,}0005$, d. h. der Fehler wird kleiner als $1^0/_{00}$.

Betreffend das Verhalten der metallischen Werkstoffe bei wechselnder Belastung, siehe ferner HEMPEL und TILLMANNS 1936, BERNHARDT und HANEMAN 1938, LAZAN 1949 und WEISSMANN, PAO und MARIN 1954.

d) Exzentrizität des Lastangriffes

Wird die Zugkraft am Probestabe nicht sehr genau zentriert, so entstehen außer den reinen Zugspannungen im Stabe auch Biegespannungen, die die Ergebnisse des Kriechversuches beeinflussen. Der Einfachheit halber betrachten wir erst den Stab von Abb. 6.7. Sein Querschnitt geht aus Abb. 6.7 b hervor und besteht hauptsächlich nur aus zwei dünnen Flanschen. Ein derartiger Querschnitt wird im folgenden öfters betrachtet werden und in diesem Buche als idealisierter H-Querschnitt bezeichnet. Der Spannungszustand dieses Stabes kann durch die Spannungen σ_a und σ_i der Außen- bzw. Innenflaschen hinreichend genau charakterisiert werden; man vergleiche hierzu Abschn. 8.1 und 21.2. Mit den Bezeichnungen von Abb. 6.7 erhält man die Gleichgewichtsbedingungen

$$\begin{cases} \sigma_i \dfrac{A}{2} + \sigma_a \dfrac{A}{2} = P \\[2mm] \sigma_i \dfrac{A}{2}\dfrac{H}{2} - \sigma_a \dfrac{A}{2}\dfrac{H}{2} = P \cdot e \end{cases}$$

woraus folgen die Flanschspannungen

$$\begin{cases} \sigma_i = \sigma_m \left(1 + \dfrac{2\,e}{H}\right) \\[2mm] \sigma_a = \sigma_m \left(1 - \dfrac{2\,e}{H}\right). \end{cases} \tag{6.21}$$

Hier bedeutet

$$\sigma_m = \frac{P}{A} \tag{6.22}$$

die gemessene durchschnittliche Spannung. Die entsprechenden Kriechgeschwindigkeiten der beiden Flanschen sind gemäß Gl. (4.6)

$$\begin{cases} \dot{\varepsilon}_i = k\,\sigma_m^n \left(1 + \dfrac{2\,e}{H}\right)^n \\[2mm] \dot{\varepsilon}_a = k\,\sigma_m^n \left(1 - \dfrac{2\,e}{H}\right)^n. \end{cases} \tag{6.23}$$

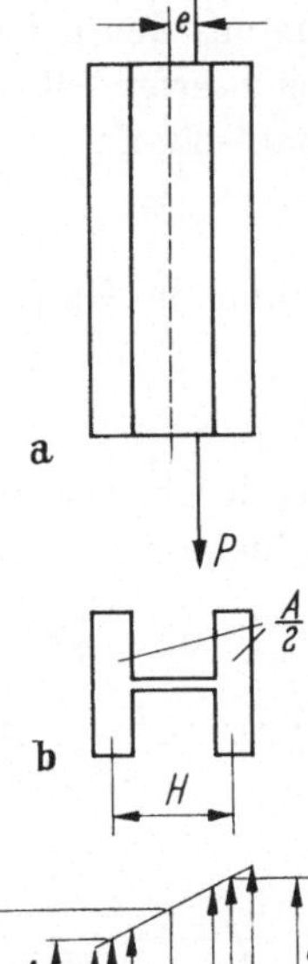

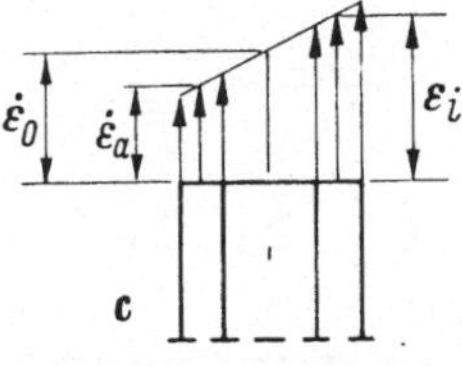

Abb. 6.7. Exzentrischer Lastangriff bei idealisiertem H-Querschnitt

Die gemessene durchschnittliche Kriechgeschwindigkeit beträgt also, vgl. Abb. 6.7 c

$$\dot{\varepsilon}_0 = \frac{1}{2}\,(\dot{\varepsilon}_i + \dot{\varepsilon}_a) = k\sigma_m^n \cdot \frac{1}{2}\left[\left(1 + \frac{2\,e}{H}\right)^n + \left(1 - \frac{2\,e}{H}\right)^n\right]. \tag{6.24}$$

Schreiben wir, wie vorher,

$$\dot{\varepsilon}_0 = k_m\,\sigma_m^n \tag{6.25}$$

so folgt gemäß Gl. (6.02); vgl. Isaksson 1957

$$\varkappa = \frac{1}{2}\left[\left(1 + \frac{2\,e}{H}\right)^n + \left(1 - \frac{2\,e}{H}\right)^n\right] = 1 + 2\,n\,(n-1)\,\frac{e^2}{H^2} + O\left(\frac{e^4}{H^4}\right). \tag{6.26}$$

Beispiel: Mit $n = 5$, $e = 1$ mm, $H = 10$ mm folgt aus Gl. (6.26) $\varkappa = 1{,}4$, d. h. der Fehler am Kriechparameter k beträgt dann sogar 40 %. Auch bei sehr kleinen Exzentrizitäten e entstehen also ziemlich große Fehler.

Die Größe e kann im allgemeinen nicht einfach bestimmt werden. Ein zweckmäßigeres Maß der Exzentrizität bietet dagegen die Größe

$$\Theta = \frac{\dot{\varepsilon}_i - \dot{\varepsilon}_a}{2\,\dot{\varepsilon}_0} = \frac{\dot{\varepsilon}_i - \dot{\varepsilon}_a}{\dot{\varepsilon}_i + \dot{\varepsilon}_a} \tag{6.27}$$

die aus den gemessenen Kriechgeschwindigkeiten der beiden Flanschen leicht ermittelt werden kann. Mit Rücksicht auf die Gln. (6.23) bekommt man sodann

$$\Theta = 2\,n \cdot \frac{e}{H} + O\left(\frac{e^2}{H^2}\right) \tag{6.28}$$

womit die Gl. (6.26) als

$$\varkappa = 1 + \frac{n-1}{2\,n} \cdot \Theta^2 + O\,(\Theta^4) \tag{6.29}$$

geschrieben werden kann. Der Parameter Θ macht hier ein Maß der Schiefheit der Kriechgeschwindigkeitsverteilung aus.

Es ist vorteilhaft, eine ähnliche Betrachtungsweise auch bei einem willkürlichen Querschnitt zu benutzen. Beim Querschnitt von Abb. 6.8 schreiben wir daher die Kriechgeschwindigkeit in einem willkürlichen Punkte als

$$\dot{\varepsilon} = \dot{\varepsilon}_0\left(1 + 2\,\Theta_1\frac{\xi}{H_1} + 2\,\Theta_2\frac{\eta}{H_2}\right). \tag{6.30}$$

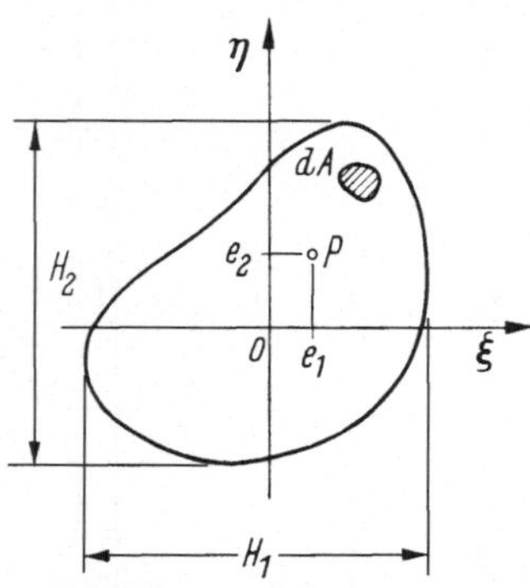

Abb. 6.8. Exzentrischer Lastangriff bei allgemeinem Querschnitt

Es bedeutet hier $\dot{\varepsilon}_0$ die Kriechgeschwindigkeit am Koordinatenursprung. Die Größen H_1 und H_2 gehen aus Abb. 6.8

hervor, und die Koordinatenachsen 0ξ und 0η fallen mit den Hauptträgheitsachsen des Querschnittes zusammen.

Die entsprechende Spannungsverteilung folgt aus Gl. (4.6)

$$\sigma = k^{-\frac{1}{n}}\,\dot{\varepsilon}_0^{\,\frac{1}{n}}\left(1 + 2\,\Theta_1\frac{\xi}{H_1} + 2\,\Theta_2\frac{\eta}{H_2}\right)^{\frac{1}{n}}. \qquad (6.31)$$

Es sind die drei Größen $\dot{\varepsilon}_0$, Θ_1 und Θ_2 noch unbekannt. Sie können aber mittels der drei Gleichgewichtsbedingungen

$$\begin{cases} \displaystyle\int \sigma\,dA = P \\[2mm] \displaystyle\int \sigma\xi\,dA = P \cdot e_1 \\[2mm] \displaystyle\int \sigma\eta\,dA = P \cdot e_2 \end{cases} \qquad (6.32)$$

bestimmt werden. Bei kleinen Schiefheiten Θ_1 und Θ_2 schreibt man den Ausdruck (6.31) als eine Potenzreihe nach Θ_1 und Θ_2. Mit

$$\dot{\varepsilon}_0 = k_m\left(\frac{P}{A}\right)^n \qquad (6.33)$$

und nach Einführung der Trägheitsradien

$$r_1 = \sqrt{\frac{1}{A}\int \xi^2\,dA}\;; \qquad r_2 = \sqrt{\frac{1}{A}\int \eta^2\,dA} \qquad (6.34)$$

erhält man dann

$$\begin{cases} \displaystyle \varkappa = 1 + \frac{2\,(n-1)}{n}\cdot\left(\Theta_1^{\,2}\frac{r_1^{\,2}}{H_1^{\,2}} + \Theta_2^{\,2}\frac{r_2^{\,2}}{H_2^{\,2}}\right) + O\left(\Theta_1^{\,4},\,\Theta_1^{\,2}\Theta_2^{\,2},\,\Theta_2^{\,4}\right) & (6.35) \\[4mm] \displaystyle \Theta_1 = \frac{n}{2}\frac{e_1\,H_1}{r_1^{\,2}} + O\left(\frac{e_1^{\,2}}{r_1^{\,2}}\right) & (6.36) \\[4mm] \displaystyle \Theta_2 = \frac{n}{2}\frac{e_2\,H_2}{r_2^{\,2}} + O\left(\frac{e_2^{\,2}}{r_2^{\,2}}\right). & (6.37) \end{cases}$$

Nach Elimination von Θ_1 und Θ_2 folgt der alternative Ausdruck

$$\varkappa = 1 + \frac{n\,(n-1)}{2}\cdot\left(\frac{e_1^{\,2}}{r_1^{\,2}} + \frac{e_2^{\,2}}{r_2^{\,2}}\right) + O\left(\frac{e_1^{\,4}}{r_1^{\,4}},\,\frac{e_1^{\,2}e_2^{\,2}}{r_1^{\,2}r_2^{\,2}},\,\frac{e_2^{\,4}}{r_2^{\,4}}\right). \qquad (6.38)$$

Bei einem einfach symmetrischen Querschnitt, der in seiner Symmetrieebene belastet wird, erhält man speziell, vgl. Abb. 6.9

$$\begin{aligned} \varkappa &= 1 + \frac{2\,(n-1)}{n}\cdot\Theta^2\frac{r^2}{H^2} + O\left(\Theta^4\right) \\[2mm] &= 1 + \frac{n\,(n-1)}{2}\cdot\frac{e^2}{r^2} + O\left(\frac{e^4}{r^4}\right). \end{aligned} \qquad (6.39)$$

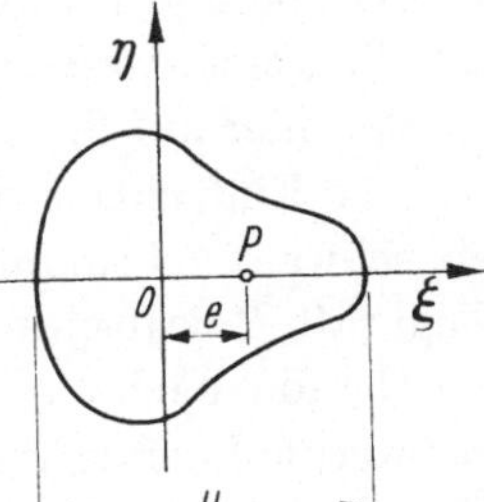

Abb. 6.9. Exzentrischer Lastangriff bei einfach symmetrischem Querschnitt

Hier bedeutet r den Trägheitsradius in bezug auf die Achse 0η. Beim Querschnitt von Abb. 6.7 b ist $r = \dfrac{H}{2}$ und man erhält dann wieder den Ausdruck (6.26). Im Falle eines rechteckigen Querschnittes nach Abb. 6.10 ist $r = \dfrac{H}{2\sqrt{3}}$, und es folgt

$$\varkappa = 1 + \frac{n-1}{6\,n}\,\Theta^2 + O\,(\Theta^4) = 1 + 6\,n\,(n-1)\cdot\frac{e^2}{H^2} + O\left(\frac{e^4}{H^4}\right). \tag{6.40}$$

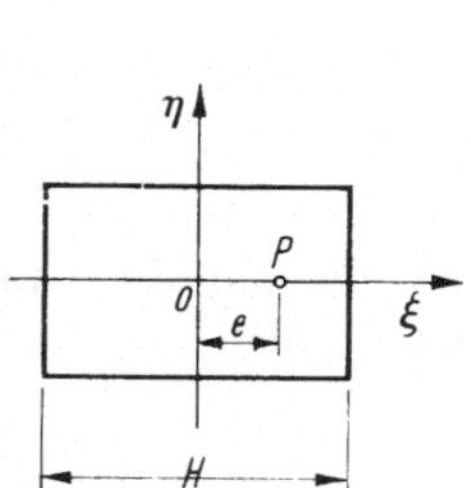

Abb. 6.10.   Exzentrischer Lastangriff
bei rechteckigem Querschnitt

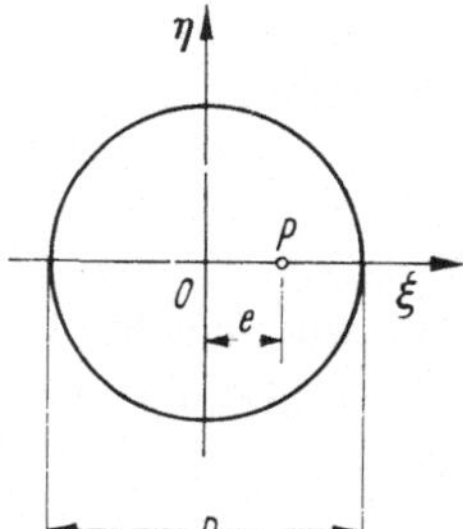

Abb. 6.11.   Exzentrischer Lastangriff
bei kreisförmigem Querschnitt

Beim kreisförmigen Querschnitt von Abb. 6.11 gilt $r = \dfrac{D}{4}$ und es folgt sofort

$$\varkappa = 1 + \frac{n-1}{8\,n}\,\Theta^2 + O\,(\Theta^4) = 1 + 8\,n\,(n-1)\,\frac{e^2}{D^2} + O\left(\frac{e^4}{D^4}\right). \tag{6.41}$$

Die oben gegebenen für einen allgemeinen Querschnitt gültigen, jedoch nur angenäherten Ausdrücke für $\varkappa$, Gl. (6.35) und (6.38), wurden erstmalig von MELLGREN 1959a hergeleitet, der auch die genauen Größen von $\varkappa$ bei einigen Querschnitten berechnete; vgl. hierzu ISAKSSON 1957 und HOFF 1960.

Die Biegespannungen eines exzentrisch belasteten Stabes bewirken eine Biegedeformation derart, daß die Exzentrizität stetig abnimmt. Die Größe $\varkappa - 1$ wird also während des Kriechens immer kleiner, was für die Genauigkeit des Kriechversuches natürlich vorteilhaft ist. Wir werden hier auf die zeitliche Veränderung von $\varkappa$ etwas näher eingehen.

Der Einfachheit halber betrachten wir den Fall von Abb. 6.12, wo ein schwach gekrümmter Stab mit idealisiertem H-Querschnitt durch die Zugkraft P beansprucht wird.

Gerade nach der Kraftauferlegung ist eine Ausbiegung $w_0(x)$ der Schwerpunktslinie vorhanden. Wir suchen die Ausbiegung während des Kriechens, $w(x, t)$, zu bestimmen. Diese Aufgabe erinnert stark an die später zu behandelnde Kriechknickungsaufgabe eines gedrückten Stabes. In Abschn. 21.2b wird eine Differentialgleichung für die entsprechende Ausbiegungsfunktion hergeleitet werden. Nach einer kleinen Änderung,

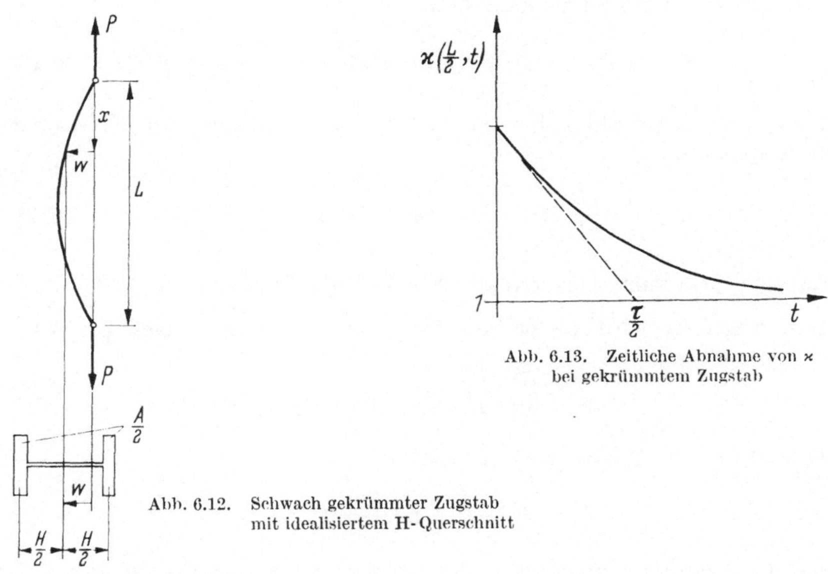

Abb. 6.13. Zeitliche Abnahme von $\varkappa$ bei gekrümmtem Zugstab

Abb. 6.12. Schwach gekrümmter Zugstab mit idealisiertem H-Querschnitt

die sich auf das Vorzeichen der Kraft P bezieht, erhalten wir die hier geltende, der Gl. (21.78) entsprechende, Differentialgleichung

$$\frac{\partial^2 \delta}{\partial \xi^2} - \frac{\sigma_m}{\sigma_E} \dot{\delta} = \Pi \left[(1 + \delta)^n - (1 - \delta)^n \right] . \tag{6.42}$$

Es gelten dabei die folgenden Bezeichnungen

$$\delta = \frac{2w}{H}, \quad \xi = \frac{\pi x}{L}, \quad \sigma_m = \frac{P}{A}, \quad \sigma_E = \frac{\pi^2 E H^2}{4 L^2}, \quad \Pi = \frac{1}{2} \frac{E}{\sigma_E} k \sigma_m^n . \tag{6.43}$$

Wir nehmen nun an, daß die Ausbiegung gerade nach der Kraftauferlegung die Form

$$\delta_0(\xi) = \Delta_0 \sin \xi \tag{6.44}$$

besitzt, wo $\Delta_0 \ll 1$ gilt. Schreiben wir die Lösung als

$$\delta(\xi, t) = \Delta(t) \sin \xi \tag{6.45}$$

so erhält man nach Reihenentwicklung der rechten Seite von Gl. (6.42)

$$\Delta(t) = \Delta_0 \cdot e^{-\frac{t}{\tau}} \tag{6.46}$$

mit

$$\tau = \frac{\sigma_E + \sigma_m}{n E k \sigma_m^n} \, . \tag{6.47}$$

Nach Gl. (6.26) erhält man dann

$$\varkappa = \varkappa\,(x,\,t) = 1 + 2n\,(n-1)\left(\frac{w_0}{H}\sin\frac{\pi\,x}{L}\,e^{-\frac{t}{\tau}}\right)^2 \tag{6.48}$$

d. h. $\varkappa$ variiert sowohl örtlich, längs des Stabes, wie auch zeitlich. An der Stabmitte gilt

$$\varkappa\left(\frac{L}{2},\,t\right) = 1 + 2n\,(n-1)\,\frac{w_0^2}{H^2}\,e^{-\frac{2t}{\tau}} \tag{6.49}$$

und $\varkappa\left(\dfrac{L}{2},\,t\right)$ nimmt also gemäß Abb. 6.13 ab. Bei nicht zu großen Zugspannungen σ_m wird die Zeitkonstante des Abnehmens nach Gl. (6.47)

$$\frac{\tau}{2} = \frac{\pi^2}{8\,n} \cdot \frac{H^2}{L^2} \cdot \frac{1}{\dot{\varepsilon}_0} = \frac{\pi^2}{2\,n} \cdot \frac{1}{\lambda^2} \cdot \frac{1}{\dot{\varepsilon}_0} \, . \tag{6.50}$$

Es sind hier die Schlankheit des Stabes

$$\lambda = L : \frac{H}{2} \tag{6.51}$$

und die Kriechgeschwindigkeit des entsprechenden geraden Stabes

$$\dot{\varepsilon}_0 = k\,\sigma_m^n \tag{6.52}$$

eingeführt worden. Mit $\lambda = 100$, $n = 5$ und $\dot{\varepsilon}_0 = 10^{-6}\,\text{St.}^{-1}$ folgt $\dfrac{\tau}{2} \simeq 100\,\text{St.}$

Im Falle eines ursprünglich geraden Stabes mit konstanter Exzentrizität längs der Stabachse folgt ein ähnliches Abnehmen der Größe $\varkappa$. Genaue Berechnungen der Zeitkonstante in einigen verschiedenen Fällen wurden von ISAKSSON 1957 und MELLGREN 1959a durchgeführt. Sie wird immer zu λ^2 umgekehrt proportional, was das Benutzen von schlanken Probestäben begünstigt.

e) Inhomogenitäten des Werkstoffes

Es ist zu erwarten, daß inhomogene Kriecheigenschaften, d. h. eine örtliche Variation des Kriechparameters k, bei nichtlinearem Kriechen ähnlich wie eine exzentrische Belastung die Kriechversuche beeinflussen.

Betrachten wir noch einmal den Querschnitt von Abb. 6.7b. Außer der Exzentrizität nehmen wir nun auch eine Variation von k an, derart, daß in den beiden Flanschen k die Werte k_a bzw. k_i besitzt.

Statt der Gl. (6.23) gelten hier

$$\begin{cases} \dot{\varepsilon}_i = k_i\,\sigma_m^n\left(1 + \frac{2\,e}{H}\right)^n \\[2ex] \dot{\varepsilon}_a = k_a\,\sigma_m^n\left(1 - \frac{2\,e}{H}\right)^n. \end{cases} \tag{6.53}$$

Bei kleinen Werten von $\frac{e}{H}$ erhält man dann gerade wie oben

$$k_m = \frac{1}{2}\,(k_i + k_a) + (k_i - k_a)\,n\,\frac{e}{H} + (k_i + k_a)\,n\,(n-1)\,\frac{e^2}{H^2} + O\left(\frac{e^3}{H^3}\right). \tag{6.54}$$

Im Falle zentrischen Lastangriffes, d. h. mit $e = 0$, folgt $k_m = k_m^0 = \frac{1}{2}\,(k_i + k_a)$. Mit der Bezeichnung

$$\varkappa = \frac{k_m}{k_m^0} \tag{6.55}$$

folgt dann aus Gl. (6.54)

$$\varkappa = 1 + d \cdot 2\,n\,\frac{e}{H} + 2\,n\,(n-1)\,\frac{e^2}{H^2} + O\left(\frac{e^3}{H^3}\right). \tag{6.56}$$

Hier ist

$$d = \frac{k_i - k_a}{k_i + k_a} \tag{6.57}$$

ein dimensionsloses Maß der Inhomogenität des Kriechparameters k.

Man sieht, daß der Einfluß eines exzentrischen Kraftangriffes wegen der Inhomogenität vergrößert wird, da der Ausdruck (6.56) gegenüber dem Ausdruck (6.26) auch ein zu der Exzentrizität proportionales Glied enthält.

Aus den Gln. (6.27) und (6.53) folgt die Schiefheit der Kriechgeschwindigkeitsverteilung bei kleinen Werten von d und e

$$\Theta = d + 2\,n\,\frac{e}{H} + O\left(\frac{e^2}{H^2}\right). \tag{6.58}$$

Homogene Kriechgeschwindigkeit, d. h. $\Theta = 0$, entspricht also hier einer gewissen Exzentrizität

$$e = -\frac{1}{2\,n} \cdot H\,d \tag{6.59}$$

womit folgt

$$\varkappa = 1 - \frac{n+1}{2\,n} \cdot d^2 + O\,(d^4). \tag{6.60}$$

5*

Im Falle eines inhomogenen Werkstoffes entsteht also hier, obwohl $\Theta = 0$ ist und also anscheinend alle möglichen meßtechnischen Maßnahmen vorgenommen sind, ein Fehler bei der Bestimmung vom durchschnittlichen Wert von k.

Der Fall eines allgemeinen Querschnittes wurde von ODQVIST und MELLGREN 1958 behandelt. Dort finden sich auch numerische Beispiele der Einwirkung von inhomogenen Kriecheigenschaften bei gleichzeitigem exzentrischem Kraftangriff.

f) Langsame Temperaturvariationen

Die selbsttätige Temperaturregelung eines Kriechprüfofens verursacht periodische Temperaturschwankungen. Die Temperatur variiert zwischen den Grenzen $T_m - T_0$ und $T_m + T_0$, wo im allgemeinen die Temperaturamplitude T_0 sehr klein ist. Charakteristische Werte sind z. B. $T_m = 600°\,\mathrm{C}$, $T_0 = 1°\,\mathrm{C}$. Wenn die Schwankungen sehr langsam vorgehen, gilt angenähert, daß die Temperatur überall im Probestabe in jedem Augenblicke gleich der gemessenen Temperatur ist. Da der Kriechparameter k temperaturabhängig ist, entstehen periodische Schwankungen der Kriechgeschwindigkeit. Wir werden hier unter Annahme einer gewissen Temperaturvariation die durchschnittliche Kriechgeschwindigkeit berechnen.

Wir nehmen dabei erst eine Temperaturvariation nach Abb. 6.14 an. Die Temperaturabhängigkeit des Kriechparameters k kann mit guter Annäherung als

$$k = k_0 \cdot e^{\beta T} \qquad (6.61)$$

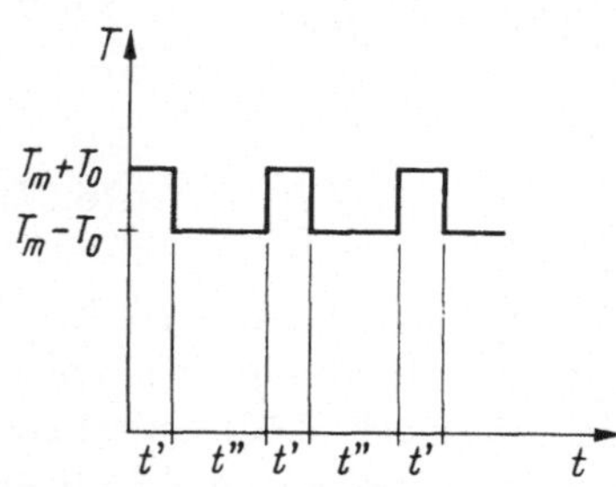

Abb. 6.14.   Stufenförmig schwankende Temperatur

geschrieben werden. Der Nullpunkt der Temperatur T ist dabei willkürlich gewählt worden, vgl. hierzu Kap. 19. Mit den Bezeichnungen von Abb. 6.14 erhält man dann die durchschnittliche Kriechgeschwindigkeit

$$\bar{\varepsilon} = \frac{t'\, k_0\, e^{\beta\,(T_m + T_0)}\, \sigma^n + t''\, k_0\, e^{\beta\,(T_m - T_0)}\, \sigma^n}{t' + t''} . \qquad (6.62)$$

Schreibt man sie wie vorher als

$$\bar{\varepsilon} = k_m\, e^{\beta\,T_m} \cdot \sigma^n \qquad (6.63)$$

so folgt aus Gl. (6.02)

$$\varkappa = \frac{t'\, e^{\beta\,T_0} + t''\, e^{-\beta\,T_0}}{t' + t''} . \qquad (6.64)$$

Bei kleinen Temperaturamplituden gilt dann angenähert

$$\varkappa = 1 + \frac{t' - t''}{t' + t''} \cdot \beta\, T_0 + \frac{1}{2}\,\beta^2\, T_0{}^2 + O\,(\beta^3\, T_0{}^3)\,. \tag{6.65}$$

Auch im Falle $t' = t''$ entsteht also ein gewisser Fehler des gemessenen k-Wertes. Es sei bemerkt, daß die Zeitintervalle t' und t'' immer derart gewählt werden können, daß $\varkappa = 1$ gilt. Aus Gl. (6.64) folgt dann die Bedingung

$$\frac{t''}{t'} = e^{\beta\, T_0}\,. \tag{6.66}$$

Unstetige Temperaturschwankungen gemäß Abb. 6.14 kommen niemals vor, und wir betrachten daher nun die stetige Funktion

$$T = T_m + T_0 \sin \omega t\,. \tag{6.67}$$

Die durchschnittliche Kriechgeschwindigkeit wird dann

$$\bar{\varepsilon} = k_0\, e^{\beta\, T_m}\, \sigma^n \cdot \frac{1}{2\,\pi} \int_0^{2\pi} e^{\beta\, T_0 \sin \omega t}\, d\,(\omega t) \tag{6.68}$$

woraus folgt

$$\varkappa = \frac{1}{2\,\pi} \int_0^{2\pi} e^{\beta\, T_0 \sin \omega t}\, d\,(\omega t) \tag{6.69}$$

oder aber, vgl. Hoff 1960

$$\varkappa = J_0\,(i\,\beta\, T_0) = 1 + \frac{1}{4}\,\beta^2\, T_0{}^2 + O\,(\beta^4\, T_0{}^4) \tag{6.70}$$

wo J_0 die bekannte Besselfunktion nullter Ordnung bedeutet. Der Fehler wird also hier etwa halb so groß wie oben im Falle $t' = t''$, Gl. (6.65).

g) Schnelle Temperaturvariationen

Bei schnellen Temperaturvariationen entstehen, wegen der Trägheit der Wärmeleitung, Temperaturgradienten im Probestabe. Diese verursachen Wärmespannungen, die den Kriechverlauf beeinflussen. Die Berechnung dieser Einwirkung ist eine ganz komplizierte Aufgabe, die in Abschn. 19.2 nach Mellgren 1959b ausführlich behandelt werden wird. Wir begnügen uns daher hier damit, die für uns interessanten Endergebnisse wiederzugeben.

Mit den früher benutzten Bezeichnungen folgt, vgl. Gl. (19.61)

$$\varkappa = 1 + \frac{1}{48}\,(n-1)\,(n+3)\,\frac{\sigma_a{}^2}{\sigma_m{}^2} + O\!\left(\frac{\sigma_a{}^4}{\sigma_m{}^4}\right) \qquad (6.71)$$

mit

$$\sigma_a = \frac{\alpha\,E\,T_0}{1-\nu}\cdot\frac{\omega\,b^2}{8\,a}\,. \qquad (6.72)$$

Es bedeuten hier α den Wärmeausdehnungskoeffizienten, a die Temperaturleitfähigkeit und b den Radius des zylindrischen Probestabes. Die Größe σ_a ist die axiale Wärmespannungsamplitude an der Mantelfläche.

Ein numerisches Beispiel in Abschn. 19.2 zeigt, daß der Fehler wegen dieser Wärmespannungen im allgemeinen vernachlässigbar klein wird. Dort wird aber auch angedeutet, daß viel größere Fehler von mikroskopischen Wärmespannungen verursacht werden können. Solche mögen wohl ein bedeutender Beitrag zu der beobachteten Streuung bei Kriechversuchen ausmachen.

Bei technischen Kriechversuchen werden Gesamtdehnungen von 10 Prozent selten überschritten. Meistens hat man mit Gesamtdehnungen von höchstens 1 bis 2 Prozent zu tun. In der Praxis des Konstrukteurs etwa von Turbinenrotoren sind gewöhnlich die zulässigen Höchstwerte der Kriechdehnungen viel kleiner. Diese Tatsache begünstigt die in diesem Werke allgemein benutzte technische Spannungsdefinition, die sich auf den ursprünglichen Querschnitt bezieht. Ausnahmen bilden die Ausführungen in Kap. 20 über den Kriechbruch. Dort hat man mit endlichen Dehnungen zu tun; solche treten gelegentlich auch in Kap. 15 auf. Stoffgleichungen wie diejenigen von Kap. 4 beziehen sich naturgemäß auf den deformierten Körper. Im Falle endlicher Deformationen müßte man eventuell einen allgemeineren Spannungsbegriff etwa im Sinne von G. JAUMANN, vgl. PRAGER 1961, verwenden. Bei den Fragestellungen der zitierten Kapitel 15 und 20 bereitet die Vernachlässigung einer solchen Verallgemeinerung keine Schwierigkeiten.

II. Spannung und Deformation bei stationärem Kriechen

In der gewöhnlichen Festigkeitslehre kommen zwei Hauptaufgaben vor. Ein gewisser Festkörper ist von gegebenen Kräften belastet, und man wünscht überall im Körper 1. die Spannungen und 2. die Deformationen zu bestimmen, die von den äußeren Kräften hervorgerufen werden. Wie wir sehen werden, sind diese Fragestellungen nicht weit voneinander verschieden, sondern hängen stark zusammen.

Ein Konstrukteur ist häufig damit beschäftigt, die Abmessungen einer Konstruktion derart zu bestimmen, daß die im Betrieb vorkommenden Spannungen einen gewissen Höchstwert nicht überschreiten. Es handelt sich dann um die Lösung der ersten Hauptaufgabe. Bisweilen ist die Bedingung einer gewissen maximalen Deformation maßgebend. In diesem nicht so oft vorkommenden Falle handelt es sich um die zweite Hauptaufgabe.

Das Deformationsproblem tritt aber auf jeden Fall ins Blickfeld, wenn wir es mit statisch unbestimmten Konstruktionen zu tun haben. Um die Spannungsverteilung einer solchen Konstruktion bestimmen zu können, müssen die Deformationen auch bestimmt werden, und die beiden Hauptprobleme sind somit verknüpft. Dabei wurde bis jetzt in den allermeisten Fällen das HOOKEsche Gesetz zugrunde gelegt.

Bei kriechenden Feststoffen liegen ähnliche Verhältnisse vor. Der Konstrukteur mag mit einer Spannungsbedingung oder einer Deformationsbedingung arbeiten. Letztere wird im Falle kriechender Werkstoffe häufiger benutzt als jene, im Gegensatz zu den Verhältnissen bei nicht kriechenden Werkstoffen. Dies hängt davon ab, daß es sich beim Kriechen um so große Deformationen handeln kann, daß der Betrieb gefährdet wird, ohne daß die Spannungen an sich zulässige Höchstwerte überschreiten.

In der klassischen technischen Mechanik arbeitet man mit idealisierten Elementen, die alle gewissen, im Betrieb häufig vorkommenden Bauteilen entsprechen. Diese Elemente, seien es Stäbe, Platten oder Scheiben, von einfacher Form und Belastung werden eingehend analysiert mit Rücksicht sowohl auf Spannungen wie Deformationen, wodurch eine Reihe von wohlbekannten Elementarfällen entsteht. Durch Näherungsverfahren sucht sodann der Konstrukteur diese Elementarfälle auf die komplizierteren Körper der Wirklichkeit anzuwenden.

Naturgemäß sucht man einem ähnlichen Weg zu folgen, wenn es sich um kriechende Werkstoffe handelt. Wir werden demnach in diesem Teil, der im eigentlichen Sinne der Hauptteil des Buches ist, die klassischen Elemente der technischen Mechanik bei stationärem Kriechen analysieren.

Es zeigt sich dabei, daß die Probleme des Maschinenbaues und die der Baustatik so nahe miteinander verknüpft sind, daß es von vornherein angebracht erscheint, die Lösungen dieser Probleme zusammen zu entwickeln.

Wir wollen mit einigen einfachen ebenen Fachwerken beginnen, und es wird sich zeigen, daß wir sogar bei diesen sehr unkomplizierten Konstruktionen Erfahrungen gewinnen werden, die ganz nützlich sind, wenn wir uns mit verwickelteren Konstruktionen beschäftigen.

Es ist dieser Teil dem stationären Zustand gewidmet, der unter zeitlich konstanter Last nach einer einleitenden Phase asymptotisch entsteht. Es bedeutet dies, daß sich die Spannung in jedem Punkte des Körpers einem konstanten Wert annähert, der von den äußeren konstanten Kräften eindeutig bestimmt wird.

Wir werden hier durchgehend das NORTONsche Kriechgesetz (4.6) sowie seine Verallgemeinerung (4.35) benutzen. Dieses Gesetz hat sich in den letzten Jahren als unentbehrlich eingebürgert. Gegenüber seinen Mitbewerbern besitzt es wie schon früher erwähnt die Vorteile, daß linear elastische sowie starrplastische Zustände als Grenzfälle beschrieben werden können. Es ermöglicht dies in manchen Fällen Vergleiche mit früher bekannten Lösungen der klassischen Elastizitäts- und Plastizitätstheorien. Eine andere, auch sehr wichtige Tatsache ist die mathematische Einfachheit des NORTONschen Gesetzes, die in manchen Fällen Lösungen in geschlossener Form ermöglicht, was von großer praktischer Bedeutung ist.

7. Fachwerke

Unter einem Fachwerk verstehen wir hier eine Konstruktion, die aus reibungslos gelenkig verbundenen geraden Stäben besteht. Punkte wo zwei oder mehrere Stäbe zusammenstoßen, werden Knotenpunkte genannt. Wir nennen das Fachwerk eben, wenn alle seine Stäbe in einer Ebene liegen. Andernfalls sprechen wir von einem Raumfachwerk. In einem ebenen Fachwerk können die Gelenke aus reibungslosen Bolzenverbindungen bestehen; in einem Raumfachwerk kommen statt dessen Kugelgelenke vor.

Fachwerke können im allgemeinen durch beliebige äußere Kräfte belastet werden. Wir wollen aber hier nur diejenige Fälle betrachten, wo das Fachwerk durch Einzelkräfte an den Knotenpunkten belastet wird. Dann entstehen in den Stäben nur reine Zug- oder Druckkräfte, und es handelt sich also durchweg um einachsige Spannungszustände.

Als eine Einführung studieren wir zuerst den einfachen Zugstab nach Abb. 7.1. Wird die Querschnittsfläche des Stabes A genannt, ist die statisch bestimmte Zugspannung

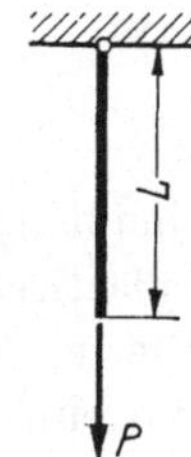

$$\sigma = \frac{P}{A}. \tag{7.1}$$

Da wir uns in diesem Teile am meisten mit Dehnungen von Größenordnungen kleiner als 10^{-2} beschäftigen werden, können wir statt der Querschnittsfläche A des belasteten kriechenden Stabes, die des unbelasteten Stabes benutzen, die A_0 genannt wird. Gleichfalls genügt es für die Stablänge

Abb. 7.1. Einfacher Zugstab

den Anfangswert L_0 einzusetzen. Es gilt sodann, mit hier hinreichender Genauigkeit

$$\sigma = \frac{P}{A_0}. \tag{7.2}$$

Ein eingehendes Studium der Wirkung des Abnehmens der Querschnittsfläche während des Kriechens wird im Abschn. 20.1 durchgeführt.

Die Spannung nach Gl. (7.2) verursacht eine fortschreitende Kriechdeformation im Stabe, die nach Gl. (4.6), bzw. Gl. (4.10), mit der Dehnungsgeschwindigkeit

$$\dot{\varepsilon} = k \left(\frac{P}{A_0}\right)^n = \dot{\varepsilon}_c \left(\frac{P}{A_0\,\sigma_c}\right)^n \tag{7.3}$$

stattfindet. Es entspricht dies der Verlängerungsgeschwindigkeit des Stabes

$$\dot{u} = L_0 k \left(\frac{P}{A_0}\right)^n = L_0 \dot{\varepsilon}_c \left(\frac{P}{A_0\,\sigma_c}\right)^n. \tag{7.4}$$

Die beiden Grenzfälle $n = 1$ und $n = \infty$ sind von besonderem Interesse, da sie im Sinne der HOFFschen Analogie, Abschn. 5.2, den elastischen und den starrplastischen Zuständen entsprechen.

Mit $n = 1$ wird die Verlängerungsgeschwindigkeit nach Gl. (7.4)

$$\dot{u} = \frac{P L_0 k}{A_0}. \tag{7.5}$$

Diese Gleichung ist gerade von derselben Struktur wie diejenige des HOOKEschen Gesetzes

$$u = \frac{P L_0}{E A_0} \tag{7.6}$$

wo u die Verlängerung eines elastischen Stabes mit dem Elastizitätsmodul E bedeutet.

Mit $n = \infty$ wird die Verlängerungsgeschwindigkeit nach Gl. (7.4)

$$\left\{ \begin{array}{ll} \dot{u} = 0; & \dfrac{P}{A_0} < \sigma_c \\[3mm] \dot{u} = \infty; & \dfrac{P}{A_0} > \sigma_c \end{array} \right. \tag{7.7}$$

das heißt σ_c spielt dann dieselbe Rolle wie die Fließgrenze bei einem starrplastischen Körper.

Die im Abschn. 5.3 eingeführten Energiemethoden können auch bei diesem einfachsten Beispiel angewandt werden, wenn auch hier damit nichts an Rechenaufwand gewonnen wird.

Die potentielle Energie der inneren Kräfte ist bei einachsigem Zustande

$$U = \int\limits_0^\varepsilon \sigma \, d\varepsilon \tag{7.8}$$

je Volumeneinheit. Wird hier gemäß der HOFFschen Analogie die entsprechende Elastizitätsgleichung

$$\varepsilon = k \sigma^n \tag{7.9}$$

eingeführt, so folgt nach Integration

$$U = \frac{n}{n+1} k^{-\frac{1}{n}} \varepsilon^{1+\frac{1}{n}} .$$

Die potentielle Energie der inneren Kräfte des ganzen Stabes ist sodann

$$\int U \, dV = A_0 L_0 \frac{n}{n+1} k^{-\frac{1}{n}} \varepsilon^{1+\frac{1}{n}} . \tag{7.10}$$

In gleicher Weise ist die komplementäre Energie der inneren Kräfte

$$\overline{U} = \int\limits_0^\sigma \varepsilon \, d\sigma \tag{7.11}$$

je Volumeneinheit, und mit Bezug auf den ganzen Stab

$$\int \overline{U} \, dV = A_0 L_0 \frac{k}{n+1} \sigma^{n+1} . \tag{7.12}$$

Die Gesamtleistung der äußeren Kraft ist

$$W = P \cdot u = P \cdot L_0 \varepsilon . \tag{7.13}$$

Das Potential der inneren und äußeren Kräfte wird somit

$$\Pi = \int U\, dV - W = A_0 L_0 \frac{n}{n+1} k^{-\frac{1}{n}} \varepsilon^{1+\frac{1}{n}} - P \cdot L_0\, \varepsilon \qquad (7.14)$$

und das komplementäre Potential wird

$$\overline{\Pi} = \int \overline{U}\, dV = A_0 L_0 \frac{k}{n+1} \sigma^{n+1} . \qquad (7.15)$$

Nach dem Prinzip des Minimums des Potentials, Abschn. 5.3, gilt

$$\frac{\partial \Pi}{\partial \varepsilon} = 0$$

was mit Rücksicht auf Gl. (7.14)

$$\varepsilon = k \left(\frac{P}{A_0}\right)^n$$

liefert, das heißt eine zu Gl. (7.3) völlig analoge Gleichung.

Oder aber erhalten wir aus Gl. (7.15) nach dem CASTIGLIANOschen Gesetze

$$u = \frac{\partial \overline{\Pi}}{\partial P} = \frac{1}{A_0} \cdot \frac{\partial \overline{\Pi}}{\partial \sigma} = L_0\, k \left(\frac{P}{A_0}\right)^n$$

die völlig Gl. (7.4) entspricht.

Bei statisch bestimmten Aufgaben oder bei sehr einfachen, statisch unbestimmten Aufgaben wird mit den Energiemethoden im allgemeinen nichts gewonnen. Ihre Stärke liegt darin, daß sie es ermöglichen, ganz komplizierte statisch unbestimmte Aufgaben in einer systematischen Weise zu behandeln.

Eine statisch unbestimmte Aufgabe liegt mit dem Falle von Abb. 7.2 vor. Die Aufgabe ist wegen der Symmetrie einfach statisch unbestimmt. Führen wir die Senkgeschwindigkeit $\dot{u}$ des Lastpunktes als Unbekannte ein, werden die Dehnungsgeschwindigkeiten des Mittenstabes, bzw. der Seitenstäbe

$$\dot{\varepsilon}_1 = \frac{\dot{u}}{L} ; \qquad \dot{\varepsilon}_2 = \frac{\dot{u} \cos^2 \alpha}{L} . \qquad (7.16)$$

Nach dem NORTONschen Gesetze (4.6) sind die entsprechenden Spannungen

$$\sigma_1 = \left(\frac{\dot{u}}{kL}\right)^{\frac{1}{n}} ; \qquad \sigma_2 = \left(\frac{\dot{u} \cos^2 \alpha}{kL}\right)^{\frac{1}{n}} . \qquad (7.17)$$

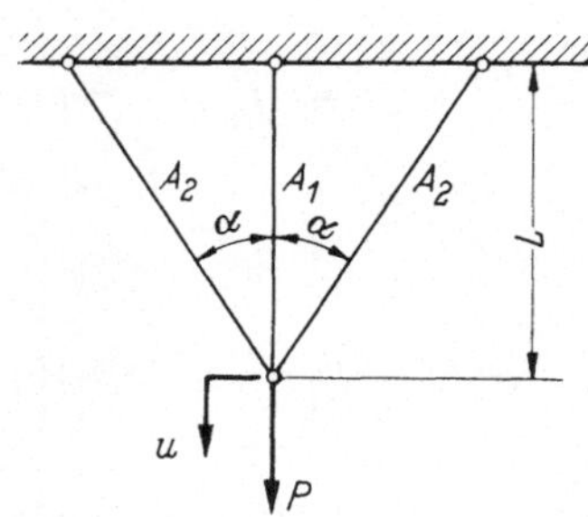

Abb. 7.2.   Einfach statisch unbestimmtes Fachwerk

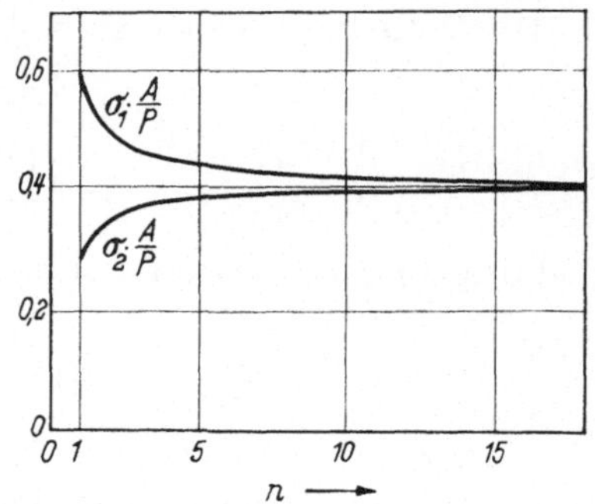

Abb. 7.3. Einwirkung des Kriechexponenten n auf die Spannungsverteilung im Fachwerke von Abb. 7.2

Die Gleichgewichtsbedingung

$$\sigma_1 A_1 + 2\sigma_2 A_2 \cos\alpha - P = 0 \tag{7.18}$$

liefert schließlich mit Rücksicht auf die Gln. (7.17) und (4.10)

$$\left\{\begin{aligned}
\dot{u} &= \frac{P^n k L}{\left(A_1 + 2A_2 \cos^{1+\frac{2}{n}}\alpha\right)^n} = \frac{P^n \dot{\varepsilon}_c L}{\sigma_c^n \left(A_1 + 2A_2 \cos^{1+\frac{2}{n}}\alpha\right)^n} \\[2ex]
\sigma_1 &= \frac{P}{A_1 + 2A_2 \cos^{1+\frac{2}{n}}\alpha} \\[2ex]
\sigma_2 &= \frac{P \cos^{\frac{2}{n}}\alpha}{A_1 + 2A_2 \cos^{1+\frac{2}{n}}\alpha}
\end{aligned}\right. \tag{7.19}$$

womit die Aufgabe vollständig gelöst ist.

Solange

$$P < \sigma_c \left(A_1 + 2A_2 \cos^{1+\frac{2}{n}}\alpha\right)$$

gilt, fällt die Senkgeschwindigkeit mit steigendem n ab, und wird im Grenzfalle $n = \infty$ verschwindend klein. Die Spannungen sämtlicher Stäbe nähern sich nach Gl. (7.19) mit wachsendem n demselben Wert. Die Spannungsverteilung wird demnach mit wachsendem n immer gleichförmiger. Im Grenzfalle $n = \infty$ ist die Spannung in allen Stäben von derselben Größe.

Als Übungsaufgabe wollen wir auch die Energiemethoden auf dasselbe Problem anwenden. Nach den Gln. (7.10) und (7.13) wird das Potential der inneren und äußeren Kräfte mit Rücksicht auf Gl. (7.16)

$$\Pi = \int U\,dV - W =$$

$$= A_1\,L_1\,\frac{n}{n+1}\,k^{-\frac{1}{n}}\,\varepsilon_1^{1+\frac{1}{n}} + 2\,A_2\,L_2\,\frac{n}{n+1}\,k^{-\frac{1}{n}}\,\varepsilon_2^{1+\frac{1}{n}} - P\,L_1\,\varepsilon_1 =$$

$$= \left(A_1 + 2\,A_2\cos^{1+\frac{2}{n}}\alpha\right)L\,\frac{n}{n+1}\,k^{-\frac{1}{n}}\left(\frac{u}{L}\right)^{1+\frac{1}{n}} - P\,u \qquad (7.20)$$

Das komplementäre Potential wird mit Rücksicht auf die Gleichgewichtsbedingung (7.18)

$$\overline{\Pi} = \int \overline{U}\,dV = A_1\,L_1\,\frac{k}{n+1}\cdot\sigma_1^{n+1} + 2\,A_2\,L_2\,\frac{k}{n+1}\,\sigma_2^{n+1} =$$

$$= \frac{1}{n+1}\,k\,L\,A\left[\sigma_1^{n+1} + \frac{2\,A_2\,(P-\sigma_1\,A_1)^{n+1}}{(2\,A_2\cos\alpha)^{n+1}\cos\alpha}\right] \qquad (7.21)$$

Nach dem Prinzip des Minimums des Potentials gilt

$$\frac{\partial\,\Pi}{\partial\,u} = 0$$

was mit Rücksicht auf Gl. (7.20)

$$u = \frac{P^n\,k\,L}{\left(A_1 + 2\,A_2\cos^{1+\frac{2}{n}}\alpha\right)^n}$$

liefert. Dieses Ergebnis stimmt mit der ersten Gl. (7.19) in seiner Form völlig überein.

Aus Gl. (7.21) folgt nach dem Prinzip des Minimums des komplementären Potentials

$$\frac{\partial\,\overline{\Pi}}{\partial\,\sigma_1} = 0$$

oder, ausgeführt

$$\sigma_1 = \frac{P}{A_1 + 2\,A_2\cos^{1+\frac{2}{n}}\alpha} \qquad (7.22)$$

was mit der zweiten Gl. (7.19) identisch ist. Wird Gl. (7.22) in Gl. (7.21) eingeführt, folgt aus dem CASTIGLIANOschen Prinzip

$$u = \frac{\partial\,\overline{\Pi}}{\partial\,P} = \frac{P^n\,k\,L}{\left(A_1 + 2\,A_2\cos^{1+\frac{2}{n}}\alpha\right)^n}$$

was schon wieder mit der ersten Gl. (7.19) nach Vertauschung von u gegen $\dot{u}$ laut der HOFF'schen Analogie übereinstimmt.

Bei diesem ziemlich einfachen Fachwerk konnten die interessierenden Größen ohne Schwierigkeit explizit gelöst werden. Man findet jedoch, daß solche Berechnungen mit steigender Anzahl der Stäbe, und speziell mit steigender statischer Unbestimmtheit, weit komplizierter werden. Es wäre demnach wünschenswert, vereinfachende angenäherte Berechnungsverfahren zu entwickeln.

Wir kehren kurz zu dem Fachwerke von Abb. 7.2 zurück. Mit $A_1 = A_2 = A$ und $\alpha = 45°$ folgt aus Gl. (7.19)

$$\left\{ \begin{aligned} \sigma_1 &= \frac{P}{A} \cdot \frac{1}{1 + 2^{\frac{n-2}{2n}}} \\[2ex] \sigma_2 &= \frac{P}{A} \cdot \frac{1}{1 + 2^{\frac{n-2}{2n}}} \cdot \frac{1}{2^{\frac{1}{n}}} \cdot \end{aligned} \right. \tag{7.23}$$

Diese Spannungen sind in Abb. 7.3 als Funktionen von n aufgezeichnet. Man sieht, daß der asymptotische Zustand mit steigenden Werten von n sehr rasch angenähert wird, und daß schon bei $n = 7-10$ dieser Zustand praktisch erreicht worden ist.

Wie wir gesehen haben, entspricht der Grenzfall $n = \infty$ einem starrplastischen Zustand. Es folgt also die wichtige Erfahrung, daß der Spannungszustand eines kriechenden Fachwerkes bei nicht zu kleinen Werten von n nahe an denjenigen eines starrplastischen Fachwerkes anschließt. Es wird sich zeigen, daß dieses Ergebnis, das wir die *plastische Analogie* nennen werden, eine sehr allgemeine Gültigkeit besitzt, und wir werden es im folgenden manchmal benutzen. Es wurde zum erstenmal von HOFF 1955 beobachtet und ist seitdem u. a. von VENKATRAMAN 1957 benutzt worden.

Beim Fachwerke von Abb. 7.2 können wir die plastische Analogie folgendermaßen benutzen. Im starrplastischen Zustand sind die Spannungen überall gleich groß

$$\sigma_1 = \sigma_2$$

und es folgt somit aus der Gleichgewichtsbedingung (7.18)

$$\sigma_1 = \sigma_2 = \frac{P}{A_1 + 2\,A_2 \cos\alpha} \cdot \tag{7.24}$$

Diese sind die richtigen Werte der Spannungen im starrplastischen Zustand, aber wir wissen schon aus Abb. 7.3, daß Gl. (7.24) die Spannungen auch bei nicht zu kleinen Werten von n ziemlich gut angibt. Die Senkgeschwindigkeit wird dann, nach der ersten Gl. (7.17)

$$\dot{u} = \frac{P^n k L}{(A_1 + 2\,A_2 \cos\alpha)^n} \tag{7.25}$$

und nach der zweiten Gl. (7.17)

$$\dot{u} = \frac{P^n k L}{(A_1 + 2A_2 \cos \alpha)^n \cos^2 \alpha} \tag{7.26}$$

Da diese Senkgeschwindigkeiten nicht identisch sind, d. h. die Verträglichkeitsbedingung nicht erfüllt ist, folgt, daß die Gl. (7.24) nicht der wirkliche Spannungszustand ist.

Im Falle $A_1 = A_2$ und $\alpha = 45°$ unterscheiden sich die beiden Ausdrücke (7.25) und (7.26) um einen Faktor 0,5, und sie schließen immer den wirklichen Wert der ersten Gl. (7.19) ein.

Weitere Lösungen komplizierterer Aufgaben bei Fachwerken findet man z. B. bei VENKATRAMAN 1957.

Mit Hilfe der plastischen Analogie werden somit Aufgaben bei statisch unbestimmten nichtlinear kriechenden Fachwerken in Aufgaben bei starrplastischen Fachwerken überführt. Es können diese mit der Traglasttheorie behandelt werden, vgl. z. B. NEAL 1958. Wir werden hier nicht weiter darauf eingehen, sondern verweisen auf die oben angeführten Arbeiten.

Als ein typisches Beispiel reiner Zugbeanspruchung betrachten wir schließlich das Kriechen von den Schaufeln eines umlaufenden Ventilatorrades. Die Zentrifugalbelastung solcher Schaufeln verursacht häufig, z. B. bei Ventilatoren in Sinteröfen, einen stetig wachsenden Außendurchmesser des Rades. Es gibt Beispiele, wo der Längenzuwachs der Schaufeln jährlich mehrere Millimeter beträgt.

Der Spannungszustand einer Schaufel wird angenähert als einachsiger Zug angenommen. Es gilt dann die Gleichgewichtsbedingung; vgl. Abb. 7.4

$$\frac{d\,(\sigma A)}{d r} = - \gamma A\, r\, \Omega^2 \tag{7.27}$$

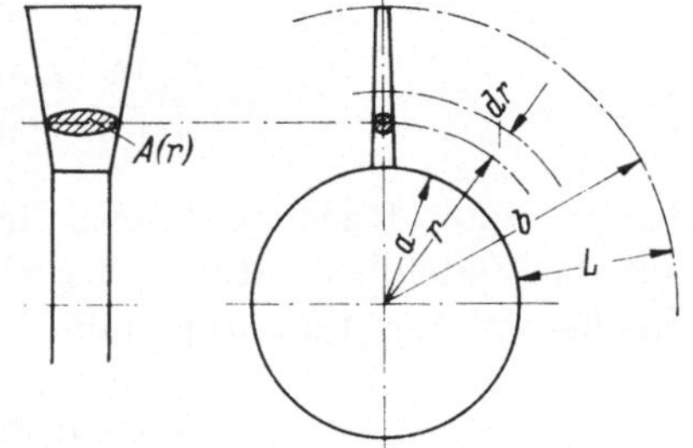

Abb. 7.4.   Schaufel eines Ventilatorrades

wo γ die Massendichte und Ω die Umlaufsgeschwindigkeit bedeutet.

Die Schaufelspannung ist folglich statisch bestimmt und kann als

$$\sigma(r) = \gamma\, \Omega^2 \cdot \frac{1}{A\,(r)} \int\limits_{r}^{b} A\,(r)\, r\, d r \tag{7.28}$$

geschrieben werden, wie es aus Gl. (7.27) und der Randbedingung $\sigma(b) = 0$ folgt.

Variiert die Querschnittsfläche speziell gemäß

$$A(r) = A(b) \cdot e^{-\left(1 - \frac{r}{b}\right)} \qquad (7.29)$$

folgt aus Gl. (7.28) nach Integration

$$\sigma(r) = \gamma \, \Omega^2 \cdot b(b - r) \qquad (7.30)$$

Wird die Spannung im Schaufelfuß

$$\sigma(a) = \gamma \, \Omega^2 \cdot b(b - a) \qquad (7.31)$$

als ein Kennwert benutzt, schreibt sich die Spannung am Radius r

$$\sigma(r) = \sigma(a) \cdot \frac{b - r}{b - a}. \qquad (7.32)$$

Aus der Beziehung

$$\frac{du}{dr} = \dot{\varepsilon} = k\sigma^n \qquad (7.33)$$

folgt dann schließlich die Zuwachsgeschwindigkeit der Schaufellänge

$$\Delta = \dot{u}(b) - \dot{u}(a) = k \int_a^b \sigma^n(r)\, dr =$$

$$= k\sigma^n(a) \int_a^b \left(\frac{b - r}{b - a}\right)^n dr = k\sigma^n(a)\, \frac{L}{n+1} =$$

$$= \frac{L \cdot 10^{-7}}{n+1} \cdot \left[\frac{\sigma(a)}{\sigma_{c7}}\right]^n. \qquad (7.34)$$

In der letzten Beziehung wurde die Kriechgrenze σ_{c7} eingeführt, die sich auf die Zeiteinheit Stunde bezieht. Numerisches Beispiel: Wird als Höchstwert für Δ 2 mm je Jahr eingeführt, folgt mit $L = 200$ mm und $n = 5$

$$\sigma_{c7} > 0{,}43 \cdot \sigma(a) \qquad (7.35)$$

Da $\sigma(a)$ aus Gl. (7.31) berechnet werden kann, dient die Beziehung (7.35) zum Auswählen eines zweckmäßigen Schaufelwerkstoffes.

8. Biegung gerader Stäbe

Wir betrachten einen geraden Stab mit einfach symmetrischem Querschnitt wie in Abb. 8.1. Er ist durch eine Normalkraft N, längs der Schwerpunktslinie, und ein Biegemoment, M, senkrecht zur Symmetrieebene, belastet.

Wir nehmen zunächst an, daß das Biegemoment längs des ganzen Stabes konstant ist, das heißt, es ist von derselben Größe in jedem Querschnitt senkrecht zu der Stabachse. Wenn das Biegemoment

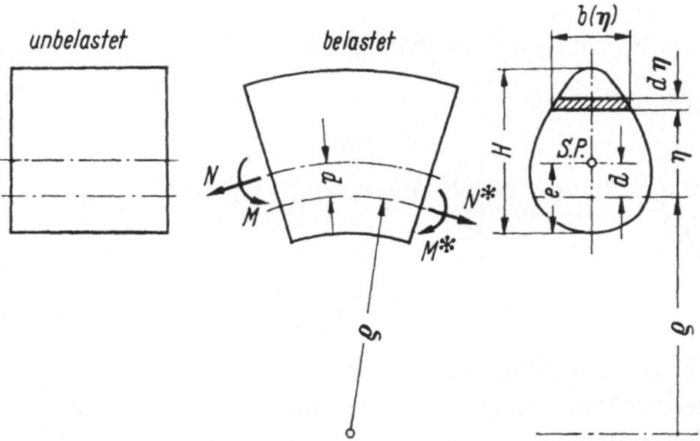

Abb. 8.1. Biegestab mit einfach symmetrischem Querschnitt

konstant ist, muß auch die dadurch verursachte Krümmungsgeschwindigkeit konstant sein; d. h., die deformierte Stabachse muß die Gestalt eines Kreisbogens besitzen. Jede materielle Ebene senkrecht zur Stabachse wird dann auch in dem deformierten Stab eben sein. Diese Schlußfolge gilt ohne Einschränkung mit Rücksicht auf die Deformationseigenschaften des Stabwerkstoffes.

Da die Deformation parallel zur Symmetrieebene geschieht, ist die Dehnung auf zylindrischen Flächen konstant, die rings um die Biegungsachse zentriert sind. Insbesondere gibt es eine solche Fläche, wo die Dehnung überall Null ist; sie wird *Nullfläche* genannt. Eine andere bedeutungsvolle Fläche ist die *Schwerpunktsfläche*, die den Schwerpunkt des Durchschnittes enthält. Ihre Schnitte mit der Symmetrieebene werden Nullinie bzw. Schwerpunktslinie genannt; ihre Erzeugenden dagegen Nullachse bzw. Schwerpunktsachse.

Wir werden hier die Nullfläche als Referenzfläche benutzen, d. h. die Lage eines beliebigen materiellen Punktes wird durch seinen Abstand, η, von der Nullfläche angegeben und nicht, wie es in der klassischen Balkentheorie gewöhnlich ist, durch seinen Abstand von der Schwerpunktsfläche. Die derart gewählte Referenzfläche ist im Gegensatz zu der Schwerpunktsfläche von der Belastung abhängig, ja, es wird sich zeigen, daß die Bestimmung der Lage der Nullfläche in einem Sinne die Hauptaufgabe des gestellten Problemes ist. Es sei bemerkt, daß die Nullfläche weit von dem Stab selbst entfernt sein kann.

Bezeichnen wir mit ϱ den Krümmungsradius der Nullfläche, so ist die Längsdehnung in einem beliebigen Punkte

$$\varepsilon = \frac{\eta}{\varrho} = \eta\varkappa \tag{8.1}$$

wo $\varkappa = \dfrac{1}{\varrho}$ die Krümmung der Nullfläche ist. Die Dehnungsgeschwindigkeit ist somit

$$\dot\varepsilon = \eta\dot\varkappa \tag{8.2}$$

Die entsprechende Spannungsverteilung nach dem NORTONschen Gesetze wird

$$\sigma = \left(\frac{\eta\dot\varkappa}{k}\right)^{\frac{1}{n}} \tag{8.3}$$

Die Fasern unterhalb der Nullfläche in Abb. 8.1 sind bei reiner Biegung gedrückt, wogegen die oberhalb der Nullfläche gezogen sind. Daraus folgt, daß auch die Spannung an der Nullfläche ihre Vorzeichen wechselt. Es ist deshalb zweckmäßig die Formel (8.3) als

$$\sigma = k^{-\frac{1}{n}} \cdot |\dot\varkappa|^{\frac{1}{n}} \cdot |\eta|^{\frac{1}{n}} \cdot \operatorname{sgn}\dot\varkappa \cdot \operatorname{sgn}\eta \tag{8.4}$$

zu schreiben. Die Signumfunktion ist hier folgendermaßen definiert

$$\operatorname{sgn} x = \begin{cases} -1; & x < 0 \\ 0; & x = 0 \\ +1; & x > 0. \end{cases} \tag{8.5}$$

Sie wird im Anhang dieses Kapitels näher erörtert. Die Formel (8.4) ist im Gegensatz zu (8.3) für willkürliche Werte von n gültig. Die Spannungsverteilung (8.3) hat als Resultierende eine Normalkraft N^*, längs der Nullinie gerichtet, und ein Biegemoment M^*, wobei

$$N^* = \int_A \sigma\,dA, \quad M^* = \int_A \sigma\eta\,dA$$

gilt, oder nach Einsetzung von Gl. (8.4) und $dA = b(\eta)\,d\eta$

$$N^* \cdot k^{\frac{1}{n}} \cdot |\dot\varkappa|^{-\frac{1}{n}} \cdot \operatorname{sgn}\dot\varkappa = \int_{-e+d}^{H-e+d} |\eta|^{\frac{1}{n}} \cdot \operatorname{sgn}\eta \cdot b(\eta) \cdot d\eta \equiv S_n(d) \tag{8.6}$$

$$M^* \cdot k^{\frac{1}{n}} \cdot |\dot\varkappa|^{-\frac{1}{n}} \cdot \operatorname{sgn}\dot\varkappa = \int_{-e+d}^{H-e+d} |\eta|^{\frac{1}{n}} \cdot \operatorname{sgn}\eta \cdot \eta \cdot b(\eta) \cdot d\eta \equiv I_n(d) \tag{8.7}$$

Die Größen H, e und d sind in Abb. 8.1 definiert.

Da die Lage der Nullinie à priori unbekannt ist, können die Größen N^* und M^* nicht unmittelbar mit der äußeren Last verknüpft werden. Bezeichnen wir mit N und M die Normalkraft, längs der Schwerpunktsachse bzw. das Biegemoment, so gelten die zwei Gleichgewichtsbedingungen

$$\begin{cases} N^* = N & (8.8) \\ M^* = M + N \cdot d & (8.9) \end{cases}$$

Dividieren wir die Gleichungen (8.6) und (8.7), so folgt nach Einsetzen von den Gln. (8.8) und (8.9)

$$\frac{M}{N} = -d + \frac{I_n(d)}{S_n(d)}. \tag{8.10}$$

Durch diese Gleichung wird der Abstand, d, zwischen der Nullinie und der Schwerpunktslinie, bei gegebenen Schnittgrößen N und M, bestimmt.

Es gibt bei der Biegung eines Stabes zwei Hauptprobleme

1. Bei gegebenen Schnittgrößen N und M wünscht man die Spannungsverteilung, $\sigma(\eta)$, zu bestimmen, die nach dem Einstellen eines stationären Zustandes vorhanden ist.

2. Bei gegebenen Schnittgrößen N und M wünscht man die Deformation der Stabachse als Funktion der Zeit zu bestimmen.

Wenn die Lage der Nullinie bekannt wäre, so würde die Spannungsverteilung unmittelbar aus Gl. (8.4) berechnet werden können, während die Krümmungsgeschwindigkeit von Gl. (8.6) oder (8.7) gegeben sei. Die Unbekannte, d, ist somit von größtem unmittelbarem Interesse und wird daher erst aus der Gl. (8.10) berechnet. Aus den Gln. (8.4) und (8.7) folgt dann nach Einsetzen von Gl. (8.9) die Spannungsverteilung

$$\sigma = \frac{M + N \cdot d}{I_n(d)} \cdot |\eta|^{\frac{1}{n}} \cdot \operatorname{sgn}\eta \tag{8.11}$$

Es sei bemerkt, daß die Spannung nicht durch lineare Superposition von den Beiträgen von M bzw. N erhalten ist, da ja die Größe d in der Gl. (8.11) von dem Verhältnis $\frac{M}{N}$ abhängig ist. Aus Gl. (8.11) geht hervor, daß $|\sigma|$ ihren größten Wert, $|\sigma|_{max}$, in derjenigen Außenfaser erreicht die von der Nullfläche am weitesten entfernt ist, d. h. für $|\eta| = |\eta|_{max}$. Es gilt somit, weil immer $I_n(d) > 0$ ist,

$$|\sigma|_{max} = \frac{|M + N \cdot d|}{I_n(d)} \cdot |\eta|^{\frac{1}{n}}_{max}. \tag{8.12}$$

Bei reiner Biegung, $N = 0$, erhält man hieraus

$$|\sigma|_{\max} = \frac{|M|}{I_n\,(d)} \cdot |\eta|^{\frac{1}{n}}_{\max} \equiv \frac{|M|}{W_n} \qquad (8.13)$$

wo die Größe

$$W_n \equiv \frac{I_n\,(d)}{|\eta|^{\frac{1}{n}}_{\max}} \qquad (8.14)$$

dem Widerstandsmoment bei linear elastischer Biegung entspricht.

Nachdem man d aus Gl. (8.10) bestimmt hat, ist auch die zweite Hauptaufgabe gelöst. Aus den Gln. (8.7) und (8.9) folgt nämlich unmittelbar die Krümmungsgeschwindigkeit

$$\dot{\varkappa} = \frac{k}{[I_n\,(d)]^n} \cdot |M + N \cdot d|^n \cdot \operatorname{sgn}\,(M + N \cdot d) \qquad (8.15)$$

Diese Beziehung ist genau gültig nur wenn die oben gemachte Voraussetzung erfüllt ist, nämlich daß das Biegemoment längs des ganzen Stabes konstant ist. Wir wollen hier aber eine in der linearen Biegungstheorie gewöhnliche Annahme übernehmen, die als die BERNOULLIsche Annahme bekannt ist. Wir nehmen an, daß die oben hergeleiteten Gleichungen auch dann gültig sind, wenn sich das Biegemoment längs des Stabes schwach verändert. Oder, was gleichbedeutend ist, wir nehmen an, daß alle materiellen Ebenen senkrecht zur Stabachse auch in dem deformierten Stabe eben bleiben.

Bezeichnen wir mit $w\,(x, t)$ die Ausbiegung der Nullinie aus ihrer Lage im unbelasteten Zustand, und mit x die Längskoordinate des Stabes, so wird die Krümmung bei kleiner Neigung $\dfrac{\partial w}{\partial x}$

$$\varkappa = -\,\frac{\partial^2 w}{\partial x^2}\,.$$

Der Ausdruck (8.15) kann somit folgendermaßen geschrieben werden

$$\frac{\partial^2 \dot{w}}{\partial x^2} = -\,\frac{k}{[I_n\,(d)]^n} \cdot |M\,(x) + N \cdot d|^n \cdot \operatorname{sgn}\,[M\,(x) + N \cdot d] \qquad (8.16)$$

Zusammen mit zwei Randbedingungen erlaubt diese Gleichung die Bestimmung der Ausbiegegeschwindigkeit $\dot{w}$ der Nullinie, wenn nur $M\,(x)$ und N bekannt sind. Die Deformation der Schwerpunktslinie ist dann auch bekannt, und wir sind in der Lage jedes statisch unbestimmte Stabsystem behandeln zu können.

Beim Grenzfalle reiner Biegung, das heißt gesetzt $N = 0$, ist die Lage der Nullinie vom Biegemoment unabhängig. Die Ausbiegung der

Schwerpunktslinie unterscheidet sich dann von der der Nullinie durch die konstante Größe d, und die Berechnung ihrer Ausbiegung wird dann besonders einfach.

Im entgegengesetzten Grenzfall, wenn das Biegemoment klein oder Null ist, sind die hergeleiteten Gleichungen der Ausbiegung nicht ganz angebracht. Der Abstand d ist dann gegenüber dem Krümmungsradius nicht mehr klein, und es ist eine genauere Beziehung zwischen der Ausbiegung der Schwerpunktslinie und derjenigen der Nullinie erforderlich.

Die oben hergeleiteten Ausdrücke werden nun etwas ausführlicher erläutert und bei einigen Beispielen angewandt werden.

8.1 Spannungszustand

a) Die Fälle $n = 1$ und $n = \infty$

Diese Extremfälle sind oft von besonderem Interesse und werden daher eingehender untersucht.

Im Falle $n = 1$ (linear viskoelastisches Kriechen) können die gesuchten Größen explizit gelöst werden. Es folgt aus den Gln. (8.6) und (8.7)

$$S_1 = A \cdot d, \ I_1 = I + A \cdot d^2 \tag{8.17}$$

wo I das Trägheitsmoment der Querschnittsfläche in Bezug auf die Schwerpunktsachse und A ihr Flächeninhalt bedeutet. Aus Gl. (8.10) folgt dann

$$d = \frac{I}{A} \cdot \frac{N}{M} \tag{8.18}$$

d. h. die Lage der Nullinie ist dieselbe wie bei linear elastischer Biegung. Die Spannungsverteilung ist somit auch identisch gleich der bei linear elastischer Biegung vorhandenen.

Bei Aufgaben mit linear viskoelastischer Biegung kann man demnach Ergebnisse von analogen Aufgaben der Theorie linear elastischer Biegung unmittelbar übernehmen.

Im Falle $n = \infty$ können die gesuchten Größen folgendermaßen ausgedrückt werden. Aus den Gln. (8.6) und (8.7) folgt erstens

$$S_\infty(d) = \int\limits_{-e+d}^{H-e+d} \operatorname{sgn} \eta \cdot b(\eta) \cdot d\eta = A_1 - A_2 \tag{8.19}$$

$$I_\infty(d) = \int\limits_{-e+d}^{H-e+d} \operatorname{sgn} \eta \cdot \eta \cdot b(\eta) \cdot d\eta = e_1 A_1 + e_2 A_2 \tag{8.20}$$

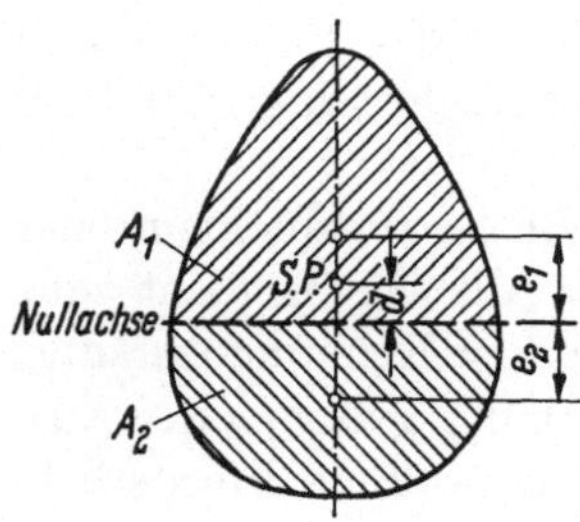

Abb. 8.2.   Lage der Nullachse im Falle $n = \infty$

wo die Flächeninhalte A_1 und A_2 in Abb. 8.2 definiert sind, und wo e_1 und e_2 die Abstände der entsprechenden Schwerpunkte von der Nullachse bedeuten.

Aus den Gln. (8.10), (8.19) und (8.20) folgt dann

$$\frac{M}{N} = -d + \frac{e_1 A_1 + e_2 A_2}{A_1 - A_2} \tag{8.21}$$

woraus d bei gegebenen Schnittgrößen N und M berechnet werden kann. Die Spannungsverteilung wird nach Gl. (8.11)

$$\sigma = \frac{M + N \cdot d}{I_\infty (d)} \cdot \operatorname{sgn} \eta \tag{8.22}$$

d. h. die Spannung ändert sich sprungweise an der Nullfläche, aber bleibt im übrigen konstant über dem ganzen Querschnitt.

Dieses Ergebnis ist in voller Übereinstimmung mit der Theorie der Biegung starrplastischer Stäbe, vgl. z. B. PRAGER und HODGE 1954 oder NEAL 1958.

b) Allgemeine explizite Lösung bei idealisiertem I-Querschnitt

Die Flanschen sind als dünn angenommen, so daß ihre Dicke klein gegenüber ihrem Abstand H ist; vgl. Abb. 8.3. Weiterhin ist das Stegblech als verschwindend dünn angenommen, so daß sein Flächeninhalt klein gegenüber dem der Flanschen ist.

Die Lage des Schwerpunktes wird dann aus

$$A_1 H_1 = A_2 H_2; \quad H_1 + H_2 = H$$

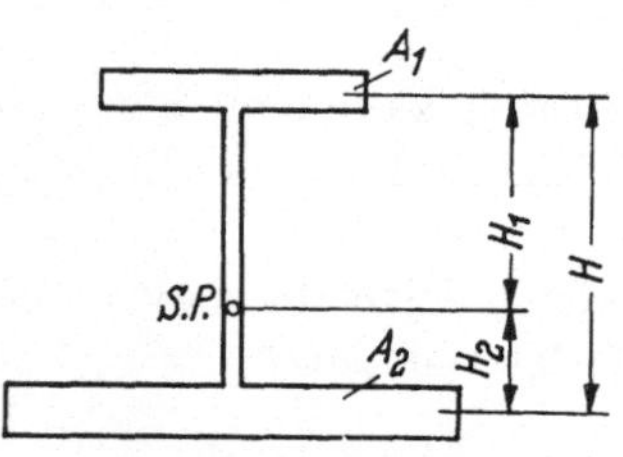

Abb. 8.3.   Allgemeiner idealisierter I-Querschnitt

erhalten. Es gilt somit

$$H_1 = H \frac{A_2}{A_1 + A_2} ; \qquad H_2 = H \frac{A_1}{A_1 + A_2} . \tag{8.23}$$

Da die Flanschen dünn sind, wird die Spannungsverteilung statisch bestimmt. Alle Punkte der oberen Flansche liegen nämlich auf demselben Abstand von der Nullachse und die Spannung ist somit konstant in der ganzen Flansche. Nennen wir diese Spannung σ_1 und die der unteren Flansche σ_2, folgen die Gleichgewichtsbedingungen

$$\begin{cases} \sigma_1 A_1 + \sigma_2 A_2 - N = 0 \\ \sigma_1 A_1 H_1 - \sigma_2 A_2 H_2 - M = 0 \end{cases}$$

woraus, mit Rücksicht auf Gl. (8.23)

$$\begin{cases} \sigma_1 = \dfrac{N}{A_1 + A_2} + \dfrac{M}{H A_1} \\[2em] \sigma_2 = \dfrac{N}{A_1 + A_2} - \dfrac{M}{H A_2} \end{cases} \qquad (8.24)$$

das heißt, die Flanschenspannungen können aus rein statischen Betrachtungen bestimmt werden. Wir brauchen sodann die Gln. (8.6), (8.7), (8.10) und (8.11) zur Bestimmung der Spannungsverteilung gar nicht benützen.

Die Lage der Nullachse ist bei diesem Querschnitt von untergeordneter Bedeutung, ja in der Tat können wir hier gar nicht von einer Nullachse sprechen. Wir haben es ja angenommen, daß die Spannung in der oberen Flansche σ_1 und in der unteren σ_2 ist, und daß sich zwischen den Flanschen kein spannungstragendes Material befindet. Es gibt also keinen Punkt, wo die Spannung ihre Vorzeichen wechselt.

c) Allgemeine explizite Lösung bei rechteckigem Querschnitt

Mit $b(\eta) = B = $ konst. folgt gemäß dem Anhang und mit Rücksicht auf die Gln. (8.6) und (8.7) und Abb. 8.4

$$S_n(d) = B \int\limits_{-\frac{H}{2}+d}^{\frac{H}{2}+d} |\eta|^{\frac{1}{n}} \cdot \operatorname{sgn}\eta \cdot d\eta =$$
$$= B \frac{n}{n+1}\left[\left(\frac{H}{2}+d\right)^{1+\frac{1}{n}} - \left(\frac{H}{2}-d\right)^{1+\frac{1}{n}} \right] \qquad (8.25)$$

$$I_n(d) = B \int\limits_{-\frac{H}{2}+d}^{\frac{H}{2}+d} |\eta|^{\frac{1}{n}} \cdot \operatorname{sgn}\eta \cdot \eta \cdot d\eta =$$
$$= B \frac{n}{2n+1}\left[\left(\frac{H}{2}+d\right)^{2+\frac{1}{n}} + \left(\frac{H}{2}-d\right)^{2+\frac{1}{n}} \right] \qquad (8.26)$$

und dann erhält man aus Gl. (8.10)

$$\frac{2\,M}{H\,N} = -\beta + \frac{n+1}{2\,n+1}\cdot\frac{(1+\beta)^{2+\frac{1}{n}} + (1-\beta)^{2+\frac{1}{n}}}{(1+\beta)^{1+\frac{1}{n}} - (1-\beta)^{1+\frac{1}{n}}} \qquad (8.27)$$

mit $\beta = \dfrac{2\,d}{H}$. Die Beziehung (8.27), die erstmalig von BAILEY 1935 hergeleitet wurde, ist in Abb. 8.5 für einige Werte von n graphisch

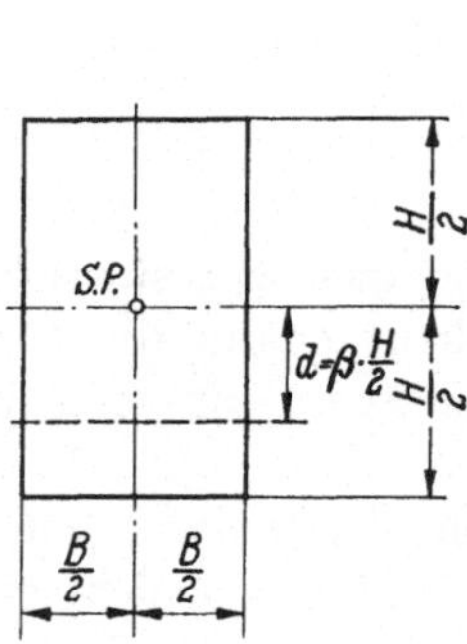

Abb. 8.4. Lage der Nullachse bei rechteckigem Querschnitt

Abb. 8.5. Zur Bestimmung des Abstandes d bei gegebener Normalkraft N und Biegemoment M für rechteckigen Querschnitt

dargestellt. Sie ist nur für $0 \leqq \beta \leqq 1$ gültig, läßt sich aber leicht über $\beta = 1$ hinaus fortsetzen. Mit Hilfe dieses Diagrammes läßt sich der Abstand d für jedes gegebene Verhältnis $\dfrac{N}{M}$ berechnen.

Man erhält z. B. in dem in Abb. 8.6 dargestellten Falle, mit $N = P$ und $M = P \cdot \dfrac{H}{2}$, die in Abb. 8.7 angegebene Lage der Nullinie und die zugehörige größte Spannung.

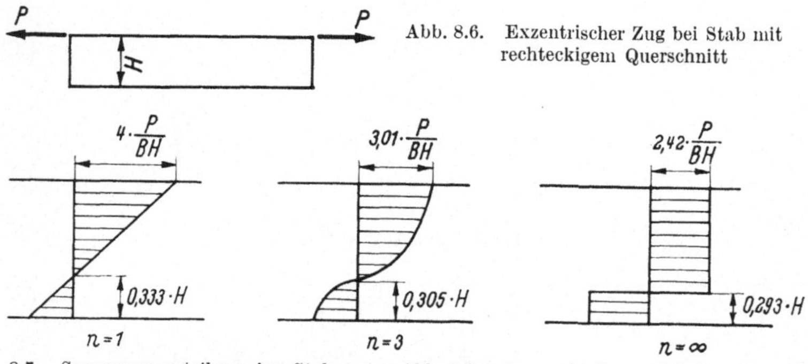

Abb. 8.6. Exzentrischer Zug bei Stab mit rechteckigem Querschnitt

Abb. 8.7. Spannungsverteilung im Stabe von Abb. 8.6 bei verschiedenen Werten des Kriechexponenten n

Es ist klar, daß die größte Spannung mit wachsendem Werte von n kleiner wird, gerade wie wir es früher bei Fachwerken gefunden haben. Man sieht auch, daß die Lage der Nullinie sich nur wenig mit n ändert.

d) Kernweite eines Querschnittes

Unter Kernweite verstehen wir den größten Abstand, a, von der Schwerpunktslinie, auf den eine Druckkraft P wirken kann, ohne daß Zugspannungen in dem Stab auftreten. Mit $N = -P$, $M = -P \cdot a$ und $d = e$ erhält man aus Gl. (8.10)

$$a = -e + \frac{I_n(e)}{S_n(e)}. \qquad (8.28)$$

Bei dem rechteckigen Querschnitt erhält man dann aus den Gln. (8.25), (8.26) und (8.28), mit $e = \dfrac{H}{2}$

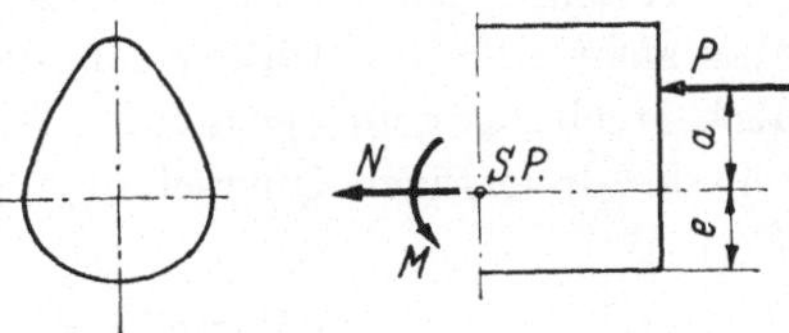

Abb. 8.8. Zur Bestimmung der Kernweite

$$a = \frac{H}{4n+2}. \qquad (8.29)$$

Die Kernweite nimmt also mit steigender Größe von n rasch ab.

e) Reine Biegung bei dreieckigem Querschnitt

Mit $N = 0$ folgt aus Gl. (8.10) $S_n(d) = 0$. Setzen wir in der Definitionsgleichung (8.6)

$$b(\eta) = B\left(\frac{2}{3} + \frac{d-\eta}{H}\right)$$

erhalten wir die folgende Gleichung zur Bestimmung von d

$$\int\limits_{\frac{2H}{3}+d}^{-\frac{H}{3}+d}{}^{1} |z|^{\frac{1}{n}} \cdot (1-z) \cdot \operatorname{sgn} z \cdot dz = 0$$

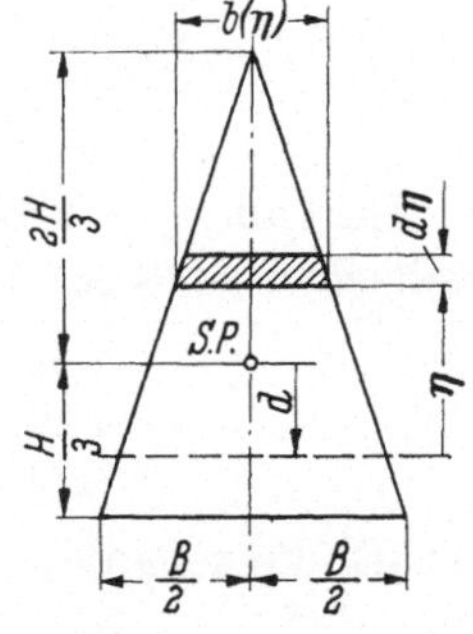

Abb. 8.9. Einfach symmetrischer dreieckiger Querschnitt

wo z aus der Gleichung $\eta = z\left(\dfrac{2}{3}H + d\right)$ definiert ist. Wird das Integral gemäß dem Anhang ausgeführt, erhält man

$$\left(1 + \frac{1}{n}\right) \cdot \left(\frac{1-\beta}{2+\beta}\right)^{2+\frac{1}{n}} + \left(2 + \frac{1}{n}\right) \cdot \left(\frac{1-\beta}{2+\beta}\right)^{1+\frac{1}{n}} - 1 = 0 \qquad (8.30)$$

mit $\beta = 3\,\dfrac{d}{H}$. Diese Beziehung ist in der folgenden Tabelle für einige Werte von n dargestellt worden

n	1	3	∞
β	0	0,07	0,12
W_n	$\dfrac{1}{24}\,BH^2$	$\dfrac{1}{14,2}\,BH^2$	$\dfrac{1}{10,2}\,BH^2$

Die Tabelle enthält auch die zugehörigen Werte von W_n nach Gl. (8.14). Man sieht, daß die größte Spannung mit wachsendem n rascher abnimmt als bei rechteckigem Querschnitt, was natürlich von der starken Unsymmetrie des dreieckigen Querschnittes abhängt.

f) Ringförmiger Querschnitt

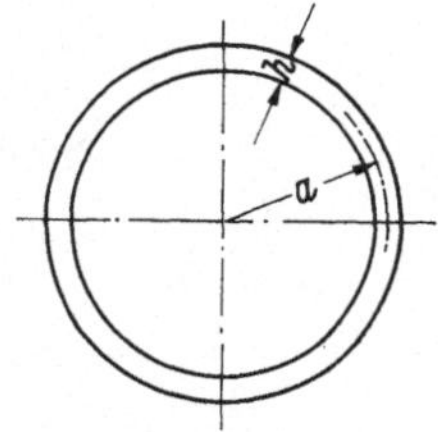
Abb. 8.10. Dünnwandiger ringförmiger Querschnitt

Man zeige, daß bei einem dünnwandigen ringförmigen Querschnitt nach Abb. 8.10

$$W_n = 2\sqrt{\pi}\cdot h a^2 \cdot \frac{\Gamma\!\left(\dfrac{2\,n+1}{2\,n}\right)}{\Gamma\!\left(\dfrac{3\,n+1}{2\,n}\right)} \tag{8.31}$$

ist, wo Γ die Gammafunktion bezeichnet (Übungsaufgabe).

8.2 Formänderungszustand

a) Die Fälle $n = 1$ und $n = \infty$

Im Falle $n = 1$ folgt aus den Gln. (8.17) und (8.18), daß die Differentialgleichung (8.16) die Form

$$\frac{\partial^2 \dot{w}}{\partial x^2} = -\frac{k M(x)}{I} \tag{8.32}$$

erhält, die genau der Gleichung bei linear elastischer Biegung

$$\frac{\partial^2 w}{\partial x^2} = -\frac{M(x)}{EI} \tag{8.33}$$

entspricht. Bei Aufgaben mit linear viskoelastischer Biegung kann man demnach Ergebnisse von analogen Aufgaben der Theorie linear elastischer Biegung unmittelbar ausnützen, indem man E durch $\dfrac{1}{k}$ ersetzt.

Die Ausbiegegeschwindigkeit entspricht dann der Ausbiegung des identisch gleichen elastischen Stabes.

Eine noch allgemeinere Behandlung findet sich bei KEMPNER 1954a, der außer dem Kriechen sowohl die reine Elastizität wie auch die Wiederholung berücksichtigte. Aus der Grundgleichung (3.11) des 4-Parameter-Modells von Abb. 3.8a folgt nach Vertauschen von F und δ mit σ bzw. ε

$$\ddot{\varepsilon} + \frac{1}{\tau_2}\dot{\varepsilon} = \frac{1}{c_1}\left[\ddot{\sigma} + \left(\frac{1}{\tau_1} + \frac{1}{\tau_2} + \frac{1}{\tau_2}\cdot\frac{c_1}{c_2}\right)\dot{\sigma} + \frac{1}{\tau_1\,\tau_2}\sigma\right]. \qquad (8.34)$$

Wegen der Linearität dieser Beziehung kann sie sofort in eine entsprechende Beziehung zwischen Ausbiegung w und Biegemoment M eines Stabes übergeführt werden

$$\frac{\partial^2\ddot{w}}{\partial x^2} + \frac{1}{\tau_2}\frac{\partial^2\dot{w}}{\partial x^2} = -\frac{1}{c_1 I}\left[\ddot{M} + \left(\frac{1}{\tau_1} + \frac{1}{\tau_2} + \frac{1}{\tau_2}\cdot\frac{c_1}{c_2}\right)\dot{M} + \frac{1}{\tau_1\,\tau_2}M\right]. \qquad (8.35)$$

Wird ein zeitlich konstantes Biegemoment plötzlich auferlegt, folgt, daß die Ausbiegung als

$$w(x, t) = w_{el}(x)\cdot\left[1 + \frac{t}{\tau_1} + \frac{c_1}{c_2}\left(1 - e^{-\frac{t}{\tau_2}}\right)\right] \qquad (8.36)$$

geschrieben werden kann, wo $w_{el}(x)$ die augenblicklich sich einstellende rein elastische Ausbiegung bedeutet.

Im Falle $n = \infty$ ist die Krümmungsgeschwindigkeit unbestimmt, denn sie verschwindet aus den beiden Gleichungen (8.6) und (8.7) und kann demnach nicht aus der gegebenen Last berechnet werden. Dieses steht auch in Übereinstimmung mit den Ergebnissen der Theorie der Biegung starrplastischer Stäbe.

b) Idealisierter I-förmiger Querschnitt (Abb. 8.3)

Bezeichnen wir mit ε_0 die Dehnung und mit $\varkappa_0$ die Krümmung der Schwerpunktslinie, folgt unmittelbar

$$\begin{cases} \varepsilon_0 = \dfrac{1}{2}(\varepsilon_1 + \varepsilon_2) \\[2mm] \varkappa_0 = \dfrac{1}{H}(\varepsilon_1 - \varepsilon_2) \end{cases} \qquad (8.37)$$

wo ε_1 und ε_2 die Dehnungen der oberen bzw. unteren Flansche bedeuten.

Mit Rücksicht auf die Gln. (4.6) und (8.24) folgen dann die Geschwindigkeiten

$$\begin{cases} \dot{\varepsilon}_0 = k \cdot \dfrac{\left|\dfrac{N}{A_1+A_2}+\dfrac{M}{HA_1}\right|^n \cdot \operatorname{sgn}\left(\dfrac{N}{A_1+A_2}+\dfrac{M}{HA_1}\right) + \left|\dfrac{N}{A_1+A_2}-\dfrac{M}{HA_2}\right|^n \cdot \operatorname{sgn}\left(\dfrac{N}{A_1+A_2}-\dfrac{M}{HA_2}\right)}{2} \\[3em] \dot{\varkappa}_0 = k \cdot \dfrac{\left|\dfrac{N}{A_1+A_2}+\dfrac{M}{HA_1}\right|^n \cdot \operatorname{sgn}\left(\dfrac{N}{A_1+A_2}+\dfrac{M}{HA_1}\right) - \left|\dfrac{N}{A_1+A_2}-\dfrac{M}{HA_2}\right|^n \cdot \operatorname{sgn}\left(\dfrac{N}{A_1+A_2}-\dfrac{M}{HA_2}\right)}{H} \end{cases} \tag{8.38}$$

Im Falle $n = 1$ erhält man speziell

$$\begin{cases} \dot{\varepsilon}_0 = \dfrac{k\,N}{A_1 + A_2} \\[1.5em] \dot{\varkappa}_0 = \dfrac{k\,M\,(A_1 + A_2)}{H^2\,A_1\,A_2} \end{cases} \tag{8.39}$$

aber andernfalls hängen $\dot{\varepsilon}_0$ und $\dot{\varkappa}_0$ von N wie auch von M ab.

c) Formänderung bei reiner Biegung

Bei reiner Biegung ($N = 0$) nimmt Gl. (8.16) die Form

$$\frac{\partial^2 \dot{w}}{\partial x^2} = - K \cdot |M(x)|^n \cdot \operatorname{sgn} M(x) \tag{8.40}$$

an, wo

$$K = \frac{k}{[I_n(d)]^n} \tag{8.41}$$

ein konstanter Parameter ist.

Eine gewöhnliche Aufgabe ist nun die Ausbiegegeschwindigkeit zu bestimmen, die von einer gegebenen zeitlich konstanten Belastung verursacht wird. Außer der Differentialgleichung (8.40) sind dabei auch zwei oder mehrere Randbedingungen zu befriedigen, je nachdem das Problem statisch bestimmt oder statisch unbestimmt ist.

Ein einfaches statisch bestimmtes Problem bietet der durch eine Einzelkraft am freien Ende belastete Kragträger nach Abb. 8.11.

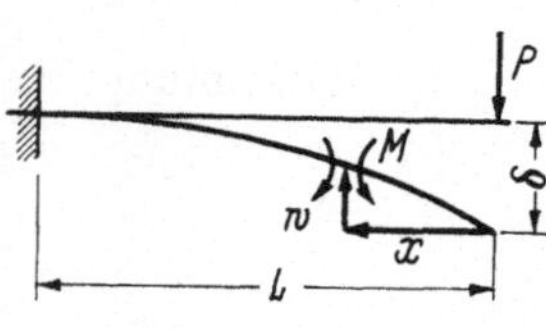

Abb. 8.11.
Kragltträger mit Einzelkraft

Das Biegemoment an der Stelle x ist

$$M(x) = P \cdot x$$

und es gilt somit für alle in Betracht kommenden Werte von x

$$\operatorname{sgn} M(x) = +1$$

Die Differentialgleichung (8.40) wird folglich

$$\frac{\partial^2 \dot{w}}{\partial x^2} = - K \, P^n \cdot x^n$$

und die Randbedingungen sind

$$\dot{w}(0) = 0 \quad , \quad \frac{\partial \dot{w}(L)}{\partial x} = 0 \; .$$

Es folgt nach zwei Integrationen und mit Rücksicht auf die Randbedingungen

$$\dot{w} = \frac{K \, P^n \, L^{n+2}}{n+1} \left[\frac{x}{L} - \frac{1}{n+2} \left(\frac{x}{L} \right)^{n+2} \right] \; .$$

Speziell wird die Senkgeschwindigkeit des Lastangriffspunktes

$$\dot{\delta} = \dot{w}(L) = \frac{K \, P^n \, L^{n+2}}{n+2} \; .$$

Der Einfluß der Trägerlänge ist viel größer als bei rein elastischer Biegung. Mit $n = 5$, ein häufig verwendbarer Spezialfall, ist $\dot{\delta}$ zu L^7 proportional, weil bei rein elastischer Biegung δ zu L^3 proportional ist.

Keine besonderen Schwierigkeiten waren in diesem Problem vorhanden; die Bestimmung der Ausbiegegeschwindigkeit konnte gerade wie in einer Aufgabe rein elastischer Biegung durchgeführt werden. Es wird sich aber zeigen, daß im allgemeinen die Deformationsprobleme beim Kriechen schwieriger sind als bei rein elastischer Biegung. Dies hängt davon ab, daß $|M(x)|^n$ sich oft nicht leicht integrieren läßt, wenn $n \neq 1$ ist. Darüber hinaus tritt hier der Faktor $\mathrm{sgn}\, M(x)$ auf.

Wir beobachten erstens, daß das Superpositionsprinzip hier nicht gültig ist, wenn der Exponent $n \neq 1$ ist. Das heißt, wir können nicht eine gegebene Belastung in Teilbelastungen zerlegen, um später ihre Beiträge zu der Ausbiegegeschwindigkeit zu addieren. Tabellen mit einfachen Elementarfällen sind somit unbrauchbar, wenn es sich um nichtlineares Kriechen handelt. Man muß immer alle wirkenden Kräfte gleichzeitig beachten.

Infolgedessen bietet z. B. der oft vorkommende Fall eines frei aufliegenden Trägers mit Streckenlast nach Abb. 8.12, ein nichtelementares Problem. Das Biegemoment ist hier

$$M(x) = - \frac{Q\,L}{2} \cdot \left(\frac{x}{L} - \frac{x^2}{L^2} \right)$$

und es gilt somit für $0 < x < L$

$$\mathrm{sgn}\, M(x) = -1 \; .$$

Die Differentialgleichung (8.40) geht also in

$$\frac{\partial^2 \dot{w}}{\partial x^2} = K \left(\frac{Q\,L}{2}\right)^n \cdot \left(\frac{x}{L} - \frac{x^2}{L^2}\right)^n$$

über. Diese Differentialgleichung läßt sich aber nicht, bei willkürlichen Werten von n, mit elementaren Funktionen integrieren. Es besteht noch immer die Möglichkeit einer trigonometrischen Auswicklung der rechten Seite mit darauf folgender Integration, siehe ODQVIST 1960 b.

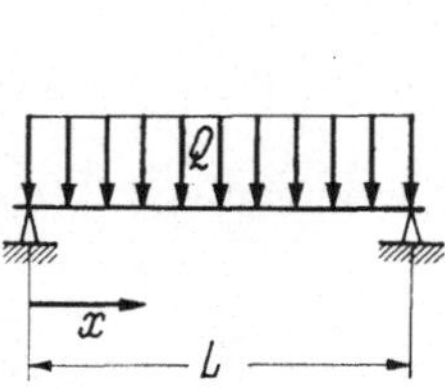

Abb. 8.12. Frei aufliegender Träger mit Streckenlast

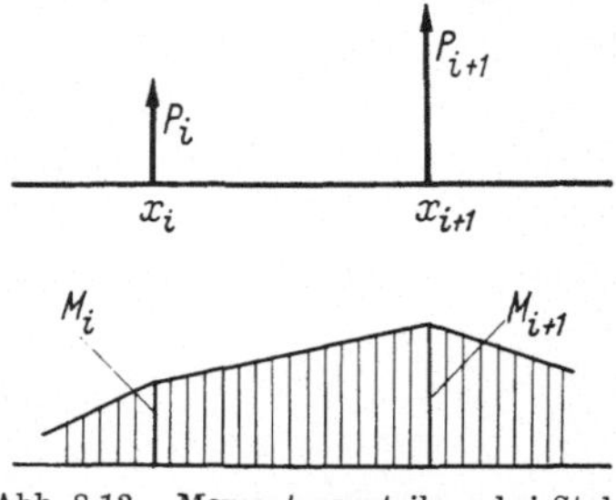

Abb. 8.13. Momentenverteilung bei Stab mit Einzelkräften

Betrachten wir sodann den Fall von Abb. 8.13, wo der Stab nur mit Einzelkräften belastet ist. Es gilt in dem Intervalle $x_i \leq x \leq x_{i+1}$ die Momentenverteilung

$$M(x) = M_i + \frac{M_{i+1} - M_i}{x_{i+1} - x_i} \cdot (x - x_i) = M_i + T_i\,(x - x_i) \quad (8.42)$$

wo T_i die Querkraft in demselben Intervall bedeutet. Aus Gl. (8.42) folgt

$$dM = T_i\,dx$$

und die Differentialgleichung (8.40) kann also in der Form

$$\frac{\partial^2 \dot{w}}{\partial M^2} = - \frac{K}{T_i^2} \cdot |M|^n \cdot \mathrm{sgn}\,M \quad (8.43)$$

geschrieben werden. Dieser Ausdruck läßt sich unmittelbar zweimal integrieren, indem wir M statt x als Integrationsveränderliche benutzen. Es gilt gemäß dem Anhang

$$\frac{\partial \dot{w}}{\partial M} = - \frac{K}{T_i^2} \cdot \frac{|M|^{n+1}}{n+1} + C_1 \quad (8.44)$$

$$\dot{w} = - \frac{K}{T_i^2} \cdot \frac{|M|^{n+2}}{(n+1)(n+2)} \cdot \mathrm{sgn}\,M + C_1 M + C_2. \quad (8.45)$$

Die Integrationskonstanten C_1 und C_2 werden derart bestimmt, daß im Punkte $x = x_i$

$$\dot{w} = \dot{w}_i \quad , \quad \frac{\partial \dot{w}}{\partial x} = \left(\frac{\partial \dot{w}}{\partial x}\right)_i$$

gilt. Mit Rücksicht auf Gl. (8.42) können die Randbedingungen als

$$\dot{w}(M_i) = \dot{w}_i, \quad \frac{\partial \dot{w}(M_i)}{\partial M} = \frac{1}{T_i}\left(\frac{\partial \dot{w}}{\partial x}\right)_i$$

geschrieben werden. Es folgt mithin

$$\begin{cases} C_1 = \dfrac{1}{T_i}\left(\dfrac{\partial \dot{w}}{\partial x}\right)_i + \dfrac{K}{T_i^2}\cdot\dfrac{|M_i|^{n+1}}{n+1} \\[2ex] C_2 = \dot{w}_i - \dfrac{M_i}{T_i}\left(\dfrac{\partial \dot{w}}{\partial x}\right)_i - \dfrac{K}{T_i^2}\cdot\dfrac{|M_i|^{n+2}\cdot\operatorname{sgn}M_i}{n+2}. \end{cases} \tag{8.46}$$

Hierdurch wird $\dot{w}$ für alle x, die der Bedingung $x_i \leq x \leq x_{i+1}$ genügen, bekannt, wenn $\dot{w}_i$, $\left(\dfrac{\partial \dot{w}}{\partial x}\right)_i$, M_i und T_i bekannt sind. Einsetzen von C_1 und C_2 in die Gln. (8.44) und (8.45) liefert schließlich die allgemeinen Ausdrücke

$$\frac{\partial \dot{w}}{\partial x} = \left(\frac{\partial \dot{w}}{\partial x}\right)_i + \frac{K}{(n+1)\,T_i}\left[|M_i|^{n+1} - |M_i + T_i\,(x-x_i)|^{n+1}\right] \tag{8.47}$$

$$\begin{aligned} \dot{w} = \dot{w}_i &+ \left(\frac{\partial \dot{w}}{\partial x}\right)_i (x-x_i) + \frac{K\,|M_i|^{n+1}}{(n+1)\,T_i}\,(x-x_i) + \\ &+ \frac{K}{(n+1)\,(n+2)\,T_i^2}\{|M_i|^{n+2}\cdot\operatorname{sgn}M_i - \\ &- |M_i + T_i\,(x-x_i)|^{n+2}\cdot\operatorname{sgn}[M_i + T_i\,(x-x_i)]\}. \end{aligned} \tag{8.48}$$

Mit Hilfe dieser Ausdrücke können wir sofort z. B. den frei aufliegenden Träger mit Einzelkraft, nach Abb. 8.14, behandeln.

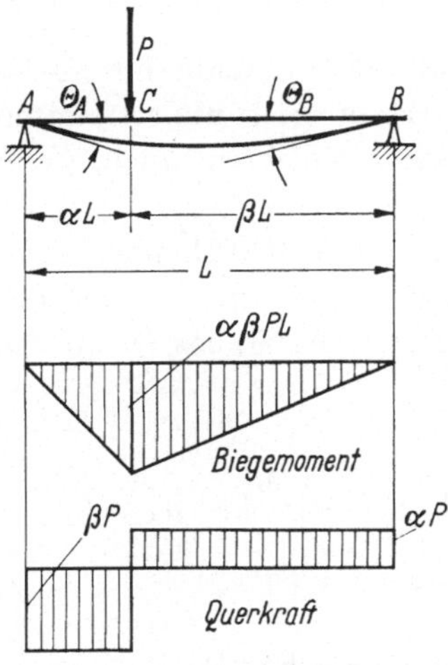

Abb. 8.14. Frei aufliegender Träger mit Einzelkraft

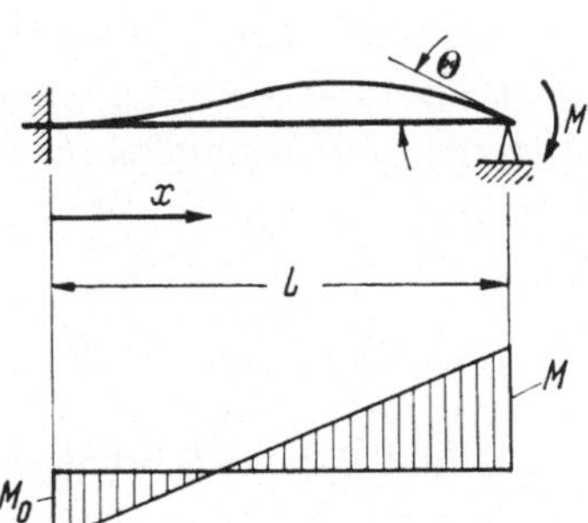

Abb. 8.15. Eingespannt-gestützter Träger mit Einzelmoment

Es gibt hier zwei Intervalle und zu ihnen gehören die folgenden Werte

	$\dot{w}_i$	$\left(\dfrac{\partial \dot{w}}{\partial x}\right)_i$	M_i	T_i
Intervall AC	0	$-\dot{\Theta}_A$	0	$-\beta P$
Intervall BC	0	$-\dot{\Theta}_B$	0	$-\alpha P$

Die Koordinatenrichtung in dem Intervall BC ist von B nach C gewählt, was das Minuszeichen bei T_i erklärt.

Die Größen $\dot{\Theta}_A$ und $\dot{\Theta}_B$ sind unbekannt, und wir brauchen deshalb zwei Gleichungen um sie zu bestimmen. Diese sollen die Stetigkeit der Ausbiegung und der Neigung des Stabes am Lastpunkt ausdrücken. Aus den Gln. (8.47) und (8.48) erhält man

$$\begin{cases} -\dot{\Theta}_A \cdot \alpha L + \dfrac{K\,(\beta P\alpha L)^{n+2}}{(n+1)\,(n+2)\,\beta^2 P^2} = -\dot{\Theta}_B \cdot \beta L + \dfrac{K\,(\alpha P\beta L)^{n+2}}{(n+1)\,(n+2)\,\alpha^2 P^2} \\[2mm] -\dot{\Theta}_A + \dfrac{K\,(\beta P\alpha L)^{n+1}}{(n+1)\,\beta P} = +\dot{\Theta}_B - \dfrac{K\,(\alpha P\beta L)^{n+1}}{(n+1)\,\alpha P}\,, \end{cases}$$

woraus folgt

$$\begin{cases} \dot{\Theta}_A = \dfrac{K\,P^n L^{n+1}}{(n+1)\,(n+2)}\,\alpha^n \beta^n\,(1+n\beta) \\[2mm] \dot{\Theta}_B = \dfrac{K\,P^n L^{n+1}}{(n+1)\,(n+2)}\,\alpha^n \beta^n\,(1+n\alpha)\,. \end{cases} \qquad (8.49)$$

Die Senkgeschwindigkeit des Lastpunktes C wird sodann

$$\dot{\delta} = -\dot{w}\,(\alpha L) = \dfrac{K\,P^n L^{n+2}}{n+2}\,\alpha^{n+1}\,\beta^{n+1}\,. \qquad (8.50)$$

Diese Aufgabe war statisch bestimmt, und es konnten alle interessierenden Größen explizit berechnet werden. Bei statisch unbestimmten Aufgaben ist eine explizite Lösung im allgemeinen nicht möglich, wenn n von willkürlicher Größe ist.

Betrachten wir z. B. den einfachen Fall von Abb. 8.15 mit einem momentbelasteten einseitig eingespannten Träger. Wir fragen nach der Verdrehungsgeschwindigkeit $\dot{\Theta}$ am rechten Ende des Stabes, wenn das Biegemoment M gegeben ist.

Mit

$$x_i = 0\,, \quad x_{i+1} = L\,, \quad M_i = -M_0\,, \quad T_i = \dfrac{M+M_0}{L}\,, \quad \dot{w}_i = 0\,,$$

$\left(\dfrac{\partial \dot{w}}{\partial x}\right)_i = 0$ und $\dot{w}_{i+1} = 0$ erhält man aus Gl. (8.38)

$$0 = \dfrac{K\,M_0^{\,n+1} L^2}{(n+1)\,(M+M_0)} + \dfrac{K\,L^2\,(-M_0^{\,n+2} - M^{n+2})}{(n+1)\,(n+2)\,(M+M_0)^2}\,.$$

Wird $\alpha = \dfrac{M_0}{M}$ eingeführt, so resultiert

$$(n+1)\,\alpha^{n+2} + (n+2)\,\alpha^{n+1} - 1 = 0\,, \qquad (8.51)$$

woraus α bei gegebenem n berechnet werden kann. Eine explizite Lösung ist aber nur möglich im Falle $n = 1$. Bei einigen verschiedenen Werten von n findet man indessen die folgenden angenäherten Werte von α

n	1	2	3	5	∞
α	0,50	0,56	0,60	0,67	1

Aus Gl. (8.47) erhält man danach die Verdrehungsgeschwindigkeit am rechten Ende des Stabes

$$\dot{\Theta} = \frac{K\,L\,M^n}{n+1} \cdot \frac{1 - \alpha^{n+1}}{1 + \alpha} \qquad (8.52)$$

und die gestellte Aufgabe ist damit gelöst.

Mit den Gln. (8.47) und (8.48) kann in dieser Weise jedes Stabproblem, wo nur Einzelkräfte vorhanden sind, behandelt werden. Es ist aber klar, daß auch bei ganz einfachen statisch unbestimmten Aufgaben, komplizierte Ausdrücke resultieren, die im allgemeinen nur numerisch behandelt werden können.

Anhang

Einige Beziehungen bei der Funktion sgn x

Die folgenden Beziehungen werden ohne Beweis angeführt.

Wenn $f(x)$ eine willkürliche reelle Funktion ist, so gilt

$$f(x) = |f(x)| \cdot \operatorname{sgn} f(x)$$
$$|f(x)| = f(x) \cdot \operatorname{sgn} f(x)$$
$$\int f'(x) \cdot \operatorname{sgn} x \cdot dx = f(x) \cdot \operatorname{sgn} x$$

	α willkürlich n ungerade	α willkürlich n gerade
$\displaystyle\int |x|^\alpha x^n dx =$	$\dfrac{|x|^{\alpha+n+1}}{\alpha+n+1}$	$\dfrac{|x|^{\alpha+n+1}}{\alpha+n+1} \cdot \operatorname{sgn} x$
$\displaystyle\int |x|^\alpha x^n \operatorname{sgn} x\, dx =$	$\dfrac{|x|^{\alpha+n+1}}{\alpha+n+1} \cdot \operatorname{sgn} x$	$\dfrac{|x|^{\alpha+n+1}}{\alpha+n+1}$

9. Biegung gekrümmter Stäbe

Wir betrachten einen vom Hause aus kreisgekrümmten Stab mit einfach symmetrischem Querschnitt nach Abb. 9.1 c. Der Krümmungsradius des Schwerpunktskreises im unbelasteten Zustand, Abb. 9.1 a, wird mit R bezeichnet.

Der Stab wird nun durch eine Normalkraft N, längs des Schwerpunktskreises, und ein Biegemoment M, senkrecht zur Symmetrieebene belastet. Zufolge der symmetrischen Form bei dem unbelasteten Stab, und bei der Belastung, wird sich der Stab parallel zu seiner Symmetrieebene verformen.

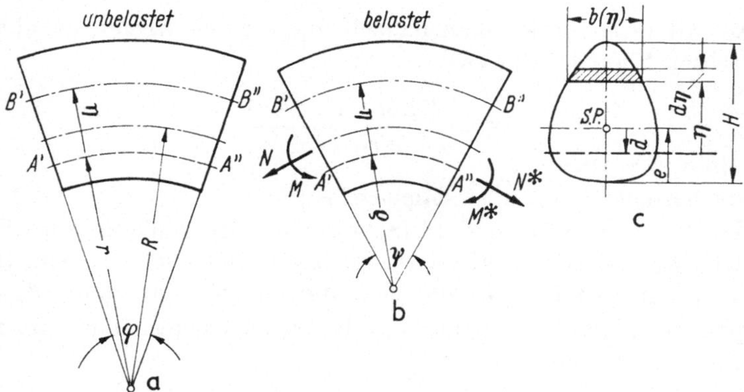

Abb. 9.1. Gekrümmter Biegestab mit einfach symmetrischem Querschnitt

Es wird, ganz wie im Falle des geraden Stabes, die Annahme gemacht werden, daß materielle Ebenen, die im unbelasteten Zustand senkrecht zu dem Schwerpunktskreis stehen, auch im belasteten Zustand eben sind. Dies bedeutet, daß die Längsdehnung auf einer gewissen zylindrischen Fläche verschwindet, die in Abb. 9.1 mit gestrichelten Linien angegeben worden ist. Diese Fläche, Nullfläche genannt, besitzt im unbelasteten Zustand den Krümmungsradius r, und im belasteten Zustand den Krümmungsradius ϱ. Ihr Schnitt mit der Symmetrieebene wird der Nullkreis, ihre Erzeugende die Nullachse genannt.

Weiter bezeichnen wir mit η den Abstand (nach außen positiv gerechnet) eines materiellen Punktes von der Nullfläche. Es kann die Dehnung eines willkürlichen Punktes folgendermaßen bestimmt werden. Die Faser $A'A''$ in Abb. 9.1 b liegt auf der Nullfläche, und ihre Länge ist daher dieselbe wie im unbelasteten Zustand, Abb. 9.1 a. Es gilt somit

$$r\varphi = \varrho\psi \tag{9.1}$$

wo φ und ψ den Öffnungswinkel des ausgeschnittenen Elementes im unbelasteten bzw. belasteten Zustand bedeutet.

Die Länge der Faser $B' B''$, mit dem Abstand η von der Nullfläche, ist im unbelasteten Zustand

$$l_0 = \varphi \, (r + \eta) \tag{9.2}$$

und im belasteten Zustand

$$l = \psi \, (\varrho + \eta) \tag{9.3}$$

Aus den Gln. (9.1), (9.2) und (9.3) erhält man dann die Längsdehnung

$$\varepsilon = \frac{l - l_0}{l_0} = \left(\frac{1}{\varrho} - \frac{1}{r}\right) \cdot \frac{\eta}{1 + \dfrac{\eta}{r}} \cdot \tag{9.4}$$

Führen wir hier die Krümmungen

$$\varkappa = \frac{1}{\varrho} \, ; \quad \varkappa_0 = \frac{1}{r} \tag{9.5}$$

ein, wird die Dehnung

$$\varepsilon = (\varkappa - \varkappa_0) \cdot \frac{\eta}{1 + \varkappa_0 \eta} \cdot \tag{9.6}$$

Nachdem ein stationärer Kriechzustand erreicht worden ist, bleibt die Lage der Nullfläche im Stabe unveränderlich, solange die Formänderung so klein ist, daß der Krümmungsradius sich nicht erheblich geändert hat. Die Dehnungsgeschwindigkeit kann dann aus Gl. (9.6) berechnet werden, indem man bei dem Differenziieren η als konstant annimmt

$$\dot\varepsilon = \dot\varkappa \, \frac{\eta}{1 + \varkappa_0 \eta} \tag{9.7}$$

Nach dem NORTONschen Gesetze, das wir hier als

$$\sigma = k^{-\frac{1}{n}} \, |\dot\varepsilon|^{\frac{1}{n}} \cdot \operatorname{sgn} \dot\varepsilon \tag{9.8}$$

schreiben, wird die entsprechende Spannungsverteilung

$$\sigma = k^{-\frac{1}{n}} \, |\dot\varkappa|^{\frac{1}{n}} \cdot \operatorname{sgn} \dot\varkappa \cdot \left|\frac{\eta}{1 + \varkappa_0 \eta}\right|^{\frac{1}{n}} \cdot \operatorname{sgn} \eta \, , \tag{9.9}$$

da $\operatorname{sgn}(1 + \varkappa_0 \eta) = +1$ ist, solange $\eta > -\dfrac{1}{\varkappa_0} = -r$ gilt.

Resultierende dieser Spannungsverteilung sind eine Normalkraft N^*, längs der Nullinie gerichtet, und ein Biegemoment M^*, wobei

$$N^* = \int_A \sigma \, dA, \quad M^* = \int_A \sigma \eta \, dA$$

gilt. Einsetzen von Gl. (9.9) und $dA = b\,(\eta) \cdot d\eta$ liefert

7*

$$\begin{cases} N^* \cdot k^{\frac{1}{n}} \cdot |\dot{\varkappa}|^{-\frac{1}{n}} \cdot \operatorname{sgn}\dot{\varkappa} = \int\limits_{-e+d}^{H-e+d} \left|\dfrac{\eta}{1+\varkappa_0\eta}\right|^{\frac{1}{n}} \cdot \operatorname{sgn}\eta \cdot b(\eta)\,d\eta \equiv S_n(d,\varkappa_0) \\[1.2em] \hspace{6.5cm} (9.10) \\[1.5em] M^* \cdot k^{\frac{1}{n}} \cdot |\dot{\varkappa}|^{-\frac{1}{n}} \cdot \operatorname{sgn}\dot{\varkappa} = \int\limits_{-e+d}^{H-e+d} \left|\dfrac{\eta}{1+\varkappa_0\eta}\right|^{\frac{1}{n}} \cdot \operatorname{sgn}\eta \cdot \eta \cdot b(\eta)\,d\eta \equiv I_n(d,\varkappa_0), \\[1.2em] \hspace{6.5cm} (9.11) \end{cases}$$

wo die Größen H, e und d in Abb. 9.1c definiert worden sind.

Die Lage der Nullinie ist à priori unbekannt, und die Größen N^* und M^* können daher nicht unmittelbar mit der äußeren Belastung verknüpft werden. Es gelten aber die Gleichgewichtsbedingungen

$$\begin{cases} N^* = N & (9.12) \\ M^* = M + N \cdot d & (9.13) \end{cases}$$

Aus den Gln. (9.10) bis (9.13) folgt dann

$$\frac{M}{N} = -d + \frac{I_n(d,\varkappa_0)}{S_n(d,\varkappa_0)}, \tag{9.14}$$

die eine Verallgemeinerung der Gleichung (8.10) bei geraden Stäben ist. Weiterhin gilt

$$\varkappa_0 = \frac{1}{R-d}. \tag{9.15}$$

Durch die beiden Gleichungen (9.14) und (9.15) wird der Abstand, d, zwischen dem Nullkreis und dem Schwerpunktskreis, bei gegebenen Schnittgrößen M und N, bestimmt.

Es bestehen bei der Biegung eines gekrümmten Stabes dieselben Hauptprobleme wie bei einem geraden Stabe, d. h. die Probleme der Spannungsverteilung und der Deformation des Stabes. Aus den Gln. (9.9), (9.11) und (9.13) folgt die Spannungsverteilung

$$\sigma = \frac{M+N\cdot d}{I_n(d,\varkappa_0)} \cdot \left|\frac{\eta}{1+\varkappa_0\eta}\right|^{\frac{1}{n}} \cdot \operatorname{sgn}\eta \tag{9.16}$$

und aus den Gln. (9.11) und (9.13) folgt die Krümmungsgeschwindigkeit

$$\dot{\varkappa} = \frac{k}{[I_n(d,\varkappa_0)]^n} \cdot |M+N\cdot d|^n \cdot \operatorname{sgn}(M+N\cdot d) \tag{9.17}$$

Die Ausdrücke (9.16) und (9.17) entsprechen genau den Ausdrücken (8.11) und (8.15) beim geraden Stab, und sie können auch in ähnlicher Weise behandelt werden. Insbesondere gelten hier dieselben Einschränkungen wie beim geraden Stab, und wir werden deshalb diese Aufgabe hier nicht weiter verfolgen.

Statt dessen werden wir die Ausdrücke (9.16) und (9.17) bei einigen Beispielen etwas eingehender erläutern.

9.1 Spannungszustand

a) Die Fälle $n = 1$ und $n = \infty$

Im Falle $n = 1$ (linear viskoelastisches Kriechen) können die gesuchten Größen explizit gelöst werden. Es folgt aus den Gln. (9.10) und (9.11)

$$S_1 = (R - d)\left(\frac{A\,d}{R} + \frac{J\,d}{R^3} - \frac{J}{R^2}\right)$$

$$I_1 = (R - d)\left(\frac{A\,d^2}{R} + \frac{J\,d^2}{R^3} - \frac{2\,J\,d}{R^2} + \frac{J}{R}\right)$$

mit

$$J = \int\limits_{-e}^{H-e} \frac{y^2\,dA}{1 + \dfrac{y}{R}}$$

wo $y = \eta - d$ den Abstand zwischen dem Flächenelement dA und der Schwerpunktsachse bedeutet. Es folgt dann aus den Gln. (9.14) und (9.15)

$$d = \frac{J}{A} \cdot \frac{N}{M} \cdot \frac{1 + \dfrac{M}{N R}}{1 + \dfrac{J}{A R^2} + \dfrac{J N}{M A R}} \tag{9.18}$$

das eine Verallgemeinerung von Gl. (8.18) bei geraden Stäben ist. Der Abstand d gemäß Gl. (9.18) ist derselbe wie bei linear elastischer Biegung, und die Spannungsverteilung ist somit identisch gleich der bei linear elastischer Biegung vorhandenen.

Im Falle $n = \infty$ verschwindet der Einfluß des endlichen Krümmungsradius im unbelasteten Zustand. Es folgt nämlich aus den Gln. (9.10) und (9.11)

$$\left\{ \begin{aligned} S_\infty(d,\varkappa_0) &= \int\limits_{-e+d}^{H-e+d} \operatorname{sgn}\eta \cdot b(\eta)\,d\eta = A_1 - A_2 \equiv S_\infty(d) \\[2mm] I_\infty(d,\varkappa_0) &= \int\limits_{-e+d}^{H-e+d} \operatorname{sgn}\eta \cdot \eta \cdot b(\eta)\,d\eta = e_1 A_1 + e_2 A_2 \equiv I_\infty(d) \end{aligned} \right.$$

wo die Größen A_1, A_2, e_1, e_2, $S_\infty(d)$ und $I_\infty(d)$ dieselben sind wie in den Gln. (8.19) und (8.20) bei geraden Stäben. Die Lage der Nullachse sowie auch die Spannungsverteilung ist somit identisch gleich der bei geraden Stäben. Es gilt nämlich gemäß Gl. (9.16)

$$\sigma = \frac{M + N \cdot d}{I_\infty\,(d,\varkappa_0)} \cdot \operatorname{sgn}\eta\,,$$

die mit Bezug auf die obigen Ergebnisse mit Gl. (8.22) bei geraden Stäben identisch ist. Die Spannung ändert sich also sprungweise an der Nullfläche, aber ist sonst von konstanter Größe über den ganzen Querschnitt.

Dieses Ergebnis ist in voller Übereinstimmung mit dem der Theorie der Biegung eines gekrümmten starrplastischen Stabes.

b) Schwach gekrümmter Stab durch reine Biegung beansprucht

Wenn die Normalkraft N verschwindet, folgt aus Gl. (9.14)

$$S_n\,(d,\varkappa_0) = 0\,, \tag{9.19}$$

woraus die Lage der Nullachse bestimmt wird. Falls die Krümmung klein ist, derart daß $|\varkappa_0\eta| \ll 1$ gilt, können wir die Größe $S_n\,(d,\varkappa_0)$ in einer angenäherten Weise ausdrücken. Schreiben wir

$$\left|\frac{\eta}{1+\varkappa_0\eta}\right|^{\frac{1}{n}} = |\eta|^{\frac{1}{n}} \cdot \left[1 - \frac{\varkappa_0\eta}{n} + O\,(\varkappa_0\eta^2)\right]$$

folgt aus Gl. (9.10)

$$S_n\,(d,\varkappa_0) \simeq \int_{-e+d}^{H-e+d} |\eta|^{\frac{1}{n}} \cdot \left(1 - \frac{\varkappa_0\eta}{n}\right) \cdot \operatorname{sgn}\eta \cdot b\,(\eta)\,d\eta =$$

$$= S_n\,(d,0) - \frac{\varkappa_0}{n} \cdot I_n\,(d,0)\,. \tag{9.20}$$

Aus den Gln. (9.19), (9.20), (8.23) und (8.24) folgt dann, im Falle rechteckigen Querschnitts

$$\frac{\left(1 + \dfrac{2d}{H}\right)^{2+\frac{1}{n}} + \left(1 - \dfrac{2d}{H}\right)^{2+\frac{1}{n}}}{\left(1 + \dfrac{2d}{H}\right)^{1+\frac{1}{n}} - \left(1 - \dfrac{2d}{H}\right)^{1+\frac{1}{n}}} = \frac{n\,(2\,n + 1)}{n + 1} \cdot \left(\frac{2\,R}{H} - \frac{2d}{H}\right)\,, \tag{9.21}$$

woraus $\dfrac{d}{H}$ bei gegebenen Größen von $\dfrac{R}{H}$ und n berechnet werden kann.

Da hier $H \ll 2R$ ist, folgt $2d \ll H$, und Gl. (9.21) reduziert sich angenähert auf

$$\frac{2d}{H} = \frac{H}{2R} \cdot \frac{1}{2n+1} \, .$$

Bei einem geraden Stabe, wo $R = \infty$ gilt, verschwindet d bei jeder Größe von n, d. h. die Nullachse fällt mit der Schwerpunktsachse zusammen, was wegen der Symmetrie des Rechtecks ganz selbstverständlich ist. Es fallen auch im Falle $n = \infty$ diese beiden Achsen zusammen, wie es von der Theorie des gekrümmten starrplastischen Stabes bekannt ist.

Die numerisch größte Spannung ist die Druckspannung an der inneren Faser,

$$\sigma\left(-\frac{H}{2} + d\right) = \sigma_i \, .$$

In der folgenden Tabelle ist die Größe

$$- \sigma_i \cdot \frac{BH^2}{M}$$

für einige Werte des Kriechexponenten n und des Krümmungsradius R angegeben

	$n = 1$	$n = 3$	$n = 5$	$n = \infty$
$R = \infty$	6,00	4,67	4,40	4,00
$R = 4H$	6,61	4,83	4,49	4,00
$R = 2H$	7,50	4,98	4,58	4,00

Man sieht, daß der Einfluß der Krümmung auf die Spannungsverteilung mit wachsender Größe von n immer kleiner wird.

9.2 Formänderungszustand

a) Die Fälle $n = 1$ und $n = \infty$

Im Falle $n = 1$ nimmt Gl. (9.17) die Form

$$\dot{\varkappa} = k \, \frac{M + N \cdot d}{I_1 \, (d, \varkappa_0)}$$

an. Wenn insbesondere $N = 0$ gilt, erhält man

$$\dot{\varkappa} = k \, \frac{M}{I_1 \, (d, \varkappa_0)} \, ,$$

d. h. die Krümmungsgeschwindigkeit ist dann dem Biegemoment proportional. Es können somit unmittelbar die Methoden der Formänderungsberechnungen linear elastischer, gekrümmter Stäbe übernommen werden.

Im Falle $n = \infty$ verschwindet die Krümmungsgeschwindigkeit aus den Gln. (9.10) und (9.11), und sie wird somit unbestimmt, was auch in Übereinstimmung mit den Ergebnissen der Theorie der Biegung eines gekrümmten starrplastischen Stabes steht.

b) Formänderung bei reiner Biegung

Bei reiner Biegung ($N = 0$) nimmt Gl. (9.17) die Form

$$\dot{\varkappa} = K_{\varkappa_0} \cdot |M|^n \cdot \operatorname{sgn} M \tag{9.23}$$

an, wo

$$K_{\varkappa_0} = \frac{k}{[I_n\,(d,\varkappa_0)]^n}$$

ein konstanter Parameter ist. Die weitere Behandlung der Differentialgleichung (9.23) folgt gerade denselben Linien wie bei geraden Stäben und wird hier daher nicht weiter erörtert werden.

10. Biegung ebener Stabwerke

Die Ergebnisse der beiden letzten Kapitel deuten es an, daß eine einfache Darstellung der Biegung bei ebenen Stabwerken nicht möglich ist, wenn es sich um nichtlineares Kriechen handelt. Wir wollen aber erst untersuchen, wie weit man mit genauen Ausdrücken reichen kann, bevor wir einige angenäherte Verfahren erörtern.

Das grundlegende Element bei der Analyse von Stabwerken ist der an den Enden durch Biegemomente beanspruchte, frei aufliegende Träger nach Abb. 10.1. Die Grundaufgabe ist hier der Zusammenhang zwischen den Biegemomenten M_A und M_B und den Verdrehungsgeschwindigkeiten $\dot{\Theta}_A$ und $\dot{\Theta}_B$ zu bestimmen.

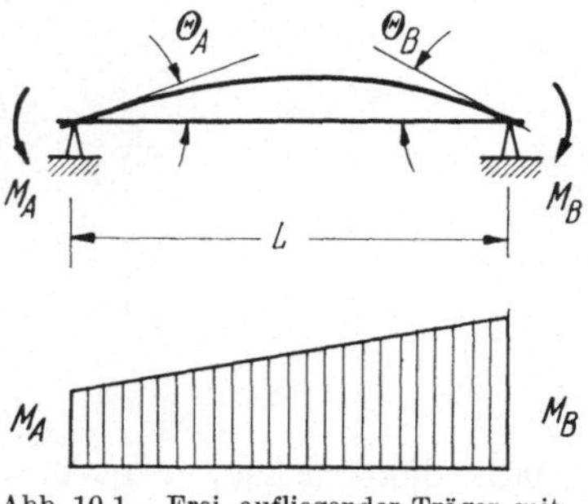

Abb. 10.1.   Frei aufliegender Träger mit verschiedenen Endmomenten

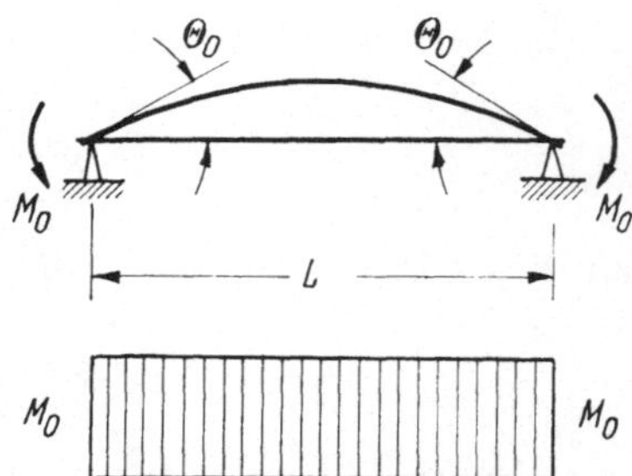

Abb. 10.2.   Frei aufliegender Träger mit gleichen Endmomenten

Da die Momentenverteilung linear ist, können wir die Ausdrücke (8.47) und (8.48) direkt benutzen. Mit $x_i = x_A = 0$ und $x_{i+1} = x_B = L$ nimmt Gl. (8.48) die Form

$$\dot{w}_B = \dot{w}_A + \left(\frac{\partial \dot{w}}{\partial x}\right)_A \cdot L + \frac{K |M_A|^{n+1}}{(n+1)\,T} \cdot L + $$
$$+ \frac{K}{(n+1)\,(n+2)\,T^2}\left\{|M_A|^{n+2} \cdot \operatorname{sgn} M_A - |M_B|^{n+2} \cdot \operatorname{sgn} M_B\right\}$$

an, wo

$$T = \frac{M_B - M_A}{L}$$

ist. Es gilt hier

$$\dot{w}_A = \dot{w}_B = 0\,, \qquad \left(\frac{\partial \dot{w}}{\partial x}\right)_A = \dot{\Theta}_A\,,$$

und man erhält somit nach einigen Umformungen

$$\dot{\Theta}_A = KL\,\frac{(n+1)\,|M_A|^{n+2} \cdot \operatorname{sgn} M_A + |M_B|^{n+2} \cdot \operatorname{sgn} M_B - (n+2)\,|M_A|^{n+1} \cdot M_B}{(n+1)\,(n+2)\,(M_B - M_A)^2}\,. \tag{10.1}$$

Die Verdrehungsgeschwindigkeit des anderen Endes wird durch das Vertauschen von A und B erhalten.

Im Falle $M_A = M_B = M_0$ verschwinden sowohl Nenner wie Zähler in Gl. (10.1). Mit Hilfe von Reihenentwicklungen erhält man dann, für den Fall von Abb. 10.2,

$$\dot{\Theta}_0 = KL\,\frac{|M_0|^n \operatorname{sgn} M_0}{2}\,. \tag{10.2}$$

Dieses Ergebnis hätte man auch direkt von der grundlegenden Gl. (8.40) erhalten können. Mit

$$\varkappa = -\frac{\partial^2 w}{\partial x^2}$$

nimmt diese nämlich die Form

$$\dot{\varkappa} = K\,|M|^n \operatorname{sgn} M \tag{10.3}$$

an, woraus unmittelbar folgt die Beziehung (10.2).

Im Falle $n = 1$ geht Gl. (10.1) in die Beziehung

$$\dot{\Theta}_A = \frac{KL}{6}\,(2\,M_A + M_B) \tag{10.4}$$

über, die genau linear elastischer Biegung entspricht. Nur in diesem Falle wird die Verdrehungsgeschwindigkeit durch lineare Superposition von den Beiträgen der beiden Biegemomente erhalten.

In den Fällen, wo n eine ungerade ganze Zahl ist, schreibt sich Gl. (10.1) einfacher, vorausgesetzt, daß $M_A \neq M_B$ gilt,

$$\dot{\Theta}_A = \frac{KL}{(n+1)(n+2)} \sum_{\nu=0}^{n} (n+1-\nu)\, M_A{}^{n-\nu} M_B{}^{\nu} \,. \qquad (10.5)$$

Hieraus erhält man z. B. unmittelbar das Gegenstück der CLAPEYRONschen Gleichung im Falle von Abb. 10.3

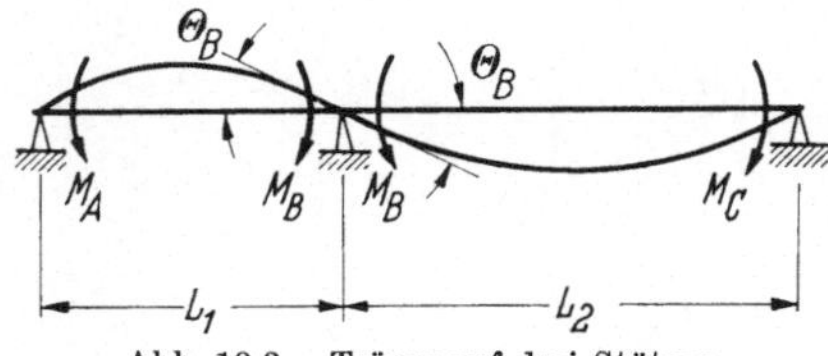

Abb. 10.3.   Träger auf drei Stützen

$$\sum_{\nu=0}^{n} (n+1-\nu)\, M_B{}^{n-\nu}$$
$$(L_1 M_A{}^{\nu} + L_2 M_C{}^{\nu}) = 0\,. \quad (10.6)$$

Aufgaben bei Rahmentragwerken führen somit auf Systeme von nichtlinearen Gleichungen, deren allgemeiner Aufbau gleich demjenigen von Gl. (10.1) oder Gl. (10.5) ist.

Die Variationsmethoden von Abschn. 5.3 sind zu Aufgaben dieser Art besonders gut geeignet. Das komplementäre Potential je Längeneinheit der inneren Kräfte wird analog mit Gl. (5.16)

$$\overline{U} = \int_0^M \varkappa\, dM \,. \qquad (10.7)$$

Dem nichtlinearen Elastizitätsgesetz

$$\varepsilon = k\sigma^n \qquad (10.8)$$

entspricht hier, analog mit Gl. (10.3) die Beziehung

$$\varkappa = K\,|M|^n \operatorname{sgn} M \,, \qquad (10.9)$$

wo K durch Gl. (8.41) definiert ist. Aus den Gln. (10.7) und (10.9) folgt nach Integration; vgl. den Anhang von Kap. 8

$$\overline{U} = \frac{K}{n+1} \cdot |M|^{n+1} \,. \qquad (10.10)$$

Das gesamte komplementäre Potential des Rahmens wird schließlich, analog mit Gl. (5.22),

$$\Pi = \int \overline{U}\, dx - \int q w^* \, dx \,. \qquad (10.11)$$

Hier bedeutet w^* eine etwaig *vorgeschriebene* Ausbiegung. Nach dem zweiten Minimumgesetz von Abschn. 5.3 gilt nun im Gleichgewichtszustand

$$\Pi = \text{Min}.$$

Als ein Beispiel der Verwendung dieses Gesetzes betrachten wir erst wieder den einfachen Fall von Abb. 8.15. Mit

$$M(x) = -M_0 + (M_0 + M)\frac{x}{L}$$

folgt; vgl. wieder den Anhang von Kap. 8

$$\overline{\Pi} = \frac{K}{n+1}\int_0^L \left| -M_0 + (M_0 + M)\frac{x}{L}\right|^{n+1} dx =$$

$$= \frac{KL}{(n+1)(n+2)} \cdot \frac{M^{n+2} + M_0{}^{n+2}}{M + M_0}.$$

Mit $\alpha = \dfrac{M_0}{M}$ folgt aus der Beziehung

$$\frac{\partial \overline{\Pi}}{\partial \alpha} = 0$$

wieder die Gl. (8.51).

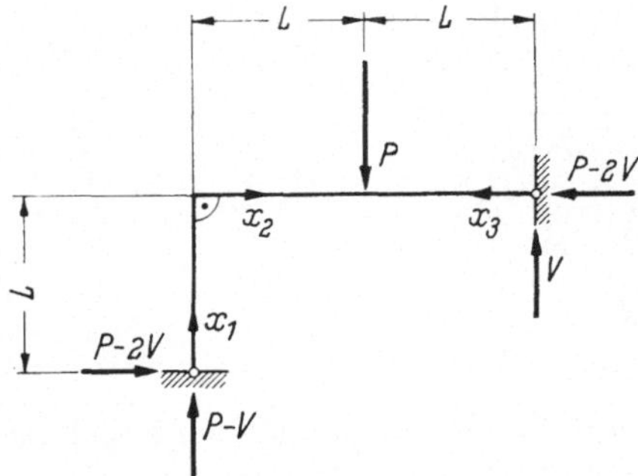

Abb. 10.4.   Einfach statisch unbestimmter Rahmen

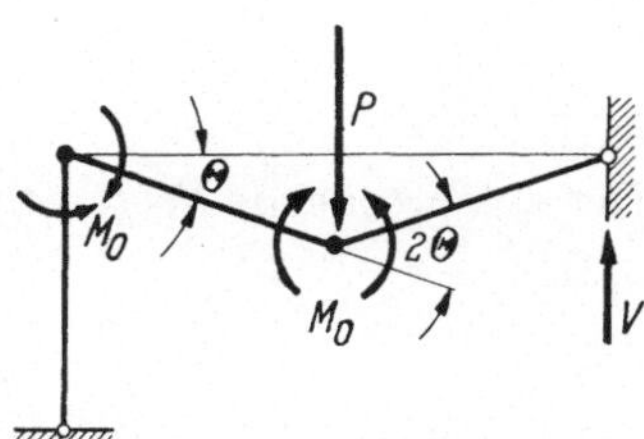

Abb. 10.5.   Verformung des Rahmens von Abb. 10.4 im Falle $n = \infty$

Der Rahmen von Abb. 10.4 ist einfach statisch unbestimmt. Wird die Vertikalkraft V als Unbekannte gewählt, folgt das gesamte komplementäre Potential des Rahmens

$$\overline{\Pi} = \frac{K}{n+1}\Bigg[\int_0^L |(P - 2V)\, x_1|^{n+1}\, dx_1 +$$

$$+ \int_0^L |(P - 2V)\, L - (P - V)\, x_2|^{n+1}\, dx_2 + \int_0^L |V x_3|^{n+1}\, dx_3\Bigg].$$

Mit $\alpha = \dfrac{V}{P}$ folgt, vorausgesetzt daß n eine ungerade ganze Zahl ist,

$$\overline{\Pi} \sim \frac{\alpha^{n+1} + (2 - 3\alpha)(1 - 2\alpha)^{n+1}}{1 - \alpha}. \tag{10.12}$$

Die Bedingung

$$\frac{\partial \overline{\Pi}}{\partial \alpha} = 0$$

liefert schließlich nach einigen Umformungen

$$\left(\frac{1}{\alpha} - 2\right)^n = \frac{1 + n\,(1 - \alpha)}{1 - 2\alpha + 2\,(n + 1)\,(2 - 3\alpha)\,(1 - \alpha)}\,. \qquad (10.13)$$

Bei gegebenem Werte von n kann nun α aus dieser Gleichung bestimmt werden

n	1	3	5	7	∞
α	0,375	0,353	0,346	0,343	0,333

Der Fall $n = \infty$ entspricht gerade dem starrplastischen Rahmen von Abb. 10.5, wo sich zwei Fließgelenke ausgebildet haben.

Aus der Beziehung zwischen Arbeitsaufwand und Dissipationsleistung

$$P \cdot L\Theta = M_0 \cdot \Theta + M_0 \cdot 2\Theta$$

folgt

$$M_0 = \frac{1}{3}\,PL\,.$$

Der entsprechende Wert von α wird also

$$\alpha = \frac{M_0}{PL} = \frac{1}{3}$$

in Übereinstimmung mit dem oben aus Gl. (10.13) gefundenen Ergebnis.

Für angenäherte Lösungsverfahren kann das erste Minimumgesetz vom Abschn. 5.3 vorteilhaft benutzt werden. Das Potential je Längeneinheit der inneren Kräfte wird analog mit Gl. (5.11)

$$U = \int\limits_0^{\varkappa} M\,d\varkappa\,. \qquad (10.14)$$

Mit Rücksicht auf die Beziehung (10.9) folgt nach Integration; vgl. den Anhang von Kap. 8

$$U = K^{-\frac{1}{n}} \cdot \frac{n}{n + 1} \cdot |\varkappa|^{1 + \frac{1}{n}} = K^{-\frac{1}{n}} \cdot \frac{n}{n + 1} \cdot \left|\frac{\partial^2 w}{\partial x^2}\right|^{1 + \frac{1}{n}}\,. \qquad (10.15)$$

Das gesamte Potential des Rahmens wird schließlich, analog mit Gl. (5.21)

$$\Pi = \int U\,dx - \int q^* w\,dx\,. \qquad (10.16)$$

Hier bedeutet q^* eine etwaig *vorgeschriebene* Belastung. Nach dem ersten Minimumgesetz von Abschn. 5.3 gilt nun im Gleichgewichtszustand

$$\Pi = \text{Min.}$$

Als ein Beispiel kehren wir noch einmal zu dem Falle von Abb. 8.15 zurück. Für die Ausbiegung w wird der einfache Ausdruck

$$w = \frac{\Theta}{L^2}\, x^2 (L - x) \tag{10.17}$$

angenommen. Er befriedigt die geometrischen Randbedingungen

$$w(0) = w(L) = 0, \quad \frac{\partial w}{\partial x}(0) = 0, \quad \frac{\partial w}{\partial x}(L) = -\Theta.$$

Aus den Gln. (10.15), (10.16) und (10.17) folgt dann das gesamte Potential

$$\Pi = (KL)^{-\frac{1}{n}} \cdot \frac{n^2 \cdot 2^{2+\frac{1}{n}}\left(1 + 2^{2+\frac{1}{n}}\right)}{6\,(n+1)\,(2\,n+1)} \cdot \Theta^{1+\frac{1}{n}} - M \cdot \Theta.$$

Die Bedingung

$$\frac{\partial \Pi}{\partial \Theta} = 0$$

liefert nun die angenäherte Größe des Drehwinkels

$$\Theta = \left[\frac{6\,(2\,n+1)}{n} \cdot \frac{1}{2^{2+\frac{1}{n}}\left(1 + 2^{2+\frac{1}{n}}\right)}\right]^n \cdot KLM^n. \tag{10.18}$$

Es gelten die folgenden numerischen Werte von $\Theta : KLM^n$

n	1	3	5
Genau, Gl. (8.52)	0,25	0,138	0,093
Angenähert, Gl. (10.18)	0,25	0,097	0,036

Die Genauigkeit der angenäherten Lösung wird hier mit wachsenden Werten von n immer schlechter.

Andere Beispiele von angenäherten Lösungsverfahren, die auf den Vergleich mit dem starrplastischen Zustand bauen, finden sich bei VENKATRAMAN 1957; man vergleiche hierzu auch Abschn. 21.3 unten.

11. Verdrehung gerader Stäbe

Die Aufgabe, Spannungen und Formänderungen eines verdrehten, geraden, elastischen Stabes zu bestimmen, wurde 1855 von ST. VENANT endgültig gelöst. Er reduzierte nämlich die Aufgabe auf das Lösen einer gewissen partiellen Differentialgleichung mit gegebenen Randbedingungen. Man spricht daher oft von dem St. Venantschen Verdrehungsproblem.

Wir werden hier das Verdrehungsproblem erörtern im Falle, in dem der Werkstoff nichtlinearem stationären Kriechen unterworfen ist.

Ein gerader prismatischer Stab, dessen Länge wesentlich größer als die Querschnittsabmessungen ist, wird an den Endquerschnitten durch Drillmomente beansprucht. Der Werkstoff gehorcht dem Nortonschen Kriechgesetz (4.6), und es wird angenommen, daß sich ein stationärer Zustand eingestellt hat. Man fragt nach dem Spannungszustand und der Verdrehungsgeschwindigkeit des Stabes.

Wie früher in diesem Teil werden wir die Hoffsche Analogie benutzen, die uns erlaubt, die entsprechende nichtlinear elastische Aufgabe zu studieren. Die dabei erhaltene Spannungsverteilung des Stabes ist dieselbe wie beim Kriechen, und die Verdrehung entspricht genau der Verdrehungsgeschwindigkeit beim Kriechen.

Wir betrachten den Stab von Abb. 11.1, der von den Drillmomenten M_d beansprucht ist. Ein Koordinatensystem $O\,x\,y\,z$ ist derart eingeführt, daß Oz parallel zu der Stabachse ist und der Koordinatenursprung O in der Endfläche liegt. Die Lage von dem Ursprung O innerhalb der Endfläche ist aber ganz willkürlich; z. B. kann man den Schwerpunkt wählen. Es wird die Ebene $z = 0$ als Referenzebene betrachtet, d. h. ihre Verdrehung wird gleich Null gesetzt.

Da die Stablänge gegenüber den Querschnittsabmessungen sehr groß ist, folgt, daß die Formänderung aus einer reinen Drehung der Querschnitte nebst einer Wölbung bestehen muß, gerade wie bei elastischer Verdrehung. Die Verschiebungskomponenten eines willkürlichen Punktes sind somit, vgl. auch Abb. 11.1,

$$\left\{ \begin{array}{l} u = -\Theta\,yz \\ v = \Theta\,xz \\ w = w\,(x,\,y,\,\Theta)\,, \end{array} \right.$$

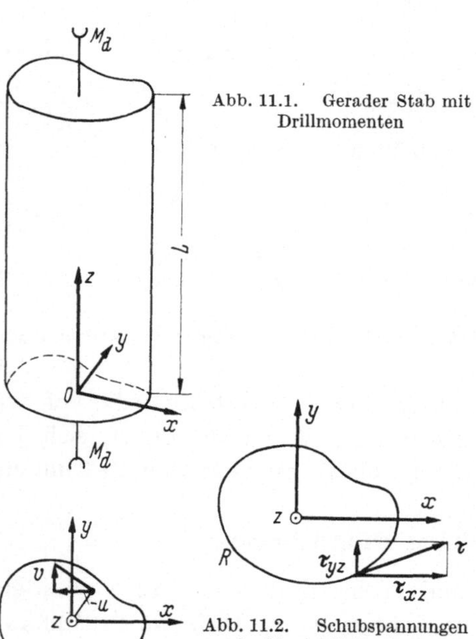

Abb. 11.1. Gerader Stab mit Drillmomenten

Abb. 11.2. Schubspannungen an der Mantelfläche eines verdrehten Stabes

wo Θ die Verdrehung je Längeneinheit der Stabachse bedeutet. Durch Differentiieren erhalten wir hieraus die Dehnungen. Mit üblichen Bezeichnungen werden sie

$$\varepsilon_x = \frac{\partial u}{\partial x} = 0; \quad \varepsilon_y = \frac{\partial v}{\partial y} = 0; \quad \varepsilon_z = \frac{\partial w}{\partial z} = 0;$$

$$\gamma_{xy} = \frac{\partial u}{\partial y} + \frac{\partial v}{\partial x} = -\Theta z + \Theta z = 0; \tag{11.1}$$

$$\gamma_{yz} = \frac{\partial w}{\partial y} + \frac{\partial v}{\partial z} = \frac{\partial w}{\partial y} + \Theta x; \quad \gamma_{xz} = \frac{\partial w}{\partial x} + \frac{\partial u}{\partial z} = \frac{\partial w}{\partial x} - \Theta y.$$

Es sind somit bis auf γ_{xz} und γ_{yz} alle Dehnungskomponenten gleich Null. Wir schließen daraus, daß auch alle Spannungskomponenten, bis auf τ_{xz} und τ_{yz}, gleich Null sind. Die einzige nicht identisch erfüllte Gleichgewichtsbedingung lautet sodann

$$\frac{\partial \tau_{xz}}{\partial x} + \frac{\partial \tau_{yz}}{\partial y} = 0, \tag{11.2}$$

wo τ_{xz} und τ_{yz} nur von x und y aber nicht von z abhängig sind. Wird hier eine Spannungsfunktion $\Phi(x.\ y)$ eingeführt, derart, daß

$$\tau_{xz} = \frac{\partial \Phi}{\partial y}, \quad \tau_{yz} = -\frac{\partial \Phi}{\partial x} \tag{11.3}$$

gilt, wird auch die Gl. (11.2) identisch erfüllt.

Da die Schubspannungen τ_{xz} und τ_{yz} die einzigen nichtverschwindenden Spannungskomponenten sind, kann der Spannungszustand durch den Spannungsvektor $\vec{\tau}$ angegeben werden, deren Komponenten τ_{xz} und τ_{yz} sind. Nach Gl. (11.3) gilt

$$|\tau| = \sqrt{\tau_{xz}{}^2 + \tau_{yz}{}^2} = \sqrt{\left(\frac{\partial \Phi}{\partial y}\right)^2 + \left(\frac{\partial \Phi}{\partial x}\right)^2} = |\mathrm{grad}\,\Phi|. \tag{11.4}$$

Die Mantelfläche des Stabes ist frei von Spannungen. Es muß also der Vektor $\vec{\tau}$ in jedem Punkte des Randes tangential zu der Randkurve sein, vgl. Abb. 11.2. Dies bedeutet, daß an der Randkurve

$$\frac{\tau_{yz}}{\tau_{xz}} = \frac{dy}{dx}$$

gelten muß. Nach Gl. (11.3) gilt somit

$$\frac{\partial \Phi}{\partial x}\,dx + \frac{\partial \Phi}{\partial y}\,dy = 0$$

oder

$$d\Phi = 0$$

d. h. die Spannungsfunktion Φ hat längs der ganzen Randkurve einen konstanten Wert. Da Φ gemäß Gl. (11.3) definiert ist, kann eine konstante Größe zu Φ addiert werden, ohne daß die Spannungen sich ändern. Im Falle einfach zusammenhängender Gebiete kann somit Φ längs der Randkurve R als Null angenommen werden

$$\Phi_R = 0 \qquad (11.5)$$

Bei rein elastischer Verdrehung werden Verzerrungs- und Spannungskomponenten durch lineare Gleichungen verknüpft, und es resultiert hieraus eine lineare partielle Differentialgleichung der Spannungsfunktion Φ mit der Gl. (11.5) als zugehörige Randbedingung. Wir wollen in diesem nichtlinearen Falle keine entsprechende Differentialgleichung herleiten, da sie sehr schwierig zu lösen sein würde. Wir verzichten also darauf, eine allgemeine Lösung der Verdrehungsaufgabe zu finden. Statt dessen werden wir uns einigen speziellen Querschnitten zuwenden, wo mehr oder wenig genaue Lösungen zugänglich sind.

Noch eine allgemeine Beziehung wollen wir aber erst notieren, nämlich den folgenden Ausdruck des Drehmomentes. Man erhält nach partieller Integration mit Rücksicht auf Gl. (11.5)

$$M_d = \iint (x\tau_{yz} - y\tau_{xz})\, dx\, dy =$$

$$= -\iint \left(x\frac{\partial \Phi}{\partial x} + y\frac{\partial \Phi}{\partial y} \right) dx\, dy = 2\iint \Phi\, dx\, dy . \qquad (11.6)$$

Diese Beziehung, sowie die Gln. (11.4) und (11.5) ist bei jedem Werte von n gültig und gilt somit auch, wie vorher bekannt, im speziellen Falle $n = 1$. Dies hängt davon ab, daß diese Beziehungen nicht anders als verschiedene Arten von Gleichgewichtsbedingungen sind.

11.1 Kreiszylindrisches dünnwandiges Rohr

Wegen der Kreissymmetrie verschwindet hier die Querschnittswölbung, d. h. es gilt

$$w = 0$$

Die Formänderung besteht also in einer reinen Verdrehung der Querschnitte. Eine Erzeugende der Mantelfläche wird in eine Schraubenlinie übergeführt, wie sie in Abb. 11.3 dargestellt ist. Bezeichnet man mit α den Drehwinkel, wird der entsprechende Schub der Mantelfläche

$$\gamma = \frac{\alpha\, a}{L} . \qquad (11.7)$$

Gemäß Gl. (4.45) folgt dann sofort die Beziehung

$$\frac{\alpha a}{L} = 3^{\frac{n+1}{2}} \cdot k \cdot \tau^n ,$$

woraus die Schubspannung

$$\tau = 3^{-\frac{1}{2}\left(1+\frac{1}{n}\right)} \cdot \left(\frac{\alpha a}{k L}\right)^{\frac{1}{n}} . \tag{11.8}$$

Sie entspricht dem Drehmoment

$$M_d = \tau \cdot 2\pi a h \cdot a = 2\pi a^2 h \cdot 3^{-\frac{1}{2}\left(1+\frac{1}{n}\right)} \cdot \left(\frac{\alpha a}{k L}\right)^{\frac{1}{n}} . \tag{11.9}$$

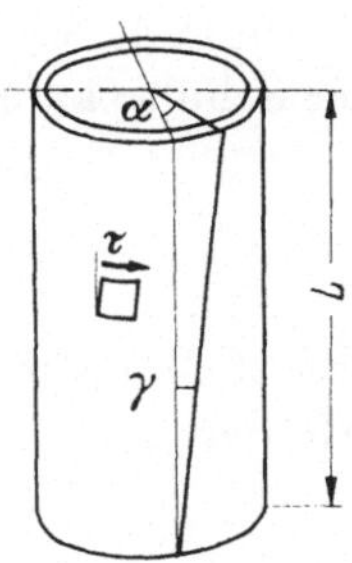

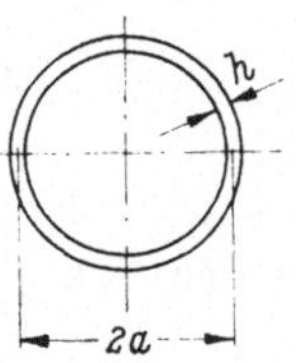

Abb. 11.3. Drehverformung eines kreiszylindrischen dünnwandigen Rohres

Bei gegebenem Drillmoment erhält man also die Schubspannung

$$\tau = \frac{M_d}{2\pi a^2 h} \tag{11.10}$$

und den Drehwinkel

$$\alpha = \frac{3^{\frac{n+1}{2}} \cdot M_d^n \cdot k L}{a\,(2\pi a^2 h)^n} . \tag{11.11}$$

Es sei bemerkt, daß diese Aufgabe statisch bestimmt ist, indem die Schubspannung direkt aus der Gleichgewichtsbedingung (11.9) bestimmt wurde.

11.2 Allgemeines dünnwandiges Rohr

Am äußeren Rande R' des Rohres in Abb. 11.4 gilt analog mit Gl. (11.5)

$$\Phi_{R'} = 0 .$$

Aus demselben Grunde folgt, daß am inneren Rande R'' die Funktion Φ eine Konstante ist

$$\Phi_{R''} = \Phi_0 .$$

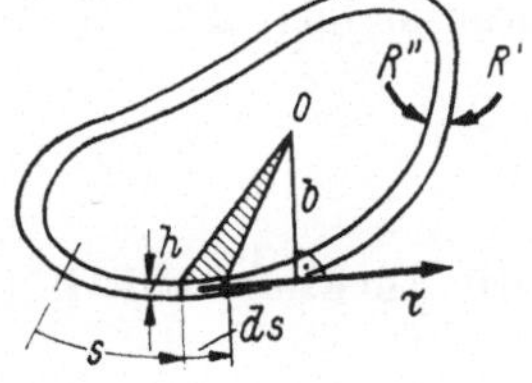

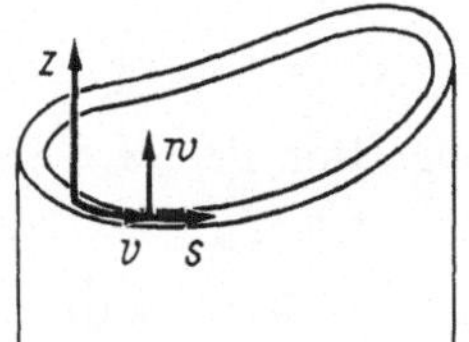

Abb. 11.4. Allgemeines dünnwandiges Rohr unter Drehbelastung

Im Falle, wo die Wandstärke h sehr klein ist, folgt, daß der Mittelwert der Schubspannung nach Gl. (11.4) die Größe

$$\bar{\tau} = |\text{grad}\,\Phi| = \frac{\Phi_0}{h} \tag{11.12}$$

besitzt. Momentengleichgewicht in Bezug auf dem Punkte O von Abb. 11.4 erfordert

$$M_d = \oint \bar{\tau} \cdot h\,ds \cdot b$$

oder, mit Rücksicht auf Gl. (11.12)

$$M_d = \Phi_0 \oint b\,ds = \Phi_0 \oint 2 \cdot dA = 2\,\Phi_0 A\,, \tag{11.13}$$

wo A den Inhalt der von der Randkurve umschlossenen Fläche bedeutet. Aus den Gln. (11.12) und (11.13) folgt die Größe der Schubspannung

$$\bar{\tau} = \frac{M_d}{2\,A\,h} \tag{11.14}$$

und speziell diejenige der maximalen Schubspannung

$$\tau_{\max} = \frac{M_d}{2\,A\,h_{\min}}\,. \tag{11.15}$$

Im Falle des dünnwandigen Rohres von Abb. 11.3 folgt mit $A = \pi a^2$ wieder die Gl. (11.10).

Für die Verdrehung je Längeneinheit, Θ, können wir auch nach Patel, Pandalai und Venkatraman 1959 einen einfachen Ausdruck herleiten. Mit den Bezeichnungen von Abb. 11.4 erhält man

$$\frac{\partial v}{\partial z} = b\Theta\,,$$

woraus folgt der Schubwinkel

$$\gamma_{sz} = \frac{\partial w}{\partial s} + \frac{\partial v}{\partial z} = \frac{\partial w}{\partial s} + b\Theta\,.$$

Mit Rücksicht auf Gl. (4.45) erhält man dann

$$3^{\frac{n+1}{2}} \cdot k\bar{\tau}^n = \frac{\partial w}{\partial s} + b\Theta\,.$$

Integration liefert

$$3^{\frac{n+1}{2}} \cdot k \oint \bar{\tau}^n\,ds = \oint \frac{\partial w}{\partial s}\,ds + \Theta \oint b\,ds = \Theta \cdot 2A\,,$$

woraus folgt, mit Rücksicht auf Gl. (11.14)

$$\Theta = 3^{\frac{n+1}{2}} \cdot \frac{k}{2A} \left(\frac{M_d}{2A}\right)^n \oint \frac{ds}{h^n} \,. \tag{11.16}$$

Bei konstanter Wandstärke, $h = h_0$, erhält man speziell

$$\Theta = 3^{\frac{n+1}{2}} \cdot \frac{k}{2A} \left(\frac{M_d}{2Ah_0}\right)^n \cdot S \,, \tag{11.17}$$

wo S den Umkreis der Randkurve bedeutet.

Die Beziehungen (11.15) und (11.16) entsprechen den bekannten BREDTschen Gleichungen der klassischen Theorie der Drehfestigkeit. Wegen der statischen Bestimmtheit bleibt Gl. (11.15) von n unabhängig. Mit $n = 1$ und $3k = \dfrac{1}{G}$ geht Gl. (11.16) in die zweite BREDTsche Gleichung über.

11.3 Kreiszylindrisches dickwandiges Rohr

Wie beim kreiszylindrischen dünnwandigen Rohr verschwindet auch hier die Querschnittswölbung, und die Formänderung besteht in einer reinen Verdrehung der Querschnitte. Das Rohr kann demnach als eine Menge konzentrischer dünnwandiger Rohre betrachtet werden, und wir können die Ergebnisse bei solchen Rohren unmittelbar ausnützen.

Nach Gl. (11.8) ist die Schubspannung am Elementarrohre vom Radius r

$$\tau(r) = 3^{-\frac{1}{2}\left(1+\frac{1}{n}\right)} \cdot \left(\frac{\alpha r}{kL}\right)^{\frac{1}{n}} \tag{11.18}$$

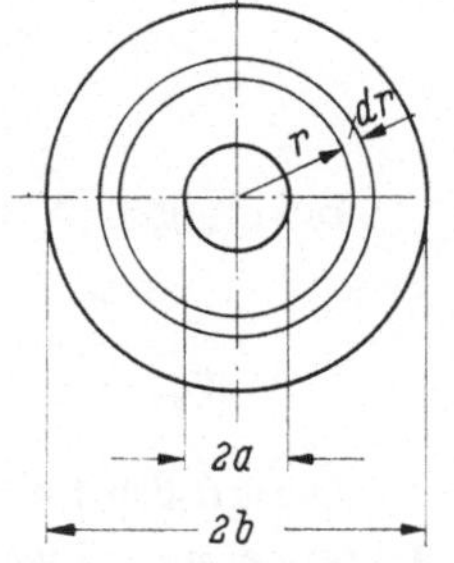

Abb. 11.5. Kreiszylindrisches dickwandiges Rohr

Das zugehörige Drillmoment ist

$$dM_d(r) = \tau(r) \cdot 2\pi r\, dr \cdot r = 2\pi r^2 dr \cdot 3^{-\frac{1}{2}\left(1+\frac{1}{n}\right)} \cdot \left(\frac{\alpha r}{kL}\right)^{\frac{1}{n}}$$

und damit folgt das gesamte Drillmoment

$$M_d = 2\pi \cdot 3^{-\frac{1}{2}\left(1+\frac{1}{n}\right)} \left(\frac{\alpha}{kL}\right)^{\frac{1}{n}} \int\limits_a^b r^{2+\frac{1}{n}}\, dr =$$

$$= 2\pi \cdot 3^{-\frac{1}{2}\left(1+\frac{1}{n}\right)} \left(\frac{\alpha}{kL}\right)^{\frac{1}{n}} \cdot \frac{b^{3+\frac{1}{n}} - a^{3+\frac{1}{n}}}{3+\frac{1}{n}} \,. \tag{11.19}$$

Mit Rücksicht auf Gl. (11.18) wird dann die Schubspannung am Radius r

$$\tau = \frac{\left(3 + \dfrac{1}{n}\right) r^{\frac{1}{n}} \, M_d}{2\,\pi \left(b^{3+\frac{1}{n}} - a^{3+\frac{1}{n}}\right)}. \tag{11.20}$$

Die größte Schubspannung tritt somit am Außenradius $r = b$ auf und beträgt

$$\tau_{\max} = \frac{M_d}{W_{nd}} \tag{11.21}$$

wo

$$W_{nd} = \frac{2\,\pi \left(b^{3+\frac{1}{n}} - a^{3+\frac{1}{n}}\right)}{\left(3 + \dfrac{1}{n}\right) b^{\frac{1}{n}}} \tag{11.22}$$

dem Widerstandsmoment gegen Drehung bei elastischer Verdrehung entspricht. Beim kreiszylindrischen Vollstabe, d. h. gesetzt $a = 0$, erhält man

$$W_{nd} = \frac{2\,\pi\,b^3}{3 + \dfrac{1}{n}} \tag{11.23}$$

Bei einigen Werten von n gelten dann die folgenden Größen von W_{nd}

n	1	3	5	7	∞
$W_{nd} : 2\,\pi\,b^3$	0,250	0,300	0,313	0,318	0,333

Die größte Schubspannung fällt somit mit steigendem n ab und ist schon bei $n = 7$ weniger als 5 % von dem asymptotischen Werte entfernt.

Nach Gl. (11.19) erhält man den Drehwinkel

$$\alpha = \frac{\left(3 + \dfrac{1}{n}\right)^{n} \cdot 3^{\frac{n+1}{2}} \cdot k\,L}{(2\,\pi)^n \cdot \left(b^{3+\frac{1}{n}} - a^{3+\frac{1}{n}}\right)^n} \cdot M_d^n. \tag{11.24}$$

Beim kreiszylindrischen Vollstabe wird der Drehwinkel

$$\alpha = \frac{\left(3 + \dfrac{1}{n}\right)^{n} \cdot 3^{\frac{n+1}{2}} \cdot k\,L}{(2\,\pi)^n \, b^{3n+1}} \cdot M_d^n. \tag{11.25}$$

Im Falle $n = 1$ erhält man speziell

$$\alpha = \frac{6\,k\,L}{\pi\,b^4} \cdot M_d$$

was genau dem Ausdruck

$$\alpha = \frac{4\,(1 + \nu)\,L}{\pi\,b^4\,E} \cdot M_d$$

bei linear elastischer Verdrehung entspricht, nachdem $\nu = \frac{1}{2}$ und $E = \frac{1}{k}$ eingeführt worden sind.

11.4 Allgemeiner Querschnitt

Aus den zwei letzten Gleichungen (11.1) folgt zuerst die Verträglichkeitsbedingung

$$\frac{\partial \gamma_{yz}}{\partial x} - \frac{\partial \gamma_{xz}}{\partial y} = 2\,\Theta\,. \tag{11.26}$$

Mittels der nichtlinearen Elastizitätsgleichung

$$\varepsilon_{ij} = f(I_2) \cdot s_{ij}$$

können die Verzerrungskomponenten als nichtlineare Funktionen der Spannungskomponenten, d. h. als nichtlineare Funktionen der Ableitungen $\frac{\partial \Phi}{\partial x}$ und $\frac{\partial \Phi}{\partial y}$ ausgedrückt werden. Werden diese Ausdrücke in Gl. (11.26) eingesetzt, resultiert eine stark nichtlineare partielle Differentialgleichung der Spannungsfunktion Φ. Zu ihr gehört die Randbedingung (11.5), vgl. GREENBERG 1960.

Es ist eine geschlossene Lösung dieser Aufgabe nur bei kreisförmigen Querschnitten möglich. Approximierende Lösungsverfahren sind also erforderlich, und es liegt hier nahe, an die früher erwähnten Energiemethoden zu denken.

Die vorliegende Aufgabe wurde von PATEL, VENKATRAMAN und HODGE 1958 derart behandelt.

Es sind hier die Verzerrungs- und Spannungstensoren

$$\varepsilon_{ij} \equiv \begin{bmatrix} 0 & 0 & \dfrac{\gamma_{xz}}{2} \\[2mm] 0 & 0 & \dfrac{\gamma_{yz}}{2} \\[2mm] \dfrac{\gamma_{xz}}{2} & \dfrac{\gamma_{yz}}{2} & 0 \end{bmatrix} \quad ; \quad \sigma_{ij} \equiv \begin{bmatrix} 0 & 0 & \tau_{xz} \\[2mm] 0 & 0 & \tau_{yz} \\[2mm] \tau_{xz} & \tau_{yz} & 0 \end{bmatrix} \tag{11.27}$$

und die entsprechenden effektiven Größen

$$\varepsilon_e = \sqrt{\frac{2}{3}\,\varepsilon_{ij}{}^2} = \sqrt{\frac{1}{3}\,(\gamma_{xz}{}^2 + \gamma_{yz}{}^2)} =$$

$$= \sqrt{\frac{1}{3}\left[\left(\frac{\partial w}{\partial x} - \Theta y\right)^2 + \left(\frac{\partial w}{\partial y} + \Theta x\right)^2\right]} \tag{11.28}$$

$$\sigma_e = \sqrt{\frac{3}{2}\,s_{ij}{}^2} = \sqrt{3\,(\tau_{xz}{}^2 + \tau_{yz}{}^2)} = \sqrt{3\left[\left(\frac{\partial \Phi}{\partial x}\right)^2 + \left(\frac{\partial \Phi}{\partial y}\right)^2\right]}. \tag{11.29}$$

Das Potential der inneren und äußeren Kräfte ist bei gegebener Verdrehung des Endquerschnittes, nach Gl. (5.21)

$$\Pi = \int_{\dot{V}} U\,dV = \frac{n}{n+1}\,k^{-\frac{1}{n}}\,L\int_{\dot{A}}\varepsilon_e{}^{1+\frac{1}{n}}\,dA \tag{11.30}$$

und das komplementäre Potential ist gemäß Gl. (5.22)

$$\bar{\Pi} = \int_{\dot{V}} \bar{U}\,dV - M_d\,\alpha = \frac{1}{n+1}\cdot kL\int_{\dot{A}}\sigma_e^{n+1}\,dA - M_d\,\alpha \tag{11.31}$$

wo, nach Gl. (11.6), das Drillmoment als

$$M_d = 2\int_{\dot{A}}\Phi\,dA \tag{11.32}$$

geschrieben werden kann.

Verwenden wir zunächst das Prinzip des Minimums von Π. Lassen wir Φ° eine Funktion bedeuten, die die Randbedingung (11.5) erfüllt, und bestimmen wir dann λ derart, daß Π nach Einsetzen von $\Phi = \lambda\Phi^\circ$ zu einem Minimum wird, erhalten wir

$$\lambda = \frac{2\,\alpha}{k\,L}\cdot\left(\frac{\int_{\dot{A}}\Phi^\circ\,dA}{\int_{\dot{A}}(\sigma_e^\circ)^{n+1}\,dA}\right)^{\frac{1}{n}} \tag{11.33}$$

wo σ_e° den Wert von σ_e nach Einsetzen von Φ° bedeutet. Wird danach $\Phi = \lambda\Phi^\circ$ mit λ nach Gl. (11.33) in Gl. (11.32) eingeführt, folgt das Drillmoment

$$M_d{}^\circ = 2\left(\frac{2\,\alpha}{k\,L}\right)^{\frac{1}{n}}\cdot\frac{\left[\int_{\dot{A}}\Phi^\circ\,dA\right]^{1+\frac{1}{n}}}{\left[\int_{\dot{A}}(\sigma_e^\circ)^{n+1}\,dA\right]^{\frac{1}{n}}} \tag{11.34}$$

Weiterhin folgt direkt aus dem Prinzip des Minimums von Π das Drillmoment

$$M_d{}^* = k^{-\frac{1}{n}} \cdot \frac{L}{\alpha} \int\limits_A (\varepsilon_e^*)^{1+\frac{1}{n}} dA \qquad (11.35)$$

wo $\varepsilon_e{}^*$ den Wert von ε_e nach Einsetzen von einer willkürlichen Wölbungsfunktion w^* bedeutet.

Aus den allgemeinen Erörterungen in Abschn. 5.3 folgt schließlich, daß das wirkliche Drillmoment zwischen den Drillmomenten $M_d{}^\circ$ und $M_d{}^*$ liegt, das heißt:

$$M_d{}^\circ \leq M_d \leq M_d{}^* \qquad (11.36)$$

Oder aber kann man α als Funktion eines gegebenen Drillmomentes M_d betrachten. Dabei gilt es umgekehrt

$$\alpha^* \leq \alpha \leq \alpha^\circ \qquad (11.37)$$

PATEL, VENKATRAMAN und HODGE 1958 haben diese Ergebnisse auf einen regelmäßigen polygonalen Querschnitt angewandt. Mit den Bezeichnungen von Abb. 11.6, und

$$\Phi^\circ = \frac{b}{2}\operatorname{ctg}\frac{\pi}{N} - x$$

bzw.

$$w^* = xy - y^2 \operatorname{ctg}\frac{\pi}{N}$$

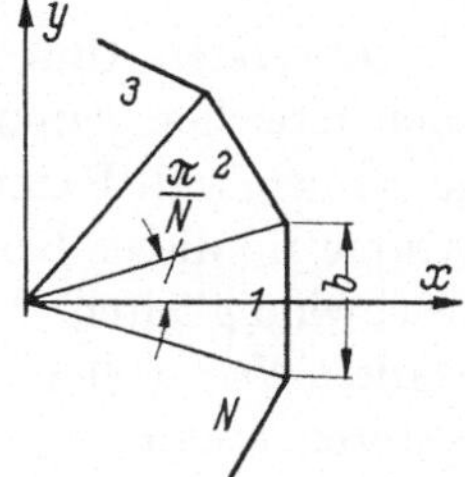

Abb. 11.6. Regelmäßiger polygonaler Querschnitt

folgen die Drehwinkel

$$\begin{cases} \alpha_N{}^* = kb^{-\frac{n+1}{2}}\left[12\left(1+\frac{1}{2\,n}\right)\left(1+\frac{1}{3\,n}\right)\frac{M_d}{N\,b^3}\operatorname{tg}^{2+\frac{1}{n}}\frac{\pi}{N}\right]^n \\[4mm] \alpha_N{}^\circ = 3\,kb^{-\frac{n+1}{2}}\left[12\,\frac{M_d}{N\,b^3}\operatorname{tg}^{2+\frac{1}{n}}\frac{\pi}{N}\right]^n \end{cases}$$

Diese Ausdrücke unterscheiden sich etwa um 30 % bei technisch wichtigen Werten von n. Es ist damit der Drehwinkel bis auf rund ± 15 % bekannt. Die Differenz zwischen oberer und unterer Grenze hängt natürlich stark von der Wahl der Funktionen w^* bzw. Φ° ab. Sie wurden dem starrplastischen Grenzfalle entnommen, was nach früheren Ergebnissen gut begründet scheint. Noch genauere Ergebnisse kann man erlangen, wenn man die Funktionen w^* und Φ° mit implizit vorkommenden Parametern versieht, die danach derart bestimmt werden, daß α^* ein Maximum und α° ein Minimum wird. Dafür wird aber ein sehr großer Rechenaufwand erfordert.

11.5 Schubmittelpunkt

Der Schubmittelpunkt eines Querschnittes, auch Querpunkt genannt, ist folgendermaßen definiert: Wenn ein Biegestab durch eine Querkraft belastet wird, entsteht drehungsfreie Biegung nur dann, wenn die Querkraft durch den Querpunkt passiert.

Die Lage des Querpunktes wurde bei einigen geschlossenen dünnwandigen Querschnitten von PANDALAI und PATEL 1959 bestimmt. Die entsprechende Aufgabe bei offenen Querschnitten wurde von PHILLIPS 1960 behandelt. Für nähere Einzelheiten wird auf diese Arbeiten verwiesen.

Es zeigt sich, daß die Lage des Querpunktes von dem Kriechexponenten n, d. h. von der Temperatur abhängig ist. Es bedeutet dies, daß zusätzliche Drehspannungen in einem auf Biegung beanspruchten Stab entstehen können, wenn die Temperatur geändert wird.

12. Aufgaben bei Rotationssymmetrie

Die ersten Untersuchungen über mehrachsige Spannungszustände beim Kriechen waren Aufgaben bei Rohrleitungen und Turbinenrotoren gewidmet; vgl. BAILEY 1935 und ODQVIST 1934. Wegen der Rotationssymmetrie dieser Konstruktionen können die Spannungen und Kriechgeschwindigkeiten mit erschwinglichem Rechenaufwand bestimmt werden. Wir wollen in diesem Kapitel einige einfache Dampfkessel und Rotoren studieren, und sind uns dabei bewußt, daß es sich hier um eines der wichtigsten Anwendungsgebiete der technischen Kriechmechanik handelt.

12.1 Dünnwandige Dampfkessel

a) Kugelschale mit Innendruck

Wir betrachten eine dünnwandige Kugelschale mit Abmessungen nach Abb. 12.1, die durch einen Innendruck p belastet wird.

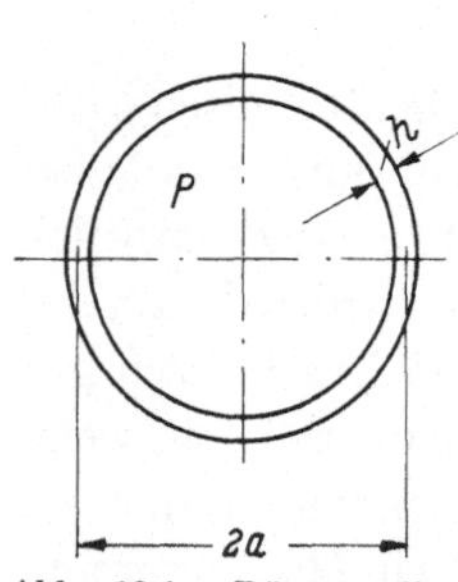

Wegen der Symmetrie sind die Hauptspannungen radial und tangential gerichtet; sie werden σ_r, σ_ϑ, σ_ϑ genannt. Da die Wandstärke h gegenüber dem Mittelradius a sehr klein ist, können die Umfangsspannungen als konstant über die Wandstärke verteilt angenommen werden. Die Aufgabe wird damit statisch bestimmt, und es folgt aus einer Gleichgewichtsbedingung der halben Schale

Abb. 12.1. Dünnwandige Kugelschale (auch dünnwandiger Kreiszylinder)

$$\sigma_\vartheta = \frac{p\,a}{2\,h}.\tag{12.1}$$

Die Radialspannung σ_r ist an der Innenfläche gleich $-p$ und verschwindet an der Außenfläche. Sie ist somit gegenüber σ_ϑ vernachlässigbar klein. Es besteht also hier angenähert ein ebener Spannungszustand. Nach Gl. (4.37) wird die effektive Spannung

$$\sigma_e = \frac{p\,a}{2\,h} \tag{12.2}$$

und nach Gl. (4.38) folgen dann die Verzerrungsgeschwindigkeiten

$$\begin{cases} \dot{\varepsilon}_\vartheta = \dfrac{k}{2}\left(\dfrac{p\,a}{2\,h}\right)^n \\[2ex] \dot{\varepsilon}_r = -\,k\left(\dfrac{p\,a}{2\,h}\right)^n. \end{cases} \tag{12.3}$$

Der Verschiebungsvektor ist wegen der Kugelsymmetrie radial gerichtet. Die Zuwachsgeschwindigkeit des Mittelradius wird folglich

$$\dot{w} = a\dot{\varepsilon}_\vartheta = \frac{k\,a}{2}\left(\frac{p\,a}{2\,h}\right)^n. \tag{12.4}$$

b) Zylinderschale mit Innendruck

Die Querschnittsabmessungen werden auch hier nach Abb. 12.1 bezeichnet. Es folgt unmittelbar, daß die Längsspannung σ_x, Umfangsspannung σ_ϑ und Radialspannung σ_r Hauptspannungen sind. Aus den Gleichgewichtsbedingungen in axialer bzw. tangentialer Richtung folgt sofort

$$\begin{cases} \sigma_x = \dfrac{p\,a}{2\,h} \\[2ex] \sigma_\vartheta = \dfrac{p\,a}{h}, \end{cases} \tag{12.5}$$

weil die Radialspannung vernachlässigbar klein ist. Die effektive Spannung wird

$$\sigma_e = \sqrt{3}\cdot\frac{p\,a}{2\,h}, \tag{12.6}$$

wonach die Verzerrungsgeschwindigkeiten nach Gl. (4.38) erhalten werden

$$\begin{cases} \dot{\varepsilon}_x = 0 \\[2ex] \dot{\varepsilon}_\vartheta = 3^{\frac{n+1}{2}}\cdot\dfrac{k}{2}\left(\dfrac{p\,a}{2\,h}\right)^n \\[2ex] \dot{\varepsilon}_r = -\,3^{\frac{n+1}{2}}\cdot\dfrac{k}{2}\left(\dfrac{p\,a}{2\,h}\right)^n. \end{cases} \tag{12.7}$$

Werden die entsprechenden Verschiebungsgeschwindigkeiten der Mittelfläche $\dot{u}$, $\dot{v}$, $\dot{w}$ genannt, gilt

$$\begin{cases} \dot{u} = 0 \\[2mm] \dot{v} = 0 \\[2mm] \dot{w} = a\dot{\varepsilon}_\vartheta = 3^{\frac{n+1}{2}} \dfrac{k\,a}{2} \left(\dfrac{p\,a}{2\,h}\right)^n . \end{cases} \qquad (12.8)$$

Die erste dieser Gleichungen besagt, daß die Länge des Rohres sich während des Kriechens gar nicht ändert. Die letzte Gleichung gibt die Zuwachsgeschwindigkeit des Mittelradius.

Beispiel: Zylindrischer Dampfkessel mit halbkugelförmigen Böden. Man bestimme das Verhältnis zwischen den Wandstärken des Bodens und des Mantels derart, daß keine Sekundärspannungen im Übergangsbereich während des Kriechens entstehen.

Wird die Wandstärke des Bodens h und die des Mantels H genannt, ergibt die Bedingung gleicher radialen Zuwachsgeschwindigkeiten des Bodens und des Mantels, gemäß den Gln. (12.4) und (12.8)

$$\frac{k\,a}{2}\left(\frac{p\,a}{2\,h}\right)^n = 3^{\frac{n+1}{2}} \frac{k\,a}{2}\left(\frac{p\,a}{2\,H}\right)^n ,$$

woraus

$$\frac{h}{H} = \left(\frac{1}{3}\right)^{\frac{n+1}{2n}} .$$

Mit $n = 5$ wird $\dfrac{h}{H} = 0{,}52$, d.h. die Wandstärke des Bodens muß 52 % der Wandstärke des Mantels sein. Die Größe $\dfrac{h}{H}$ ist somit von dem Grenzwert

$$\frac{1}{\sqrt{3}} = 0{,}578 \quad \text{für} \quad n = \infty$$

nur unwesentlich entfernt.

12.2 Dickwandige Dampfkessel

a) Hohlkugel

Wegen der Kugelsymmetrie ist der Verschiebungsvektor radial gerichtet. Wird seine Größe w genannt, werden die radialen und tangentialen Dehnungsgeschwindigkeiten

$$\begin{cases} \dot{\varepsilon}_r = \dfrac{d\,\dot{w}}{d\,r} \\[4mm] \dot{\varepsilon}_\vartheta = \dfrac{\dot{w}}{r} \end{cases} \qquad (12.9)$$

Die Inkompressibilität erfordert sodann

$$\frac{d\dot{w}}{dr} + \frac{2}{r}\dot{w} = 0$$

woraus folgt

$$\dot{w} = C r^{-2}$$

mit C konstant. Nach Gl. (12.9) folgt dann

$$\begin{cases} \dot{\varepsilon}_r = -2\,C r^{-3} \\ \dot{\varepsilon}_\vartheta = C r^{-3}\,. \end{cases} \qquad (12.10)$$

Der Spannungstensor ist hier

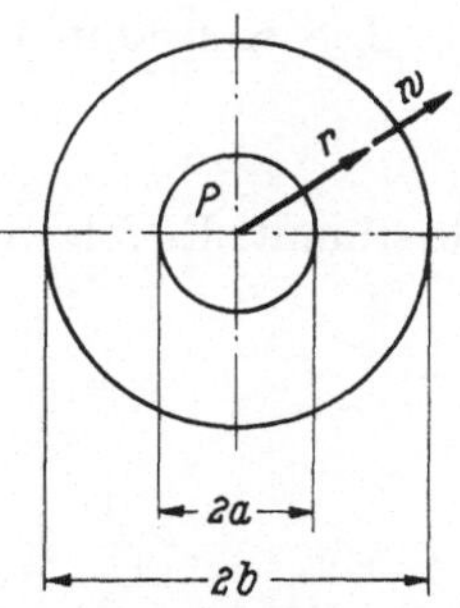

Abb. 12.2.   Hohlkugel (auch Hohlzylinder)

$$\sigma_{ij} \equiv \begin{pmatrix} \sigma_r & 0 & 0 \\ 0 & \sigma_\vartheta & 0 \\ 0 & 0 & \sigma_\vartheta \end{pmatrix}$$

woraus die effektive Spannung

$$\sigma_e = \sigma_\vartheta - \sigma_r. \qquad (12.11)$$

Nach Gl. (4.38) gilt sodann

$$\begin{cases} \dot{\varepsilon}_r = -k\,(\sigma_\vartheta - \sigma_r)^n \\ \dot{\varepsilon}_\vartheta = \dfrac{k}{2}\,(\sigma_\vartheta - \sigma_r)^n \end{cases} \qquad (12.12)$$

d. h., mit Rücksicht auf Gl. (12.10) gilt mit D konstant

$$\sigma_\vartheta - \sigma_r = D r^{-\frac{3}{n}}. \qquad (12.13)$$

Die radiale Gleichgewichtsbedingung

$$\frac{d\sigma_r}{dr} = \frac{2\,(\sigma_\vartheta - \sigma_r)}{r} \qquad (12.14)$$

liefert sodann nach Einsetzen von Gl. (12.13)

$$\sigma_r = A r^{-\frac{3}{n}} + B \qquad (12.15)$$

mit A und B konstant.

Schließlich folgt aus Gl. (12.14)

$$\sigma_\vartheta = A\left(1 - \frac{3}{2n}\right) r^{-\frac{3}{n}} + B \qquad (12.16)$$

Es wird hier ausschließlich den Fall eines inneren Überdruckes p behandelt. Der Fall eines äußeren Überdruckes wäre ebenso leicht zu behandeln.

Die Konstanten A und B werden hier aus den Randbedingungen

$$\sigma_r(a) = -p, \ \sigma_r(b) = 0$$

bestimmt. Es folgen daraus die endgültigen Ausdrücke der Spannungen

$$\begin{cases} \sigma_r = -p \dfrac{r^{-\frac{3}{n}} - b^{-\frac{3}{n}}}{a^{-\frac{3}{n}} - b^{-\frac{3}{n}}} \\[3em] \sigma_\vartheta = p \dfrac{-\left(1 - \dfrac{3}{2n}\right) r^{-\frac{3}{n}} + b^{-\frac{3}{n}}}{a^{-\frac{3}{n}} - b^{-\frac{3}{n}}} \end{cases} \tag{12.17}$$

Weiterhin wird die tangentiale Dehnungsgeschwindigkeit nach Gl. (12.12)

$$\dot\varepsilon_\vartheta = \frac{k}{2}\left(p \cdot \frac{3}{2n} \cdot \frac{r^{-\frac{3}{n}}}{a^{-\frac{3}{n}} - b^{-\frac{3}{n}}}\right)^n. \tag{12.18}$$

Die radiale Verschiebungsgeschwindigkeit der Innenfläche $r = a$ wird speziell nach Gl. (12.9)

$$\dot w(a) = \frac{ka}{2}\left(p \cdot \frac{3}{2n} \cdot \frac{a^{-\frac{3}{n}}}{a^{-\frac{3}{n}} - b^{-\frac{3}{n}}}\right)^n. \tag{12.19}$$

Wird in den Gln. (12.17) $n = 1$ eingeführt, folgen die zuerst von LAMÉ erhaltenen Ausdrücke der Spannungen bei einer elastischen Hohlkugel, vgl. z. B. TIMOSHENKO und GOODIER[1], S. 359.

Im anderen Grenzfalle, $n = \infty$, resultieren wegen der Beziehung

$$C^{\frac{1}{n}} = 1 + \frac{1}{n}\ln C + O\!\left(\frac{1}{n^2}\right) \tag{12.20}$$

die Spannungen

$$\begin{cases} \sigma_r = -p \dfrac{\ln\dfrac{b}{r}}{\ln\dfrac{b}{a}} \\[3em] \sigma_\vartheta = p \dfrac{\dfrac{1}{2} - \ln\dfrac{b}{r}}{\ln\dfrac{b}{a}} \end{cases} \tag{12.21}$$

---

[1] Theory of Elasticity, 2. Aufl., New York: McGraw-Hill 1951.

die genau mit denjenigen einer starrplastischen Hohlkugel übereinstimmen, vgl. z. B. HILL 1950, S. 99.

Aus Gl. (12.17) geht hervor, daß der Höchstwert von σ_ϑ an der Innenfläche erreicht wird, wenn $n < 1{,}5$ ist, und andernfalls an der Außenfläche. Im Falle $n = 1{,}5$ wird σ_ϑ über den ganzen Querschnitt konstant.

Die Verteilung der Spannungen σ_r und σ_ϑ wird beim Radiusverhältnis $\frac{b}{a} = 2$ und $n = 1$; $1{,}5$ und ∞ in Abb. 12.3 dargestellt.

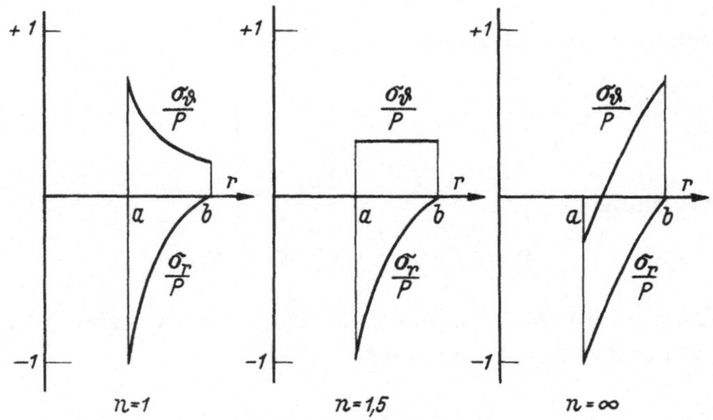

Abb. 12.3. Verteilung der Tangentialspannung σ_ϑ und Radialspannung σ_r einer Hohlkugel unter innerem Überdruck

b) Hohlzylinder

Die Querschnittsabmessungen werden wie in Abb. 12.2 angenommen. Außerdem wird die Längskoordinate x und die zugehörige Verschiebung u eingeführt.

Beim dünnwandigen Zylinder ergab sich, vgl. Gl. (12.8)

$$\dot{u} \equiv 0 \, . \tag{12.22}$$

Unter der Voraussetzung eines ebenen Verzerrungszustandes (langes Rohr!) wird es sich zeigen, daß die Annahme einer Beziehung dieser Art auch beim dickwandigen Hohlzylinder zum Ziel führt, d. h. die richtige Lösung liefert. Wegen der Symmetrie ist somit w die einzige nichtverschwindende Verschiebungskomponente. Die Dehnungsgeschwindigkeiten werden dann

$$\begin{cases} \dot{\varepsilon}_x = 0 \\[1ex] \dot{\varepsilon}_r = \dfrac{d\dot{w}}{dr} \\[1ex] \dot{\varepsilon}_\vartheta = \dfrac{\dot{w}}{r} \, . \end{cases} \tag{12.23}$$

Die Inkompressibilität erfordert

$$\frac{d\dot{w}}{dr} + \frac{1}{r}\dot{w} = 0 \,,$$

woraus folgt

$$\dot{w} = C r^{-1}$$

mit C konstant. Nach Gl. (12.23) folgt ferner

$$\begin{cases} \dot{\varepsilon}_r = -C r^{-2} \\ \dot{\varepsilon}_\vartheta = C r^{-2} \,. \end{cases} \tag{12.24}$$

Der Spannungstensor ist hier

$$\sigma_{ij} \equiv \begin{pmatrix} \sigma_x & 0 & 0 \\ 0 & \sigma_r & 0 \\ 0 & 0 & \sigma_\vartheta \end{pmatrix}$$

und es gilt somit

$$s_x = \sigma_x - \frac{1}{3}(\sigma_x + \sigma_r + \sigma_\vartheta) \,.$$

Diese Komponente des Spannungsdeviators verschwindet gemäß den Gln. (12.23) und (4.38), woraus folgt

$$\sigma_x = \frac{1}{2}(\sigma_r + \sigma_\vartheta) \,. \tag{12.25}$$

Die übrigen Komponenten des Deviators werden somit

$$\begin{cases} s_r = -\frac{1}{2}(\sigma_\vartheta - \sigma_r) \\ s_\vartheta = \frac{1}{2}(\sigma_\vartheta - \sigma_r) \,, \end{cases}$$

woraus die effektive Spannung

$$\sigma_e = \frac{\sqrt{3}}{2}(\sigma_\vartheta - \sigma_r) \,. \tag{12.26}$$

Nach Gl. (4.38) gilt sodann

$$\begin{cases} \dot{\varepsilon}_r = -\left(\frac{\sqrt{3}}{2}\right)^{n+1} k\,(\sigma_\vartheta - \sigma_r)^n \\ \dot{\varepsilon}_\vartheta = \left(\frac{\sqrt{3}}{2}\right)^{n+1} k\,(\sigma_\vartheta - \sigma_r)^n \,, \end{cases} \tag{12.27}$$

d. h. mit Rücksicht auf Gl. (12.24)

$$\sigma_\vartheta - \sigma_r = D r^{-\frac{2}{n}} \tag{12.28}$$

wo D eine gewisse Konstante ist.

Die radiale Gleichgewichtsbedingung

$$\frac{d\sigma_r}{dr} = \frac{\sigma_\vartheta - \sigma_r}{r} \tag{12.29}$$

liefert sodann nach Einsetzen von Gl. (12.28)

$$\sigma_r = A\,r^{-\frac{2}{n}} + B \tag{12.30}$$

mit A und B konstant.

Schließlich folgt aus Gl. (12.29)

$$\sigma_\vartheta = A\left(1 - \frac{2}{n}\right) r^{-\frac{2}{n}} + B \,. \tag{12.31}$$

Die Konstanten A und B werden aus den Randbedingungen

$$\sigma_r(a) = -p, \; \sigma_r(b) = 0$$

bestimmt. Es folgen daraus die endgültigen Ausdrücke der Spannungen

$$\left\{ \begin{aligned} \sigma_r &= -p\,\frac{r^{-\frac{2}{n}} - b^{-\frac{2}{n}}}{a^{-\frac{2}{n}} - b^{-\frac{2}{n}}} \\[2em] \sigma_\vartheta &= p\,\frac{-\left(1 - \frac{2}{n}\right) r^{-\frac{2}{n}} + b^{-\frac{2}{n}}}{a^{-\frac{2}{n}} - b^{-\frac{2}{n}}} \end{aligned} \right. \tag{12.32}$$

und mit Rücksicht auf Gl. (12.25)

$$\sigma_x = p\,\frac{-\left(1 - \frac{1}{n}\right) r^{-\frac{2}{n}} + b^{-\frac{2}{n}}}{a^{-\frac{2}{n}} - b^{-\frac{2}{n}}} \,. \tag{12.33}$$

Es muß nun die Längsspannung σ_x mit Rücksicht auf axiales Gleichgewicht überprüft werden. Die resultierende Kraft in der Längsrichtung ist gemäß Gl. (12.33)

$$F_x = \int_a^b \sigma_x \cdot 2\,\pi r\,dr = \pi a^2 \cdot p \,,$$

d. h. die gefundene Lösung entspricht einem Hohlzylinder der nur durch einen Innendruck belastet ist.

Die tangentiale Dehnungsgeschwindigkeit wird gemäß Gl. (12.27)

$$\dot{\varepsilon}_\vartheta = \frac{\sqrt{3}}{2}\,k\left(p \cdot \frac{\sqrt{3}}{n} \cdot \frac{r^{-\frac{2}{n}}}{a^{-\frac{2}{n}} - b^{-\frac{2}{n}}}\right)^n \tag{12.34}$$

und es folgt daraus speziell die radiale Verschiebungsgeschwindigkeit der Innenfläche $r = a$ gemäß Gl. (12.23)

$$\dot{w}(a) = \frac{\sqrt{3}}{2}ka\left(p \cdot \frac{\sqrt{3}}{n} \cdot \frac{a^{-\frac{2}{n}}}{a^{-\frac{2}{n}} - b^{-\frac{2}{n}}}\right)^n. \tag{12.35}$$

Wird in den Gln. (12.32) und (12.31) $n = 1$ eingeführt, folgen die zuerst von LAMÉ hergeleiteten Ausdrücke der Spannungen bei einem elastischen Hohlzylinder, vgl. z.B. TIMOSHENKO und GOODIER, a.a.O; S.60.

Im entgegengesetzten Grenzfalle, $n = \infty$, resultieren mit Rücksicht auf Gl. (12.20)

$$\left\{\begin{aligned} \sigma_r &= -p\,\frac{\ln\dfrac{b}{r}}{\ln\dfrac{b}{a}} \\[2em] \sigma_\vartheta &= p\,\frac{1 - \ln\dfrac{b}{r}}{\ln\dfrac{b}{a}} \\[2em] \sigma_x &= p\,\frac{\dfrac{1}{2} - \ln\dfrac{b}{r}}{\ln\dfrac{b}{a}}, \end{aligned}\right. \tag{12.36}$$

die genau mit denjenigen eines starrplastischen Hohlzylinders übereinstimmen, vgl. z. B. HILL 1950, S. 110.

Aus Gl. (12.32) geht hervor, daß der Höchstwert von σ_ϑ an der Innenfläche erreicht wird, wenn $n < 2$ ist, und andernfalls an der Außenfläche. Im Falle $n = 2$ wird σ_ϑ konstant über den ganzen Querschnitt.

Die Verteilung der Spannungen σ_r, σ_ϑ und σ_x wird beim Radiusverhältnis $\dfrac{b}{a} = 2$ und $n = 1, 2$ und ∞ in Abb. 12.4 dargestellt.

12.3 Umlaufende Kreisscheiben (Turbinenrotoren)

Wir betrachten eine umlaufende Scheibe nach Abb. 12.5. Die Scheibenstärke h mag schwach mit dem Radius r variieren, jedoch so, daß $\left|\dfrac{dh}{dr}\right| \ll 1$ gilt. Dann kann nämlich die axial gerichtete Normalspannung vernachlässigt werden, und wir haben es also mit einem ebenen Spannungszustand zu tun. Wegen der Symmetrie sind die Radialspannung σ_r und die Umfangsspannung σ_ϑ Hauptspannungen dieses ebenen Spannungszustandes.

Wird die Massendichte mit γ und die Umlaufsgeschwindigkeit mit Ω bezeichnet, lautet die radiale Gleichgewichtsbedingung

$$\frac{d}{d\,r}\,(h\,r\sigma_r) - h\sigma_\vartheta = -\,h\,r^2\,\gamma\,\Omega^2. \tag{12.37}$$

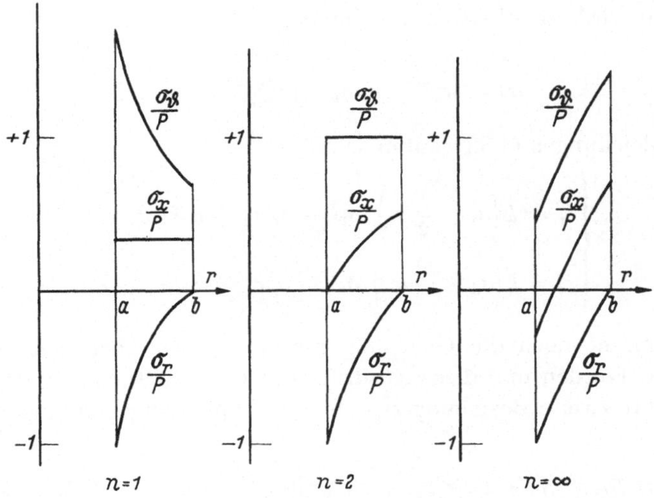

Abb. 12.4. Verteilung der Tangentialspannung σ_ϑ, Längsspannung σ_x und Radialspannung σ_r eines Hohlzylinders unter innerem Überdruck

Weiterhin ist, auch wegen der Symmetrie, der Verschiebungsvektor radial gerichtet. Wird seine Größe w bezeichnet, folgen die Dehnungsgeschwindigkeiten

$$\begin{cases} \dot\varepsilon_r = \dfrac{d\,\dot w}{d\,r} \\[2ex] \dot\varepsilon_\vartheta = \dfrac{\dot w}{r} \end{cases} \tag{12.38}$$

womit die Verträglichkeitsbedingung

$$r\,\frac{d\,\dot\varepsilon_\vartheta}{d\,r} + \dot\varepsilon_\vartheta - \dot\varepsilon_r = 0 \tag{12.39}$$

lautet.

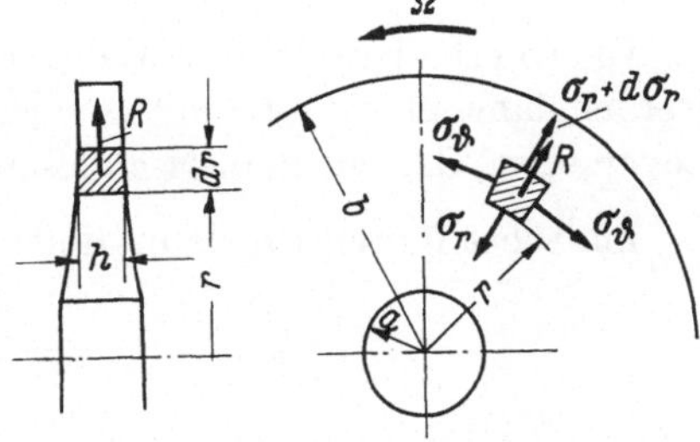

Abb. 12.5. Umlaufende Kreisscheibe

Mittels des Kriechgesetzes Gl. (4.38) kann diese Gleichung in eine Beziehung zwischen den entsprechenden Spannungen überführt werden, die zusammen mit Gl. (12.37) und den Randbedingungen die Aufgabe vollständig definieren.

Der Spannungstensor ist hier

$$\sigma_{ij} \equiv \begin{pmatrix} \sigma_r & 0 & 0 \\ 0 & \sigma_\vartheta & 0 \\ 0 & 0 & 0 \end{pmatrix}$$

und damit wird die effektive Spannung

$$\sigma_e = (\sigma_r{}^2 - \sigma_r\,\sigma_\vartheta + \sigma_\vartheta{}^2)^{\frac{1}{2}}\ .$$

Die Gleichungen (4.38) lauten somit

$$\begin{cases} \dot{\varepsilon}_r = k\left(\sigma_r - \dfrac{1}{2}\sigma_\vartheta\right)(\sigma_r{}^2 - \sigma_r\,\sigma_\vartheta + \sigma_\vartheta{}^2)^{\frac{n-1}{2}} \\[2ex] \dot{\varepsilon}_\vartheta = k\left(\sigma_\vartheta - \dfrac{1}{2}\sigma_r\right)(\sigma_r{}^2 - \sigma_r\,\sigma_\vartheta + \sigma_\vartheta{}^2)^{\frac{n-1}{2}} \end{cases} \qquad (12.40)$$

Hierzu kommt noch die Gleichung für $\dot{\varepsilon}_x$, die wir aber nicht weiter benötigen. Werden nun diese Ausdrücke in Gl. (12.39) eingeführt, folgt die gesuchte zweite Beziehung zwischen den Spannungskomponenten

$$\frac{3}{2}(\sigma_\vartheta - \sigma_r)(\sigma_r{}^2 - \sigma_r\,\sigma_\vartheta + \sigma_\vartheta{}^2)^{\frac{n-1}{2}} + r\frac{d}{d\,r}\left[\left(\sigma_\vartheta - \frac{1}{2}\sigma_r\right)(\sigma_r{}^2 - \sigma_r\,\sigma_\vartheta + \sigma_\vartheta{}^2)^{\frac{n-1}{2}}\right]$$
$$= 0\ . \qquad (12.41)$$

Wird dann schließlich σ_ϑ aus der Gl. (12.37) gelöst und in die Gl. (12.41) eingeführt, erhält man eine nichtlineare Differentialgleichung zweiter Ordnung für σ_r. Die zugehörigen Randbedingungen lauten im einfachsten Falle

$$\sigma_r(a) = 0,\ \sigma_r(b) = 0\ . \qquad (12.42)$$

Die so erhaltene Differentialgleichung ist aber sehr kompliziert. Wir werden daher ein System mit zwei einfachen Gleichungen erster Ordnung bevorzugen, das wir numerisch lösen werden.

Zunächst führen wir dann dimensionslose Bezeichnungen ein

$$x = \frac{r}{a}\ ,\quad y = \frac{\sigma_r}{\sigma_0}\ ,\quad z = \frac{\sigma_\vartheta}{\sigma_0} \qquad (12.43)$$

mit $\sigma_0 = \sigma_\vartheta(a)$. Weiterhin wird der Parameter

$$\Theta = \frac{\gamma\,a^2\,\Omega^2}{\sigma_0} \qquad (12.44)$$

eingeführt. Wir beschränken uns hier auf den Fall konstanter Scheibenstärke h. Nach einigen Umformungen werden dann Gln. (12.37) und (12.41) folgendermaßen geschrieben

$$\left\{ \begin{aligned} &\frac{d\,y}{d\,x} = \frac{z-y}{x} - \Theta\, x \\ &\frac{d\,z}{d\,x}\left[1 + \frac{n-1}{4}\cdot\frac{(2\,z-y)^2}{y^2-yz+z^2}\right] + \frac{d\,y}{d\,x}\left[1 + \frac{n-1}{4}\cdot\frac{(y-z)(2\,z-y)}{y^2-yz+z^2}\right] + \frac{3}{2}\Theta\, x = 0 \end{aligned} \right. \qquad (12.45)$$

Im Punkte $x = 1$, d. h. an der Innenfläche, ist $y = 0$ und $z = 1$. Bei gegebener Größe von Θ können somit $y(x)$ und $z(x)$ durch das RUNGE-KUTTA-Verfahren aus den Gln. (12.45) numerisch berechnet werden. Die Ergebnisse solcher Berechnungen sind in Abb. 12.6 dargestellt. Es wurde dabei $n = 5$ gewählt, was eine für Stahl im Bereiche 400—500° C oft benutzte Zahl ist.

Die Größe von Θ ist noch festzustellen. Die Randbedingung $\sigma_r\,(b) = 0$ nimmt die Form

$$y\left(\frac{b}{a}\right) = 0$$

an, d. h. es muß diejenige Größe von Θ bestimmt werden, bei der y im Punkte $x = \dfrac{b}{a}$ verschwindet.

Wenn z. B. $\dfrac{b}{a} = 5$ ist, folgt nach Interpolation in der Abb. 12.6 a

$$\Theta \simeq 0,08.$$

Aus Gl. (12.44) folgt dann

$$\sigma_0 \simeq \frac{\gamma a^2\, \Omega^2}{0,08}$$

und der Spannungszustand in der Scheibe bei stationärem Kriechen ist damit völlig bestimmt. Speziell können die Höchstwerte der Radial- und Umfangsspannungen aus Abb. 12.6 direkt bestimmt werden. Man erhält hier

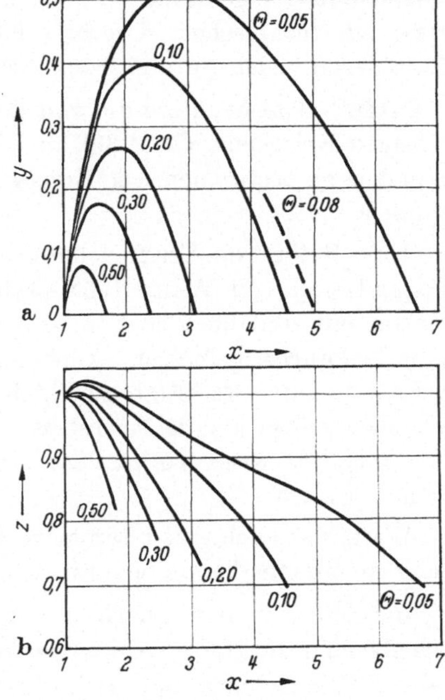

Abb. 12.6. Zur Bestimmung der Spannungsverteilung einer umlaufenden Kreisscheibe

$$\left\{ \begin{aligned} \sigma_{r,\,\text{max}} &= 0,43 \cdot \sigma_0 \\ \sigma_{\vartheta,\,\text{max}} &= 1,02 \cdot \sigma_0 \end{aligned} \right.$$

Werden die Spannungen bei stationärem Kriechen mit denjenigen bei linear elastischer Deformation verglichen, sieht man, daß die maximale Umfangsspannung wegen des Kriechens erheblich vermindert ist, weil die Radialspannung viel weniger beeinflußt wird, vgl. hierzu auch Kap. 16.

Nachdem die Spannungen bestimmt worden sind, können auch die Dehnungsgeschwindigkeiten aus den Gln. (12.40) berechnet werden. Die gestellte Aufgabe ist somit vollständig gelöst.

Verallgemeinerungen auf andere Randbedingungen sowie ungleichmäßige Scheibenstärke lassen sich in ähnlicher Weise durchführen. Die hier dargestellte Analyse der umlaufenden Kreisscheibe wurde von ODQVIST 1934 als eine erste technische Anwendung des allgemeinen Kriechgesetzes (4.38) hervorgeführt; vgl. weiter ODQVIST 1936.

Die sehr hohen Arbeitstemperaturen der gegenwärtigen Dampf- und Gasturbinenanlagen machen diese Aufgabe zu einer der wichtigsten der gesamten technischen Kriechmechanik. Sie ist auch in den letzten Jahren von vielen Autoren behandelt worden.

BAILEY 1935 benutzte die von ihm vorgeschlagene Theorie des dreiachsigen Kriechens, Gl. (4.36), um Spannungszustände in umlaufenden Scheiben zu bestimmen. Die Ergebnisse sind den oben angeführten ganz ähnlich.

Eine Reihe von Untersuchungen über Turbinenrotoren im Kriechzustand sind von WAHL 1954—1960 veröffentlicht worden. Bei Versuchen mit umlaufenden Scheiben wurde die Verteilung der radialen Verschiebungen gemessen, woraus die Dehnungsverteilung berechnet werden konnte. Es ergab sich dabei, daß die wirklichen Dehnungen erheblich größer als die theoretisch berechneten waren. Dies mag durch eine möglicherweise vorhandene Anisotropie der benutzten Scheiben erklärt werden.

WAHL hat auch eine alternative Lösungsmethode angegeben, die die Schubspannungstheorie benutzt, vgl. hierzu Abschn. 4.3b.

Bei einer dünnen, nach außen mäßig verjüngten, umlaufenden Scheibe sind die Hauptspannungen σ_x, σ_r und σ_ϑ, die wir oben definiert haben. Wir nehmen an, daß überall in der Scheibe σ_r die mittlere Spannung ist, d. h.

$$0 = \sigma_x < \sigma_r < \sigma_\vartheta \tag{12.46}$$

Die Ränder müssen ausgenommen werden, weil σ_r dort nicht positiv ist. Dann liefert die Schubspannungstheorie besonders einfache Ausdrücke der Spannungen.

Gemäß Gl. (4.51) gilt nämlich

$$\dot{\varepsilon}_r = 0 \tag{12.47}$$

was mit Rücksicht auf die erste Gl. (12.38) bedeutet, daß $\dot{w}$ in der

ganzen Scheibe konstant ist, und demnach gemäß der zweiten Gl. (12.38)
daß

$$\dot{\varepsilon}_\vartheta = \frac{C}{r} \tag{12.48}$$

gilt.

Das Kriechgesetz (4.56) nimmt hier die Form

$$\dot{\varepsilon}_\vartheta = k\sigma_\vartheta{}^n \tag{12.49}$$

an, woraus mit Rücksicht auf Gl. (12.48)

$$\sigma_\vartheta = D \cdot r^{-\frac{1}{n}} \tag{12.50}$$

wo D eine Konstante ist.

Zusammen mit der Gleichgewichtsbedingung der umlaufenden
Scheibe, Gl. (12.37), und den Randbedingungen, Gl. (12.42), genügt
diese Beziehung um den Spannungs-
zustand der Scheibe vollständig zu
bestimmen.

Ergebnisse einer solchen Berechnung sind in Abb. 12.7 dargestellt.
Es zeigt sich, daß die erhaltenen
Spannungsverteilungen ganz ähnlich
zu den früher erhaltenen sind. Die
Verschiebungsgeschwindigkeit wird
aber größer gemäß der Schubspannungstheorie, und es ist deswegen
vorgeschlagen, daß man diese beim
Konstruieren von Turbinenscheiben
benutzen sollte, damit man teils bessere Übereinstimmung mit den Erfah-
rungstatsachen bekomme, und jedenfalls dadurch eine konservative Bestimmung der Abmessungen erreiche.

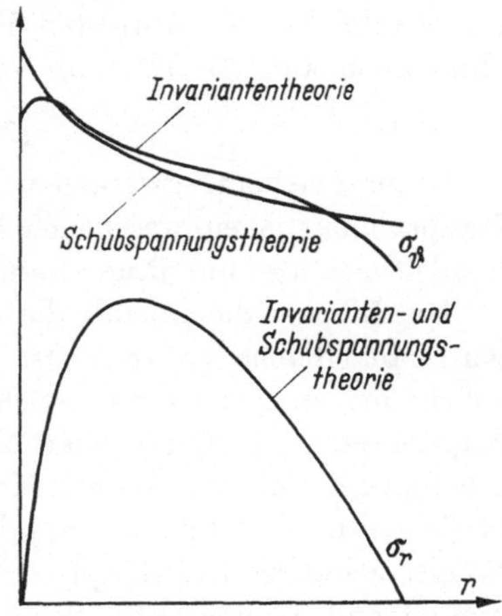

Abb. 12.7. Vergleich der Spannungsverteilungen
einer umlaufenden Kreisscheibe gemäß der
Invarianten- bzw. der Schubspannungstheorie

In einer ähnlichen Untersuchung wurde von MA 1959 bei hohen
Spannungen eine andere Beziehung zwischen Kriechgeschwindigkeiten
und Spannungen benutzt, nämlich die zuerst von PRANDTL angegebene

$$\dot{\varepsilon} = k_2 \sinh \frac{\sigma}{\sigma_2} \simeq k_2 e^{\frac{\sigma}{\sigma_2}}. \tag{4.8}$$

Es wurde der Fall einer Scheibe mit schwach veränderlicher Dicke
studiert, und als Randbedingung an der Innenfläche war statt Gl. (12.42)
die Beziehung

$$\sigma_r(0) = \sigma_\vartheta(0)$$

eingeführt, was also einer Scheibe ohne ein zentrales Loch entspricht.

Es bestehen nur kleine Unterschiede zwischen den erhaltenen Spannungsverteilungen, die mittels der Schubspannungstheorie bestimmt sind, wenn das NORTONsche oder das PRANDTLsche Kriechgesetz benutzt ist.

Zusammenfassend kann von den bisher durchgeführten Berechnungen des Spannungszustandes bei umlaufenden Scheiben gesagt werden, daß die erhaltenen Spannungsverteilungen sich sämtlich nur wenig voneinander unterscheiden. Da, wie früher erwähnt, die Streuung bei Kriechversuchen sehr bedeutend ist, kann man kaum zwischen den verschiedenen Methoden unterscheiden. Es scheint deswegen natürlich, daß die Schubspannungstheorie am häufigsten benutzt worden ist, da sie im Gegensatz zu der Invariantentheorie geschlossene Ausdrücke der Spannungen liefert. Dagegen muß diese Theorie mit Vorsicht verwendet werden, wenn nicht von vornherein die Ungleichung (12.46) sicher erfüllt ist. Dies ist z. B. immer der Fall, wenn Schrumpfspannungen an der inneren Fläche $r = a$ auftreten. Ebenfalls treten solche Fälle für Scheiben ohne Loch auf. Es ist dann vorzugsweise die Gl. (4.38) zu empfehlen.

13. Platten

Unter Flächentragwerken verstehen wir Körper, bei denen eine der Hauptabmessungen wesentlich kleiner als die beiden anderen ist. Es handelt sich also um dünne wandartige Gegenstände.

Die Fläche, die überall die Dicke des Flächentragwerkes halbiert, wird Mittelfläche genannt. Ist die Mittelfläche einfach oder doppelt gekrümmt, sprechen wir von Schalen; solche werden in einem folgenden Kapitel erörtert. Bei ebener Mittelfläche kommen verschiedene Bezeichnungen vor. Wirken nur Kräfte in der Ebene des Tragwerkes, und bleibt es darüber hinaus während der Verformung eben, wird es eine *Scheibe* genannt. Ein Beispiel bietet die im vorigen Kapitel behandelte umlaufende Kreisscheibe. Wirken auch, oder ausschließlich, Kräfte senkrecht zur Mittelebene, sprechen wir von einer *Membran* oder einer *Platte*, je nachdem das Tragwerk biegeschlaff ist, oder eine gewisse Biegesteifigkeit besitzt. Es entsprechen also Membranen und Platten den eindimensionalen Begriffen von Seilen und Stäben. Oft werden auch diese eindimensionalen Gegenstücke bei Membranen- und Plattenstudien einleitend analysiert, da sie ähnliche Deformationseigenschaften aufweisen aber wesentlich kleinere mathematische Schwierigkeiten darbieten.

Die Seile und Membranen unterscheiden sich aber in einer wichtigen Hinsicht von den früher behandelten Elementen. Die Beziehung zwischen Gesamtdeformation und Last ist bei ihnen im elastischen Falle nicht linear proportional. Im Kriechzustand wird weder bei Seilen noch bei Membranen ein stationärer Zustand erreicht. Da wir uns in diesem Teil ausschließlich mit stationären Kriechzuständen beschäftigen, werden diese Elemente im Teil III behandelt werden (Kap. 15).

Die Hauptschwierigkeit bei Seilen und Membranen ist die geometrische Nichtlinearität, daß heißt, das Vorkommen quadratischer Ausdrücke in den Dehnungsbeziehungen der Mittelfläche. Bei dünnen Platten ist diese Nichtlinearität immer noch vorhanden, und dazu müssen weitere Unbekannte eingeführt werden, die mit der Krümmung der Mittelfläche zusammenhängen.

Eine allgemeine Theorie des Plattenkriechens würde daher außerordentlich schwierig zu formulieren sein. Bei Ausbiegungen, die kleiner als die Plattendicke sind, wird die Dehnung der Mittelfläche. d. h. die Membranwirkung aber vernachlässigbar klein. Die bei Membranen charakteristische geometrische Nichtlinearität ist also dann nicht vorhanden, woraus folgt, daß die HOFFsche Analogie benutzt werden kann.

Es wird dabei vorausgesetzt, daß die statische Nichtlinearität, d. h. der Einfluß der Durchbiegung auf die Momente (Knickungs- bzw. Kettenlinienwirkung) zu vernachlässigen ist. Die HOFFsche Analogie läßt zwar physikalische Nichtlinearität, dagegen nicht geometrische oder aber statische zu, siehe weiter ODQVIST 1960 b.

Zu jedem Querschnitt senkrecht zur Mittelfläche wirken resultierende Querkräfte, Normalkräfte und Momente je Längeneinheit der Mittelfläche. Diese Größen werden im folgenden, wie üblich, zusammen die *Schnittgrößen* des Querschnittes genannt[1]. Bei Platten werden wir hier ausschließlich Probleme mit verschwindender Normalkraft behandeln.

13.1 Plattenstreifen

Unter einem Plattenstreifen verstehen wir eine Rechteckplatte, bei der die eine Seitenlänge unendlich groß ist, vgl. Abb. 13.1.

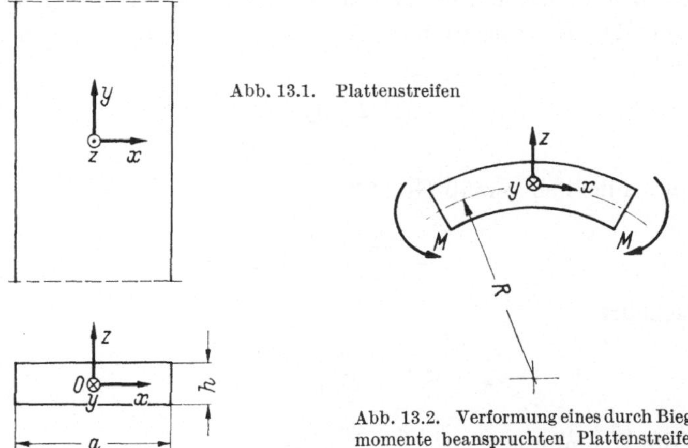

Abb. 13.1. Plattenstreifen

Abb. 13.2. Verformung eines durch Biegemomente beanspruchten Plattenstreifens

---

[1] Siehe z. B. K. GIRKMANN, Flächentragwerke, 4. Aufl., Wien: Springer 1956, S. 161.

Wenn die Auflagerung und Belastung eines Plattenstreifens in der Längsrichtung unverändert ist, hat man es mit einer eindimensionalen Aufgabe zu tun. Solche entartete Plattenaufgaben werden oft einleitend studiert, da sie wesentlich kleinere mathematische Schwierigkeiten darbieten, als die eigentlichen zweidimensionalen Plattenaufgaben.

Es ist zu erwarten, daß der Zustand einer länglichen Rechteckplatte sich dem Zustand des entsprechenden Plattenstreifens annähert, mit Ausnahme, selbstverständlich, der Enden.

Wir betrachten einen Plattenstreifen, der längs seinen Rändern von dem konstanten Biegemomente M je Längeneinheit belastet ist, vgl. Abb. 13.2. Es ist eine Beziehung zwischen M und der hervorgerufenen Krümmungsgeschwindigkeit $\dot\varkappa$ der Mittelfläche gesucht.

Wir führen ein Koordinatensystem $Oxyz$ ein mit dem Ursprung auf der Mittelfläche und mit Ox in der Querrichtung, Oy in der Längsrichtung und Oz senkrecht zur Mittelfläche nach Abb. 13.1.

Da die Normalkraft überall verschwindet bleibt die Mittelfläche dehnungslos. Das Biegemoment M ruft eine Krümmung der Mittelfläche mit konstantem Krümmungsradius R hervor. Es folgt dann, daß überall im Plattenstreifen

$$\dot\varepsilon_y = 0 \tag{13.1}$$

gilt, oder mit Bezug auf Gl. (4.38)

$$s_y = 0 \tag{13.2}$$

Da die Spannungskomponente senkrecht zur Mittelfläche verschwindet, $\sigma_z = 0$, herrscht in dem Plattenstreifen ein ebener Spannungszustand mit den Hauptspannungen σ_x und σ_y. Es gilt demnach gemäß Gl. (13.2)

$$\sigma_y = \frac{1}{2}\sigma_x \tag{13.3}$$

und damit schließlich gemäß Gl. (4.38)

$$\dot\varepsilon_x = \left(\frac{\sqrt{3}}{2}\right)^{n+1} \cdot k\sigma_x^n$$

oder umgekehrt

$$\sigma_x = k^{-\frac{1}{n}} \left(\frac{2}{\sqrt{3}}\right)^{1+\frac{1}{n}} \cdot \dot\varepsilon_x^{\frac{1}{n}} . \tag{13.4}$$

Wird die Krümmung

$$\varkappa = \frac{1}{R} \tag{13.5}$$

eingeführt, folgt die Dehnungsgeschwindigkeit

$$\dot{\varepsilon}_x = \frac{d}{dt}\left(\frac{z}{R}\right) = \dot{\varkappa}z.$$

Gemäß Gl. (13.4) gilt dann die Spannungsverteilung

$$\sigma_x = k^{-\frac{1}{n}}\left(\frac{2}{\sqrt{3}}\right)^{1+\frac{1}{n}} \cdot \dot{\varkappa}^{\frac{1}{n}} \cdot z^{\frac{1}{n}}$$

die einem Biegemoment je Längeneinheit

$$M = 2\int_0^{\frac{h}{2}} \sigma_x z\, dz = 2k^{-\frac{1}{n}}\left(\frac{2}{\sqrt{3}}\right)^{1+\frac{1}{n}} \cdot \dot{\varkappa}^{\frac{1}{n}} \cdot \frac{\left(\frac{h}{2}\right)^{2+\frac{1}{n}}}{2+\frac{1}{n}}$$

entspricht. Die Krümmungsgeschwindigkeit wird sodann

$$\dot{\varkappa} = cM^n = \left(\frac{M}{\mu}\right)^n \tag{13.6}$$

mit

$$c = k\cdot(\sqrt{3})^{n+1}\left(\frac{2n+1}{n}\right)^n \cdot \frac{1}{h^{2n+1}}; \quad \mu = c^{-\frac{1}{n}}. \tag{13.7}$$

Die Ausdrücke (13.6) sind formal ganz ähnlich zu dem NORTONschen Gesetz Gl. (4.6) bzw. (4.10) bei einachsigem Kriechen, und es können demnach unmittelbar Ergebnisse vom Zugstab auch bei Plattenstreifen benutzt werden, wie z. B. die verschiedenen Energieausdrücke. Wir werden aber hierauf nicht weiter eingehen.

Im Grenzfalle $n = 1$ erhält man aus den Gln. (13.6) und (13.7)

$$\left\{\begin{aligned} \dot{\varkappa} &= \frac{M}{\mu} \\[2mm] \mu &= \frac{h^3}{9k}. \end{aligned}\right. \tag{13.8}$$

Es entspricht hier μ die Plattensteifigkeit

$$D = \frac{Eh^3}{12(1-\nu^2)} \tag{13.9}$$

bei linear elastischem Werkstoff mit $E = \frac{1}{k}$ und $\nu = \frac{1}{2}$.

Im anderen Grenzfalle, $n = \infty$, gilt nach Gl. (13.6)

$$\left\{\begin{aligned} \dot{\varkappa} &= 0 \quad; \quad M < \mu \\[1mm] \dot{\varkappa} &= \infty \quad; \quad M > \mu \\[1mm] \mu &= \frac{h^2}{2\sqrt{3}\,k}. \end{aligned}\right. \tag{13.10}$$

Es entspricht also hier μ dem Fließmoment eines starrplastischen Plattenstreifens, vgl. z. B. PRAGER 1955.

Das Hauptergebnis dieses Abschnittes ist die allgemeine Beziehung (13.6), zu der wir im folgenden zurückkehren werden.

13.2 Kreisplatten

Stationäres Kriechen bei gleichförmig belasteten Kreisplatten ist von mehreren Autoren behandelt worden. MALININ 1953 und ODQVIST 1960b benutzten die Invariantentheorie, und VENKATRAMAN und HODGE 1958 die Schubspannungstheorie.

Entsprechende Ergebnisse lassen sich mittels der HOFFschen Analogie aus Lösungen der Plastizitätstheorie verfestigender Werkstoffe ableiten; ILYUSHIN 1948, man vergleiche auch SOKOLOVSKIJ 1950/55.

a) Invariantentheorie

Wir betrachten eine Kreisplatte vom Radius a und Dicke h, die von einem gleichmäßig verteilten Druck p einseitig belastet ist. Zwei verschiedene Auflagerungen kommen hier in Betracht

α) Drehbar gelagerter Rand

β) Starr eingespannter Rand.

Mit den Bezeichnungen von Abb. 13.3 lautet die einzige nicht identisch erfüllte Gleichgewichtsbedingung

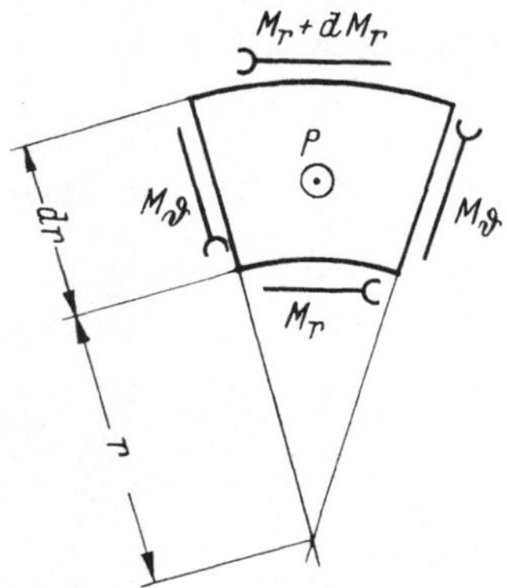

Abb. 13.3. Momentzeiger am Element einer symmetrisch belasteten Kreisplatte

$$\frac{d}{dr}(rM_r) - M_\vartheta = -\frac{1}{2}pr^2 \qquad (13.11)$$

die eine Punktlast im Ursprung ausschließt.

Da hier zwei unbekannte Momente vorkommen, muß auch der Verzerrungszustand betrachtet werden.

Das nichtlineare Kriechgesetz

$$\dot\varepsilon_{ij} = \frac{3k}{2}\cdot\sigma_e^{n-1}s_{ij} \qquad (4.38) \equiv (13.12)$$

entspricht dem nichtlinearen Elastizitätsgesetz

$$\varepsilon_{ij} = \frac{3k}{2}\sigma_e^{n-1}s_{ij}. \qquad (13.13)$$

Wir benötigen aber hier den zu Gl. (13.13) umgekehrten Ausdruck

$$s_{ij} = \frac{2}{3}k^{-\frac{1}{n}}\cdot\varepsilon_e^{-\left(1-\frac{1}{n}\right)}\cdot\varepsilon_{ij} \qquad (13.14)$$

der unmittelbar aus Gl. (13.13) und den Definitionen Gl. (4.37) und Gl. (4.39) folgt.

Bei der Platte ist ein ebener Spannungszustand vorhanden; die Hauptspannungen sind σ_r und σ_ϑ und die entsprechenden Dehnungen sind ε_r und ε_ϑ.

Es sei z der Abstand von der Mittelfläche zum Bezugspunkt und w die Ausbiegung der Mittelfläche in der z-Richtung. Damit ergibt die klassische Annahme von BERNOULLI für die Dehnungen

$$\varepsilon_r = - z \frac{d^2 w}{d r^2} \tag{13.15}$$

$$\varepsilon_\vartheta = - z \frac{d w}{d r} \cdot \frac{1}{r} . \tag{13.16}$$

Nach Gl. (4.39) wird dann die effektive Dehnung

$$\varepsilon_e = \left[\frac{4}{3} \left(\varepsilon_r{}^2 + \varepsilon_r \varepsilon_\vartheta + \varepsilon_\vartheta{}^2 \right) \right]^{\frac{1}{2}} = z \cdot A \tag{13.17}$$

mit

$$A = \left\{ \frac{4}{3} \left[\left(\frac{d^2 w}{d r^2} \right)^2 + \frac{d^2 w}{d r^2} \cdot \frac{d w}{d r} \cdot \frac{1}{r} + \left(\frac{d w}{d r} \cdot \frac{1}{r} \right)^2 \right] \right\}^{\frac{1}{2}} . \tag{13.18}$$

Die Spannungen können nun aus Gl. (13.14) berechnet werden

$$\sigma_r = \frac{2 k^{-\frac{1}{n}}}{3 \varepsilon_e{}^{1-\frac{1}{n}}} (2 \varepsilon_r + \varepsilon_\vartheta) = - \frac{2 k^{-\frac{1}{n}}}{3 A^{1-\frac{1}{n}}} \left(2 \frac{d^2 w}{d r^2} + \frac{d w}{d r} \cdot \frac{1}{r} \right) \cdot |z|^{\frac{1}{n}} \cdot \operatorname{sgn} z \tag{13.19}$$

$$\sigma_\vartheta = \frac{2 k^{-\frac{1}{n}}}{3 \varepsilon_e{}^{1-\frac{1}{n}}} (2 \varepsilon_\vartheta + \varepsilon_r) = - \frac{2 k^{-\frac{1}{n}}}{3 A^{1-\frac{1}{n}}} \left(\frac{d^2 w}{d r^2} + 2 \frac{d w}{d r} \cdot \frac{1}{r} \right) \cdot |z|^{\frac{1}{n}} \cdot \operatorname{sgn} z \tag{13.20}$$

und man erhält schließlich die entsprechenden Biegemomente

$$M_r = \int_{-\frac{h}{2}}^{+\frac{h}{2}} \sigma_r z \, dz = - \frac{2 k^{-\frac{1}{n}}}{3 A^{1-\frac{1}{n}}} \left(2 \frac{d^2 w}{d r^2} + \frac{d w}{d r} \cdot \frac{1}{r} \right) \cdot \frac{2 n}{2 n + 1} \left(\frac{h}{2} \right)^{2+\frac{1}{n}} \tag{13.21}$$

$$M_\vartheta = \int_{-\frac{h}{2}}^{+\frac{h}{2}} \sigma_\vartheta z \, dz = - \frac{2 k^{-\frac{1}{n}}}{3 A^{1-\frac{1}{n}}} \left(\frac{d^2 w}{d r^2} + 2 \frac{d w}{d r} \cdot \frac{1}{r} \right) \cdot \frac{2 n}{2 n + 1} \left(\frac{h}{2} \right)^{2+\frac{1}{n}} . \tag{13.22}$$

Werden nun diese Ausdrücke in die allgemeine Gleichgewichtsbedingung, Gl. (13.11) eingeführt, resultiert die folgende nichtlineare Differentialgleichung dritter Ordnung

$$\frac{d}{d\,r}\left(\frac{2\,r\,\dfrac{d^2\,w}{d\,r^2}+\dfrac{d\,w}{d\,r}}{A^{1-\frac{1}{n}}}\right)-\frac{\dfrac{d^2\,w}{d\,r^2}+2\,\dfrac{d\,w}{d\,r}\cdot\dfrac{1}{r}}{A^{1-\frac{1}{n}}}=\frac{2\,n+1}{2\,n}\cdot\left(\frac{2}{h}\right)^{2+\frac{1}{n}}\cdot\frac{3\,p\,r^2}{4}\cdot k^{\frac{1}{n}}.$$

$$(13.23)$$

Im Falle $n=1$ reduziert sich diese auf die wohlbekannte Differentialgleichung der linear elastischen Kreisplatte mit $E=\dfrac{1}{k}$, $\nu=\dfrac{1}{2}$ und gleichmäßig verteilter Last p

$$\frac{d}{d\,r}\left(\frac{d^2\,w}{d\,r^2}+\frac{d\,w}{d\,r}\cdot\frac{1}{r}\right)=\frac{9\,p\,r\,k}{2\,h^3}=\frac{p\,r}{2\,D} \tag{13.24}$$

wo

$$D=\frac{h^3}{9\,k}=\frac{E\,h^3}{12\,(1-\nu^2)}$$

die elastische Biegesteifigkeit ist.

Zu der Differentialgleichung (13.23) gehören die folgenden Randbedingungen

α) Drehbar gelagerter Rand

$$w(a)=0;\; M_r(a)=0$$

oder aber gemäß Gl. (13.21)

$$w(a)=0\,,\quad 2\,\frac{d^2\,w(a)}{d\,r^2}+\frac{d\,w(a)}{d\,r}\cdot\frac{1}{a}=0\,. \tag{13.25}$$

β) Starr eingespannter Rand

$$w(a)=0\,,\quad \frac{d\,w(a)}{d\,r}=0\,. \tag{13.26}$$

Es ist hier zweckmäßig dimensionslose Veränderliche einzuführen. Mit

$$\begin{cases}\varrho=\dfrac{r}{a}\;;\quad \Pi=\dfrac{2\,n+1}{n}\left(\dfrac{3\,a^2}{h^2}\right)^{\frac{n+1}{2n}}\cdot\dfrac{p\,a\,k^{\frac{1}{n}}}{h}\;;\quad V=\dfrac{w}{a\,\Pi^n}\\[2ex] B=\left[V''^2+V''\,V'\,\dfrac{1}{\varrho}+\left(V'\,\dfrac{1}{\varrho}\right)^2\right]^{\frac{1}{2}}\end{cases} \tag{13.27}$$

wo die ′- und ″-Zeichen Ableitungen nach ϱ bedeuten, lautet die Differentialgleichung (13.23)

$$\left(\frac{2\,\varrho\,V''+V'}{B^{1-\frac{1}{n}}}\right)'-\frac{V''+2\,V'\,\dfrac{1}{\varrho}}{B^{1-\frac{1}{n}}}=\varrho^2 \tag{13.28}$$

und die Randbedingungen (13.25) und (13.26) gehen in

α) $V(1) = 0;\ 2\,V''(1) + V'(1) = 0$ $\hspace{3cm}$ (13.29)

β) $V(1) = 0;\ V'(1) = 0$ $\hspace{4cm}$ (13.30)

über.

In der Differentialgleichung (13.28) bleibt nur der NORTONsche Exponent n als Parameter übrig.

Im Mittelpunkt der Platte gilt es

$$V'(0) = 0,\ V'''(0) = 0.$$

Bei einer numerischen Integration kann man dann $V''(0)$ als Parameter wählen, und die Randbedingungen für $\varrho = 1$ durch Interpolation befriedigen.

Abb. 13.4 zeigt die Ergebnisse einer derartigen Integration, die gemäß dem KUTTA-RUNGE-Verfahren mittels einer automatischen Ziffermaschine durchgeführt wurde.

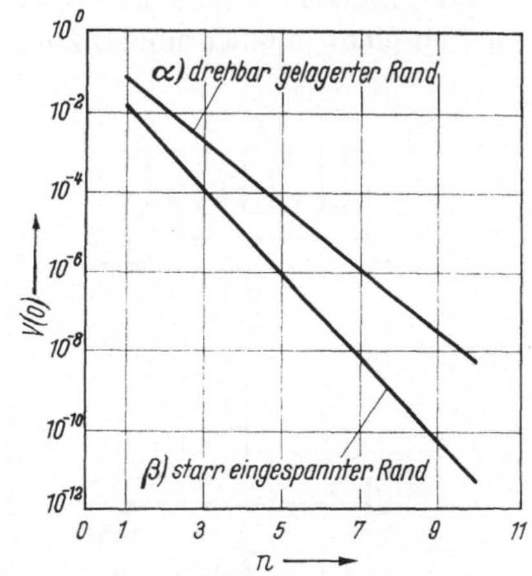

Abb. 13.4. Einwirkung des Kriechexponenten n auf die Ausbiegung der Plattenmitte bei einer Kreisplatte mit gleichmäßig verteiltem Druck

Die Ausbiegung der Plattenmitte wird gemäß Gl. (13.27)

$$w(0) = V(0) \cdot \left(2 + \frac{1}{n}\right)^{n} \cdot 3^{\frac{n+1}{2}} \cdot a\left(\frac{a}{h}\right)^{2n+1} \cdot k\,p^{n}. \qquad (13.31)$$

Mit $n = 1$ erhält man speziell

$$w(0) = V(0) \cdot 9\,\frac{a^4\,k\,p}{h^3} = V(0) \cdot \frac{p\,a^4}{D}. \qquad (13.32)$$

In den Fällen α) und β) wird

$$w(0)_\alpha = 0{,}0573 \cdot \frac{p\,a^4}{D}$$

$$w(0)_\beta = 0{,}0156 \cdot \frac{p\,a^4}{D}$$

was genau der linear elastischen Kreisplatte mit $\nu = \frac{1}{2}$ entspricht.

Das Verhältnis der Durchbiegungen im Ursprung der beiden Fälle α) und β) von den Gln. (13.25) und (13.26) beträgt nach Gl. (13.31)

$$\frac{w(0)_\alpha}{w(0)_\beta} = \frac{V(0)_\alpha}{V(0)_\beta}.$$

Aus dem Diagramm von Abb. 13.4 geht hervor, daß dieses Verhältnis mit wachsendem n immer größer wird, d. h. die versteifende Einwirkung der Einspannung am Rande wächst mit dem NORTONschen Exponenten n sehr rasch an.

Eine ausführlichere Darstellung der Einzelheiten dieser Berechnung findet sich bei ODQVIST 1960 b.

Ganz ähnliche Ergebnisse finden sich bei MALININ 1953, der auch den Fall eines punktförmigen Lastangriffes behandelte, vgl. Abb. 13.5.

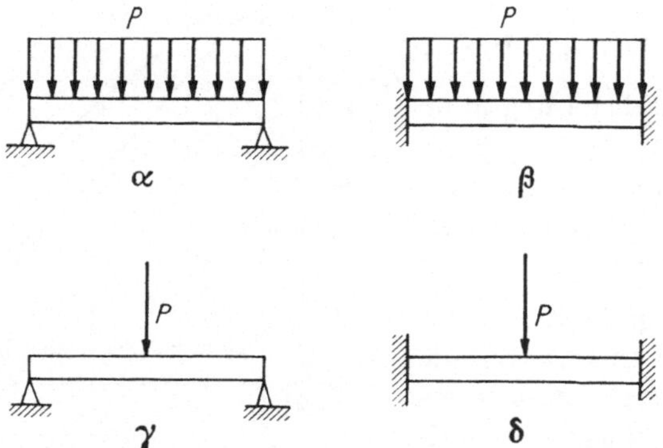

Abb. 13.5. Von MALININ untersuchten Lagerungs- und Belastungsfälle kreisförmiger Platten, α drehbar gelagert, gleichmäßig belastet; β starr eingespannt, gleichmäßig belastet; γ drehbar gelagert, Punktlast in der Mitte; δ starr eingespannt, Punktlast in der Mitte

Wird die Ausbiegung der Plattenmitte als

$$w(0) = a\left(\frac{a}{h}\right)^{2n+1} k\,(\lambda\,p_m)^n \tag{13.33}$$

geschrieben, wobei p_m die durchschnittliche Belastung ist, so gelten die folgenden Werte von λ, die in den Fällen α und β mit der Abb. 13.4 übereinstimmen.

Tabelle 13.1

	Lastfall			
	$p_m = p$		$p_m = \dfrac{P}{\pi\,a^2}$	
	α	β	γ	δ
$n = 1$	0,516	0,141	1,31	0,562
1,25	0,542	0,164	1,43	0,677
1,667	0,560	0,189	1,51	0,769
2,5	0,577	0,216	1,38	0,860
5	0,590	0,244	1,40	0,937
∞	0,594	0,270	1,56	1,01

Der spezielle Fall von $n = 3$, Lastfall α wurde von SOKOLOVSKIJ 1950/55 durch eine ganz andere Methode behandelt. Die numerischen Ergebnisse unterscheiden sich jedoch von den hier angegebenen mit einer Zehnerpotenz.

b) Schubspannungstheorie

In einer Platte herrscht angenähert ein ebener Spannungszustand, da die Spannungskomponenten senkrecht zu der Plattenebene vernachlässigbar klein sind. In einer kreissymmetrisch belasteten Kreisplatte sind die Hauptspannungsrichtungen außerdem bekannt (Radial- bzw. Umfangsrichtung). Ein alternatives, auf der Schubspannungstheorie gegründetes Lösungsverfahren liegt dann nahe.

Statt Spannungs- und Verzerrungskomponenten werden hier die entsprechenden Gesamtgrößen, das Biegemoment, M, und die Krümmung, $\varkappa$, benutzt.

Die Fließfläche nach TRESCA entspricht dann das Sechseck von Abb. 13.6, wo M_r und M_ϑ die σ_r und σ_ϑ entsprechenden Biegemomente bedeuten. Senkrecht zu den Seiten dieses Sechsecks steht überall der Krümmungsgeschwindigkeitsvektor $\overrightarrow{\varkappa}$. Zu jedem Momentenpaar M_r, M_ϑ (Punkt P) gehört in der $M_r - M_\vartheta$-Ebene eine bestimmte Richtung OP und sodann ein bestimmter Punkt Q am Rande des Sechsecks. Damit wird jedem Momentenpaar M_r, M_ϑ eine gewisse Krümmungsgeschwindigkeitsrichtung zugeordnet

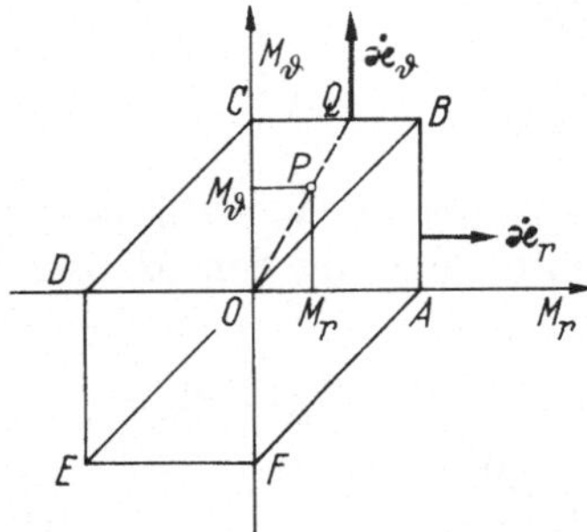

Abb. 13.6. TRESCAsche Fließgrenze bei symmetrisch belasteter Kreisplatte

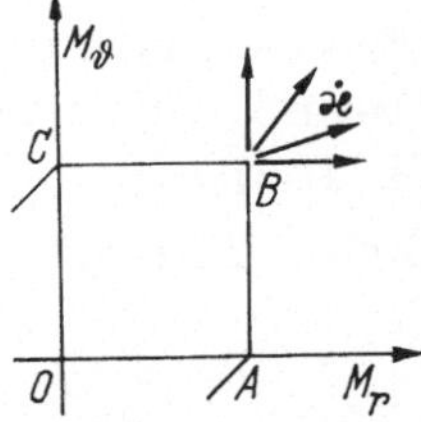

Abb. 13.7. Unbestimmtheit des Krümmungsgeschwindigkeitsvektors

Die Größe der Krümmungsgeschwindigkeit hängt von

$$M_0 = \max \{|M_r|, |M_\vartheta|, |M_r - M_\vartheta|\} \tag{13.34}$$

ab.

Befindet sich der Punkt P von Abb. 13.6 z. B. in dem Dreieck BOC, d. h.

$$0 < M_r < M_\vartheta$$

so ist also

$$M_0 = M_\vartheta \tag{13.35}$$

und es gilt gemäß Gl. (13.6)

$$\dot\varkappa_r = 0 , \qquad \dot\varkappa_\vartheta = \left(\frac{M_0}{\mu}\right)^n = \left(\frac{M_\vartheta}{\mu}\right)^n . \tag{13.36}$$

In dieser Weise kann jedem Momentenpaar M_r, M_ϑ ein bestimmter Krümmungsgeschwindigkeitsvektor $\dot\varkappa_r$, $\dot\varkappa_\vartheta$ zugeordnet werden. Wenn der Punkt Q mit irgendeinem der Eckpunkte zusammenfällt, entstehen jedoch Schwierigkeiten, da die Richtung des Krümmungsgeschwindigkeitsvektors dort unbestimmt bleibt.

Im Punkte B z. B. kann der Vektor $\overrightarrow{\varkappa}$ irgendeine Richtung innerhalb der ersten Quadranten besitzen, d. h. es kann nur gesagt werden, daß

$$\dot\varkappa_r \geq 0 , \qquad \dot\varkappa_\vartheta \geq 0$$

gelten muß.

Dieser Art von Unbestimmtheit, die bei der Invariantentheorie nicht vorhanden ist, bietet jeweils sehr schwierige Probleme bei der Lösung von Kriechaufgaben mittels der Schubspannungstheorie. Solche Schwierigkeiten treten übrigens schon in der klassischen Plastizitätstheorie auf. Die Schubspannungstheorie ist demnach nur bei speziellen Aufgaben benutzt worden, wie gerade dieser mit der symmetrisch belasteten Kreisplatte.

Wird nun nach HOPKINS und PRAGER 1953, siehe auch PRAGER 1955, die Dissipationsleistung je Volumeneinheit

$$D = M_r \dot\varkappa_r + M_\vartheta \dot\varkappa_\vartheta \tag{13.37}$$

eingeführt, so kann die Größe des Vektors $\overrightarrow{\varkappa}$ überall eindeutig bestimmt werden, wenn D eine eindeutige invariante Funktion von M_0 ist; vgl. hierzu Gl. (4.42).

Im Dreieck BOC gilt gemäß den Gln. (13.35) und (13.36)

$$D = M_\vartheta \dot\varkappa_\vartheta = M_0 \left(\frac{M_0}{\mu}\right)^n , \tag{13.38}$$

was also die invariante Größe von D gibt.

Im Dreieck COD gilt

$$M_r < 0 < M_\vartheta ; \quad \dot\varkappa_r + \dot\varkappa_\vartheta = 0 ; \quad \dot\varkappa_r < 0 ,$$

und es folgt demnach aus Gl. (13.34)

$$M_0 = M_\vartheta - M_r .$$

Aus den Gln. (13.37) und (13.38) folgt dann

$$M_r\,(-\,\dot\varkappa_\vartheta) + M_\vartheta\,\dot\varkappa_\vartheta \;=\; M_0\!\left(\frac{M_0}{\mu}\right)^{\!n},$$

woraus

$$\dot\varkappa_\vartheta \;=\; \left(\frac{M_0}{\mu}\right)^{\!n} \;=\; \left(\frac{M_\vartheta - M_r}{\mu}\right)^{\!n}. \tag{13.39}$$

An der Linie OB gilt

$$0 < M_r = M_\vartheta; \quad \dot\varkappa_r \geq 0; \quad \dot\varkappa_\vartheta \geq 0$$

und es folgt demnach aus Gl. (13.34)

$$M_0 = M_r = M_\vartheta\,.$$

Aus den Gln. (13.37) und (13.38) folgt dann

$$M_0\dot\varkappa_r + M_0\dot\varkappa_\vartheta \;=\; M_0\!\left(\frac{M_0}{\mu}\right)^{\!n},$$

woraus

$$\dot\varkappa_r + \dot\varkappa_\vartheta \;=\; \left(\frac{M_0}{\mu}\right)^{\!n}. \tag{13.49}$$

In dieser Hinsicht gibt es in der $M_r - M_\vartheta$-Ebene zwölf verschiedene Gebiete und es gelten zusammenfassend die folgenden Beziehungen (siehe Tabelle 13.2 auf Seite 146).

Außerdem gelten die Gleichgewichtsbedingung (13.11) und die geometrischen Beziehungen

$$\dot\varkappa_r = -\,\frac{d^2\dot w}{dr^2}, \quad \dot\varkappa_\vartheta = -\,\frac{1}{r}\cdot\frac{d\dot w}{dr}. \tag{13.50),\ (13.51}$$

Unter den fünf Unbekannten M_r, M_ϑ, $\dot\varkappa_r$, $\dot\varkappa_\vartheta$ und $\dot w$ bestehen somit die drei Gleichungen (13.11), (13.50) und (13.51) nebst den Beziehungen in Tab. 13.2, d. h. im allgemeinen fünf Beziehungen.

Wir werden hier die gleichförmig belastete Kreisplatte mit drehbar gelagertem Rand studieren und nehmen an, daß positive Biegemomente und Krümmungen durchweg Zugspannungen an der unbelasteten Plattenfläche entsprechen.

Wenn der Zustand der ganzen Platte einem einzigen Gebiete in Tab. 13.2 entspricht, würde die Aufgabe ziemlich einfach sein. Es zeigt sich aber, daß die Gln. (13.11), (13.50) und (13.51) sowie die Randbedingungen

$$\frac{d\dot w(0)}{dr} = 0, \quad \dot w(a) = 0, \quad M_r(a) = 0 \tag{13.52}$$

dann nicht alle erfüllt werden können. Es muß demnach der Zustand der Platte mindestens zwei Gebieten angehören.

Tabelle 13.2

Ge-biet	Biegemomente	Krümmungs-geschwindigkeit	Kriechgesetz
AOB	$0 < M_\vartheta < M_r = M_0$	$\dot{\varkappa}_r \geq 0,\ \dot{\varkappa}_\vartheta = 0$	$\dot{\varkappa}_r = \left(\dfrac{M_r}{\mu}\right)^n$
OB	$0 < M_\vartheta = M_r = M_0$	$\dot{\varkappa}_r \geq 0,\ \dot{\varkappa}_\vartheta \geq 0$	$\dot{\varkappa}_r + \dot{\varkappa}_\vartheta = \left(\dfrac{M_r}{\mu}\right)^n$
BOC	$0 < M_r < M_\vartheta = M_0$	$\dot{\varkappa}_r = 0,\ \dot{\varkappa}_\vartheta \geq 0$	$\dot{\varkappa}_\vartheta = \left(\dfrac{M_\vartheta}{\mu}\right)^n$
OC	$0 = M_r < M_\vartheta = M_0$	$\dot{\varkappa}_r \leq 0,\ \dot{\varkappa}_r + \dot{\varkappa}_\vartheta \geq 0$	$\dot{\varkappa}_\vartheta = \left(\dfrac{M_\vartheta}{\mu}\right)^n$
COD	$M_r < 0 < M_\vartheta,$ $M_\vartheta - M_r = M_0$	$\dot{\varkappa}_r + \dot{\varkappa}_\vartheta = 0,$ $\dot{\varkappa}_\vartheta - \dot{\varkappa}_r \geq 0$	$\dot{\varkappa}_\vartheta = \left(\dfrac{M_\vartheta - M_r}{\mu}\right)^n$
OD	$M_0 = M_r < M_\vartheta = 0$	$\dot{\varkappa}_r + \dot{\varkappa}_\vartheta \leq 0,\ \dot{\varkappa}_\vartheta \geq 0$	$\dot{\varkappa}_r = \left(\dfrac{M_r}{\mu}\right)^n$
DOE	$M_0 = M_r < M_\vartheta < 0$	$\dot{\varkappa}_r \leq 0,\ \dot{\varkappa}_\vartheta = 0$	$\dot{\varkappa}_r = \left(\dfrac{M_r}{\mu}\right)^n$
OE	$M_0 = M_r = M_\vartheta < 0$	$\dot{\varkappa}_r \leq 0,\ \dot{\varkappa}_\vartheta \leq 0$	$\dot{\varkappa}_r + \dot{\varkappa}_\vartheta = \left(\dfrac{M_r}{\mu}\right)^n$
EOF	$M_0 = M_\vartheta < M_r < 0$	$\dot{\varkappa}_r = 0,\ \dot{\varkappa}_\vartheta \leq 0$	$\dot{\varkappa}_\vartheta = \left(\dfrac{M_\vartheta}{\mu}\right)^n$
OF	$M_0 = M_\vartheta < M_r = 0$	$\dot{\varkappa}_r \geq 0,\ \dot{\varkappa}_\vartheta + \dot{\varkappa}_r \leq 0$	$\dot{\varkappa}_\vartheta = \left(\dfrac{M_\vartheta}{\mu}\right)^n$
FOA	$M_\vartheta < 0 < M_r,$ $M_r - M_\vartheta = M_0$	$\dot{\varkappa}_r + \dot{\varkappa}_\vartheta = 0,$ $\dot{\varkappa}_r - \dot{\varkappa}_\vartheta \geq 0$	$\dot{\varkappa}_r = \left(\dfrac{M_r - M_\vartheta}{\mu}\right)^n$
OA	$0 = M_\vartheta < M_r = M_0$	$\dot{\varkappa}_r + \dot{\varkappa}_\vartheta \geq 0,\ \dot{\varkappa}_\vartheta \leq 0$	$\dot{\varkappa}_r = \left(\dfrac{M_r}{\mu}\right)^n$

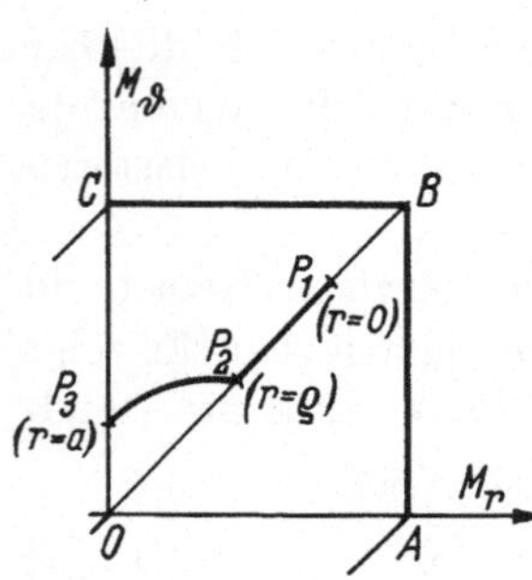

Abb. 13.8. Zur Bestimmung der verschiedenen Verformungsgebiete einer gleichmäßig belasteten Kreisplatte

Wird in Gl. (13.11) $r = 0$ gesetzt, folgt daß in der Plattenmitte

$$M_r = M_\vartheta$$

gilt. Die Plattenmitte entspricht also dem Punkt P_1 in Abb. 13.8, der im Gebiet OB liegt.

Gemäß der Randbedingung (13.52) entspricht der Außenrand $r = a$ dem Punkt P_3 in Abb. 13.8, der im Gebiet OC liegt.

Wir nehmen nun an, daß der Teil $0 \leq r \leq \varrho$ der Platte dem Gebiet OB und der Teil $\varrho \leq r \leq a$ dem Gebiet BOC entspricht.

Der Zustand am Radius $r = \varrho$ entspricht dem Punkt P_2 in Abb. 13.8. Es gelten dann die folgenden Beziehungen

$0 \leq r \leq \varrho$

$$M_r = M_\vartheta \qquad (13.53)$$

$$\frac{dM_r}{dr} = -\frac{1}{2}\, pr \qquad (13.54)$$

$$\dot{\varkappa}_r + \dot{\varkappa}_\vartheta = -\frac{1}{r}\frac{d}{dr}\left(r\frac{d\dot{w}}{dr}\right) = \left(\frac{M_r}{\mu}\right)^n \qquad (13.55)$$

$\varrho \leq r \leq a$

$$\frac{d}{dr}(rM_r) - M_\vartheta = -\frac{1}{2}\, pr^2 \qquad (13.11)$$

$$\dot{\varkappa}_r = -\frac{d^2\dot{w}}{dr^2} = 0 \qquad (13.56)$$

$$\dot{\varkappa}_\vartheta = -\frac{1}{r}\frac{d\dot{w}}{dr} = \left(\frac{M_\vartheta}{\mu}\right)^n. \qquad (13.57)$$

Hierzu kommen die Randbedingungen (13.52) und die Stetigkeitsbedingungen für M_r, M_ϑ, $\dot{w}$ und $\dfrac{d\dot{w}}{dr}$ am Radius $r = \varrho$.

Aus den Gln. (13.52) und (13.53) folgt zuerst durch Integration

$$M_r = M_\vartheta = -\frac{1}{4}\, pr^2 + A \qquad (0 \leq r \leq \varrho), \qquad (13.58)$$

wonach, gemäß Gl. (13.54) nach wiederholter Integration und mit Rücksicht auf die erste Randbedingung (13.52)

$$r\frac{d\dot{w}}{dr} = \frac{2}{(n+1)\,p\mu^n}\left[\left(-\frac{1}{4}\,pr^2 + A\right)^{n+1} - A^{n+1}\right] \quad (0 \leq r \leq \varrho). \quad (13.59)$$

Aus Gl. (13.56) folgt weiterhin mit Rücksicht auf die zweite Randbedingung (13.51)

$$\dot{w} = B(a - r) \qquad (\varrho \leq r \leq a), \qquad (13.60)$$

was mit Gl. (13.57)

$$M_\vartheta = \mu\left(\frac{B}{r}\right)^{\frac{1}{n}} \qquad (\varrho \leq r \leq a) \qquad (13.61)$$

liefert.

Aus der Gleichgewichtsbedingung (13.55) folgt sodann nach Integration und mit Rücksicht auf die dritte Randbedingung (13.52)

$$M_r = \frac{pa^2}{6}\left(\frac{a}{r} - \frac{r^2}{a^2}\right) - \frac{n}{n-1}\,\mu B^{\frac{1}{n}}a^{-\frac{1}{n}}\left[\frac{a}{r} - \left(\frac{a}{r}\right)^{\frac{1}{n}}\right] \quad (\varrho \leq r \leq a). \quad (13.62)$$

Die Konstanten A und B können nun derart bestimmt werden, daß M_r und M_ϑ am Radius $r = \varrho$ stetig sind. Es folgt aus den Gln. (13.58), (13.61) und (13.62)

$$\left\{ \begin{aligned} A &= \frac{p\alpha^2 a^2}{4} + \frac{pa^2}{6} \cdot \frac{(n-1)(1-\alpha^3)}{n\alpha^{\frac{1}{n}} - \alpha} \\[2ex] B &= \left[\frac{p\,a^{2+\frac{1}{n}}}{6\,\mu} \cdot \frac{(n-1)(1-\alpha^3)}{n - \alpha^{1-\frac{1}{n}}} \right]^n \end{aligned} \right. \tag{13.63}$$

mit

$$\alpha = \frac{\varrho}{a}. \tag{13.64}$$

Schließlich erhält man aus der Bedingung, daß $\dfrac{d\dot{w}}{dr}$ stetig am Radius $r = \varrho$ sein muß

$$\left(\frac{3}{2}\beta + 1 \right)^{n+1} - 3(n+1)\beta - 1 = 0 \tag{13.65}$$

mit

$$\beta = \frac{\alpha^2 (n\alpha^{\frac{1}{n}} - \alpha)}{(n-1)(1-\alpha^3)}. \tag{13.66}$$

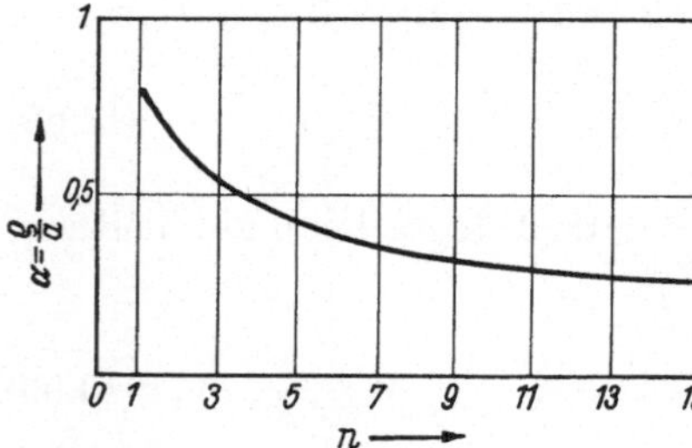

Abb. 13.9.　Einwirkung des Kriechexponenten n auf die Größe des Mittengebietes einer gleichmäßig belasteten Kreisplatte

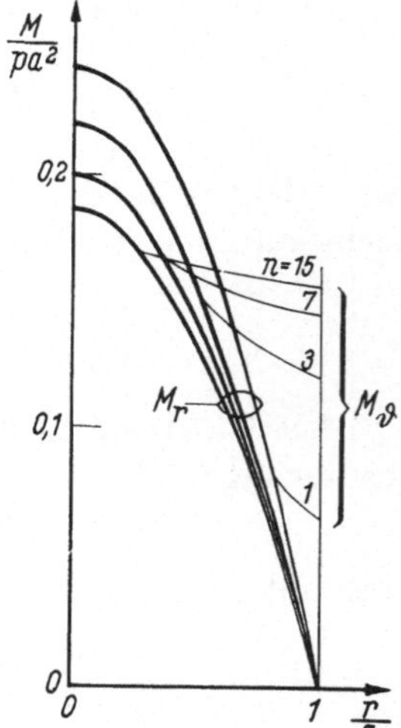

Abb. 13.10.　Momentenverteilung einer gleichmäßig belasteten Kreisplatte nach der Schubspannungstheorie

Bei gegebenem n wird zuerst β durch numerische Lösung aus der Gl. (13.65) bestimmt. Danach wird α in derselben Weise nach Gl. (13.66), und damit der bisher unbekannte Radius ϱ, bestimmt. Die resultierende Beziehung zwischen n und $\dfrac{\varrho}{a}$ geht aus Abb. 13.9 hervor.

Die Ausbiegegeschwindigkeit im Gebiet $0 \le r \le \varrho$ erhält man danach durch Integration der Gl. (13.59) mit Rücksicht auf die Bedingung, daß $\dot{w}$ am Radius ϱ stetig bleiben muß. Es folgt

$$\dot{w} = B(a - \varrho) - \frac{2}{(n+1)\,p\,\mu^n} \int_r^{\varrho} \left[\left(-\frac{1}{4}\,pr^2 + A\right)^{n+1} - A^{n+1}\right] \frac{dr}{r}, \quad (13.67)$$

wobei das Integral nur numerisch berechnet werden kann.

Die endgültigen Momentenverteilungen und Ausbiegegeschwindigkeiten gehen aus Abb. 13.10 und Abb. 13.11 hervor.

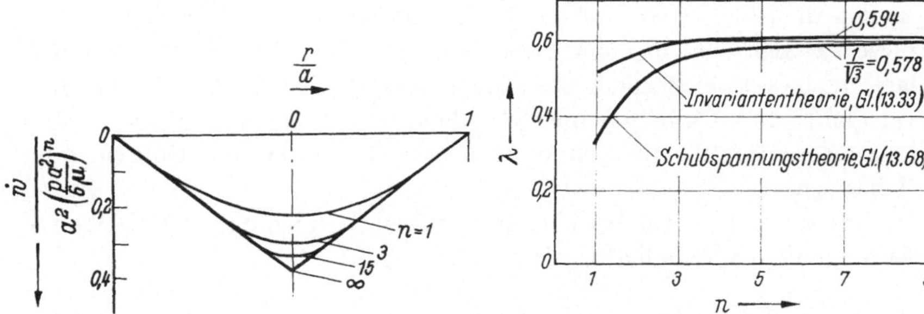

Abb. 13.11. Ausbiegegeschwindigkeit einer gleichmäßig belasteten Kreisplatte nach der Schubspannungstheorie

Abb. 13.12. Zum Vergleich der Ausbiegegeschwindigkeiten einer gleichmäßig belasteten Kreisplatte gemäß der Invarianten- bzw. Schubspannungstheorie

Die Ergebnisse der Schubspannungstheorie werden zuletzt mit denen der Invariantentheorie verglichen werden. Die Ausbiegegeschwindigkeit der Plattenmitte kann, analog mit Gl. (13.33), gemäß Gl. (13.6) als

$$\dot{w}(0) = a\left(\frac{a}{h}\right)^{2n+1} k\,(\lambda p)^n \quad (13.68)$$

geschrieben werden, wo λ als Funktion des Kriechexponenten n in Abb. 13.12 dargestellt ist.

Es zeigt sich, daß die Schubspannungstheorie immer kleinere Ausbiegegeschwindigkeiten voraussagt; der Unterschied beträgt etwa 25 %.

Die hier wiedergegebene Analyse der Kreisplatte wurde erst von VENKATRAMAN und HODGE 1958 durchgeführt. Dort wurde auch der Fall mit starr eingespanntem Rand behandelt.

14. Schalen

Unter Schalen verstehen wir, wie früher erwähnt, Flächentragwerke mit einfach oder doppelt gekrümmter Mittelfläche. Die im Abschn. 12.1 behandelten dünnwandigen Dampfkessel gehören demnach zu dieser Gruppe von Tragwerken.

Verschiedene Arten von Schalen haben im Bauwesen eine vielfältige Anwendung gewonnen, wie z. B. im Kuppel-, Hallen- und Behälterbau. Dies ist vor allem dadurch bedingt, daß man mit Schalen eine günstige Materialausnützung erreichen kann. Die Lehre des Kräftespieles bei Schalen, die Schalenstatik, beschäftigt sich auch hauptsächlich mit den Schalenformen des Bauwesens.

Zum Gebiet der Schalen gehören ebenfalls Großdruckleitungen von Wasserkraftwerken und anderen Wasserbauanlagen, sowie verschiedene Arten von Gefäßen und Dampfkesseln. Für uns besonders interessant sind die Druckbehälter und Rohrleitungen der chemischen Industrie und Atomkraftwerke. Hier sind oft hohe Temperaturen vorhanden, so daß diese Schalen sich in einem Kriechzustand befinden können. Die Belastung besteht vor allem aus einem inneren Überdruck. Die zur Zeit veröffentlichten Arbeiten über Schalenkriechen beschäftigen sich auch hauptsächlich mit innendruckbelasteten zylindrischen Rohren oder Behältern.

Bevor wir darauf näher eingehen, wollen wir aber einige Einzelheiten der allgemeinen Schalentheorie erörtern.

14.1 Allgemeine Grundlagen, Membranzustand

Die Lage eines willkürlichen Punktes der Schale wird auf ein Koordinatensystem $Ostz$ gemäß Abb. 14.1a bezogen. Es ist also $z = 0$ die Mittelfläche und $z = \pm \dfrac{h}{2}$ die äußere bzw. innere Begrenzungsfläche der Schale. In Schnitten $s = $ konst. und $t = $ konst. wirken die Schnittgrößen je Längeneinheit der Mittelfläche: Schnittkräfte N_s, N_t, Q_s, Q_t, N_{st}, N_{ts} und Schnittmomente M_s, M_t, M_{st}, M_{ts}, vgl. Abb. 14.1b und 14.1c. Die positiven Richtungen der Schnittgrößen gehen aus Abb. 14.1 hervor. Die positiven Richtungen der Momente sind, wie üblich, derart gewählt, daß sie eine Vergrößerung der Schalenkrümmungen bewirken.

Es ist unmittelbar klar, daß diese zehn Schnittgrößen nicht allein mittels Gleichgewichtsbedingungen bestimmt werden können; das Problem ist statisch unbestimmt. Es muß also auch der Verzerrungszustand in Betracht genommen werden. Damit folgt auch, daß Aufgaben bei Kriechen in

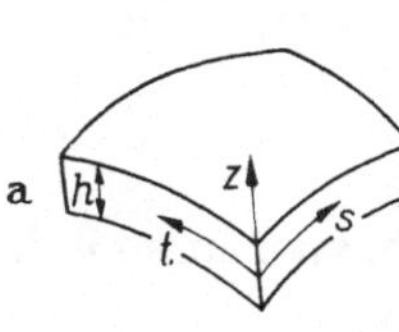
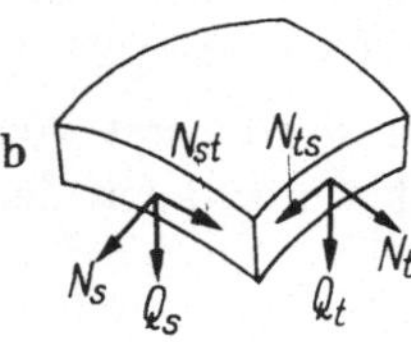
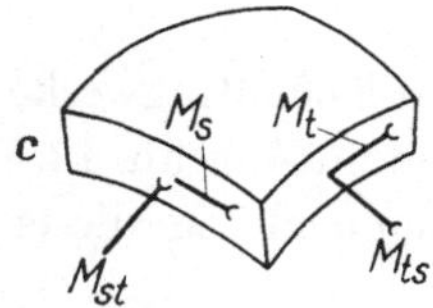

Abb. 14.1.   Zur Definition der Schalengrößen: *a* Koordinatensystem: *b* Schnittkräfte; *c* Schnittmomente

Schalen sehr kompliziert werden, wie wir es schon früher bei Platten gefunden haben.

Es ist aber hier eine besondere sehr verwendbare Vereinfachung möglich. Man kann oft annehmen, daß die Spannungen gleichmäßig über die Schalenstärke verteilt sind. Es folgt dann[1]

$$Q_s = Q_t = M_s = M_t = M_{st} = M_{ts} = 0$$

und weiterhin

$$N_{st} = N_{ts}$$

Es sind somit nur die Schnittgrößen

$$N_s, N_t, N_{st}$$

von Null verschieden. Zwischen diesen Größen bestehen drei Gleichgewichtsbedingungen; zwei Projektions- und eine Momentengleichung. Die Schnittgrößen können sodann ausschließlich aus statischen Bedingungen bestimmt werden; der Spannungszustand ist statisch bestimmt.

Es besteht hierin ein wesentlicher Unterschied zwischen Schalen und z. B. gekrümmten Stäben. Bei einem ebenen Bogen ist biegungsfreies Gleichgewicht nur dann möglich, wenn der Bogen eine ganz bestimmte Gestalt besitzt, die von der äußeren Belastung abhängig ist, und der Form eines Seiles entspricht. Der Begriff der Stützlinie hat bei Schalen im allgemeinen kein Gegenstück; jede Schale ist eine Stützfläche. Ausnahmefälle bieten die Schalen von abwickelbarer Mittelfläche.

Die Theorie des momentenfreien Gleichgewichts bei Schalen wird *Membrantheorie* genannt. Sie ist von großer theoretischer und praktischer Bedeutung. Es zeigt sich nämlich, daß biegungsfreies Gleichgewicht oft in den größten Teilen einer Schale vorhanden ist, d. h. Abweichungen davon kommen nun in begrenzten Teilen der Schale vor. Solche Teile sind z. B. die Ränder der Schale, Unstetigkeitslinien der Krümmung und Gebiete wo punktförmige Belastungen vorkommen.

Eine ausführliche Behandlung der Membrantheorie bei verschiedenen Schalenformen findet sich z. B. bei FLÜGGE 1957[2] und PFLÜGER 1960[3].

Da der Membranzustand statisch bestimmt ist, folgt unmittelbar, daß er beim Kriechen unverändert bleibt. Alle Lösungen der Membrantheorie gelten somit auch bei kriechenden Feststoffen.

Auch der Verzerrungszustand kann dann leicht festgelegt werden. Da die Spannungen σ_s, σ_t und τ_{st} bekannt sind, können die entsprechenden Verzerrungsgeschwindigkeiten gemäß Gl. (4.38) unmittelbar bestimmt werden. Die Verschiebungsgeschwindigkeiten erhält man schließlich nach

---

[1] Siehe hierzu z. B. FLÜGGE, Statik und Dynamik der Schalen, Berlin: Springer 1957, S. 5.

[2] a. a. O., S. 22—139.

[3] Elementare Schalenstatik, 3. Aufl., Berlin/Göttingen/Heidelberg: Springer 1960.

Integration von den Verzerrungsgeschwindigkeiten, womit die Aufgabe vollständig gelöst ist.

Beispiel: Kreiszylindrisches Rohr mit Innendruck, Axialkraft und Drillmoment nach Abb. 14.2.

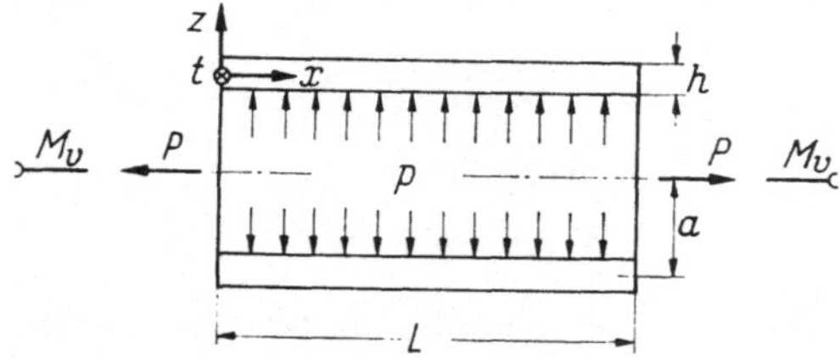

Abb. 14.2.   Kreiszylindrisches Rohr mit Innendruck, Axialkraft und Drillmoment

Aus den Gleichgewichtsbedingungen in axialer Richtung und Umfangsrichtung bzw. aus einer Drillmomentengleichung ergibt sich unmittelbar

$$\begin{cases} N_x = \dfrac{P}{2\,\pi\,a} \\[2mm] N_t = p \cdot a \\[2mm] N_{xt} = \dfrac{M_v}{2\,\pi\,a^2}. \end{cases}$$

Die Verlängerungsgeschwindigkeit wird nach Gl. (4.38)

$$\varDelta = kL\,\frac{(N_x{}^2 - N_x\,N_t + N_t{}^2 + 3\,N_{xt}{}^2)^{\frac{n-1}{2}}}{h^n}\cdot\left(N_x - \frac{1}{2}\,N_t\right).$$

Wir werden uns nicht weiter mit dem Membranzustand beschäftigen, sondern wenden uns der weit komplizierteren Aufgabe, dem Biegezustand bei kriechenden Schalenstoffen, zu.

Wie schon oben angedeutet, ist diese Aufgabe, wegen der hohen statischen Unbestimmtheit sowie der Nichtlinearität der Stoffgleichungen, beim Kriechen viel komplizierter als im linear elastischen Falle, und es kann keine einfache Darstellung in Aussicht gestellt werden.

14.2 Biegetheorie des druckbelasteten kreiszylindrischen Rohres

Dieses Problem wurde von ONAT und YÜKSEL 1958 mittels der Schubspannungstheorie und von BIENIEK und FREUDENTHAL 1960 mittels der Invariantentheorie behandelt. Wir fangen hier mit der letzteren an, die aber leider bisher keine genauen Ergebnisse geliefert hat.

a) Invariantentheorie

Wir betrachten ein kreiszylindrisches Rohr nach Abb. 14.3. Es ist durch den Druck p radial und axial belastet. Die Endquerschnitte des Rohres mögen α) drehbar gelagert oder β) starr eingespannt sein.

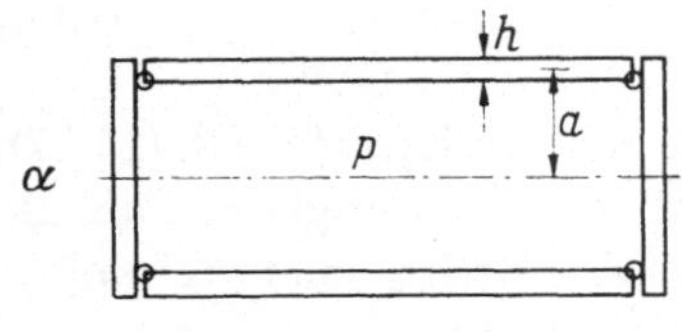

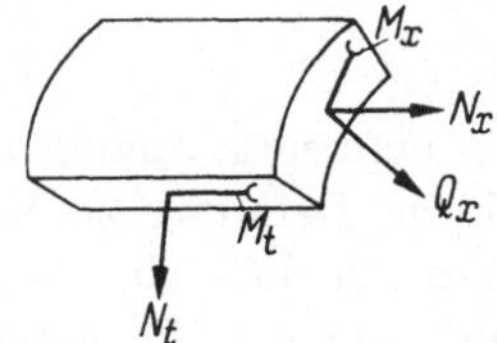

Abb. 14.4.   Schnittgrößen bei kreiszylindrischem Rohre

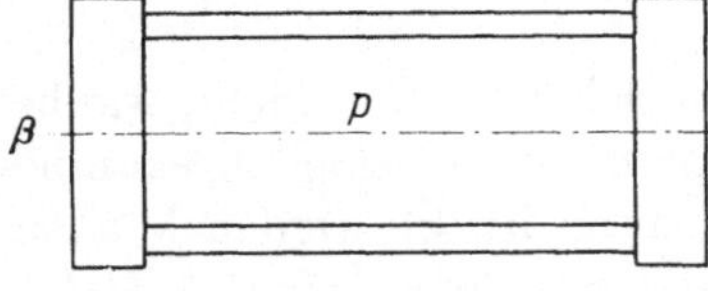

Abb. 14.3.   Kreiszylindrisches Rohr mit Innendruck: α drehbar gelagerte, β starr eingespannte Endquerschnitte

Es ist die Spannungsverteilung gesucht, die sich im stationären Kriechen einstellt. Wir werden bei der Lösung dieser Aufgabe die Hoffsche Analogie benutzen, d. h. es wird das Spannung-Dehnung-Gesetz (13.13) mit der Umkehrung (13.14) vorausgesetzt.

Wegen der Kreissymmetrie verschwinden hier identisch die Schnittgrößen Q_t, N_{xt}, N_{tx}, M_{xt} und M_{tx}. Es bleiben somit nur fünf Schnittgrößen übrig, vgl. Abb. 14.4.

Zwischen diesen bestehen die Gleichgewichtsbedingungen (ein Strich bezeichnet die Ableitung nach x)

$$\begin{cases} N_x{}' = 0 \\[2mm] Q_x{}' + \dfrac{1}{a} N_t = p \\[2mm] M_x{}' + Q_x = 0 \end{cases}$$

woraus sich

$$\begin{cases} N_x = \text{konst.} & (14.1) \\[3mm] -M_x{}'' + \dfrac{1}{a} N_t = p & (14.2) \end{cases}$$

ergibt. Die Größe von N_x wird im statisch bestimmten Falle aus der Gleichgewichtsbedingung in der Längsrichtung bestimmt

$$N_x = p \cdot \pi a \ . \tag{14.3}$$

Die Gl. (14.2) enthält aber zwei Unbekannte, M_x und N_t, d. h. der Spannungszustand ist einfach statisch unbestimmt. Es muß daher auch der Verformungszustand in Betracht gezogen werden.

Werden die Verschiebungskomponenten in der Längs- und Radial-richtung u bzw. w genannt, sind die Dehnungskomponenten in der Längs- bzw. Umfangsrichtung

$$\left\{ \begin{aligned} &\varepsilon_x = u' - z\,w'' &&(14.4)\\[2mm] &\varepsilon_t = \frac{1}{a}\,w\,. &&(14.5) \end{aligned} \right.$$

Sucht man nun, analog mit dem Falle der Kreisplatte, Gl. (13.17), die effektive Dehnung zu bilden, entsteht die Schwierigkeit, daß die Koordinate z nicht mehr als ein Faktor von ε_e auftritt, sondern implizit darin enthalten ist. Es hängt dies natürlich davon ab, daß die Deh-nungen (14.4) und (14.5) nicht wie die Dehnungen (13.15) und (13.16) zu z proportional sind.

Es folgt dann, daß die entsprechenden Schnittgrößen nicht, wie bei den Platten, durch Integration über z durch die Verschiebungskompo-nenten bzw. deren Ableitungen explizite ausgedrückt werden können. Die Invariantentheorie liefert also in diesem Falle keine einfachen Differentialgleichungen.

BIENIEK und FREUDENTHAL führten demnach die folgenden Verein-fachungen ein:

1. Vernachlässigung der Längsdehnung u' in Gl. (14.4)
2. Vernachlässigung der Einwirkung der Biegespannungen auf die Umfangs-dehnung, und
3. Vernachlässigung der Einwirkung der Umfangsdehnung auf die Biege-deformation.

Es folgt dann aus den Gln. (13.14), (14.4) und (14.5) (n ungerade Zahl)

$$\left\{ \begin{aligned} &\sigma_x = -\,k^{-\frac{1}{n}}\left(\frac{4}{3}\right)^{\frac{n+1}{2n}}\cdot (z\,w'')^{\frac{1}{n}} &&(14.6)\\[3mm] &\sigma_t = k^{-\frac{1}{n}}\left(\frac{w}{a}\right)^{\frac{1}{n}} &&(14.7) \end{aligned} \right.$$

und die Spannungen σ_x und σ_t erscheinen demnach vollkommen ent-kuppelt. Die entsprechenden Schnittgrößen werden

$$\left\{ \begin{aligned} &M_x = \int_{-\frac{h}{2}}^{\frac{h}{2}} \sigma_x\, z\, dz = -\,k^{-\frac{1}{n}}\left(\frac{4}{3}\right)^{\frac{n+1}{2n}}\cdot \frac{2n}{2n+1}\cdot\left(\frac{h}{2}\right)^{2+\frac{1}{n}}\cdot w''^{\frac{1}{n}} &&(14.8)\\[4mm] &N_t = \int_{-\frac{h}{2}}^{\frac{h}{2}} \sigma_t\, dz = k^{-\frac{1}{n}}\,h\left(\frac{w}{a}\right)^{\frac{1}{n}}\,. &&(14.9) \end{aligned} \right.$$

Einsetzen in die Beziehung (14.2) gibt die nichtlineare Differentialgleichung vierter Ordnung

$$(w''^{\frac{1}{n}})'' + 3^{\frac{n+1}{2n}} \cdot \frac{2n+1}{n} \cdot (ah)^{-1-\frac{1}{n}} \cdot w^{\frac{1}{n}} = \left(\frac{3}{4}\right)^{\frac{n+1}{2n}} \cdot \frac{2n+1}{2n} \cdot \left(\frac{2}{h}\right)^{2+\frac{1}{n}} \cdot pk^{\frac{1}{n}} .$$

$$(14.10)$$

Zu ihr gehören die Randbedingungen

α) **Drehbar gelagerte Endquerschnitte**

$$x = 0 \ \left\{ \begin{array}{l} w = 0 \\ M_x = 0 \end{array} \right. \qquad x = L \ \left\{ \begin{array}{l} w = 0 \\ M_x = 0 \end{array} \right.$$

oder gemäß Gl. (14.8)

$$x = 0 \ \left\{ \begin{array}{l} w = 0 \\ w'' = 0 \end{array} \right. \qquad x = L \ \left\{ \begin{array}{l} w = 0 \\ w'' = 0 \end{array} \right. . \qquad (14.11)$$

β) **Starr eingespannte Endquerschnitte**

$$x = 0 \ \left\{ \begin{array}{l} w = 0 \\ w' = 0 \end{array} \right. \qquad x = L \ \left\{ \begin{array}{l} w = 0 \\ w' = 0 \end{array} \right. . \qquad (14.12)$$

Im Falle $n = 1$ geht die Differentialgleichung in

$$w^{\mathrm{IV}} + \frac{9}{a^2 h^2} w = \frac{9k}{h^3} \cdot p \qquad (14.13)$$

über, was mit der bekannten Differentialgleichung des linear elastischen Rohres

$$w^{\mathrm{IV}} + \frac{12(1-\nu^2)}{a^2 h^2} w = \frac{12(1-\nu^2)}{E h^3} \cdot p \qquad (14.14)$$

bei $\nu = \dfrac{1}{2}$ und $E = \dfrac{1}{k}$ völlig übereinstimmt, vgl. hierzu z. B. FLÜGGE[1].

Diese Übereinstimmung bedeutet aber gar nicht, daß die Differentialgleichung (14.10) genau gültig ist; sie besagt nur, daß im speziellen Falle $n = 1$ die oben eingeführten Vereinfachungen genau zum Ziel führen.

Eine angenäherte Lösung der Differentialgleichung (14.10) wurde von BIENIEK und FREUDENTHAL mittels einer Variationsmethode hergeleitet. Das Potential der inneren und äußeren Kräfte

$$\Pi = \int\limits_0^L \left[\frac{n}{n+1}\left(-M_x w'' + N_t \frac{w}{a}\right) - pw \right] \cdot 2\pi a\, dx \qquad (14.15)$$

---

[1] a. a. O., S. 165.

wurde mittels den Gln. (14.8) und (14.9) als Funktion der Verschiebung w bestimmt.

Im linearen elastischen Falle besitzt die Lösung die Form

$$\alpha) \quad w(x) = w_0 \left(1 - e^{-\lambda x} \cos \lambda x\right)$$
$$\beta) \quad w(x) = w_0 \left[1 - e^{-\lambda x} \left(\cos \lambda x + \sin \lambda x\right)\right],$$

wo w_0 die Ausbiegung gemäß der Membranentheorie bedeutet, und mit

$$\lambda^4 = \frac{3\left(1 - \nu^2\right)}{a^2 \, h^2}.$$

Analog dazu wird hier die Lösung der nichtlinearen Aufgabe als

$$\alpha) \quad w(x) = w_0 \left(1 - e^{-\mu x} \cos \mu x\right) \tag{14.16}$$
$$\beta) \quad w(x) = w_0 \left[1 - e^{-\mu x} \left(\cos \mu x + \sin \mu x\right)\right] \tag{14.17}$$

angesetzt, wo w_0 die Membranausbiegung gemäß Gl. (12.8) bedeutet. Die Konstante μ wird hier gemäß der Erforderung $\Pi(\mu) = \mathrm{Min}$ bestimmt, d. h. aus der Beziehung

$$\frac{\partial \Pi}{\partial \mu} = 0.$$

Die daraus folgenden Momentenverteilungen im Falle β) gehen aus Abb. 14.5 hervor. Man sieht, daß das Einspannmoment mit wachsendem n immer kleiner wird, wogegen die Momentenverteilung schwächer gedämpft wird.

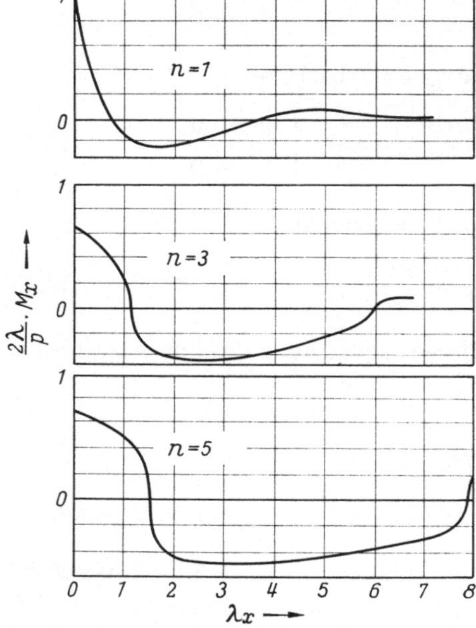

Abb. 14.5. Momentenverteilung eines kreiszylindrischen Rohres mit starr eingespannten Endquerschnitten bei Innendruckbelastung (nach Bieniek und Freudenthal)

b) Schubspannungstheorie

Wie wir schon im vorigen Teilabschnitt gesehen haben, hängen die Schwierigkeiten bei der Analyse des kreiszylindrischen Rohres davon ab, daß die Schnittgrößen nicht einfach durch Integration über die Wandstärke bestimmt werden können. Wir begnügen uns daher damit eine sog. Doppelschale nach Abb. 14.6 statt der wirklichen Schale zu betrachten. Es besteht diese aus zwei dünnen Schalen, mit der Wandstärke d, und mit dem gegenseitigen Abstand H. Die beiden dünnen Schalen

tragen die Normalspannungen und bestehen aus demselben Werkstoff
wie die ursprüngliche Schale. Der Kern der Doppelschale trägt allein
die Schubspannungen. Gleichartige Idealisierungen kommen häufig in
der Kriechmechanik vor, und wir werden sie in Kap. 21 manchmal
benutzen.

Wir betrachten nun eine Doppelschale mit Mittelflächenradius a, die
durch einen Innendruck p ausschließlich radial belastet wird. Es kommt
also keine resultierende Längskraft vor.
Die Schnittgrößen sind dieselben wie im
vorigen Teilabschnitt, und es gilt hier, vgl.
Gl. (14.1) und (14.2)

$$\begin{cases} N_x = 0 \\ -M_x'' + \dfrac{1}{a}N_t = p \end{cases} \qquad (14.18)$$

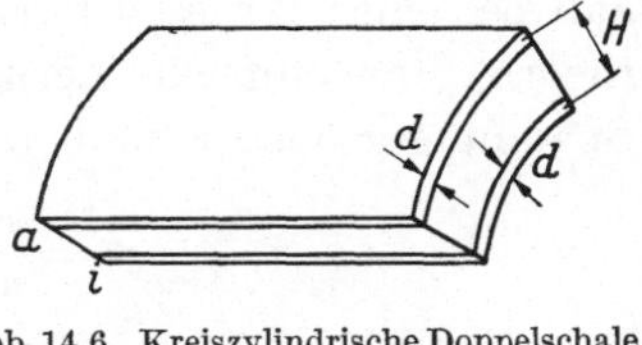

Abb. 14.6. Kreiszylindrische Doppelschale

Werden die Verschiebungsgeschwindigkeiten in der Längs- und
Radialrichtung $\dot u$ bzw. $\dot w$ genannt, sind die Dehnungsgeschwindigkeits-
komponenten der Mittelfläche in der Längs- bzw. Umfangsrichtung

$$\begin{cases} \dot\varepsilon_x = \dot u' & (14.19) \\[2ex] \dot\varepsilon_t = \dfrac{\dot w}{a} & (14.20) \end{cases}$$

Die Krümmungsgeschwindigkeit der Mittelfläche in der Längsrichtung ist

$$\dot\varkappa_x = \dot w'' \,. \qquad (14.21)$$

Es folgen dann die Dehnungsgeschwindigkeiten der Innen- bzw.
Außenschale, wo $\dot u'$ konstant ist.

$$\begin{cases} \dot\varepsilon_x{}^i = \dot u' + \dfrac{H}{2}\cdot \dot w'' \; ; \\[2ex] \dot\varepsilon_t{}^i = \dfrac{\dot w}{a} \qquad\quad ; \end{cases} \qquad \begin{cases} \dot\varepsilon_x{}^a = \dot u' - \dfrac{H}{2}\cdot \dot w'' \\[2ex] \dot\varepsilon_t{}^a = \dfrac{\dot w}{a}\,. \end{cases} \qquad (14.22)$$

Werden die Normalspannungen der Innen- und Außenschale im
gleichen Sinne σ^i bzw. σ^a genannt, erhält man

$$\begin{cases} \dfrac{N_x}{2\,d} = \dfrac{1}{2}\,(\sigma_x{}^i + \sigma_x{}^a) & (14.23) \\[3ex] \dfrac{N_t}{2\,d} = v = \dfrac{1}{2}\,(\sigma_t{}^i + \sigma_t{}^a) & (14.24) \\[3ex] \dfrac{M_x}{H\,d} = \mu = \dfrac{1}{2}\,(\sigma_x{}^a - \sigma_x{}^i)\,. & (14.25) \end{cases}$$

Es sind also nun die folgenden Unbekannten eingeführt worden: $\dot{u}'$, $\dot{w}$, $\dot{\varepsilon}_x{}^i$, $\dot{\varepsilon}_x{}^a$, $\dot{\varepsilon}_t{}^i$, $\dot{\varepsilon}_t{}^a$, $\dot{\sigma}_x{}^i$, $\dot{\sigma}_x{}^a$, $\dot{\sigma}_t{}^i$, $\dot{\sigma}_t{}^a$, N_x, N_t und M_x, d. h. insgesamt 13 Größen. Zwischen diesen bestehen die Gln. (14.18), (14.22), (14.23), (14.24), (14.25) und dazu kommen die Beziehungen zwischen Dehnungsgeschwindigkeiten und Spannungen der Innen- und Außenschale, was gerade 13 Gleichungen beträgt.

Diese große Anzahl von Gleichungen läßt sich nicht einfach mit der Invariantentheorie behandeln. ONAT und YÜKSEL haben aber gezeigt, daß bei einer gewissen kurzen Länge des Rohres die Schubspannungstheorie eine einfache Lösung liefert. Es zeigt sich nämlich, daß die Spannungsgrößen ν und μ und die Dehnungsgeschwindigkeitsgrößen

$$\dot{e} = \frac{\dot{w}}{a} \quad , \qquad \dot{\varkappa} = \frac{H}{2}\,\dot{w}'' \qquad (14.26)$$

als Verallgemeinerungen der gewöhnlichen Spannungen und Dehnungsgeschwindigkeiten behandelt werden können. Es besteht also in der $\nu - \mu$-Ebene ein Gegenstück des TRESCAschen Sechsecks, und der Vektor $(\dot{e}, \dot{\varkappa})$ steht überall senkrecht dazu. Die Form dieses Sechsecks geht aus Abb. 14.7 hervor, sie wurde u. a. von PRAGER 1955 eingehend erörtert.

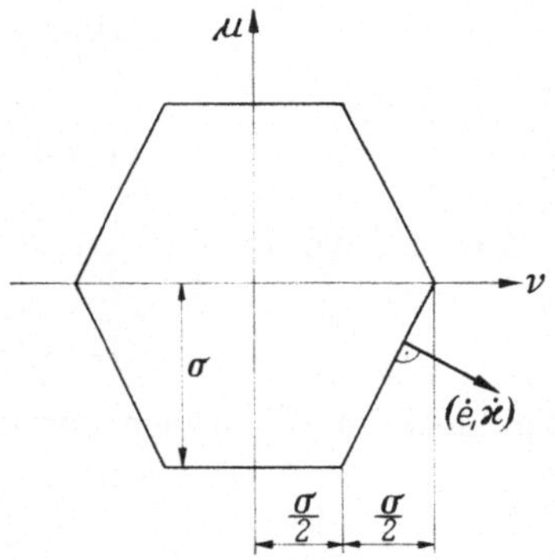

Die Größe des Vektors $(\dot{e}, \dot{\varkappa})$ ist wie vorher davon bestimmt, daß die Dissipationsleistung

$$D = \nu \dot{e} + \mu \dot{\varkappa} \qquad (14.27)$$

eine invariante Funktion des Spannungszustandes ist. Diese Funktion ist durch Vergleich mit dem einachsigen Zustande bestimmt, wo die Dissipationsleistung gemäß Gl. (4.6)

$$D = \sigma \dot{\varepsilon} = k\sigma^{n+1} \qquad (14.28)$$

Abb. 14.7. TRESCAsche Fließgrenze bei kreiszylindrischer Doppelschale

beträgt. Es zeigt sich nun, daß bei einem nicht zu kurzen Rohr mit drehbar gelagerten Endquerschnitten

$$\nu > 0,\ \mu < 0,\ -\mu < 2\nu \qquad (14.29)$$

gilt. Dies bedeutet dann, daß der Vektor gerade wie in Abb. 14.7 steht, d. h.

$$2\,\dot{\varkappa} + \dot{e} = 0 \ . \qquad (14.30)$$

Mit Rücksicht auf den Gln. (14.27) und (14.28) gilt dann

$$\dot{e} = k\left(\nu - \frac{\mu}{2}\right)^n \qquad (14.31)$$

Werden nun die dimensionslosen Veränderlichen

$$\xi = \frac{x}{\sqrt{a\,H}}\;; \qquad \bar{p} = \frac{a}{d}\cdot p \tag{14.32}$$

eingeführt, nimmt die zweite Gl. (14.18), mit Rücksicht auf Gl. (14.24) und (14.25), die Form

$$\frac{d^2\,\mu}{d\,\xi^2} + 2\nu = \bar{p} \tag{14.33}$$

an, oder mit Rücksicht auf den Gln. (14.31) und (14.26)

$$\frac{d^2\,\mu}{d\,\xi^2} + \mu = \bar{p} - 2k^{-\frac{1}{n}}\left(\frac{\dot{w}}{a}\right)^{\frac{1}{n}} \tag{14.34}$$

Weiterhin gilt gemäß den Gln. (14.30), (14.26) und (14.32)

$$\frac{d^2\,\dot{w}}{d\,\xi^2} + \dot{w} = 0\,. \tag{14.35}$$

Es bestehen also die zwei Differentialgleichungen (14.34) und (14.35) zwischen den zwei Unbekannten μ und $\dot{w}$. Die angehörigen Randbedingungen lauten, da die Endquerschnitten ja als drehbar gelagert angenommen sind

$$\xi = 0 \begin{cases} \dot{w} = 0 \\ \mu = 0 \end{cases} \qquad \xi = \xi_L \begin{cases} \dot{w} = 0 \\ \mu = 0\,. \end{cases} \tag{14.36}$$

Im Falle $n = 3$ und $\xi_L = \pi$ haben ONAT und YÜKSEL die Lösung angegeben. Aus Gl. (14.35) ergibt sich erst unmittelbar

$$\dot{w} = \mathring{\delta}\sin\xi \tag{14.37}$$

wo $\mathring{\delta}$ die Zuwachsgeschwindigkeit des Mittelflächenradius im Symmetriequerschnitt $\xi = \frac{\pi}{2}$ bedeutet. Die angehörige allgemeine Lösung der Gl. (14.34) kann dann als

$$\mu = c_1\sin\xi + \bar{p}\,(1 - \cos\xi) - \frac{3}{2}k^{-\frac{1}{3}}\left(\frac{\delta}{a}\right)^{\frac{1}{3}}\sin^{\frac{7}{3}}\xi +$$

$$+ 2k^{-\frac{1}{3}}\left(\frac{\delta}{a}\right)^{\frac{1}{3}}\cos\xi\int_0^{\xi}\sin^{\frac{4}{3}}\eta\,d\eta \tag{14.38}$$

geschrieben werden, was unmittelbar durch Einsetzen in Gl. (14.34) bestätigt werden kann. Die letzte Randbedingung (14.36) liefert schließlich für die bisher unbekannte Größe $\mathring{\delta}$

$$0 = 2\bar{p} - 2k^{-\frac{1}{3}}\left(\frac{\delta}{a}\right)^{\frac{1}{3}}\cdot\int_0^{\pi}\sin^{\frac{4}{3}}\eta\,d\eta$$

woraus sich

$$\dot\delta = a\,k\overline{p}^3 \cdot \pi^{-\frac{3}{2}} \cdot \frac{\Gamma^3\!\left(\frac{10}{6}\right)}{\Gamma^3\!\left(\frac{7}{6}\right)} = 0{,}166\,k \cdot \frac{p^3\,a^4}{d^3} \qquad (14.39)$$

ergibt.

Es sei bemerkt, daß diese Geschwindigkeit *größer* ist als die bei frei beweglichen Endquerschnitten vorhandene, die

$$\dot\delta = 0{,}125\,k\,\frac{p^3\,a^4}{d^3} \qquad (14.40)$$

beträgt, wie man leicht gemäß Abschn. 12.1 überprüft.

Bei Rohren, deren Länge von $L = \pi\,\sqrt{a\,H}$ verschieden ist, kommen auch andere Gebiete des Sechsecks von Abb. 14.7 in Betracht, und die Aufgabe wird dann unmittelbar viel komplizierter. Die charakteristische Dämpfung der Ausbiegungsfunktion $w(x)$, die im vorigen Teilabschnitt erörtert wurde, wird also bei Verwendung der Schubspannungstheorie nicht einfach dargestellt.

III. Spannung und Deformation bei instationärem Kriechen

Die stationären Kriecherscheinungen, die im vorigen Teil behandelt wurden, machen in verschiedenem Sinn den Hauptteil der technischen Kriechmechanik aus. Es ist dies ganz bemerkenswert, da ja stationäres Kriechen teils eine physikalische Idealisierung bedeutet, teils eine mechanische.

Wie schon früher erwähnt, wird in einem Zugstab stationäres Kriechen, d. h. eine zeitlich konstante Dehnungsgeschwindigkeit, nur nach einer gewissen Phase von Primärkriechen erreicht, vgl. Abb. 4.1. Der stationäre Zustand, auch Sekundärzustand genannt, endet mit dem Einsetzen des Tertiärkriechens. Bei gewissen Werkstoffen in gewissen Temperatur- und Spannungsgebieten umfaßt der Sekundärzustand den größten Teil der ganzen Lebensdauer im Kriechen. Bei anderen Kombinationen von Werkstoff, Temperatur und Spannung mag aber der Sekundärzustand viel kürzer sein, ja es gibt sogar Fälle, wo kein Sekundärkriechen überhaupt vorkommt, vgl. Abb. III.1. In solchen Fällen ist zu erwarten, daß die Annahme eines stationären Kriechzustandes zu großen Fehlern führen würde.

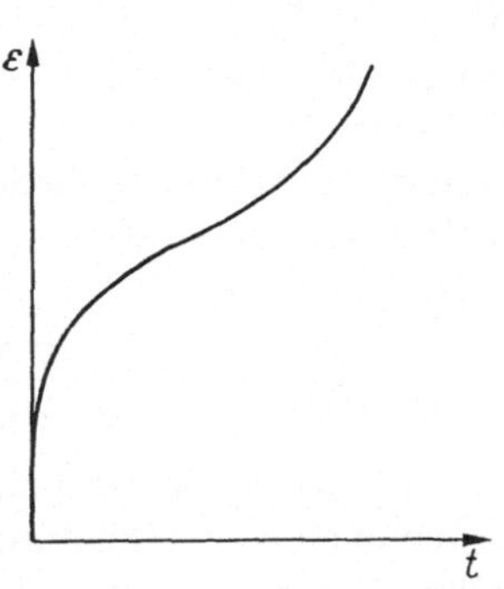

Abb. III.1.   Kriechkurve ohne Sekundärperiode

Die Spannung im Zugstabe ist statisch bestimmt, d. h. sie ist bei zeitlich konstanter Last selbst konstant. Wie wir es manchmal im vorigen Teil gesehen haben, herrschen aber am Anfang und Ende des Kriechvorganges *in statisch unbestimmten Fällen* bei nichtlinearem Kriechen, verschiedene Spannungsverteilungen. Es kommt also dann immer eine Umlagerung der Spannungen vor. Stationäres Kriechen, d. h. eine zeitlich konstante Verzerrungsgeschwindigkeit oder, was gleichbedeutend ist, eine zeitlich konstante Spannungsverteilung, wird nur asymptotisch erreicht. Der Anlaufvorgang kann im Gegensatz zu dem rein physikalischen Primärkriechen als *statisches Primärkriechen* gekennzeichnet werden. Die Dauer des statischen Primärkriechens ist oft verhältnismäßig kurz, und sie kann dann vernachlässigt werden. In Fällen von kurzen Betriebszeiten ist dies aber nicht gestattet; der Anlaufvorgang muß dann in Betracht genommen werden.

Wir haben bisher nur solche Fälle erwähnt, wo die äußere Last zeitlich konstant ist. Bei manchen technischen Aufgaben kommen aber auch zeitlich veränderliche Lasten vor, die selbstverständlich instationäres Kriechen bewirken. Hierzu gehören die wichtigen Probleme der Spannungsrelaxation (Entspannung), d. h. die Verminderung der Spannung bei zeitlich konstanter Dehnung, die z. B. in Bolzen- und Schrumpfverbänden auftreten kann.

Auch Temperaturspannungen werden in diesem Teil behandelt werden.

15. Physikalisches Primärkriechen

Unter physikalischem Primärkriechen verstehen wir den Zustand von abnehmender Dehnungsgeschwindigkeit, der im Anfang eines Kriechvorganges bei zeitlich konstanter Spannung und Temperatur stattfindet. Die physikalischen Grundlagen des Primärkriechens wurden früher in Kapitel 3 erörtert, und wir werden hier nicht weiter darauf eingehen. Statt dessen werden wir hier einige verschiedene phänomenologische Darstellungen des physikalischen Primärkriechens erörtern, damit wir technisch bedeutende Aufgaben behandeln können, wo das Primärkriechen nicht vernachlässigt werden kann.

15.1 Phänomenologische Darstellungen

a) Verfestigungstheorien

Die kennzeichnende Eigenschaft des Primärkriechens ist das stetige Abnehmen der Dehnungsgeschwindigkeit $\dot{\varepsilon}$ während des Kriechens. Diese Tatsache kann auf zwei verschiedene Arten ausgedrückt werden: $\dot{\varepsilon}$ nimmt mit wachsender Zeit t ab, oder aber $\dot{\varepsilon}$ nimmt mit wachsender Dehnung ε ab. Je nachdem man den einen oder den anderen Weg betritt, spricht man von einer *Zeitverfestigungstheorie* (Engl.: time hardening theory) oder einer *Dehnungsverfestigungstheorie* (Engl.: strain hardening theory); die Kriechgeschwindigkeit nimmt ab, d. h. der Werkstoff wird verfestigt.

Die Annahme einer Zeitverfestigungstheorie bedeutet, daß man den zeitlichen Verlauf für die Verfestigung verantwortlich hält. Oder anders ausgedrückt: Die Verfestigung hänge nur davon ab, daß der Werkstoff sich während einer gewissen Zeitdauer, bei hoher Temperatur befunden habe, und nicht etwa davon, daß er dann eine gewisse Verformung erlitten habe. Gemäß der neuzeitlichen Versetzungstheorie hängt die Verfestigung von der Deformation selbst ab, was demnach die Annahme einer Dehnungsverfestigungstheorie begünstigt. Sehen wir aber von dem physikalischen Hintergrund ab, sind die beiden verschiedenen Verfestigungstheorien vorläufig gleichberechtigt.

Eine große Anzahl von Kriechversuchen hat gezeigt, daß die Kriechgeschwindigkeit während der Primärperiode sich mit der Spannung stark verändert. Die folgenden Ansätze sind folglich für das Primärkriechen verwendbar:

Zeitverfestigungstheorie

$$\dot\varepsilon = A\,\sigma^l t^{-\lambda}, \tag{15.1}$$

Dehnungsverfestigungstheorie

$$\dot\varepsilon = B\,\sigma^m \varepsilon^{-\mu}. \tag{15.2}$$

Es sind hier A, B, l, m, λ und μ alle positive Konstanten. Mit λ oder μ gleich Null gehen die Beziehungen in die NORTONsche Gleichung über. Die Konstante λ ist der notwendigen Bedingung $\lambda < 1$ unterworfen, vgl. hierzu Abschn. 18.1b. Die Beziehungen (15.1) und (15.2) können bei konstanter Spannung und der Anfangsbedingung $t = 0$, $\varepsilon = \varepsilon_0$ integriert werden

$$\varepsilon = \varepsilon_0 + A\,\frac{1}{1-\lambda}\sigma^l t^{1-\lambda} \tag{15.3}$$

$$\varepsilon = \varepsilon_0 + (\mu + 1)^{\frac{1}{\mu+1}} B^{\frac{1}{\mu+1}} \sigma^{\frac{m}{\mu+1}} t^{\frac{1}{\mu+1}} \tag{15.4}$$

und erhalten dann also eine ähnliche Form. Bei konstanter Spannung, was z. B. bei statisch bestimmten Aufgaben vorhanden ist, liefern die beiden Verfestigungstheorien demnach identische Ergebnisse.

Prinzipiell können die Gln. (15.1) und (15.2) auch bei zeitlich veränderlicher Spannung benutzt werden, die Gln. (15.3) und (15.4) aber

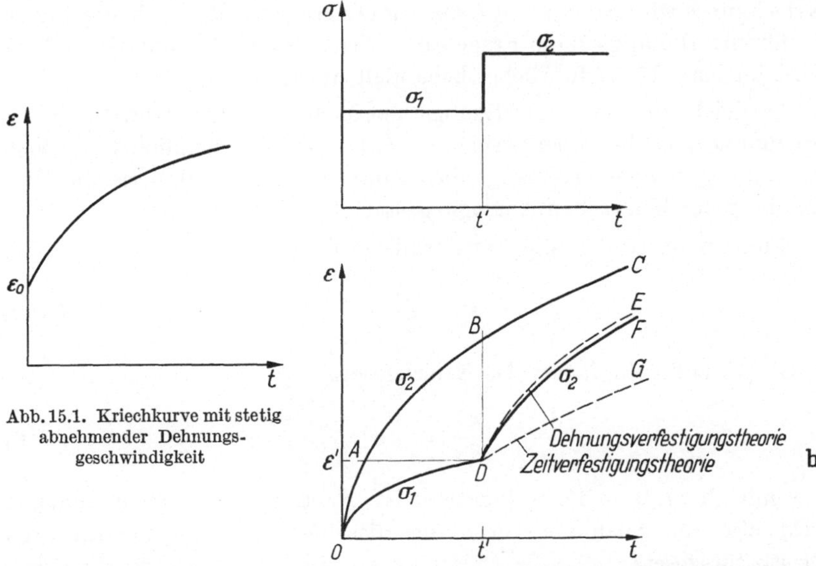

Abb. 15.1. Kriechkurve mit stetig abnehmender Dehnungsgeschwindigkeit

Abb. 15.2. Vergleich der Kriechkurven bei einer sprungweisen Spannungserhöhung gemäß der Zeitverfestigungs- bzw. Dehnungsverfestigungstheorie (nach FINNIE und HELLER)

nicht; vgl. hierzu Abschn. 4.1. Trotzdem gibt es mehrere Beispiele in der Literatur, wo die integrierten Ausdrücke (15.3) und (15.4) bei zeitlich veränderlicher Spannung benutzt worden sind. Die Ergebnisse solcher Untersuchungen müssen natürlich mit außerordentlicher Vorsicht benutzt werden.

Es zeigt sich aber, daß oftmals bessere Übereinstimmung mit Kriechversuchen mittels der Dehnungsverfestigungstheorie gewonnen werden kann, speziell wo zeitlich große Spannungsänderungen vorkommen.

Dies ist am einfachsten durch einen Kriechversuch illustriert, wo die Spannung sich nach einer gewissen Zeit t' von σ_1 bis σ_2 ($>\sigma_1$) sprungweise ändert, vgl. Abb. 15.2. Die dazu gehörende Kriechkurve verläuft wie ODF. Bei einem Kriechversuch mit der Spannung σ_2 erhält man die Kurve $OABC$. Gemäß der Dehnungsverfestigungstheorie ist die Kriechgeschwindigkeit gerade nach der Lasterhöhung nur von der Spannung (σ_2) und der Dehnung (ε') bestimmt, d. h. die Kriechkurve DF wird mit ABC identisch. Gemäß der Zeitverfestigungstheorie aber ist die Kriechgeschwindigkeit gerade nach der Lasterhöhung nur von der Spannung (σ_2) und der Zeit (t') bestimmt, d. h. die Kriechkurve DG wird mit BC identisch. Man sieht, daß die Zeitverfestigungstheorie in diesem Falle eine sehr schlechte Übereinstimmung mit der wirklichen Kriechkurve liefert.

Die Übereinstimmung würde aber ganz gut sein, wenn die Zeit t in Gl. (15.1) als die Zeit nach der Lasterhöhung betrachtet wurde. Die Kriechkurve würde dann von D aus wie $OABC$ verlaufen d. h. etwa nach E führen. Die allgemeine Frage des Kriechens bei veränderlicher Last wird im Kap. 17 ausführlicher behandelt werden.

Obgleich die Zeitverfestigungstheorie bei zeitlich veränderlicher Spannung nicht besonders geeignet ist, hat sie eine ziemlich weite Verwendung gewonnen. Es hängt dies damit zusammen, daß sie die Verwendung der HOFFschen Analogie gestattet.

Führt man nämlich die transformierte Zeit

$$\tau = \frac{t^{1-\lambda}}{1-\lambda} \tag{15.5}$$

in Gl. (15.1) herein, lautet das Kriechgesetz

$$\frac{d\varepsilon}{d\tau} = A\sigma^l, \tag{15.6}$$

was mit Gl. (4.6) an Form identisch ist. Nach der HOFFschen Analogie wird also die Spannungsverteilung dieselbe wie beim nichtlinearen Elastizitätsgesetz

$$\varepsilon = A\sigma^l. \tag{15.7}$$

Die Kriechgeschwindigkeit wird schließlich aus der der Gl. (15.7) entsprechenden Dehnung durch Multiplikation mit $t^{-\lambda}$ erhalten.

Eine große Anzahl von Untersuchungen über die Spannungsverteilung während des Primärkriechens sind mittels der Zeitverfestigungstheorie durchgeführt worden, vgl. z. B. Patel und Pandalai 1958. Wir verzichten aber hier darauf, auf diese näher einzugehen, da wegen der Hoffschen Analogie nichts prinzipiell neues gegenüber den stationären Erscheinungen dadurch gewonnen wird. Wir werden uns statt dessen mit der interessanteren Dehnungsverfestigungstheorie eingehender beschäftigen.

Die Gl. (15.2) wurde erst von Nadai 1938 vorgeschlagen und ist seitdem in der Literatur eingehend behandelt worden. Sie stellt eine eindeutige Beziehung zwischen der Kriechgeschwindigkeit, der Spannung und Dehnung dar, und ist demnach eine *Zustandsgleichung* (Engl.: equation of state) genannt worden; vgl. Abschn. 17.1.

Die Konstanten B, m und μ der Gl. (15.2) können folgendermaßen bestimmt werden. Bei einer Reihe von Kriechversuchen wird die Kriechdehnung $\varepsilon - \varepsilon_0$ als Funktion der Zeit in ein doppeltlogarithmisches Diagramm nach Abb. 15.3a eingetragen. Die entsprechenden Abschnitte an der Ordinatenachse, c, und die Neigung, φ, werden daraus bestimmt. Dann werden die Größen c als Funktion von σ in ein einfach logarithmisches Diagramm nach Abb. 15.3b eingetragen. Eine Gerade wird an diesen Punkten angepaßt, und der Abschnitt an der Ordinatenachse, c_0, und die Neigung, ψ, werden schließlich bestimmt.

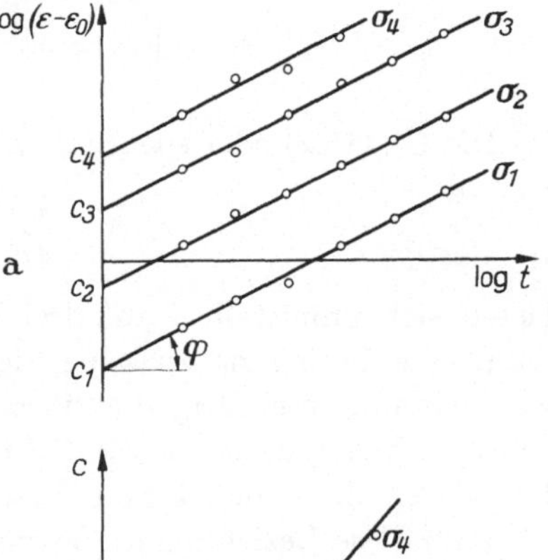

Abb. 15.3. Zur Bestimmung der Stoffwerte B, m und μ

Es gilt dann, gemäß Gl. (15.4) die folgende Beziehung

$$\log(\varepsilon - \varepsilon_0) = \frac{1}{\mu + 1} \cdot \log[(\mu + 1) B\sigma^m] + \frac{1}{\mu + 1} \cdot \log t,$$

woraus folgt

$$\left\{ \begin{aligned} \operatorname{tg}\varphi &= \frac{1}{\mu + 1} \\ c &= \frac{1}{\mu + 1} \cdot \log[(\mu + 1) B\sigma^m]. \end{aligned} \right. \tag{15.8}$$

Die letzte dieser Gleichungen kann auch als

$$c = \frac{1}{\mu+1} \cdot \log\left[(\mu+1)\,B\right] + \frac{m}{\mu+1} \cdot \log \sigma$$

geschrieben werden, woraus folgt

$$\begin{cases} \operatorname{tg}\psi = \dfrac{m}{\mu+1} \\[2mm] c_0 = \dfrac{1}{\mu+1} \cdot \log\left[(\mu+1)\,B\right]. \end{cases} \qquad (15.9)$$

Hieraus ergibt sich schließlich

$$\begin{cases} B = \operatorname{tg}\varphi \cdot 10^{c_0\,\operatorname{ctg}\varphi} \\ m = \operatorname{ctg}\varphi \cdot \operatorname{tg}\psi \\ \mu = \operatorname{ctg}\varphi - 1. \end{cases} \qquad (15.10)$$

Die Gl. (15.2) oder sogar alle Zustandsgleichungen der Form

$$\frac{d\varepsilon}{dt} = \frac{f(\sigma)}{g(\varepsilon)} \qquad (15.11)$$

lassen sich unmittelbar auf drei Dimensionen verallgemeinern. Es ist dann eine Beziehung zwischen dem Verzerrungsgeschwindigkeitstensor $\dot\varepsilon_{ij}$, Spannungstensor σ_{ij} und Verzerrungstensor ε_{ij} gesucht, die im einachsigen Zustande in die Gl. (15.11) übergeht, und außerdem noch die Postulaten 2, 3 und 4 von Abschn. 4.2 erfüllt. Wie leicht einzusehen ist, muß diese Beziehung die Form

$$\dot\varepsilon_{ij} = \frac{f(\sigma_e)}{g(\varepsilon_e)} \cdot \frac{3}{2}\,\frac{s_{ij}}{\sigma_e} \qquad (15.12)$$

besitzen, vgl. ODQVIST 1956.

Speziell wird also die Verallgemeinerung von Gl. (15.2)

$$\dot\varepsilon_{ij} = \frac{3}{2}\,B \cdot \sigma_e^{\,m-1} \cdot \varepsilon_e^{\,-\mu} \cdot s_{ij} \qquad (15.13)$$

Es ist unmittelbar klar, daß die Verwendung dieser Beziehung auch in ganz einfachen mehrachsigen Fällen sehr schwierig werden muß. Die Dehnungsverfestigungstheorie hat auch nur in einachsigen Fällen eine praktische Verwendung gefunden. Es sei schließlich bemerkt, daß die Gl. (15.13) von demselben Typus wie eine von BAILEY 1951 vorgeschlagene ist. Die hier angegebene besitzt jedoch zufolge der Tensorschreibweise eine allgemeinere Form.

Beispiel: Dünnwandiges kreiszylindrisches Rohr mit Innendruck. Gemäß Abschn. 12.1b ist der Spannungstensor

$$\sigma_{ij} \equiv \begin{pmatrix} \sigma_0 & 0 & 0 \\ 0 & 2\sigma_0 & 0 \\ 0 & 0 & 0 \end{pmatrix}$$

mit

$$\sigma_0 = \frac{p\,a}{2\,h} \tag{15.14}$$

Hieraus folgt der Spannungsdeviator

$$s_{ij} \equiv \begin{pmatrix} 0 & 0 & 0 \\ 0 & \sigma_0 & 0 \\ 0 & 0 & -\sigma_0 \end{pmatrix} \tag{15.15}$$

woraus sich

$$\sigma_e = \sigma_0 \sqrt{3} \tag{15.16}$$

ergibt.

Aus den Gln. (15.13) und (15.15) folgt, daß der Verzerrungsgeschwindigkeitstensor die Form

$$\dot\varepsilon_{ij} = \begin{pmatrix} 0 & 0 & 0 \\ 0 & \dot\varepsilon_\vartheta & 0 \\ 0 & 0 & -\dot\varepsilon_\vartheta \end{pmatrix} \tag{15.17}$$

besitzen muß, wo ε_ϑ die Umfangsdehnung bedeutet. Die effektive Dehnung wird folglich

$$\varepsilon_e = \varepsilon_\vartheta \frac{2}{\sqrt{3}}. \tag{15.18}$$

Aus den Gln. (15.13), (15.15)—(15.18) folgt nun

$$\dot\varepsilon_\vartheta = \frac{3}{2} B\,(\sigma_0\,\sqrt{3})^{m-1}\left(\varepsilon_\vartheta \frac{2}{\sqrt{3}}\right)^{-\mu} \cdot \sigma_0 \tag{15.19}$$

woraus sich schließlich

$$\varepsilon_\vartheta = \left[\frac{3}{2} B\,(\mu+1)\,(\sqrt{3})^{m-1}\left(\frac{2}{\sqrt{3}}\right)^{-\mu} \cdot \sigma_0^m \cdot t\right]^{\frac{1}{\mu+1}} \tag{15.20}$$

ergibt.

Bei dieser statisch bestimmten Aufgabe waren keine besonderen Schwierigkeiten vorhanden; die Gl. (15.13) konnte unmittelbar integriert werden.

Biegung eines geraden Stabes mit rechteckigem Querschnitt wurde in dieser Weise schon von DAVIS 1938 behandelt. In statisch unbestimmten Fällen ist aber eine einfache Lösung im allgemeinen nicht möglich zu finden.

b) Gesamtdehnungstheorie

In Abb. 15.4 ist eine gewöhnliche Kriechkurve noch einmal dargestellt. OA ist die augenblickliche elastische Dehnung ε_0 und AC die eigentliche Kriechkurve. Sie nähert sich asymptotisch der geraden Linie DC, d. h. es wird allmählich ein stationärer Kriechzustand erreicht.

Vernachlässigung des Primärkriechens bedeutet dann, daß die Kriechkurve durch die gerade Linie AB ersetzt wird, d. h. man schreibt die Dehnungsgeschwindigkeit als

$$\dot{\varepsilon} = \dot{\varepsilon}_0 + \dot{\varepsilon}^{(s)} \qquad (15.21)$$

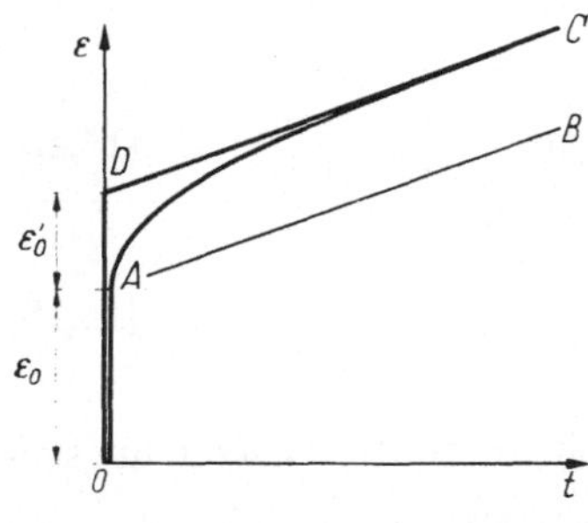

Abb. 15.4. Asymptotische Darstellung der Kriechkurve bei der Gesamtdehnungstheorie

wo $\dot{\varepsilon}^{(s)}$ die Kriechgeschwindigkeit beim Sekundärkriechen und $\dot{\varepsilon}_0$ die elastische Dehnungsgeschwindigkeit bedeutet.

In dieser Weise wird ein Fehler in der Dehnung eingeführt, der nach beendetem Primärkriechen dem lotrechten Abstand, $\varepsilon_0{}'$, zwischen den Linien AB und DC entspricht.

Das Primärkriechen kann dann dadurch berücksichtigt werden, daß man die Kriechkurve AC durch die gerade Linie DC ersetzt. Der hierdurch eingeführte Fehler verschwindet dann vollständig nach beendetem Primärkriechen, d. h. es wird eine asymptotisch richtige Darstellung der Kriechkurve erhalten. Die Dehnungsgeschwindigkeit wird dann als

$$\dot{\varepsilon} = \dot{\varepsilon}_0 + \dot{\varepsilon}_0{}' + \dot{\varepsilon}^{(s)} \qquad (15.22)$$

geschrieben. Nach Odqvist 1952 kann man hierfür den folgenden Ansatz einführen

$$\dot{\varepsilon} = \frac{\dot{\sigma}}{E} + k_0\, n_0\, \sigma^{n_0-1}\, \dot{\sigma} + k\sigma^n \qquad (15.23)$$

die auch bei zeitlich veränderlicher Spannung gelten soll.

Integration von (15.23) liefert sofort

$$\varepsilon = \frac{\sigma}{E} + k_0\, \sigma^{n_0} + \int\limits_0^t k\sigma^n\, dt \qquad (15.24)$$

oder bei zeitlich konstanter Spannung

$$\varepsilon = \frac{\sigma}{E} + k_0\, \sigma^{n_0} + k\sigma^n\, t. \qquad (15.25)$$

Die augenblicklich sich einstellende Dehnung OD beträgt gemäß Gl. (15.24)

$$\varepsilon(0) = \frac{\sigma}{E} + k_0\,\sigma^{n_0} \tag{15.26}$$

was einer gekrümmten $\sigma - \varepsilon$-Kurve nach Abb. 15.5 entspricht. Bei dieser sog. Gesamtdehnungstheorie wird also das Primärkriechen durch eine augenblicklich sich einstellende plastische Gesamtdehnung ersetzt. Dieses bedeutet dann auch, daß das dem Primärkriechen entsprechende Glied bei Entlastung weggelassen werden muß. Diese Tatsache wird später eingehender behandelt werden.

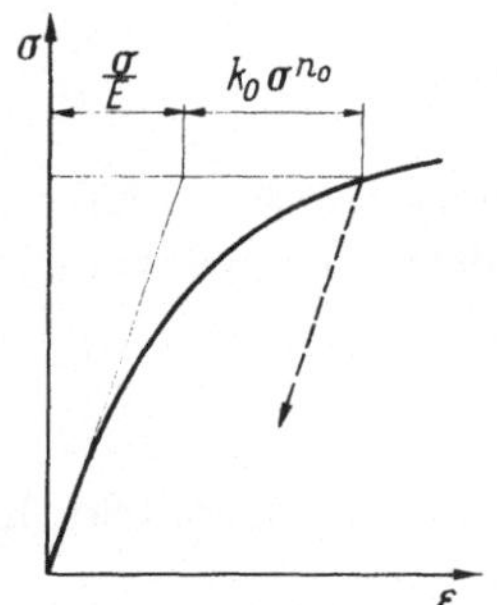

Abb. 15.5. Spannungs-Dehnungskurve bei
Überschreiten der Elastizitätsgrenze

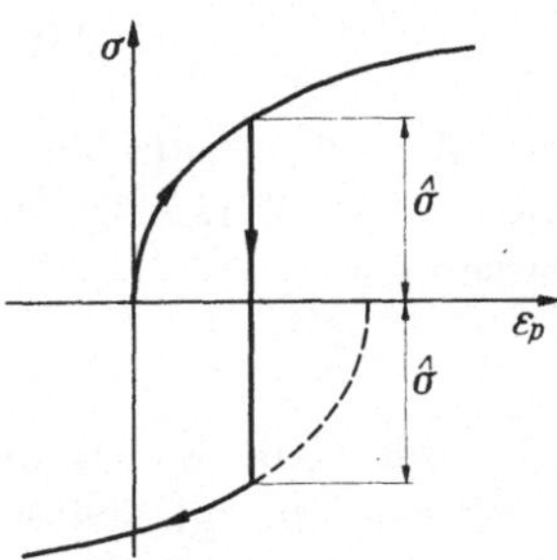

Abb. 15.6. Plastische Dehnung
bei Belastung und Entlastung

Die Stoffwerte k_0 und n_0 können ähnlich wie k und n in Abschn. 4.1 aus experimentell gefundenen Kriechkurven graphisch bestimmt werden.

Bei nicht zu kleinen Spannungen ist die linear elastische Dehnung gegenüber der plastischen Dehnung vernachlässigbar klein, und Gl. (15.26) nimmt also die einfachere Form

$$\varepsilon(0) = k_0\,\sigma^{n_0} \tag{15.27}$$

an. Die entsprechende Kriechgleichung wird dann gemäß Gl. (15.23)

$$\dot{\varepsilon} = k_0 n_0 \sigma^{n_0-1}\dot{\sigma} + k\sigma^n\,. \tag{15.28}$$

Sie wird nun, allgemeiner, als

$$\frac{d\varepsilon}{dt} = \frac{d}{dt}[G(\sigma)\cdot\sigma] + F(\sigma)\cdot\sigma \tag{15.29}$$

geschrieben werden. Die Funktion $G(\sigma)$ wird derart bestimmt, daß das Glied

$$\varepsilon(0) = G(\sigma)\cdot\sigma \tag{15.30}$$

die Spannungs-Dehnungskurve des Werkstoffes bei der erhöhten

Temperatur wiedergibt. Die Funktion $F(\sigma)$ wird derart bestimmt, daß das Glied

$$\dot{\varepsilon} = F(\sigma) \cdot \sigma \qquad (15.31)$$

die Beziehung zwischen stationärer Kriechgeschwindigkeit und Spannung wiedergibt.

Das erste Glied der Gl. (15.29) entspricht dem Primärkriechen, das den Charakter einer plastischen Verformung besitzt. Es verschwindet sodann bei einer Entlastung, d. h. wenn

$$d\,|\sigma| < 0$$

ist oder gleichbedeutend, wenn

$$d\,(\sigma^2) < 0 \qquad (15.32)$$

ist. Wenn die Entlastung bei $|\sigma| = \hat{\sigma}$ anfangen würde, so habe man das erste Glied der Gl. (15.29), auch bei wiederholter Belastung, solange wegzulassen wie

$$|\sigma| < \hat{\sigma}$$

gilt, vgl. Abb. 15.6. Es ist demnach der Bauschingereffekt hier vernachlässigt worden, vgl. später S. 262.

Zusammenfassend gilt also im einachsigen Zustande

$$\begin{cases} \dfrac{d\,\varepsilon}{d\,t} = \dfrac{d}{d\,t}[G(\sigma) \cdot \sigma] + F(\sigma) \cdot \sigma \quad ; \quad \sigma d\sigma > 0 & (15.33) \\[2ex] \dfrac{d\,\varepsilon}{d\,t} = \hphantom{\dfrac{d}{d\,t}[G(\sigma) \cdot \sigma] +} F(\sigma) \cdot \sigma \quad ; \quad \sigma d\sigma \le 0 & (15.34) \end{cases}$$

wo die Bedingungsungleichungen durch die vorangehenden Erörterungen näher erklärt sind.

Die Verallgemeinerung dieser Gleichungen auf mehrachsiges Kriechen läßt sich leicht durchführen. Es ist dann eine Beziehung zwischen den Verzerrungsgeschwindigkeits-, Spannungs- und Spannungsgeschwindigkeitstensoren gesucht, die im einachsigen Zustande in die Gln. (15.33) und (15.34) übergeht, und die die Postulaten 2, 3 und 4 von Abschn. 4.2 erfüllt. Der Größe σ^2 in Gl. (15.32) entspricht im mehrachsigen Falle nach der von MISESschen Fließhypothese die Größe $\sigma_e{}^2$. Es gilt sodann beim mehrachsigen Kriechen, vgl. ODQVIST 1956

$$\begin{cases} \dfrac{d\,\varepsilon_{ij}}{d\,t} = \dfrac{d}{d\,t}\left[G(\sigma_e) \cdot \dfrac{3}{2}\,s_{ij}\right] + F(\sigma_e) \cdot \dfrac{3}{2}\,s_{ij} \quad ; \quad \sigma_e d\sigma_e > 0 & (15.35) \\[2ex] \dfrac{d\,\varepsilon_{ij}}{d\,t} = \hphantom{\dfrac{d}{d\,t}\left[G(\sigma_e) \cdot \dfrac{3}{2}\,s_{ij}\right] +} F(\sigma_e) \cdot \dfrac{3}{2}\,s_{ij} \quad ; \quad \sigma_e d\sigma_e \le 0 & (15.36) \end{cases}$$

Die Bedingungsungleichungen sind so zu verstehen, daß wenn Ablastung von $\sigma_e = \hat{\sigma}_e$ vorkommt, das erste Glied in Gl. (15.35) so lange weggelassen werden soll, bis der Wert $\sigma_e = \hat{\sigma}_e$ wiederum erreicht wird.

Die Gleichung (15.35) kann formal integriert werden

$$\varepsilon_{ij} = G(\sigma_e) \cdot \frac{3}{2} s_{ij} + \int_0^t F(\sigma_e) \cdot \frac{3}{2} s_{ij} \cdot dt \qquad (15.37)$$

Bei dem ersten Glied dieser Beziehung ist zu bemerken, daß wir innerhalb der sogenannten Theorie der endlichen Deformation bleiben (Engl.: finite theory), vgl. z. B. SCHMIDT 1932[1].

Unmittelbar nach der Belastung wird somit der Verzerrungstensor

$$\varepsilon_{ij}(0) = G(\sigma_e) \cdot \frac{3}{2} s_{ij} \qquad (15.38)$$

und nach langzeitigem Kriechen wird der Verzerrungsgeschwindigkeitstensor

$$\dot{\varepsilon}_{ij} = F(\sigma_e) \cdot \frac{3}{2} s_{ij} \qquad (15.39)$$

Werden hier die speziellen Ansätze

$$G(\sigma) = k_0\, \sigma^{n_0 - 1} \qquad (15.40)$$

$$F(\sigma) = k \sigma^{n-1} \qquad (15.41)$$

wieder eingeführt, folgt

$$\varepsilon_{ij}(0) = \frac{3}{2} k_0\, \sigma_e^{n_0 - 1}\, s_{ij} \qquad (15.42)$$

oder, mit Rücksicht auf Gl. (4.29)

$$\varepsilon_e(0) = k_0\, \sigma_e^{n_0} \qquad (15.43)$$

Für den stationären Kriechzustand folgt

$$\dot{\varepsilon}_{ij} = \frac{3}{2} k \sigma_e^{n-1}\, s_{ij} \qquad (15.44) \equiv (4.38)$$

oder mit Rücksicht auf den Gln. (4.37) und (4.40)

$$\dot{\varepsilon}_e = k \sigma_e^{n} \qquad (15.45) \equiv (4.41)$$

Es bestehen also zwei verschiedene Aufgaben:

P) die Bestimmung des Primärkriechens, das als eine plastische Gesamtdehnung betrachtet wird, gemäß der Gl. (15.42) und

S) die Bestimmung des Sekundärkriechens gemäß der Gl. (15.44).

---

[1] Andere Möglichkeiten bestünden auch. Man könnte etwa wie PRAGER 1945 die Bedingung für das Weglassen des ersten Gliedes der Gl. (15.35) derart modifizieren, daß sie dem Bauschingereffekt Rechnung trägt.

Die beiden Gln. (15.43) und (15.45) sind formal ganz ähnlich, und es folgt gemäß der HOFFschen Analogie, daß sie in ganz ähnlicher Weise behandelt werden können.

Wie vorher, besteht hier ein wesentlicher Unterschied zwischen statisch bestimmten und statisch unbestimmten Aufgaben.

Bei zeitlich konstanter Last ist im statisch bestimmten Falle der Spannungstensor immer zeitlich konstant, und es gilt somit

$$\varepsilon_{ij} = \varepsilon_{ij}(0) + \dot{\varepsilon}_{ij} \cdot t, \tag{15.46}$$

wo $\varepsilon_{ij}(0)$ und $\dot{\varepsilon}_{ij}$ von Gl. (15.42) bzw. (15.44) gegeben sind.

In statisch unbestimmten Fällen wird der Spannungstensor nicht mehr zeitlich konstant. Stationäres Kriechen ist nur nach einem gewissen Anlaufvorgang asymptotisch erreicht. Ausnahmefälle bieten Werkstoffe, wo $k_0 = k$ und $n_0 = n$ gilt. Bei ihnen ist der Spannungstensor sowohl im ersten Augenblicke wie auch nach langer Zeit von der Gl. (15.43) bestimmt, und er ist somit zeitlich konstant. Bei solchen Werkstoffen ist also ein stationärer Kriechzustand immer vorhanden. Bei technisch wichtigen Werkstoffen gilt aber $n_0 < n$; vgl. ODQVIST 1952, wo numerische Werte dieser Größen zu finden sind. Es werden somit im allgemeinen immer Anlaufvorgänge auftreten. Solche werden in Kap. 16 eingehender behandelt werden.

c) Übrige Theorien

In der Gesamtdehnungstheorie wurde die Kriechkurve AC von Abb. 15.4 durch die gebrochene Linie ADC ersetzt.

Es sind aber einige Varianten dieser Theorie vorgeschlagen worden, die eine gekrümmte Kriechkurve wiedergeben.

Nach MCVETTY 1934 setzt man

$$\dot{\varepsilon}^{(p)} = a\sigma^{n_0} - c\varepsilon^{(p)}, \tag{15.47}$$

wodurch sich bei zeitlich konstanter Spannung

$$\varepsilon^{(p)} = \frac{a}{c}(1 - e^{-ct})\,\sigma^{n_0}$$

ergibt. Nach langer Zeit wird damit

$$\varepsilon^{(p)} = \frac{a}{c}\sigma^{n_0},$$

was mit der obigen Gl. (15.27) an Form identisch ist.

Eine ähnliche Beziehung, mit $n_0 = n$, ist von MARIN und seinen Mitarbeitern in mehreren Fällen benutzt worden. Beim Studium des Kriechens einer schubbeanspruchten Niete führte MARIN 1959 das Kriechgesetz

$$\varepsilon = k_1 \sigma^n + k_2 \sigma^n (1 - e^{-qt}) + k_3 \sigma^n t$$

ein. Es kann kurz als

$$\varepsilon = f(t) \cdot \sigma^n$$

geschrieben werden und stellt somit eine Zeitverfestigungstheorie dar, vgl. Gl. (15.4). Die damit gewonnenen Ergebnisse müssen daher mit außerordentlicher Vorsicht benutzt werden.

Diese alternativen Darstellungen des Primärkriechens haben deswegen keine weite Anwendung gefunden. Außerdem enthalten sie gegenüber der Gesamtdehnungstheorie noch weitere Stoffwerte, die zuerst bestimmt werden müssen.

Neuere Ansätze zur analytischen Erfassung der Kriecherscheinungen, insbesondere des Primärkriechens, finden sich bei BESSELING 1958, 1960.

15.2 Seilen und Membranen

Bei Verwendung der Gesamtdehnungstheorie entstehen wegen der HOFFschen Analogie gerade dieselben Arten von mathematischen Problemen, wie bei Aufgaben mit nichtlinearer Elastizität. Es können also die Ergebnisse vom Teil II hier übernommen werden. Den Anfangszustand erhält man durch Ersatz von k und n mit k_0 und n_0. Der stationäre Kriechzustand bleibt unverändert.

Es gibt aber gewisse geometrisch nichtlineare Aufgaben, wo ein stationärer Kriechzustand niemals erreicht wird. Bei ihnen gilt die HOFFsche Analogie nicht mehr. Der Anfangszustand und der Kriechzustand müssen dann verschieden behandelt werden.

Beispiele solcher Aufgaben bieten querbelastete Seile und Membranen.

a) Querbelastetes Seil

Wir betrachten ein Seil nach Abb. 15.7, das zwischen zwei Festpunkten hängt. Im unbelasteten Zustand ist das Seil gerade und spannungslos. Wird eine gleichförmig verteilte Streckenlast q je Längeneinheit angebracht, stellt sich zunächst unmittelbar ein Gleichgewichtszustand ein. Der Dehnung des Seiles entspricht dann eine bestimmte Seilkraft S. Diese Kraft verursacht aber ein gewisses Kriechen des Seiles. Solange die Gestalt des Seiles sich nicht erheblich verändert hat, bleibt die Kriechgeschwindigkeit konstant, und es ist also ein quasistationärer Kriechzustand vorhanden.

Mit den Bezeichnungen von Abb. 15.7 lauten die allgemeinen Gleichgewichtsbedingungen des Seiles, im Falle kleiner Neigungen $\left|\dfrac{\partial w}{\partial x}\right| \ll 1$

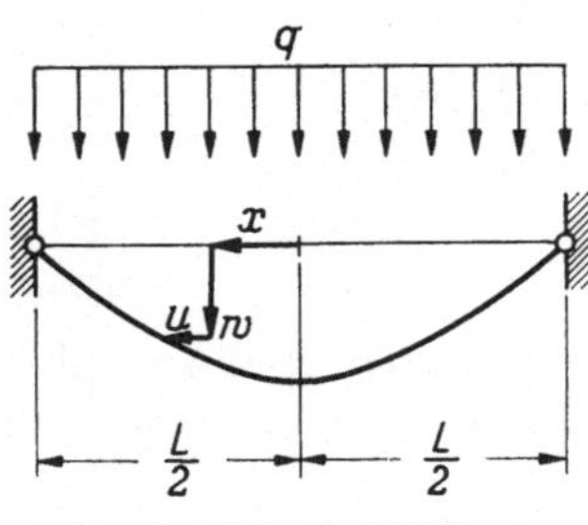

Abb. 15.7. Seil mit gleichförmiger Belastung

$$\begin{cases} \dfrac{\partial \sigma}{\partial x} = 0 & (15.48) \\[2ex] \dfrac{\partial}{\partial x}\left(\sigma\,\dfrac{\partial w}{\partial x}\right) = -\dfrac{p}{A} & (15.49) \end{cases}$$

wo σ die Seilspannung und A die Querschnittsfläche des Seiles bedeuten.

Aus der ersten dieser Gleichungen geht hervor, daß σ längs des Seiles konstant und daher nur von der Zeit abhängig ist; $\sigma = \sigma(t)$. Aus der zweiten Gleichung folgt danach

$$\frac{\partial^2 w}{\partial x^2} = -\frac{q}{A\,\sigma(t)}$$

was sich unmittelbar integrieren läßt. Mit Rücksicht auf die Randbedingungen

$$w\left(\pm\frac{L}{2},\,t\right) = 0 \tag{15.50}$$

erhält man

$$w(x,t) = \frac{q\,L^2}{8\,\sigma(t)\,A}\left(1 - \frac{4\,x^2}{L^2}\right). \tag{15.51}$$

Insbesondere ist die Senkung der Seilmitte

$$w(0,\,t) = w_0(t) = \frac{q\,L^2}{8\,\sigma(t)\,A}. \tag{15.52}$$

Bis auf einen zeitabhängigen Faktor ist also die Gestalt des belasteten Seiles statisch bestimmt; nach Gl. (15.51) ist sie eine Parabelkurve.

Wir betrachten ferner den Verzerrungszustand. Wird nach Abb. 15.7 auch die Verschiebungskomponente u längs des Seiles eingeführt, wird die Dehnung

$$\varepsilon = \frac{\partial u}{\partial x} + \frac{1}{2}\left(\frac{\partial w}{\partial x}\right)^2 \tag{15.53}$$

Es ist dann $\left(\dfrac{\partial u}{\partial x}\right)^2$ neben $\dfrac{\partial u}{\partial x}$ vernachlässigt geworden, weil dagegen $\left(\dfrac{\partial w}{\partial x}\right)^2$ von derselben Größenordnung wie $\dfrac{\partial u}{\partial x}$ ist[1].

---

[1] vgl. z. B. v. KARMAN, T., Enzyklopedie der mathematischen Wissenschaften IV : 2, Leipzig 1910.

Aus Gl. (15.53) folgt sofort die Dehnungsgeschwindigkeit

$$\dot\varepsilon = \frac{\partial\,\dot u}{\partial\,x} + \frac{\partial\,w}{\partial\,x}\cdot\frac{\partial\,\dot w}{\partial\,x}. \tag{15.54}$$

Es sei nun bemerkt, daß nunmehr die Dehnungsgeschwindigkeit nicht einfach aus der Dehnung dadurch erhalten wird, daß u und w durch $\dot u$ bzw. $\dot w$ ersetzt werden. Mit anderen Worten: Infolge des nichtlinearen Aufbaues des Dehnungsausdruckes (15.53) gilt hier nicht die HOFFsche Analogie. Die Frage der Gültigkeit der HOFFschen Analogie bei verschiedenen Arten von Nichtlinearitäten wurde von ODQVIST 1960 b behandelt, vgl. hierzu auch Abschn. 5.2.

Von nun an unterscheiden wir demgemäß zwischen dem Anfangszustand (Aufgabe P) und dem Kriechzustand (Aufgabe S).

Anfangszustand:

Aus den Gln. (15.51), (15.53) und dem Dehnungsgesetz (15.27) folgt die Differentialgleichung

$$\frac{\partial\,u}{\partial\,x} = k_0\sigma^{n_0} - \frac{1}{2}\cdot\frac{q^2}{\sigma^2\,A^2}\cdot x^2. \tag{15.55}$$

Mit Rücksicht auf die Symmetriebedingung

$$u(0) = 0$$

erhält man hieraus durch Integration

$$u = k_0\,\sigma^{n_0}\cdot x - \frac{1}{6}\cdot\frac{q^2}{\sigma^2\,A^2}\cdot x^3 \tag{15.56}$$

wo σ eine noch zu bestimmende *konstante Größe* ist. Die gesuchte Beziehung wird aus der Randbedingung

$$u\left(\pm\frac{L}{2}\right) = 0$$

erhalten. Aus Gl. (15.56) folgt sodann

$$\sigma = \sigma(0) = \left(\frac{1}{24}\cdot\frac{q^2\,L^2}{A^2}\cdot\frac{1}{k_0}\right)^{\frac{1}{n_0+2}} \tag{15.57}$$

womit der Anfangszustand durch die Gl. (15.51) festgelegt ist.

Kriechzustand:

Aus den Gln. (15.51), (15.54) und dem Kriechgesetz (4.6) folgt die Differentialgleichung

$$\frac{\partial\,\dot u}{\partial\,x} = k\sigma^n + \frac{q^2\,\dot\sigma}{A^2\,\sigma^3}\cdot x^2.$$

Mit Rücksicht auf die Symmetriebedingung

$$\dot{u}(0, t) = 0$$

erhält man hieraus durch Integration

$$\dot{u}(x, t) = k\sigma^n \cdot x + \frac{1}{3} \cdot \frac{q^2 \dot{\sigma}}{A^2 \sigma^3} \cdot x^3 \tag{15.58}$$

wo $\sigma = \sigma(t)$ eine noch zu bestimmende *Funktion* ist. Die gesuchte Beziehung wird aus der Randbedingung

$$\dot{u}\left(\pm\frac{L}{2},\ t\right) = 0$$

erhalten. Aus Gl. (15.58) folgt sodann die Differentialgleichung

$$\dot{\sigma} = -\frac{12\,A^2}{q^2\,L^2} \cdot k\sigma^{n+3}, \tag{15.59}$$

woraus sich durch Integration

$$\sigma^{-(n+2)} = \sigma(0)^{-(n+2)} + (n+2)\frac{12\,A^2}{q^2\,L^2} \cdot kt \tag{15.60}$$

ergibt.

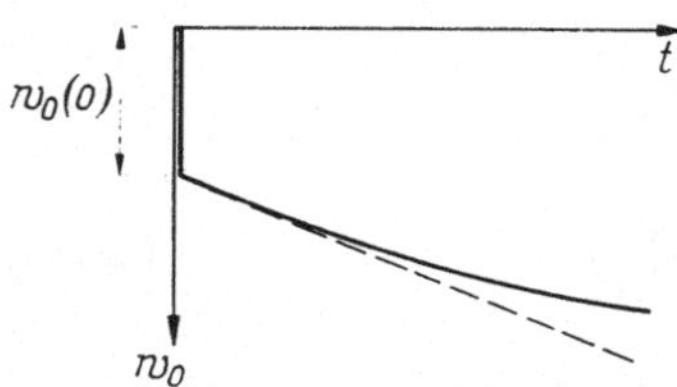

Abb. 15.8.   Zeitverlauf der Pfeilhöhe beim Seile von Abb. 15.7

Die Seilspannung nimmt also während des Kriechens stetig ab. Die entsprechende Senkgeschwindigkeit geht aus Abb. 15.8 hervor. Sie nimmt auch mit fortgehendem Kriechen stetig ab; der Kriechvorgang ist quasistationär. Die Bedingung (15.32) ist durch (15.59) und (15.60) erfüllt. Somit stellen diese Gleichungen auch eine Lösung des Systems (15.33) und (15.34) für $t > 0$ im ganzen Gebiete $x^2 < {}^2/_4$ dar.

b) Kreisförmige Membran

Die oben besprochene Nichtlinearität ist selbstverständlich auch bei Membranen vorhanden. Diese Aufgabe, mit einer zweidimensionalen Spannungsverteilung, bietet aber größere Schwierigkeiten. Sogar im einfachsten Falle, der von einer kreisförmigen linear elastischen Membran, ist eine geschlossene Lösung nicht möglich zu finden[1].

Das Kriechen einer kreisförmigen Membran von der konstanten Dicke $2\,h$ wurde von ODQVIST 1959a, b, 1960a behandelt.

---

[1] HENCKY, H., Z. f. Math. u. Phys. **63** (1915), S. 311.

Mit den Bezeichnungen von Abb. 15.9 und im Falle kleiner Neigungen

$$\left|\frac{\partial w}{\partial r}\right| \ll 1 \qquad (15.61)$$

lauten die allgemeinen Gleichgewichtsbedingungen der Membran

$$\frac{\partial}{\partial r}(r\sigma_r) - \sigma_\vartheta = 0 \qquad (15.62)$$

$$\frac{1}{r}\frac{\partial}{\partial r}\left(r\sigma_r\frac{\partial w}{\partial r}\right) = -\frac{p}{2h}. \qquad (15.63)$$

Die letzte dieser Gleichungen kann sofort einmal integriert werden. Wir schließen eine konzentrierte Kraft im Ursprung aus und erhalten somit mit Rücksicht auf die Bedingung, daß $\sigma_r \cdot \dfrac{\partial w}{\partial r}$ auch bei $r = 0$ endlich sein muß,

$$\sigma_r\frac{\partial w}{\partial r} = -\frac{p\,r}{4h}. \qquad (15.64)$$

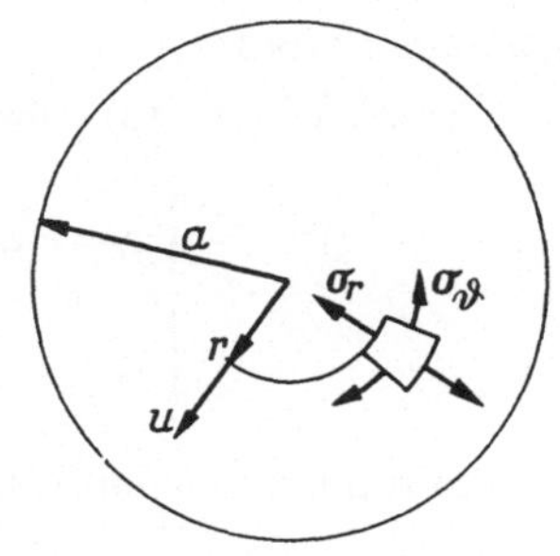
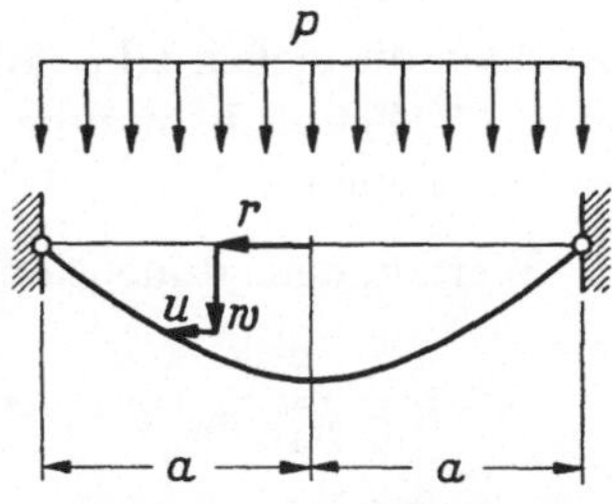

Abb. 15.9. Kreisförmige Membran mit gleichmäßig verteiltem Druck

Es genügten aber nicht, wie beim Seil, nur die Gleichgewichtsbedingungen um die Gestalt der Membran zu bestimmen; der Verzerrungszustand muß auch betrachtet werden.

Die Dehnungen ε_r und ε_ϑ werden folgendermaßen mittels den Verschiebungen u und w ausgedrückt.

$$\varepsilon_r = \frac{\partial u}{\partial r} + \frac{1}{2}\left(\frac{\partial w}{\partial r}\right)^2 \qquad (15.65)$$

$$\varepsilon_\vartheta = \frac{u}{r}. \qquad (15.66)$$

Hieraus folgen die Dehnungsgeschwindigkeiten

$$\dot{\varepsilon}_r = \frac{\partial \dot{u}}{\partial r} + \frac{\partial w}{\partial r}\cdot\frac{\partial \dot{w}}{\partial r} \qquad (15.67)$$

$$\dot{\varepsilon}_\vartheta = \frac{\dot{u}}{r}. \qquad (15.68)$$

Ebenso wie im Falle des Seiles gilt hier die Hoffsche Analogie nicht.

Es ist hier ein hauptsächlich ebener Spannungszustand vorhanden; die Spannung senkrecht zu der Membranebene ist vernachlässigbar klein. Die effektive Spannung wird somit

$$\sigma_e = (\sigma_r{}^2 - \sigma_r\sigma_\vartheta + \sigma_\vartheta{}^2)^{\frac{1}{2}}. \qquad (15.69)$$

Anfangszustand:

Gemäß Gl. (15.42) gelten hier die Beziehungen

$$\begin{cases} \varepsilon_r = k_0 \sigma_e^{n_0-1}\left(\sigma_r - \dfrac{1}{2}\sigma_\vartheta\right) & (15.70) \\[2mm] \varepsilon_\vartheta = k_0 \sigma_e^{n_0-1}\left(\sigma_\vartheta - \dfrac{1}{2}\sigma_r\right). & (15.71) \end{cases}$$

Zusammen mit den Randbedingungen

$$u(a) = 0,\ w(a) = 0 \tag{15.72}$$

genügen die sieben Gln. (15.62), (15.64), (15.65), (15.66), (15.69), (15.70) und (15.71) gerade, um die sieben Unbekannten σ_r, σ_ϑ, σ_e, ε_r, ε_ϑ, u und w zu bestimmen.

Werden neue dimensionslose Veränderliche gemäß

$$R = k_0^{\frac{1}{n_0}} \cdot \sigma_r,\ \ T = k_0^{\frac{1}{n_0}} \cdot \sigma_\vartheta,\ \ U = \frac{1}{2} k_0^{\frac{1}{n_0}} \cdot \frac{up}{h},\ \ W = \frac{1}{2} k_0^{\frac{1}{n_0}} \cdot \frac{wp}{h},$$

$$\varrho = \frac{1}{2} k_0^{\frac{1}{n_0}} \cdot \frac{rp}{h} \tag{15.73}$$

eingeführt, entstehen die folgenden Beziehungen

$$\begin{cases} \dfrac{d}{d\varrho}(\varrho R) = T \\[2mm] R\,\dfrac{dW}{d\varrho} = -\dfrac{\varrho}{2} \\[2mm] \dfrac{dU}{d\varrho} + \dfrac{1}{2}\left(\dfrac{dW}{d\varrho}\right)^2 = (R^2 - RT + T^2)^{\frac{n_0-1}{2}} \cdot \left(R - \dfrac{T}{2}\right) \\[2mm] \dfrac{U}{\varrho} = (R^2 - RT + T^2)^{\frac{n_0-1}{2}} \cdot \left(T - \dfrac{R}{2}\right), \end{cases} \tag{15.74}$$

nebst den Randbedingungen

$$U(\varrho_1) = 0,\ W(\varrho_1) = 0. \tag{15.75}$$

Der Wert ϱ_1 von ϱ mit

$$\varrho_1 = \frac{1}{2} k_0^{\frac{1}{n_0}} \cdot \frac{a\,p}{h} \tag{15.76}$$

entspricht dem Außenrand der Membran.

Eine geschlossene Lösung ist hier nicht möglich zu finden, und wir werden demnach eine von HENCKY hervorgeführte angenäherte Lösungsmethode benutzen.

Für die Unbekannte $R(\varrho)$ nehmen wir die folgende Lösung an

$$R = S\,(1 + R_1\,\varrho^2 + R_2\,\varrho^4 + \ldots), \tag{15.77}$$

wo S, R_1, R_2, $\ldots$ zu bestimmende Konstanten bedeuten. Einsetzen in die erste Gl. (15.74) liefert dann unmittelbar

$$T = S\,(1 + 3\,R_1\,\varrho^2 + 5\,R_2\,\varrho^4 + \ldots). \tag{15.78}$$

Es kann nun die Größe

$$\frac{d\,U}{d\,\varrho} + \frac{1}{2}\left(\frac{d\,W}{d\,\varrho}\right)^2$$

auf zwei verschiedene Arten gebildet werden, die dann auf identisch denselben Ausdruck führen müssen. Die Koeffizienten der entsprechenden Reihenentwicklungen müssen dann alle übereinstimmen, woraus folgt

$$\left\{\begin{aligned}
R_1 &= -\frac{1}{16\,(n_0 + 3)} \cdot S^{-(n_0+2)} \\[2mm]
R_2 &= -\frac{4\,n_0^2 + 21\,n_0 - 9}{1536\,(n_0 + 3)^3} \cdot S^{-2\,(n_,+2)} \\[2mm]
&\;\;- - - \\[2mm]
&\;\;- - -.
\end{aligned}\right. \tag{15.79}$$

Werden diese Ausdrücke schließlich in die Gln. (15.77) und (15.78) eingeführt, folgt aus der letzten Gl. (15.74) wegen der ersten Randbedingung (15.75) eine Bestimmungsgleichung für S. Die dimensionslose Senkung W folgt dann mit Rücksicht auf die zweite Randbedingung (15.75) aus Integration der zweiten Gl. (15.74). Man erhält für die Senkung an der Membranenmitte

$$w_0 = \lambda \cdot a \left(\frac{pak^{\frac{1}{n_0}}}{2\,h}\right)^{\frac{n_0}{n_0+2}} \tag{15.80}$$

wo λ aus der folgenden Tabelle hervorgeht

n_0	1	2	3	5	7	10	∞
λ	0,60	0,4737	0,4144	0,3563	0,3285	0,3063	0,2500

Kriechzustand:

Gemäß Gl. (15.44) gelten hier die Beziehungen

$$\left\{\begin{aligned}
\dot{\varepsilon}_r &= k \cdot \sigma_e^{n-1}\left(\sigma_r - \frac{1}{2}\,\sigma_\vartheta\right) \tag{15.81}
\end{aligned}\right.$$

$$\left\{\begin{aligned}
\dot{\varepsilon}_\vartheta &= k \cdot \sigma_e^{n-1}\left(\sigma_\vartheta - \frac{1}{2}\,\sigma_r\right). \tag{15.82}
\end{aligned}\right.$$

Zusammen mit den Randbedingungen

$$\dot{u}(a, t) = 0, \; \dot{w}(a, t) = 0 \tag{15.83}$$

genügen die sieben Gln. (15.62) (15.64), (15.67), (15.68), (15.69), (15.81) und (15.82) gerade, um die sieben Unbekannten σ_r, σ_ϑ, σ_e, $\dot{\varepsilon}_r$, $\dot{\varepsilon}_\vartheta$, $\dot{u}$ und $\dot{w}$ zu bestimmen.

S, R_1, R_2, ... sind nunmehr aber alle Zeitfunktionen. Wird eine ähnliche Methode wie oben benutzt, folgen statt den Gln. (15.79)

$$\left\{ \begin{aligned} R_1 &= \frac{\dot{S}\, S^{-(n+3)}}{8\,(n+3)} \\[2mm] R_2 &= \frac{\ddot{S}\, S^{-(2n+5)}}{192\,(n+3)^2} - \frac{(2\,n^2 + 11\,n + 3)\,\dot{S}^2\, S^{-(2n+6)}}{128\,(n+3)^3} \\[2mm] &- \; - \; - \; - \\[1mm] &- \; - \; - \; - \; . \end{aligned} \right. \tag{15.84}$$

Werden nun diese Ausdrücke gerade wie vorher behandelt, folgt eine nichtlineare Differentialgleichung für die Unbekannte $S(t)$. Eine spezielle Lösung dieser Differentialgleichung wird erhalten, wenn alle R_1, R_2, ... als konstant angenommen werden. Dann folgt nämlich einfach

$$\frac{\dot{S}\, S^{-(n+3)}}{8\,(n+3)} = R_1 = -\frac{C}{\varrho_1^2} \tag{15.85}$$

wo C eine noch zu bestimmende Konstante ist. Aus der ersten Randbedingung (15.83) erhält man somit

$$1 - (2n + 3)\,C - \frac{3\,(2\,n^2 + 5\,n + 9)}{2\,(n+3)}\,C^2 + \ldots = 0 \tag{15.86}$$

mit den folgenden angehörigen Werten von n und C

n	1	3	5	7	10	∞
C	0,16	0,096	0,0695	0,0540	0,0410	0

Die Differentialgleichung (15.85), die genau der Beziehung (15.59) beim Seil entspricht, läßt sich unmittelbar integrieren, woraus

$$S^{-(n+2)} = S(0)^{-(n+2)} + 8\,(n+2)\,(n+3)\,\frac{C}{\varrho_1^2}\,t. \tag{15.87}$$

Die dimensionslosen Spannungen werden schließlich

$$\left\{ \begin{aligned} R &= S\left[1 - C\left(\frac{\varrho}{\varrho_1}\right)^2 - \frac{(4\,n^2 + 21\,n - 9)\,C^2}{6\,(n+3)}\left(\frac{\varrho}{\varrho_1}\right)^4 + \ldots\right] \\[2mm] T &= S\left[1 - 3\,C\left(\frac{\varrho}{\varrho_1}\right)^2 - \frac{5\,(4\,n^2 + 21\,n - 9)\,C^2}{6\,(n+3)}\left(\frac{\varrho}{\varrho_1}\right)^4 + \ldots\right] \end{aligned} \right. \tag{15.88}$$

und es geht also hervor, daß ein angenähert gleichförmiger Spannungszustand in der Membran vorhanden ist. Nur ganz nahe am Außenrand
weichen die Spannungen von diesem Zustand wesentlich ab. Gleichfalls
ist die Gestalt der kriechenden Membran auch sehr nahe parabolisch.
Die Gültigkeitsbedingungen für die Gln. (15.35) und (15.36) sind bis auf
ein enges Gebiet nahe am Außenrand erfüllt. Dort wird aber schon die
Bedingung (15.61) verletzt werden; man vergleiche hierzu die Verhältnisse beim Seil, Abschn. 15.2a oben.

Die Kreismembran wurde auch von ONAT und YÜKSEL 1958 behandelt, die die Schubspannungstheorie benutzten. Das Abnehmen der
Membranendicke bei endlichen Deformationen wurde dabei auch berücksichtigt, was schließlich zu immer wachsender Kriechgeschwindigkeit
führt.

c) Rechteckmembran

Nichtlineare elastische Deformation einer Rechteckmembran wurde
von WALLIN 1960, mittels der im Abschn. 5.3 erwähnten Energie-
methode behandelt. Es entspricht diese Lösung einem Problem vom
Typus P. Da die HOFFsche Analogie bei Membranenaufgaben nicht
gültig ist, können die gefundenen Beziehungen der nichtlinear elastischen
Rechteckmembranen auf nichtlinear kriechende Rechteckmembranen
nicht überführt werden. Die Lösung der Probleme vom Typus S steht
für die Rechteckmembrane noch immer aus.

16. Statisches Primärkriechen (Anlaufvorgänge)

Das statische Primärkriechen, das auf S. 161 definiert wurde, ist in
der Literatur zur Zeit verhältnismäßig wenig behandelt worden. Es
hängt dies hauptsächlich davon ab, daß die Dauer des statischen Primärkriechens oftmals sehr kurz ist, so daß stationäre Verhältnisse nach sehr
wenigem Kriechen schon vorhanden sind.

Statisches Primärkriechen kommt natürlich auch bei solchen Werkstoffen vor, die physikalisches Primärkriechen aufweisen. In diesem
Kapitel werden wir aber das statische Primärkriechen an sich behandeln,
und wir nehmen daher an, daß kein physikalisches Primärkriechen vorhanden ist. Wir sehen somit von solchen Erscheinungen wie Verfestigung,
Auftreten von Anisotropie und dgl. ab. Nach langzeitigem Kriechen gilt
dann angenähert

$$\varepsilon = \varepsilon_0 + \dot{\varepsilon} \cdot t \tag{16.1}$$

wo, wie vorher, ε_0 die augenblickliche Dehnung und $\dot{\varepsilon}$ die stationäre
Dehnungsgeschwindigkeit bedeutet.

Bei kürzeren Betriebszeiten ist eine solche Vereinfachung aber oft
nicht möglich. Man denke z. B. an den später zu behandelnden Kriech-

bruch. Er hängt von der größten Spannung, σ_{max}, des Körpers ab, sowie von der Zeitdauer dieser Spannung. Im Falle a) von Abb. 16.1 herrscht während der Betriebszeit t' eine hauptsächlich konstante Maximalspannung, σ_{stat}, und sie kann demnach einer Berechnung der Kriechbruchgefahr zugrunde gelegt werden. Im Falle b) dagegen fällt die Maximalspannung während der Betriebszeit nur allmählich ab. Um die Kriechbruchgefahr dann beurteilen zu können, muß man die zeitliche Änderung der Maximalspannung erst berechnen, d. h. man muß auf die Umlagerung der Spannungen während des Anlaufvorganges eingehen.

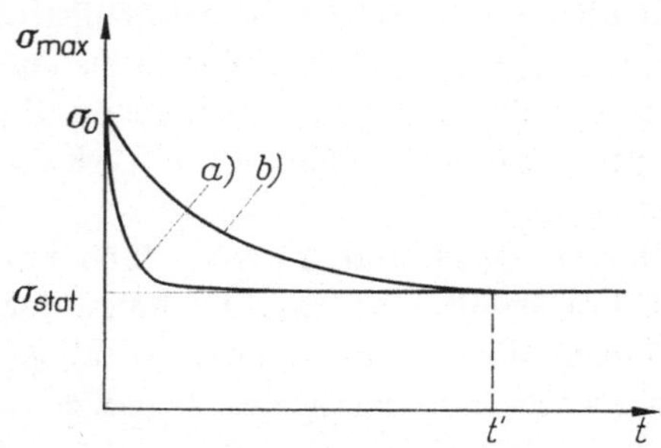

Abb. 16.1. *a* Schnelles, *b* langsames Abnehmen der Maximalspannung während eines Kriechvorganges

Noch eine Ursache, warum Anlaufvorgänge sehr sparsam behandelt worden sind, bilden die dabei auftretenden mathematischen Schwierigkeiten. Es zeigt sich, daß geschlossene Lösungen nur in den einfachsten Fällen innerlich statischer Unbestimmtheit zugänglich sind.

Wir werden uns daher in diesem Kapitel mit einer ganz elementaren, jedoch nicht trivialen Aufgabe erst beschäftigen, um später auf kompliziertere, technisch wichtige Fälle einzugehen.

16.1 Einfaches, statisch unbestimmtes System

Zwei konzentrische Rohre sind gemäß Abb. 16.2 angeordnet. Die Rohre sind an einem starren Joch J befestigt, das durch die Kraft P

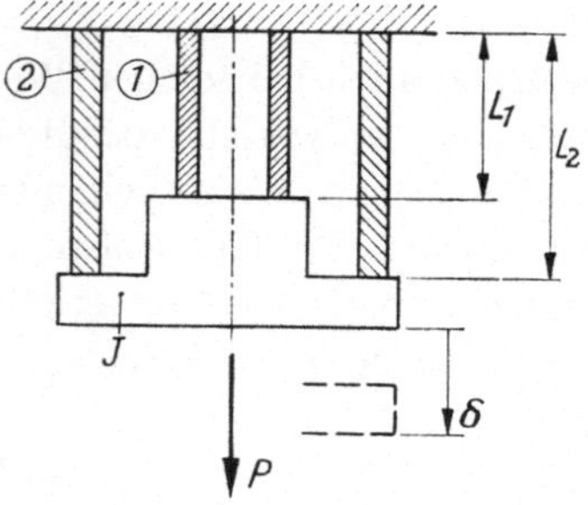

Abb. 16.2. Einfaches, statisch unbestimmtes System zum Studium des statischen Primärkriechens

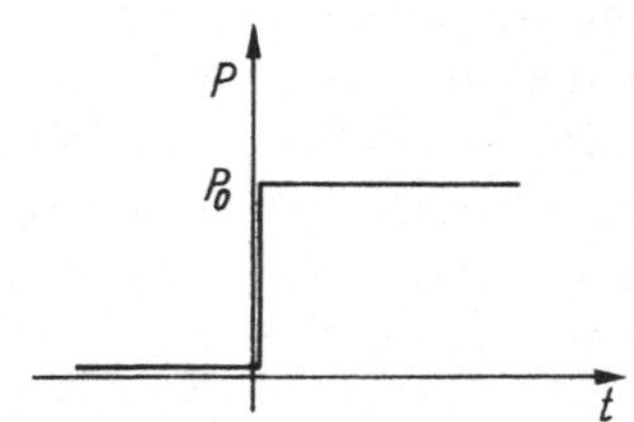

Abb. 16.3.   Sprungweise Kraftanbringung

zentrisch belastet wird. Es wird der von P verursachte Spannungs- und Kriechgeschwindigkeitszustand gesucht.

Wir nehmen an, daß das System im Augenblick $t = 0$ überall spannungslos ist; das System ist „tot". Die Kraft P wird gemäß Abb. 16.3 folgendermaßen angenommen

$$t < 0 : P = 0$$

$$t \geq 0 : P = P_0.$$

Man kann also

$$P = P_0 \cdot H(t) \qquad (16.2)$$

schreiben, wo $H(t)$ die HEAVISIDE-Funktion bedeutet.

Werden die beiden Rohre 1 bzw. 2 indiziert, gilt die Gleichgewichtsbedingung

$$\sigma_1 A_1 + \sigma_2 A_2 = P. \qquad (16.3)$$

Bezeichnet man ferner mit δ die Senkung des Joches, gelten die Verträglichkeitsbedingungen für die Gesamtdehnungen ε_1 und ε_2

$$L_1 \varepsilon_1 = L_2 \varepsilon_2 = \delta. \qquad (16.4), (16.5)$$

Schließlich bestehen die Kriechgesetze

$$\dot{\varepsilon}_1 = \frac{\dot{\sigma}_1}{E} + k\sigma_1^n \qquad (16.6)$$

$$\dot{\varepsilon}_2 = \frac{\dot{\sigma}_2}{E} + k\sigma_2^n. \qquad (16.7)$$

Es ist nun den Verlauf der Unbekannten σ_1, σ_2, ε_1, ε_2 und δ gesucht, wenn P gemäß Gl. (16.2) variiert.

a) Anfangszustand

Im ersten Augenblicke lauten die Kriechgesetze (16.6) und (16.7)

$$\varepsilon_1 = \frac{\sigma_1}{E} \qquad (16.8)$$

$$\varepsilon_2 = \frac{\sigma_2}{E} \qquad (16.9)$$

und es folgen unmittelbar die Lösungen

$$\sigma_1 = \sigma_1^0 = \frac{L_2}{L_1 A_2 + L_2 A_1} \cdot P_0 \qquad (16.10)$$

$$\sigma_2 = \sigma_2^0 = \frac{L_1}{L_1 A_2 + L_2 A_1} \cdot P_0 \qquad (16.11)$$

$$\delta = \delta^0 = \frac{L_1 L_2}{L_1 A_2 + L_2 A_1} \cdot \frac{P_0}{E}. \qquad (16.12)$$

b) Stationärer Zustand

Nach langzeitigem Kriechen stellt sich ein stationärer Zustand ein, wo σ_1 und σ_2 zeitlich konstant sind. Die Kriechgesetze (16.6) und (16.7) gehen dann in

$$\left\{ \begin{array}{ll} \dot{\varepsilon}_1 = k\sigma_1^n & (16.13) \\[2ex] \dot{\varepsilon}_2 = k\sigma_2^n. & (16.14) \end{array} \right.$$

über. Es folgen unmittelbar die Lösungen

$$\left\{ \begin{array}{ll} \sigma_1 = \sigma_1^\infty = \dfrac{L_2^{\frac{1}{n}}}{L_1^{\frac{1}{n}} A_2 + L_2^{\frac{1}{n}} A_1} \cdot P_0 & (16.15) \\[4ex] \sigma_2 = \sigma_2^\infty = \dfrac{L_1^{\frac{1}{n}}}{L_1^{\frac{1}{n}} A_2 + L_2^{\frac{1}{n}} A_1} \cdot P_0 & (16.16) \\[4ex] \dot{\delta} = \dot{\delta}^\infty = \dfrac{L_1 L_2}{L_1^{\frac{1}{n}} A_2 + L_2^{\frac{1}{n}} A_1} \cdot k\,P_0^n. & (16.17) \end{array} \right.$$

Man sieht, daß die Spannungsverteilungen im Anfangszustand und im stationären Zustand im allgemeinen verschieden sind; es kommt demnach auch ein Anlaufvorgang vor.

Ausnahmefälle bieten linear viskoelastische Werkstoffe ($n = 1$) und der entartete Fall von gleich langen Rohren ($L_1 = L_2$). In beiden diesen Fällen gilt

$$\left\{ \begin{array}{l} \sigma_1^0 = \sigma_1^\infty \\[2ex] \sigma_2^0 = \sigma_2^\infty \end{array} \right.$$

und ein stationärer Zustand stellt sich dann somit augenblicklich ein.

c) Anlaufvorgang

Wir führen hier erst die weitere Vereinfachung

$$A_1 = A_2 = A \tag{16.18}$$

ein, womit die Gl. (16.3) in

$$\sigma_1 + \sigma_2 = \frac{P}{A} \tag{16.19}$$

übergeht. Wenn $t \geq 0$ ist, nimmt sie die Form

$$\frac{1}{2}(\sigma_1 + \sigma_2) = \sigma_0 \tag{16.20}$$

an, wobei

$$\sigma_0 = \frac{P_0}{2\,A} \tag{16.21}$$

die mittlere Spannung bedeutet. Aus den Gln. (16.4)—(16.7) und (16.20) folgt die Differentialgleichung

$$(1 + \Theta)\,\dot{\sigma}_1 = E\,k\,[(2\,\sigma_0 - \sigma_1)^n - \Theta\sigma_1^n] \tag{16.22}$$

mit

$$\Theta = \frac{L_1}{L_2}. \tag{16.23}$$

Integration liefert sofort mit Rücksicht auf die Anfangsbedingung $\sigma_1(0) = \sigma_1^0$

$$\int\limits_{\sigma_1^0}^{\sigma_1} \frac{d\,\sigma_1}{(2\,\sigma_0 - \sigma_1)^n - \Theta\,\sigma_1^n} = \frac{1}{1+\Theta} \cdot E\,k \cdot t \tag{16.24}$$

woraus $\sigma_1 = \sigma_1(t)$ bestimmt wird.

Im Falle $n = 1$ erhält man, wie es zu erwarten ist,

$$\sigma_1(t) = \text{Konstant} = \sigma_1^0.$$

Im Falle $n = 2$ folgt

$$\left\{\begin{aligned} \sigma_1(t) &= 2\sigma_0 \frac{1 - \sqrt{\Theta} + (1 + \sqrt{\Theta}) \cdot e^{\beta t}}{(1 - \sqrt{\Theta})^2 + (1 + \sqrt{\Theta})^2 \cdot e^{\beta t}} \tag{16.25}\\[2ex] \sigma_2(t) &= 2\sigma_0 \cdot \sqrt{\Theta}\,\frac{-(1 - \sqrt{\Theta}) + (1 + \sqrt{\Theta}) \cdot e^{\beta t}}{(1 - \sqrt{\Theta})^2 + (1 + \sqrt{\Theta})^2 \cdot e^{\beta t}} \tag{16.26} \end{aligned}\right.$$

mit

$$\beta = \frac{4\,\sqrt{\Theta}}{1 + \Theta} \cdot E\,k \cdot \sigma_0. \tag{16.27}$$

Im Falle $\Theta < 1$ verlaufen die Spannungen σ_1 und σ_2 wie in Abb. 16.4.

Die größte Spannung des Körpers, σ_1, fällt mit der Zeit stetig ab, und die kleinste, σ_2, wächst stetig zu. Es kommt also ein Ausgleich der Spannungen vor.

Die Senkung des Joches wird

$$\delta(t) = \frac{L_1}{E} \cdot \frac{2\,\sigma_0}{1 + \Theta} + k\,L_1 \cdot \frac{4\,\sigma_0^2}{(1 - \sqrt{\Theta})^2\,\beta}\left[\left(\frac{1 - m}{m}\right)^2\left(\frac{1}{1 + m^2\,e^{\beta t}} - \frac{1}{1 + m^2}\right) + \right.$$
$$\left. + \frac{1 - m^2}{m^2}\ln\frac{1 + m^2\,e^{\beta t}}{1 + m^2} + \beta t\right] \tag{16.28}$$

mit

$$m = \frac{1 + \sqrt{\Theta}}{1 - \sqrt{\Theta}} \, . \tag{16.29}$$

Es gilt dabei eine Übereinstimmung mit den Gln. (16.12) und (16.17)

$$\begin{cases} \delta(0) = \delta^0 = \frac{L_1}{E} \cdot \frac{2\,\sigma_0}{1 + \Theta} \\[2ex] \dot\delta(\infty) = \dot\delta^\infty = k\,L_1 \cdot \frac{4\,\sigma_0^2}{(1 + \sqrt{\Theta})^2} \, . \end{cases}$$

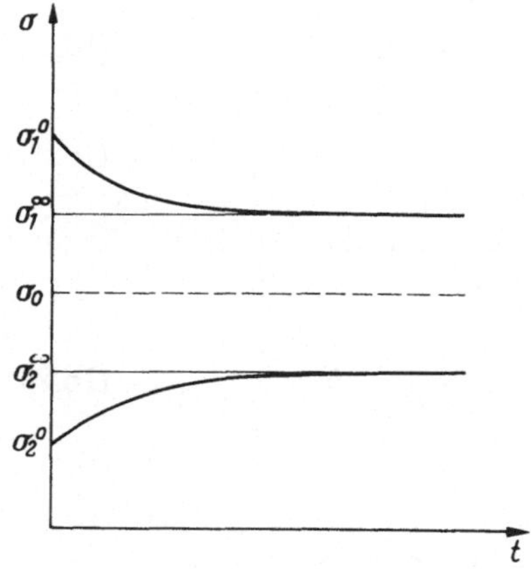

Abb. 16.4. Zeitverlauf der Spannungen
im System von Abb. 16.2

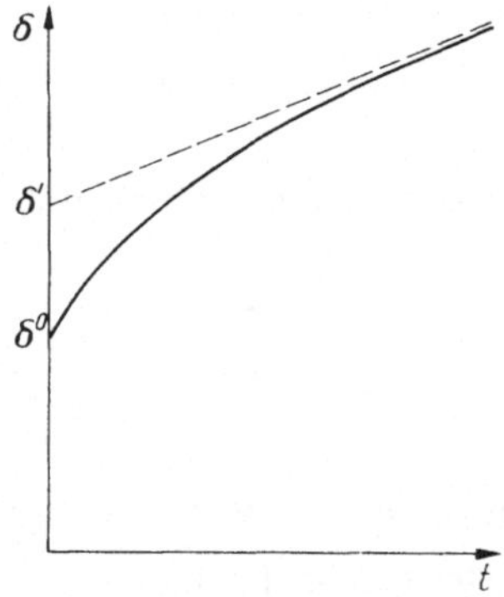

Abb. 16.5. Zeitverlauf der Senkung δ
des Joches von Abb. 16.2

Die Senkung verläuft gemäß Abb. 16.5. Diese Kurve besitzt gerade den Charakter einer Kriechkurve bei physikalischem Primärkriechen, vgl. etwa Abb. 15.1. Es wäre also möglich, das Vorkommen physikalischen Primärkriechens in dieser Weise zu erklären. Ein Werkstoff besteht z. B. aus einer Menge von „kurzen" und „langen" Kristallen, die sich zusammen verformen, oder aber die Kristalle sind alle gleich groß, aber haben verschiedene Werte von den Größen k und n, vgl. Hoff 1957a.

Aus Gl. (16.28) erhält man

$$\delta' - \delta^0 = \frac{L_1}{E} \cdot \sigma_0 \cdot \frac{4\,(1 + \Theta)}{(1 - \Theta)^2} \left[\ln \frac{2\,(1 + \Theta)}{(1 + \sqrt{\Theta})^2} - \frac{\sqrt{\Theta}\,(1 - \sqrt{\Theta})^2}{2\,(1 + \Theta)} \right] \tag{16.30}$$

d. h. die Erhöhung ist zu dem Elastizitätsmodul E umgekehrt proportional. Im Falle $E = \infty$ entsteht demnach kein statisches Primärkriechen; letzteres hängt also von dem gleichzeitigen Vorkommen elastischer Deformation und Kriechdeformation ab. Es sei bemerkt, daß statisches Primärkriechen auch dann entsteht, wenn statt des Kriechgesetzes

$$\dot\varepsilon = \frac{\dot\sigma}{E} + k\,\sigma^n$$

das allgemeinere Gesetz

$$\dot\varepsilon = \frac{\dot\sigma}{E} + k_0\,n_0\,\sigma^{n_0-1}\,\dot\sigma + k\sigma^n \tag{15.23}$$

der Berechnung zugrunde gelegt wird.

Bei anderen Werten von n ist eine explizite Lösung nicht möglich. Aus den Gln. (16.14), (16.6), (16.10) und (16.22) folgt aber

$$\dot\delta^0 = L_1 k\,(2\sigma_0)^n \cdot \frac{1+\Theta^n}{(1+\Theta)^{n+1}} \tag{16.31}$$

und nach Gl. (16.17) gilt

$$\dot\delta^\infty = L_1 k\,(2\sigma_0)^n \cdot \frac{1}{\left(1+\Theta^{\frac{1}{n}}\right)^n} \tag{16.32}$$

womit

$$\frac{\dot\delta^0}{\dot\delta^\infty} = \frac{(1+\Theta^n)\left(1+\Theta^{\frac{1}{n}}\right)^n}{(1+\Theta)^{n+1}}\,. \tag{16.33}$$

Es folgt, daß für alle $\Theta \neq 1$, $n > 1$

$$\frac{\dot\delta^0}{\dot\delta^\infty} > 1$$

gilt, d. h. die Senkung verläuft immer wie in Abb. 16.5; statisches Primärkriechen ist somit bei nichtlinearem Kriechen in diesem Beispiel immer vorhanden.

16.2 Biegestab

Der Anlaufvorgang in einem auf Biegung beanspruchten Stabe wurde zuerst von STODOLA 1933 behandelt. Eine ähnliche Untersuchung findet sich bei GOODEY 1958, der auch die zugehörigen numerischen Rechnungen ausführlich zeigt.

Wir betrachten einen Stab von rechteckigem Querschnitt nach Abb. 16.6, der nur durch ein Biegemoment

$$M = M_0 \cdot H(t)$$

beansprucht wird, wo $H(t)$ wie bei Gl. (16.2) definiert ist.

Aus dem Kriechgesetze

$$\dot\varepsilon = \frac{\dot\sigma}{E} + k\sigma^n$$

und aus der Beziehung

$$\dot\varepsilon = \eta\,\dot\varkappa \tag{8.2}$$

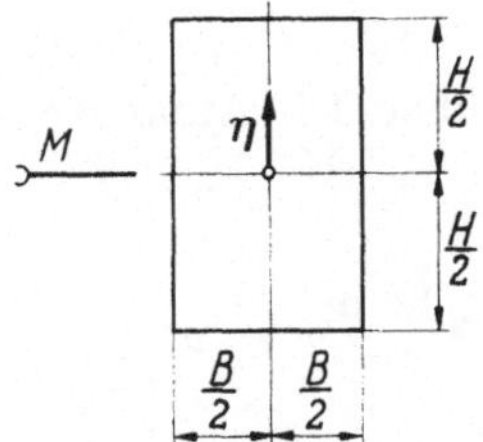

Abb. 16.6. Rechteckiger Stabquerschnitt

wo $\varkappa$ die Krümmung der Schwerpunktslinie bedeutet, folgt

$$\eta \dot{\varkappa} = \frac{\dot{\sigma}}{E} + k\sigma^n \,. \tag{16.34}$$

Da das Biegemoment

$$M = \int\limits_{-\frac{H}{2}}^{+\frac{H}{2}} \sigma \, B\eta \, d\eta$$

zeitlich konstant ist, folgt sofort aus Gl. (16.34) nach Integration

$$\dot{\varkappa} = \frac{24}{H^3} \int\limits_0^{\frac{H}{2}} k\sigma^n \, \eta \, d\eta \tag{16.35}$$

woraus, mit Rücksicht auf Gl. (16.34)

$$\dot{\sigma} = -Ek\sigma^n + \frac{24\,E}{H^3} \cdot \eta \cdot \int\limits_0^{\frac{H}{2}} k\sigma^n \, \eta \, d\eta \,. \tag{16.36}$$

Mit den neuen dimensionslosen Veränderlichen

$$\left\{ \begin{aligned} & y = \frac{2}{H} \cdot \eta \tag{16.37} \\[2ex] & s = \frac{B\,H^2}{6\,M} \cdot \sigma \tag{16.38} \\[2ex] & \tau = \left(\frac{B\,H^2}{6\,M}\right)^{1-n} \cdot E\,k \cdot t \tag{16.39} \end{aligned} \right.$$

geht die Beziehung (16.36) in

$$\frac{\partial s}{\partial \tau} = -s^n + 3y \int\limits_0^1 s^n y \, dy \tag{16.40}$$

über. Die Anfangsbedingung

$$\sigma(\eta, 0) = \frac{6\,M}{B\,H^2} \cdot \frac{2\,\eta}{H}$$

geht in

$$s(y, 0) = y \tag{16.41}$$

über. Die Aufgabe ist nun $s = s(y, \tau)$ aus Gl. (16.40) mit Rücksicht auf die Anfangsbedingung (16.41) zu bestimmen. Eine geschlossene Lösung zu finden, scheint nicht möglich, und wir benutzen daher ein angenähertes Verfahren.

Im Augenblicke $\Delta\tau$ gilt die Spannungsverteilung

$$s(y, \Delta\tau) = s(y, 0) + \left(\frac{\partial s}{\partial\tau}\right)_{y,0} \cdot \Delta\tau + \left(\frac{\partial^2 s}{\partial\tau^2}\right)_{y,0} \cdot \frac{(\Delta\tau)^2}{2} + \cdots \qquad (16.42)$$

wo $s(y, 0)$ und $\left(\dfrac{\partial s}{\partial\tau}\right)_{y,0}$ von den Gln. (16.41) bzw. (16.40) gegeben sind. Differentiation von Gl. (16.40) liefert weiterhin

$$\frac{\partial^2 s}{\partial\tau^2} = -n\,s^{n-1}\frac{\partial s}{\partial\tau} + 3\,n\,y\int_0^1 s^{n-1}\frac{\partial s}{\partial\tau}\,y\,d\,y$$

und in derselben Weise können dann alle höhere Ableitungen gebildet werden. Im Augenblicke $\tau = 0$ gilt damit

$$\left\{\begin{array}{l} s(y, 0) = y \\[2mm] \left(\dfrac{\partial s}{\partial\tau}\right)_{y,0} = -y^n + \dfrac{3}{n+2}\cdot y \\[3mm] \left(\dfrac{\partial^2 s}{\partial\tau^2}\right)_{y,0} = n\,y^{2n-1} - \dfrac{3\,n}{n+2}\cdot y^n + \left[\dfrac{9\,n}{(n+2)^2} - \dfrac{3\,n}{2\,n+1}\right]\cdot y \\[3mm] \text{---}\ \text{---}\ \text{---} \\[1mm] \text{---}\ \text{---}\ \text{---} \end{array}\right. \qquad (16.43)$$

und $s(y, \Delta\tau)$ kann dann gemäß Gl. (16.42) berechnet werden. In derselben Weise berechnet man danach $s(y, 2\Delta\tau)$, $s(y, 3\Delta\tau)$ usw.

Mit $n = 2.23$, was einer gewissen Magnesiumlegierung bei Zimmertemperatur entspricht, erhielt GOODEY die Spannungsverteilungen von Abb. 16.7. Es zeigt sich, daß der stationäre Zustand nach der Zeit $\tau = 2,0$ fast vollständig angenähert worden ist.

Die Krümmung kann nun auch bestimmt werden. Nach den Gln. (16.35), (16.37), (16.38) und (16.39) gilt

$$\frac{\partial\varkappa}{\partial\tau} = 3\varkappa_0\int_0^1 s^n y\,d\,y \qquad (16.44)$$

wo

$$\varkappa_0 = \frac{12\,M}{B\,H^3\,E} \qquad (16.45)$$

die Krümmung im Augenblicke $\tau = 0$ bedeutet. Analog mit Gl. (16.42) gilt nun

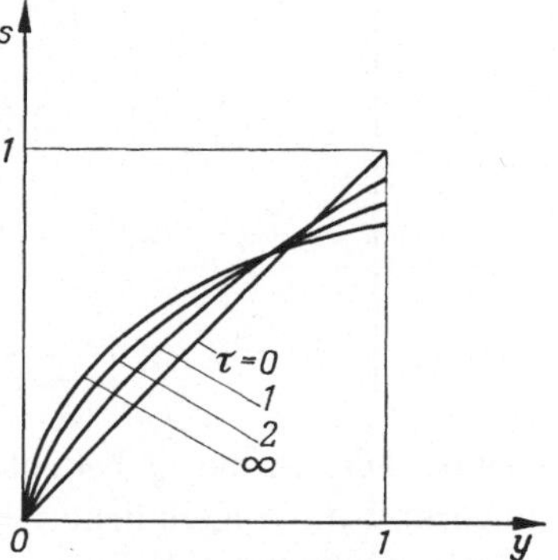

Abb. 16.7. Zeitliche Umlagerung der Spannungsverteilung im Biegestabe von Abb. 16.6

$$\varkappa(\Delta\tau) = \varkappa_0 + \left(\frac{\partial\varkappa}{\partial\tau}\right)_0 \cdot \Delta\tau + \left(\frac{\partial^2\varkappa}{\partial\tau^2}\right)_0 \cdot \frac{(\Delta\tau)^2}{2} + \cdots \qquad (16.46)$$

und die Berechnung von $\varkappa(\varDelta\tau)$ verläuft gerade wie die der Spannungs-verteilung.

Wie schon öfters hervorgehoben, wird im allgemeinen die Zeitdauer des statischen Primärkriechens kurz. Dies ist so zu verstehen, daß die entsprechenden Gesamtbeträge des Kriechens während des statischen Primärkriechens klein im Verhältnis zu den während des stationären Zustandes auftretenden Kriechbeträgen sind. Eine experimentelle Be-stätigung dieser Tatsache ist von DAVIS 1938 gefunden, man vergleiche weiter Abschn. 17.2.

16.3 Umlaufende Kreisscheibe

Die Umlagerung der Spannungen in einer umlaufenden Kreisscheibe wurde von ODQVIST 1936 behandelt.

Mit den Bezeichnungen von Abschn. 12.3 gelten immer noch die Gln. (12.37), (12.38) und (12.39).

Statt Gl. (4.38) benutzen wir nun aber die vollständigere

$$\dot{\varepsilon}_{ij} = \frac{1}{2\,G}\left(\dot{\sigma}_{ij} - \frac{\nu}{1+\nu}\dot{\sigma}_{kk}\,\delta_{ij}\right) + \frac{3}{2}\,k\sigma_e^{n-1}\,s_{ij} \qquad (16.47)$$

wo die elastische Verzerrungsgeschwindigkeit gemäß dem HOOKEschen Gesetz gegeben ist; vgl. hierzu Abschn. V.E. Gl. (20).

Die Gln. (12.45) werden dann durch

$$\left\{\begin{aligned}
&\frac{\partial y}{\partial x} = \frac{z-y}{x} - \Theta x \\[2mm]
&\frac{\partial \dot{y}}{\partial x} + \frac{\partial \dot{z}}{\partial x} = -\Omega\varDelta^{n-3}\left\{\varDelta^2\left[3\Theta x + 2\left(\frac{\partial y}{\partial x} + \frac{\partial z}{\partial x}\right)\right] + \right. \\[2mm]
&\left. \qquad + \frac{n-1}{2}\,(2z-y)\left[(2z-y)\frac{\partial z}{\partial x} - (z-2y)\frac{\partial y}{\partial x}\right]\right\} \\[2mm]
&\varDelta^2 = y^2 - yz + z^2\,; \quad \Omega = \frac{1}{2}\,E\,k\,\sigma_0^{n-1}
\end{aligned}\right. \qquad (16.48)$$

ersetzt. Die Größe σ_0 bedeutet aber hier die Umfangsspannung am Innenrand im Augenblicke $t=0$. Die Randbedingungen lauten immer noch im einfachsten Falle

$$y(0,t) = 0 \quad , \quad y\left(\frac{b}{a},t\right) = 0\,. \qquad (16.49)$$

Im Augenblicke $t=0$ herrscht in der Scheibe ein rein elastischer Spannungszustand. Mit den Bezeichnungen von Abschn. 12.3 nimmt er die Form

$$\begin{cases} y = y_0(x) = \left(\dfrac{1+\nu}{2}\,\Theta + 1\right)\dfrac{x^2-1}{2\,x^2} - \dfrac{3+\nu}{8}\,\Theta \cdot \dfrac{x^4-1}{x^2} \\[2ex] z = z_0(x) = \dfrac{1+\nu}{2}\,\Theta\,(1-x^2) + 1 - y_0 \end{cases} \qquad (16.50)$$

an, und die Anfangsbedingung lautet somit

$$y(x, 0) = y_0(x),\ z(x, 0) = z_0(x) \qquad (16.51)$$

Mittels der Gln. (16.48) und der Beziehungen (16.49) und (16.51) ist die Aufgabe vollständig definiert. Die Funktionen $y(x, t)$ und $z(x, t)$ können durch schrittweise Integration bestimmt werden, wie es eingehend von ODQVIST gezeigt worden ist. Abb. 16.8 zeigt die Ergebnisse einer solchen Berechnung, woraus der Charakter der Spannungsumlagerung im Einzelnen hervorgeht.

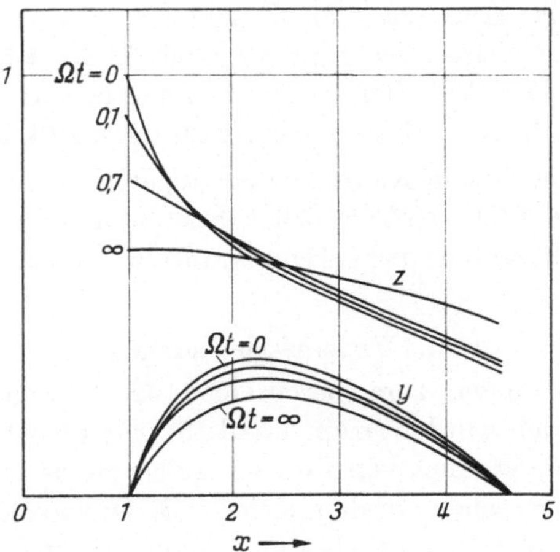

Abb. 16.8. Zeitliche Umlagerung der Spannungsverteilungen einer umlaufenden Kreisscheibe

16.4 Rohr mit Innendruck

Die Aufgabe wurde erstmalig von COFFIN, SHEPLER und CHERNIAK 1949 behandelt. Diese Untersuchung gründet sich aber auf eine integrierte Beziehung zwischen Kriechdehnung, Spannung und Zeit. Wie manchmal oben erwähnt, kann eine derartige Beziehung im Falle zeitlich veränderlicher Spannung nur höchstens angenähert gültig sein.

Eine genaue Berechnung des Anlaufvorganges bei dickwandigen kreiszylindrischen Rohren mit Innendruck wurde von BESSELING 1960 veröffentlicht. Er ging dabei von einer von ihm früher entwickelten Darstellung, BESSELING 1958, aus, die auch physikalisches Primärkriechen in Betracht zieht.

17. Zeitlich veränderliche Last

Unsere Kenntnis über die Kriecheigenschaften der Feststoffe entstammt hauptsächlich Kriechversuchen bei konstanter Belastung und Temperatur. Durch wiederholte Versuche bei einer Reihe von verschiedenen Belastungen und Temperaturen bestimmt man die Kriecheigenschaften in einem gewissen, technisch interessanten Spannungs- und Temperaturgebiet.

Die idealisierten Verhältnisse der gewöhnlichen Kriechversuche kommen aber im praktischen Betrieb nur selten vor. Zufolge von intermittentem Betrieb, überlagerten Schwingungen u. dgl. sind weder Spannung noch Temperatur während der Betriebszeit konstant. Eine genaue Voraussage des Kriechverlaufs ist in solchen Fällen nur dann möglich, wenn Kriechversuche unter ähnlichen Verhältnissen durchgeführt worden sind. Die Variationsmöglichkeiten der Spannung und Temperatur im Betrieb sind aber unbeschränkt, und man kann im allgemeinen nicht erwarten, daß Ergebnisse von passenden Kriechversuchen in der Literatur zugänglich sind. Es ist demnach sehr wünschenswert, das Kriechen unter veränderlichen Spannungs- und Temperaturverhältnissen theoretisch voraussagen zu können.

Wir werden in diesem Kapitel einige allgemeine Gesichtspunkte des Kriechens bei zeitlich veränderlicher Spannung erörtern, um später (Kap. 19) zeitlich veränderliche Temperatur zu behandeln.

17.1 Zustandsgleichungen

Zustandsgleichungen zum Beschreiben des Kriechens sind früher mehrmals behandelt worden (Kap. 4 und 15). Die Idee der mechanischen Zustandsgleichung stammt von LUDWIK 1909. Sie ist später vielfach in der Literatur besprochen worden, siehe z. B. HOLLOMON 1947. Die allgemeinste Form einer Zustandsgleichung des einachsigen Kriechens lautet

$$\dot{\varepsilon} = F\left(\sigma, \varepsilon, T\right) \tag{17.1}$$

wo T die Temperatur bedeutet. Die Verwendung einer solchen Beziehung bei zeitlich veränderlicher Spannung (oder Temperatur) ist an sich widerspruchsfrei. Dies setzt aber voraus, daß keine metallurgischen Veränderungen, wie Ausscheidung, Rekristallisation, Phasenänderung u. dgl. während des Kriechens zutreffen. Einen solchen Werkstoff nennen wir *mechanisch stabil*. Bei mechanisch stabilen Werkstoffen wird die Kriechgeschwindigkeit von der Vorgeschichte der Spannung, Dehnung und Temperatur nicht beeinflußt, sondern hängt nur von ihren augenblicklichen Größen ab. Mechanisch nichtstabile Werkstoffe wurden von SODERBERG 1936 erfaßt.

Die Möglichkeit, eine zeitliche Veränderung des Werkstoffes einfach durch Miteinbeziehung der Zeit t als unabhängige Veränderliche zu berücksichtigen, wurde schon in Abschn. 15.1a erörtert.

Fließzustände, die die chemischen Eigenschaften des Stoffes beeinflussen, bzw. von diesen Eigenschaften beeinflußt werden, werden in der Rheologie weiter studiert.

Da Gl. (17.01) eine eindeutige Beziehung zwischen den Parametern σ, ε, $\dot{\varepsilon}$ und T darstellt, beschreibt sie auch den gewöhnlichen Zugversuch. Mit $\dot{\varepsilon}$ und T konstant ergibt sich eine Beziehung zwischen σ und ε, die der Zugversuchkurve bei der vorhandenen Temperatur entspricht. Aus einer Reihe von Zugversuchen mit konstanter Dehnungsgeschwindigkeit und Temperatur könnte man an sich daher die Kriecheigenschaften des Werkstoffes herleiten. Diese Methode ist aber hauptsächlich von theoretischer Bedeutung, da man ja nur durch langzeitige Versuche feststellen kann, inwieweit der belastete Werkstoff während der ganzen Betriebszeit stabil ist. Weitere Gesichtspunkte dieser Frage finden sich bei MURPHY 1939, ZENER und HOLLOMON 1946 sowie PAO und MARIN 1952. Die Verwendung von Zustandsgleichungen bei Kunstharzen ist von FINDLEY und seinen Mitarbeitern 1944, 1951, 1955, 1956 eingehend behandelt worden.

17.2 Kommutatives Gesetz

Bei Kriechversuchen mit zwei verschiedenen Spannungen σ_1 (Dauer t_1) und σ_2 (Dauer t_2) erhält man bei vielen stabilen Werkstoffen denselben Kriechbetrag unabhängig von der Zeitfolge zwischen σ_1 und σ_2. Solche Beobachtungen wurden von u. a. ROBERTS 1951, PHILLIPS und SMITH 1936 und DAVENPORT 1938 gemacht. Es handelte sich dabei um stabile Werkstoffe wie Kupfer bei $150-250°$ C und C-Stahl bei rund $400°$ C. Wir sagen, daß bei diesen Werkstoffen das *kommutative Gesetz* gültig ist (ODQVIST 1956).

Im Falle wo die Kriechdehnung der speziellen Zustandsgleichung

$$\dot{\varepsilon} = \frac{f(\sigma)}{g(\varepsilon)} \tag{17.2}$$

gehorcht, gilt immer das kommutative Gesetz. Mit den Bezeichnungen von Abb. 17.1, wo ε die Kriechdehnung bedeutet, erhält man nämlich

$$\int_0^{\varepsilon'_a} g(\varepsilon)\, d\varepsilon = f(\sigma_1)\, t_1; \qquad \int_{\varepsilon'_a}^{\varepsilon''_a} g(\varepsilon)\, d\varepsilon = f(\sigma_2)\, t_2$$

$$\int_0^{\varepsilon'_b} g(\varepsilon)\, d\varepsilon = f(\sigma_2)\, t_2; \qquad \int_{\varepsilon'_b}^{\varepsilon''_b} g(\varepsilon)\, d\varepsilon = f(\sigma_1)\, t_1$$

woraus sich unmittelbar

$$\varepsilon''_a = \varepsilon''_b \tag{17.3}$$

ergibt. Die Verallgemeinerung auf mehrere Lastwechselperioden ist offenbar.

Auch im Falle, wo das Kriechen der Gesamtdehnungstheorie gehorcht, gilt das kommutative Gesetz. Dies folgt sofort aus den Gln. (15.33) und (15.34). Bei Spannungsvariationen gemäß Abb. 17.1 a und b verläuft das Kriechen wie in Abb. 17.2, wo ε die Kriechdehnung bedeutet, woraus sich die Gültigkeit des kommutativen Gesetzes sofort ergibt.

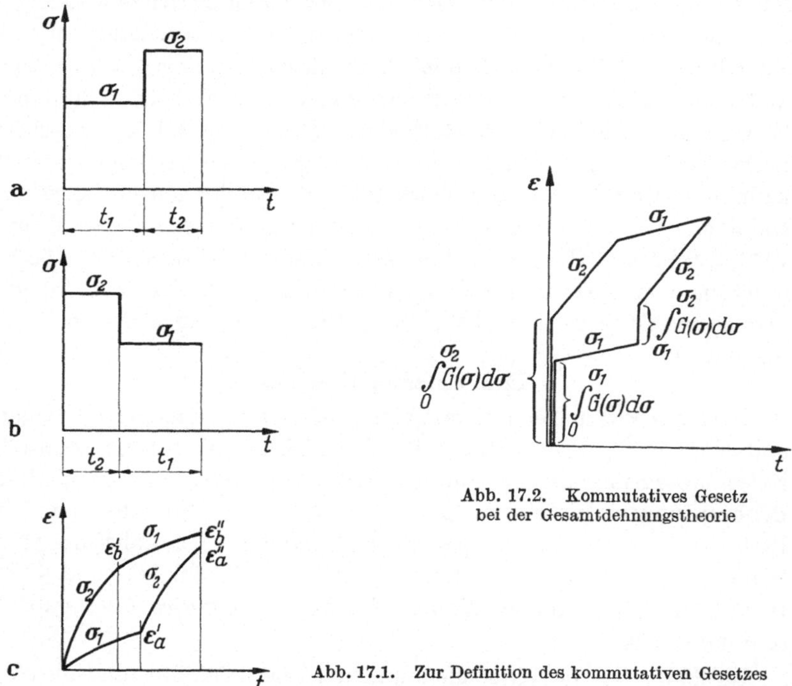

Abb. 17.2.   Kommutatives Gesetz
bei der Gesamtdehnungstheorie

Abb. 17.1.   Zur Definition des kommutativen Gesetzes

Es läßt sich auch zeigen, daß das kommutative Gesetz bei Werkstoffen mit Zeitverfestigung nicht gültig ist, man vergleiche hierzu Abschn. 15.1 a.

17.3 Nachwirkungen. Rabotnovsche Theorie

Fast alle Werkstoffe zeigen im Kriechen nach Entlastung eine Wiederholung (Rückgängigkeit), die in Kap. 3 beschrieben wurde. Bei einigen Werkstoffen ist die Wiederholung stark ausgebildet, bei anderen viel weniger. Keine der bisher behandelten phänomenologischen Darstellungen des Kriechvorganges enthalten aber eine Beschreibung dieser Nachwirkungserscheinung. Sowohl die NORTONsche Theorie, Gl. (4.6), wie die Zeitverfestigungstheorie, Gl. (15.1), die Dehnungsverfestigungstheorie, Gl. (15.2) und die Gesamtdehnungstheorie, Gl. (15.23), liefern nach Entlastung $\dot\varepsilon = 0$, d. h. keine Wiederholung.

Die Verfestigung und Nachwirkung beim Kriechen wurden von PAO und MARIN 1953 innerhalb der im Abschn. 15 dargestellten Theorien behandelt. Ein ganz anderer Weg wurde von RABOTNOV 1948, 1954 und ZHUKOV, RABOTNOV und CHURNIKOV 1953 betreten, indem sie die bekannte Integraldarstellung von BOLTZMANN und VOLTERRA benutzten, wobei der Einfluß des ganzen früheren Kriechverlaufs in Betracht genommen wird. *In diesem Abschnitt wird mit ε die Gesamtdehnung verstanden*, d. h. es wird auch die elastische Dehnung in dieser Größe miteinbezogen.

Wir betrachten erst eine Reihe von Kriechversuchen mit konstanten Spannungen σ_1, σ_2, σ_3, ... Sie entsprechen den Kriechkurven von

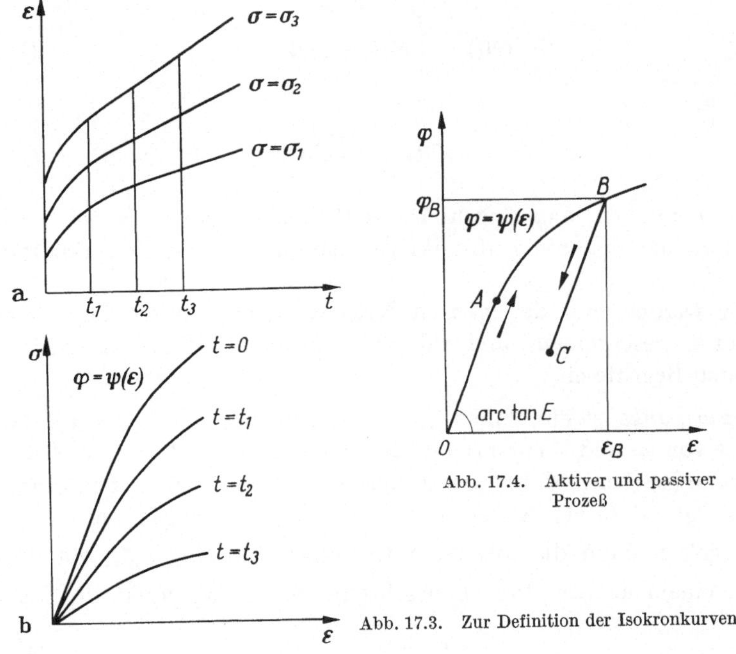

Abb. 17.4. Aktiver und passiver Prozeß

Abb. 17.3. Zur Definition der Isokronkurven

Abb. 17.3 a. Aus zusammengehörigen Werten von Dehnung und Spannung in einem gewissen Augenblicke bilden wir dann sog. *Isokronkurven* in der $\sigma - \varepsilon$-Ebene, Abb. 17.3 b. Aus der Form dieser Kurven geht hervor, daß man einen Multiplikator $m(t)$ derart bestimmen kann, daß alle Kurven $m(t) \cdot \sigma(\varepsilon; t)$ nahe vollständig zusammenfallen. Nach RABOTNOV schreiben wir

$$\varphi = [1 + G(t)] \cdot \sigma \tag{17.4}$$

und nennen φ eine fiktive Spannung. Bei vielen Werkstoffen kann man mit guter Annäherung

$$G(t) = a \cdot t^{1-\alpha} \tag{17.5}$$

setzen, wo $0 < \alpha < 1$ gilt. Bei $t = 0$ gilt dann $\varphi = \sigma$, und die transformierten Isokronkurven $\varphi = \psi(\varepsilon)$ fallen also mit der Spannungs-Dehnungs-Kurve eines schnellen Zugversuches zusammen.

Bei zeitlich veränderlicher Spannung schreiben wir statt Gl. (17.4) die fiktive Spannung als

$$\varphi = \sigma(t) + \int_0^t K(t - \tau)\,\sigma(\tau)\,d\tau \tag{17.6}$$

wo also $K(t - \tau)$ eine später zu bestimmende Erinnerungsfunktion ist. Bei zeitlich konstanter Spannung geht diese Beziehung in Gl. (17.4) über, wenn

$$G(t) = \int_0^t K(t - \tau)\,d\tau \tag{17.7}$$

gilt, d. h.

$$K(t) = \frac{d\,G(t)}{d\,t}. \tag{17.8}$$

Wir bemerken, daß sowohl bei zeitlich konstanter wie bei zeitlich veränderlicher Spannung, die fiktive Spannung φ zeitlich veränderlich ist.

Wir werden nun den ganzen Kriechvorgang mittels der fiktiven Spannung beschreiben, und führen dann erst definitionsgemäß die folgenden Begriffe ein:

Bezugspunkt ist ein Punkt im φ-ε-Diagramme, der den vorläufigen Werten von φ und ε entspricht. Bei einem *aktiven Prozeß* wächst die Verformungsarbeit, d. h. die Größe $dU = \sigma d\varepsilon$ bleibt fortwährend positiv, vgl. Gl. (5.11). Andere Prozesse werden *passiv* genannt.

Es gelten dann die folgenden Grundbeziehungen; vgl. Abb. 17.4:

Bei einem aktiven Prozeß beschreibt der Bezugspunkt die Kurve

$$\varphi = \psi(\varepsilon). \tag{17.9}$$

Bei einem passiven Prozeß beschreibt der Bezugspunkt die Gerade

$$\varphi = \varphi_B + E\,(\varepsilon - \varepsilon_B). \tag{17.10}$$

Durch die fiktive Spannung wird also die Kriechaufgabe genau wie eine Aufgabe der klassischen Plastizitätstheorie behandelt. Sowohl in Gl. (17.9) wie in Gl. (17.10) wird φ gemäß Gl (17.6) bestimmt; nur der Weg des Bezugspunktes hängt von der Art des Prozesses ab.

Mit $\psi(\varepsilon)$ von der speziellen Form

$$\psi(\varepsilon) = c \cdot \varepsilon^{\beta} \tag{17.11}$$

folgt aus den Gln. (17.4) und (17.5) die Kriechdehnung nach langzeitigem Kriechen

$$\varepsilon = B \cdot \sigma^{\frac{1}{\beta}} \cdot t^{\frac{1-\alpha}{\beta}}. \tag{17.12}$$

Im Falle $\beta = 1 - \alpha$ entsteht somit asympotisch eine konstante Kriechgeschwindigkeit.

Als ein Beispiel der Verwendung der RABOTNOVschen Theorie behandeln wir einen geraden Stab mit rechteckigem Querschnitt nach Abb. 8.4, der durch ein reines Biegemoment beansprucht wird. Wir schreiben hier die Beziehung (17.6) kurz als

$$\varphi = L \cdot \sigma \tag{17.13}$$

wo also $L = L(t)$ ein linearer Zeitoperator ist. Aus den Gln. (8.1) und (17.9) folgt dann die Integralgleichung

$$L \cdot \sigma = \psi(\varkappa\,\eta). \tag{17.14}$$

Multiplikation mit $B\eta\,d\eta$ und Integration über den Querschnitt liefert sofort

$$L \cdot M = \frac{B\,H^2}{2} \cdot F\left(\frac{\varkappa H}{2}\right) \tag{17.15}$$

wo die Funktion

$$F(x) = \frac{1}{x^2}\int_{0}^{x} \psi(y)\,y\,dy \tag{17.16}$$

der Kürze halber eingeführt worden ist Bei gegebenem Moment $M = M(t)$ kann die Krümmung $\varkappa$ aus Gl. (17.15) berechnet werden. Die Spannungsverteilung folgt sodann aus Gl. (17.14).

Besonders einfach wird die Lösung, wenn $\psi(\varepsilon)$ die Form (17.11) besitzt. Man erhält dann

$$F(x) = \frac{c}{2 + \beta}\,x^{\beta} \tag{17.17}$$

und die Gln. (17.14) und (17.15) gehen in

$$L \cdot \sigma = c\,(\varkappa\eta)^{\beta} \tag{17.18}$$

$$L \cdot M = \frac{c\,B\,H^2}{2\,(2 + \beta)}\left(\frac{\varkappa H}{2}\right)^{\beta} \tag{17.19}$$

über. Es folgt sofort

$$\frac{L \cdot \sigma}{L \cdot M} = \frac{2\,(2+\beta)}{B\,H^2} \cdot \left(\frac{2\,\eta}{H}\right)^{\beta} = f(\eta) \tag{17.20}$$

woraus sich

$$L \cdot \sigma = f(\eta) \cdot L \cdot M = L \cdot [f(\eta) \cdot M]$$

oder aber

$$L \cdot [\sigma - f(\eta)\, M] = 0$$

ergibt. Die Spannungsverteilung wird folglich

$$\sigma = M \cdot \frac{2\,(2+\beta)}{B\,H^2} \cdot \left(\frac{2\,\eta}{H}\right)^{\beta} \tag{17.21}$$

und es ist zu bemerken, daß dieses Ergebnis auch bei zeitlich veränderlichem Biegemoment $M(t)$ gültig bleibt. Im speziellen Falle, wo M zeitlich konstant ist, bleibt die Spannungsverteilung auch zeitlich konstant; man vergleiche hierzu besonders Kap. 16. Die Beziehung (17.21) wurde auf einem anderen Wege auch von DAVIS 1938 hergeleitet, der auch Übereinstimmung mit Kriechversuchen gefunden hat.

Wir betrachten wieder den Fall eines Zugstabes, nun aber mit einem Spannungsverlauf nach Abb. 17.5a. Bei der Lastauferlegung entsteht unmittelbar die rein elastische Dehnung $\frac{\sigma_0}{E}$ und der Bezugspunkt beschreibt die Gerade OA von Abb. 17.5c. Während des danach folgenden Kriechens bewegt sich der Bezugspunkt längs der Kurve $\psi(\varepsilon)$. Im Augenblicke t_1 befindet er sich in B. Bei der Entlastung kehrt die rein elastische Dehnung unmittelbar zurück, und der Bezugspunkt befindet sich dann in C. Während der folgenden Wiederholung bewegt er sich weiter längs derselben Gerade. Im Augenblicke $t_1 + t_2$ befindet er sich in D. Wir suchen nun die Größe ε_r der Wiederholung zu bestimmen.

Gemäß Gl. (17.10) gilt nun

$$\varphi_D = \varphi_B + E\,(\varepsilon_D - \varepsilon_B) \tag{17.22}$$

mit

$$\varphi_B = [1 + G(t_1)] \cdot \sigma_0 \tag{17.23}$$

und

$$\varphi_D = \int_0^{t_1+t_2} K\,(t_1 + t_2 - \tau)\,\sigma(\tau)\,d\,\tau = \sigma_0 \int_0^{t_1} K\,(t_1 + t_2 - \tau)\,d\,\tau =$$

$$= \sigma_0 \int_0^{t_1+t_2} K\,(t_1 + t_2 - \tau)\,d\,\tau - \sigma_0 \int_{t_1}^{t_1+t_2} K\,(t_1 + t_2 - \tau)\,d\,\tau =$$

$$= \sigma_0 \cdot G\,(t_1 + t_2) - \sigma_0 \int_0^{t_2} K\,(t_2 - \tau')\,d\,\tau' =$$

$$= \sigma_0 \cdot G\,(t_1 + t_2) - \sigma_0 \cdot G\,(t_2). \tag{17.24}$$

Aus der Beziehung

$$\varepsilon_r = \varepsilon_B - \varepsilon_D - \frac{\sigma_0}{E} \tag{17.25}$$

folgt demnach die Wiederholung

$$\varepsilon_r = \frac{\sigma_0}{E}\,[G(t_1) + G(t_2) - G(t_1 + t_2)]. \tag{17.26}$$

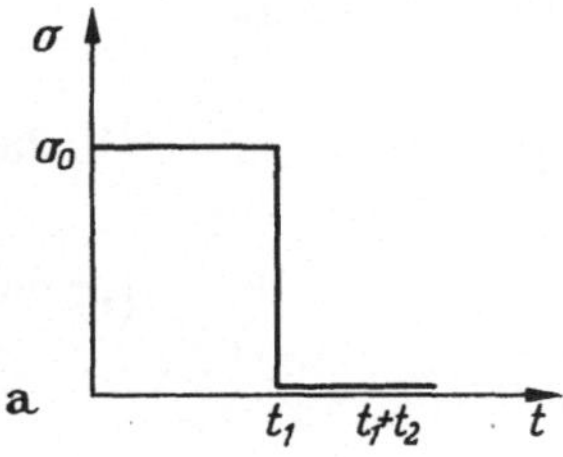

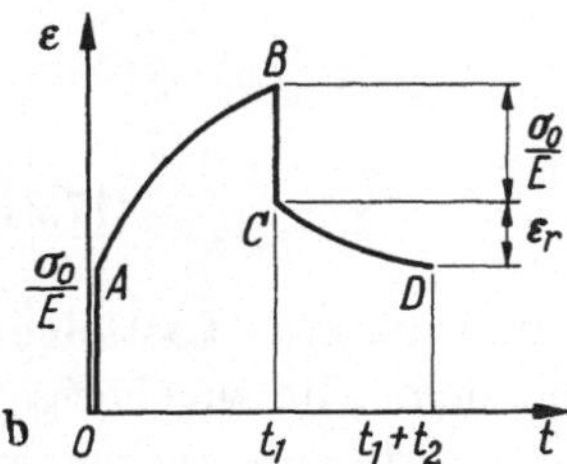

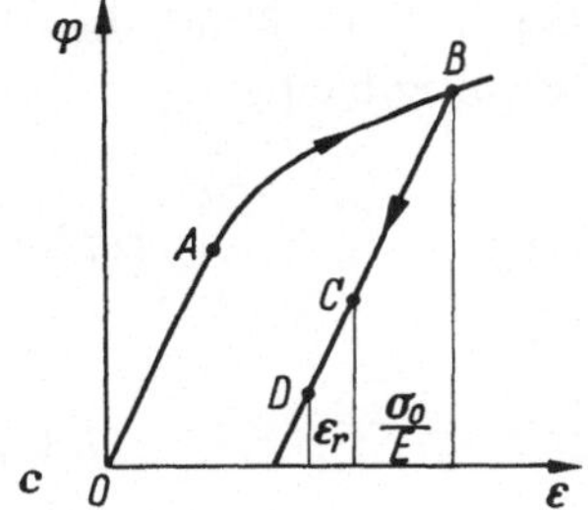

Abb. 17.5. RABOTNOVsche Theorie bei zeitlich variierender Spannung

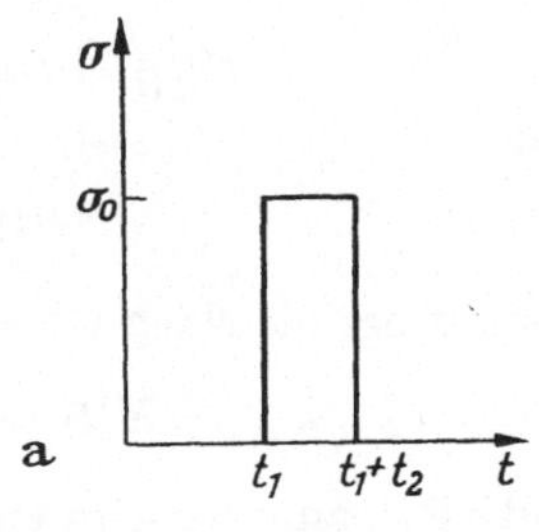

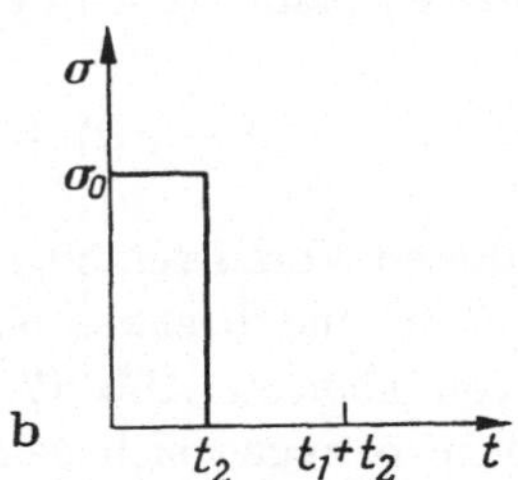

Abb. 17.6. Lastfolgen beim Studium der RABOTNOVschen Theorie

Die Wiederholung wird also zu der Spannung σ_0 proportional, was der Erfahrung gut entspricht, vgl. JOHNSON 1941. Führen wir speziell $G(t)$ nach Gl. (17.5) ein, folgt die gesamte, asymptotisch sich einstellende Wiederholung

$$\varepsilon_r = \frac{\sigma_0}{E}\,a\,t_1^{1-\alpha}. \tag{17.27}$$

Sie wächst also mit wachsender Belastungszeit t_1, was der Erfahrung auch entspricht.

Wir setzen nunmehr voraus, daß das kommutative Gesetz gültig sein soll. Wir müssen dann voraussetzen, daß die Gesamtbeträge des Kriechens nach Ablastung gemessen werden, da wir ja hier die elastische Dehnung in ε mit einbezogen haben. Es kann dann keine Wiederholung vorkommen. Dies folgt unmittelbar, bei Betrachtung der Lastfolgen von Abb. 17.6a und b. Wenn hier eine Wiederholung vorkommt, würde $\varepsilon_b\,(t_1 + t_2)$ kleiner als $\varepsilon_a\,(t_1 + t_2)$ sein. Mit $\varepsilon_r = 0$ folgt also aus Gl. (17.26) die Bedingung für die Gültigkeit des kommutativen Gesetzes

$$G(t_1) + G(t_2) = G(t_1 + t_2) \tag{17.28}$$

woraus sich

$$G(t) = a \cdot t \tag{17.29}$$

mit a konstant ergibt. Nach Gl. (17.08) gilt dann

$$K(t) = a \tag{17.30}$$

und die fiktive Spannung wird einfach

$$\varphi = \sigma(t) + a \int_0^t \sigma(\tau)\, d\tau \tag{17.31}$$

Unter diesen Voraussetzungen werden wir nun die zwei Lastfolgen von Abb. 17.7a und b etwas eingehender behandeln. Die zugehörigen Kriechkurven gehen aus Abb. 17.7c und d hervor, und die entsprechenden Bezugspunkte bewegen sich gemäß den Abb. 17.7e und f. Die Kurve $C'\,D'$ von Abb. 17.7f ist von vornherein unbekannt. Sie soll nun derart bestimmt werden, daß das kommutative Gesetz gültig bleibt.

Aus Gl. (17.22) folgt zuerst

$$\varphi_E = \varphi_E' = a\,(\sigma_1\,t_1 + \sigma_2\,t_2). \tag{17.32}$$

Das kommutative Gesetz fordert

$$\varepsilon_E = \varepsilon_E'. \tag{17.33}$$

Die Endpunkte E und E' in den beiden φ-ε-Diagrammen haben somit dieselben Koordinaten.

Aus Gl. (17.31) folgt weiterhin

$$\varphi_B' - \varphi_C' = \sigma_2 - \sigma_1$$

$$\varphi_D - \varphi_E = \sigma_2$$

$$\varphi_D' - \varphi_E' = \sigma_1$$

und es gilt also mit Rücksicht auf Gl. (17.32)

$$\varphi_D - \varphi_D' = \varphi_B' - \varphi_C'. \tag{17.34}$$

Da die beiden Geraden DD' und $B'C'$ parallel sind, folgt also, daß die Strecken DD' und $B'C'$ gleich groß sind.

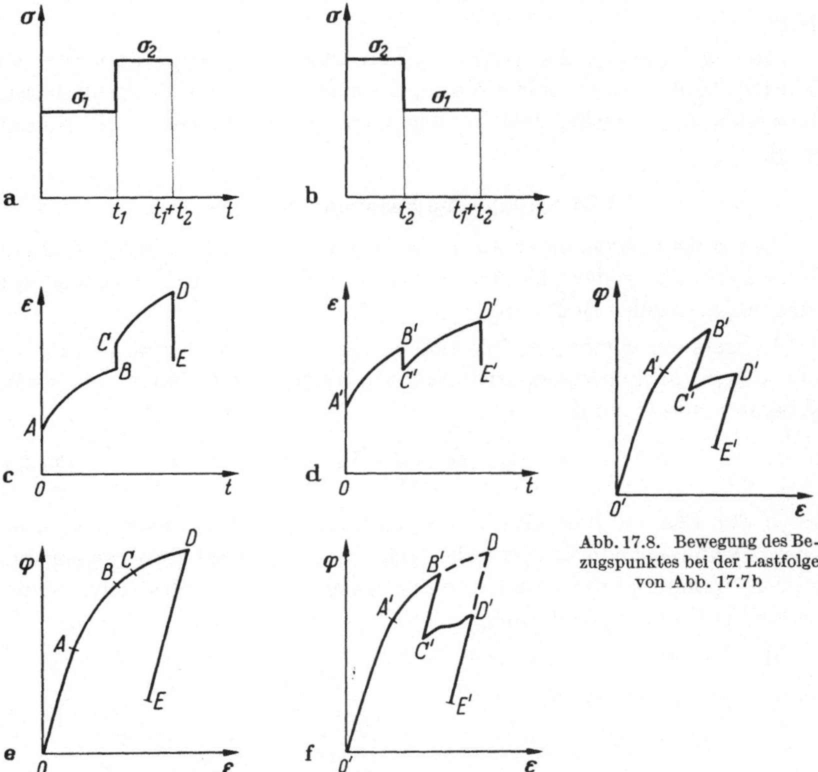

Abb. 17.8. Bewegung des Bezugspunktes bei der Lastfolge von Abb. 17.7b

Abb. 17.7. Kommutatives Gesetz bei der RABOTNOVschen Theorie

Da dies bei jeder Kombination von σ_1, σ_2, t_1, t_2 gültig bleibt, folgt, daß die Kurve $C'D'$ parallel mit der Kurve $B'D$ verlaufen muß. Bei der Lastfolge von Abb. 17.7b beschreibt der Bezugspunkt demnach einen Weg nach Abb. 17.8. Schon bei dieser ganz einfachen Lastfolge wird also das φ-ε-Diagramm viel komplizierter als bei einem rein aktiven Prozeß und einem rein passiven Prozeß.

Wenn das kommutative Gesetz nicht gültig ist — und dies dürfte das Hauptgebiet der Verwendung der RABOTNOVschen Theorie sein — gibt diese Theorie keine Vorschriften für die Bewegung des Bezugspunktes bei wiederholter Belastung.

Wenn man versucht, die RABOTNOVsche Theorie auf mehrachsige Spannungszustände zu erweitern, tritt eine charakteristische Schwierigkeit auf, die sich auf die Berücksichtigung der Volumenkonstanz plastischer Deformationen bezieht. RABOTNOV sucht diese Schwierigkeit dadurch zu bewältigen, daß er die von ILYUSHIN eingeführte, für rein plastische Verformung gültigen Beziehungen einführt, vgl. RABOTNOV 1948.

Zu den beiden eben angeführten Einwänden gegen die RABOTNOVsche Theorie kommt noch eine weitere, die sich auf den Fall sprungweiser Lasterhöhung bezieht, und im folgenden Abschnitt behandelt werden wird.

17.4 Sprungweise Spannungsänderung

Die Folgerungen einer sprungweisen Spannungsänderung sind bei einer Beurteilung der phänomenologischen Theorien des Kriechens von ausschlaggebender Bedeutung.

Mehrere experimentelle Ergebnisse zeigen, daß kriechende Werkstoffe bei kleinen sprungweisen Spannungsänderungen eine linear elastische Wirkung aufweisen, d. h.

$$\Delta \varepsilon = \frac{1}{E} \cdot \Delta \sigma \qquad (17.35)$$

wo E der Elastizitätsmodul an der vorhandenen Temperatur bedeutet. Diese Dehnungsänderung ist vollständig reversibel. Bei größeren sprungweisen Spannungsänderungen kommt dazu auch eine plastische, nichtreversible Dehnungsänderung.

Mit dem allgemeinen Kriechgesetze

$$\dot{\varepsilon} = \frac{1}{E}\dot{\sigma} + f(\sigma, \varepsilon) \qquad (17.36)$$

erhält man bei einer sprungweisen Spannungsänderung gerade die Beziehung (17.35).

Mit dem Kriechgesetze

$$\dot{\varepsilon} = \frac{1}{E}\dot{\sigma} + k_0 \, n_0 \, \sigma^{n_0 - 1} \dot{\sigma} + f(\sigma, \varepsilon) \qquad (17.37)$$

erhält man dagegen bei einem sprungweisen Spannungszuwachs

$$\Delta \varepsilon = \frac{1}{E} \cdot \Delta \sigma + k_0 \, n_0 \, \sigma^{n_0 - 1} \cdot \Delta \sigma \qquad (17.38)$$

und bei einer sprungweisen Spannungsabnahme

$$\Delta \varepsilon = \frac{1}{E} \cdot \Delta \sigma. \qquad (17.39)$$

Bei kleinen Werten von σ erhält man wieder die Beziehung (17.35) bei größeren Werten von σ beschreibt das Kriechgesetz (17.37) auch die dort auftretende plastische, nichtreversible Dehnungsänderung.

Nach der Rabotnovschen Theorie, Gl. (17.6), gilt bei einer sprungweisen Spannungsänderung

$$\Delta \varphi = \Delta \sigma .$$

Bei einem kleinen Spannungszuwachs (aktive Prozesse) erhält man dann

$$\Delta \varepsilon = \frac{1}{\dfrac{d \varphi}{d \varepsilon}} \cdot \Delta \sigma \tag{17.40}$$

und bei einer Spannungsabnahme (passive Prozesse) gilt wieder die
Beziehung (17.35). Die Ableitung $\dfrac{d \varphi}{d \varepsilon}$, d. h. die Neigung der Kurve
$\varphi = \psi(\varepsilon)$, fällt mit fortgehendem Kriechen stetig ab. Der einem gewissen
sprungweisen Spannungszuwachs entsprechende Dehnungszuwachs wird
somit während des Kriechens immer größer. Nach der Rabotnovschen
Theorie tritt also eine allgemeine Verschwächung des Werkstoffes
während des Kriechens ein.

Die Unterschiede zwischen den hier behandelten Folgerungen sprungweiser Spannungsänderungen sind alle verhältnismäßig klein, da in der
Tat die Kurve $\varphi = \psi(\varepsilon)$ nicht sehr stark gekrümmt ist. Es scheint
jedoch, daß bisher durchgeführte Versuche das Kriechgesetz (17.37)
vor dem Rabotnovschen in dieser Hinsicht begünstigen. Die hier dargestellte Kritik der Rabotnovschen Theorie rührt von Isaksson 1955
her.

Weitere Gesichtspunkte der Frage der sprungweisen Spannungserhöhung finden sich bei Onat und Wang 1960.

18. Spannungsrelaxation (Entspannung)

Rohrleitungen für Hochdruckdampf und ähnliche Flüssigkeiten, die bei hohen Betriebstemperaturen arbeiten, werden öfters mit zusammen-
geschraubten Flanschen vereinigt, vgl. Abb. 18.1.
Die Bolzen sind dabei auf Zug beansprucht, damit
die Abdichtung immer hinreichend gut werde. Der
Dichtungsring muß immer mit einem gewissen Druck
belastet sein.

Bei Flanschverbindungen, die in einem sehr
hohen Temperaturbereich arbeiten, findet bisweilen
als Folge des Kriechens ein stetiger Abbau der
Bolzenspannung statt. Nach einer gewissen Zeit
ist die Druckbelastung an dem Abdichtungsring

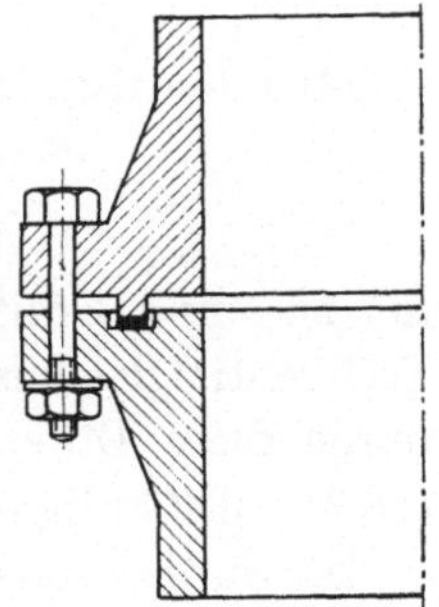

Abb. 18.1. Rohrflansche
mit Dichtung
und Schrauben

nicht mehr hinreichend; die Bolzen müssen wieder nachgezogen werden.
Der zeitliche Abbau der Spannungen wird *Spannungsrelaxation* oder
auch *Entspannung* genannt.

Die Relaxationserscheinung war eines der ersten Gebiete der Kriechmechanik, dem eine technisch quantitative Behandlung gegeben wurde, vgl. ODQVIST 1936, SODERBERG 1936.

Wir werden in diesem Kapitel die Spannungsrelaxation an sich kurz und aus ganz allgemeinen Gesichtspunkten behandeln. Für technisch wichtige Beispiele verweisen wir auf die Spezialliteratur dieses Gebietes.

18.1 Einachsige Spannungsrelaxation

Wir betrachten einen einachsigen Zugstab, der durch eine Dehnung nach Abb. 18.2 beansprucht wird. Die Dehnung kann also als

$$\varepsilon = \varepsilon_0 \cdot H(t) \tag{18.1}$$

geschrieben werden, wo $H(t)$ dieselbe Bedeutung hat wie in Gl (16.2). Es wird die entsprechende Spannung im Zugstab gesucht.

Die gesamte Dehnungsgeschwindigkeit wird erst als

$$\dot{\varepsilon} = \frac{\dot{\sigma}}{E} + \dot{\varepsilon}_k \tag{18.2}$$

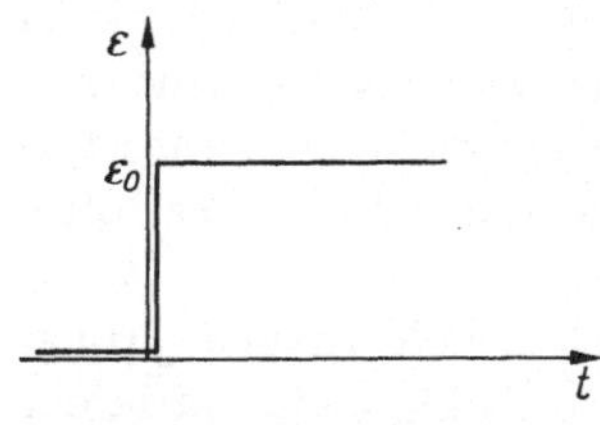

Abb. 18.2. Dehnungsverlauf bei Spannungsrelaxation

geschrieben, wo $\dot{\varepsilon}_k$ die Kriechgeschwindigkeit bedeutet.

Im ersten Augenblicke gilt dann

$$\varepsilon = \frac{\sigma}{E}$$

woraus folgt die Anfangsbedingung

$$\sigma(0) = \sigma_0 = E\varepsilon_0. \tag{18.3}$$

Aus den Gln. (18.1) und (18.2) folgt die allgemeine Beziehung

$$\frac{d\sigma}{dt} = -E \cdot \dot{\varepsilon}_k \tag{18.4}$$

die zusammen mit einem Ansatz für die Kriechgeschwindigkeit eine Differentialgleichung für die Spannung $\sigma(t)$ liefert. Die Aufgabe wird durch diese Differentialgleichung und die angehörige Randbedingung (18.3) vollständig definiert.

Es wurden in den vorigen Kapiteln einige verschiedene Ansätze für die Kriechgeschwindigkeit erörtert, und wir werden sie nun wieder in diesem Zusammenhang vergleichen.

a) NORTONsche Theorie

Gemäß Gl. (4.6) schreiben wir

$$\dot{\varepsilon}_k = k\sigma^n \tag{18.5}$$

woraus folgt die Differentialgleichung

$$\frac{d\sigma}{dt} = -\,Ek\sigma^n \tag{18.6}$$

mit der Lösung

$$\frac{1}{\sigma^{n-1}} = \frac{1}{\sigma_0^{n-1}} + (n-1)\,Ekt \quad (n \neq 1) \tag{18.7}$$

oder aber

$$\sigma = \sigma_0 \cdot e^{-Ek} \qquad (n = 1) \tag{18.8}$$

b) Zeitverfestigungstheorie

Gemäß Gl. (15.1) schreiben wir

$$\dot{\varepsilon}_k = A\sigma^l\,t^{-\lambda} \tag{18.9}$$

woraus folgt die Differentialgleichung

$$\frac{d\sigma}{dt} = -\,EA\sigma^l\,t^{-\lambda} \tag{18.10}$$

mit der Lösung

$$\frac{1}{\sigma^{l-1}} = \frac{1}{\sigma_0^{l-1}} + \frac{l-1}{1-\lambda}\,EAt^{1-\lambda} \quad (l,\,\lambda \neq 1) \tag{18.11}$$

Es folgt unmittelbar die notwendige Bedingung

$$\lambda < 1 \tag{18.12}$$

da andernfalls eine Spannungsrelaxation nicht stattfinden würde.

Im Falle $l = 1$ wird die Lösung

$$\sigma = \sigma_0 \cdot e^{-\frac{EA\,t^{1-\lambda}}{1-\lambda}} \tag{18.13}$$

c) Dehnungsverfestigungstheorie

Gemäß Gl. (15.2) schreiben wir

$$\dot{\varepsilon}_k = B\sigma^m\,\varepsilon_k^{-\mu}. \tag{18.14}$$

Es bedeutet hier ε_k die Kriechdehnung, d. h. der Unterschied zwischen der Gesamtdehnung unter der elastischen Dehnung

$$\varepsilon_k = \varepsilon_0 - \frac{\sigma}{E} = \frac{1}{E}(\sigma_0 - \sigma). \tag{18.15}$$

Aus den Gln. (18.4), (18.13) und (18.15) folgt die Differentialgleichung

$$\frac{d\sigma}{dt} = -E^{\mu+1}\,B\cdot\sigma^m(\sigma_0-\sigma)^{-\mu} \qquad (18.16)$$

deren Lösung als

$$\int_{\sigma_0}^{\sigma}\frac{(\sigma_0-\sigma)^\mu}{\sigma^m}\,d\sigma = -E^{\mu+1}\,Bt \qquad (18.17)$$

geschrieben werden kann. Mit

$$\frac{\sigma}{\sigma_0} = x \qquad (18.18)$$

nimmt sie die Form

$$\int_1^{\frac{\sigma}{\sigma_0}}\frac{(1-x)^\mu}{x^m}\,dx = -E^{\mu+1}\,B\sigma_0^{m-\mu-1}\cdot t \qquad (18.19)$$

an, woraus $\sigma = \sigma(t)$ berechnet werden kann. Bei ganzzahligen Werten von m und μ kann die Integration analytisch ausgeführt werden; andernfalls muß man numerische Integration benutzen.

d) Gesamtdehnungstheorie

Gemäß Gl. (15.23) schreiben wir, statt Gl. (18.2) die vollständigere Beziehung

$$\dot\varepsilon = \frac{\dot\sigma}{E} + k_0\,n_0\,\sigma^{n_0-1}\dot\sigma + \dot\varepsilon_k \qquad (18.20)$$

die aber nur unter der Bedingung $\dot\sigma > 0$ gültig ist. Im Falle $\dot\sigma < 0$ geht sie in die Gl. (18.2) wieder über. Da Spannungsrelaxation gerade $\dot\sigma < 0$ bedeutet, folgt, daß die Nortonsche Theorie und die Gesamtdehnungstheorie bei Relaxation identische Ergebnisse liefern.

Es zeigt sich also, daß alle bisher angeführten Kriechgesetze auch die Relaxationserscheinung beschreiben können. Sie führen alle zu einer zeitlich stetig abnehmenden Spannung.

Die beiden Verfestigungstheorien sagen eine unendlich große Spannungsgeschwindigkeit im ersten Augenblick voraus, die anderen Theorien aber nicht; vgl. Abb. 18.3.

Wie schon früher erwähnt (Abschn. 15.1a), ist die Zeitverfestigungstheorie bei zeitlich veränderlicher Spannung aber nicht besonders gut geeignet, und wir werden sie daher im folgenden weglassen. Bei Relaxationsversuchen hat man auch keine gute Übereinstimmung mit der Zeitverfestigungstheorie gefunden, vgl. z. B. Findley 1958.

Relaxationsversuche wurden von u. a. DAVIS 1943, JOHNSON 1949 und FINDLEY 1958 durchgeführt. Bei FINDLEY findet sich auch eine ausführliche Beschreibung einer neuen Relaxationsmaschine, wo die Konstanthaltung der Länge des Probestabes völlig automatisch durchgeführt wird.

DAVIS beschrieb Versuche mit sauerstoffreiem Kupfer bei einer Temperatur von 165 °C. Ähnliche Probestäbe wurden sowohl bei Kriechen mit konstanter Spannung wie auch bei Relaxation mit konstanter Dehnung geprüft. Bestimmt man die Parameter der Kriechgesetze aus den Kriechversuchen, folgt die beste Übereinstimmung mit den Relaxa-

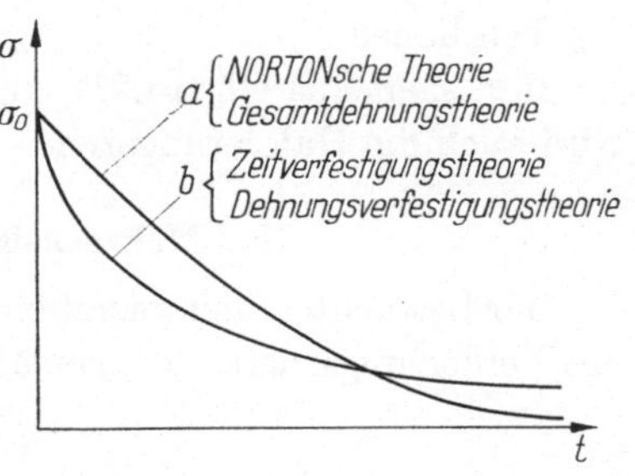

Abb. 18.3. Spannungsrelaxation gemäß verschiedener Kriechtheorien

tionsversuchen, wenn die Dehnungsverfestigungstheorie zugrunde gelegt wird.

Dieses Ergebnis scheint ganz selbstverständlich zu sein, denn die Relaxationsgeschwindigkeit ist ja im Anfang des Vorganges am größten. Die beste Übereinstimmung wird natürlich auch dann erhalten, wenn ein Kriechgesetz benutzt ist, das das Anfangsgebiet des Kriechens am besten beschreibt, wie es gerade mit der Dehnungsverfestigungstheorie der Fall ist.

Dies gilt auch bei ähnlichen Versuchen mit Cr-Mo-Stahl, die von JOHNSON durchgeführt wurden. Es zeigt sich, wie es natürlich zu erwarten ist, daß die Voraussagen der Relaxationsgleichungen von ganz kleinen Veränderungen der Kriechparameter sehr stark beeinflußt werden.

Beispiel: Man berechne den Zeitverlauf, nachdem die Spannung auf die halbe Ursprungsgröße abgebaut ist. Nach Gl. (18.7) folgt mit $\sigma = \dfrac{1}{2}\sigma_0$ die Halbierungszeit

$$T_{\frac{1}{2}} = \frac{2^{n-1}-1}{n-1} \cdot \frac{1}{E\,k\,\sigma_0^{n-1}} \tag{18.21}$$

oder, mit Rücksicht auf Gl. (4.15)

$$T_{\frac{1}{2}} = \frac{2^{n-1}-1}{n-1} \cdot \frac{10^7\,\sigma_{c7}^{n}}{E\,\sigma_0^{n-1}} \quad \text{(St.)} . \tag{18.21a}$$

Mit $n = 5$, $\sigma_{c7} = 5\ \text{kg/mm}^2$, $E = 15\,000\ \text{kg/mm}^2$ und $\sigma_0 = 10\ \text{kg/mm}^2$ folgt

$$T_{\frac{1}{2}} = 780\ \text{St.} .$$

Hätte man, bei der Bestimmung der Kriechparameter, $\sigma_{c7} = 4{,}5\,\mathrm{kg/mm^2}$ erhalten, würde sich für die Halbierungszeit

$$T_{\frac{1}{2}} = 460\ \mathrm{St.}$$

ergeben haben.

Man sieht aus Gl. (18.21), daß je größer die Vorspannung, je kürzer wird auch die Halbierungszeit.

18.2 Mehrachsige Spannungsrelaxation

Wir betrachten hier zuerst einen Körper, der durch eine Veränderung des Verzerrungszustandes, gemäß

$$\varepsilon_{ij} = \varepsilon_{ij}^0 \cdot H(t) \tag{18.22}$$

beansprucht wird. Es wird der entsprechende Spannungstensor σ_{ij} im Körper gesucht.

Die gesamte Verzerrungsgeschwindigkeit wird erst nach Gl. (16.47) als

$$\dot{\varepsilon}_{ij} = \frac{1}{2\,G}\left(\dot{\sigma}_{ij} - \frac{\nu}{1+\nu}\dot{\sigma}_{kk}\,\delta_{ij}\right) + \frac{3}{2}\,k\sigma_e^{n-1}\,s_{ij} \tag{16.47}$$

geschrieben.

Bei der Verzerrungsvariation gemäß Gl. (18.22) hat man $\dot{\varepsilon}_{ij} = 0$ und somit auch

$$\dot{\varepsilon}_{ii} = 0$$

woraus folgt, mit Rücksicht auf die Gl. (16.47)

$$\frac{1-2\,\nu}{1+\nu}\,\dot{\sigma}_{kk} = 0 \tag{18.23}$$

Es gilt folglich

$$\dot{\sigma}_{ij} - \frac{\nu}{1+\nu}\,\dot{\sigma}_{kk}\,\delta_{ij} \equiv \dot{s}_{ij} \tag{18.24}$$

und man erhält, nach den Gln. (16.47) und (18.22), die Differentialgleichung

$$0 = \frac{1}{2\,G}\cdot\dot{s}_{ij} + \frac{3}{2}\,k\sigma_e^{n-1}\dot{s}_{ij}. \tag{18.25}$$

Multiplikation mit s_{ij} liefert sofort, mit Rücksicht auf Gl. (4.37), die Differentialgleichung

$$\dot{\sigma}_e = -3G\cdot k\sigma_e^n \tag{18.26}$$

die mit Gl. (18.6) an Form ähnlich ist. Mittels der Beziehung

$$G = \frac{E}{2\,(1+\nu)}$$

geht sie in

$$\dot{\sigma}_e = -\frac{3\,E}{2\,(1+\nu)}\cdot k\sigma_e^n \tag{18.27}$$

über. Die Lösung wird, gerade wie unter Abschn. 18.1.a

$$\frac{1}{\sigma_e^{n-1}} = \frac{1}{\left(\sigma_e^0\right)^{n-1}} + \frac{3}{2} \cdot \frac{n-1}{1+\nu} E\,kt \quad (n \neq 1) \tag{18.28}$$

oder aber

$$\sigma_e = \sigma_e^0 \cdot e^{-\frac{3}{2(1+\nu)} \cdot Ekt} \quad (n = 1) \tag{18.29}$$

Diese einfache Lösung der Relaxationsaufgabe im mehrachsigen Falle hängt von der Annahme eines zeitlich konstanten Verzerrungszustandes ab. Die erhaltene Lösung zeigt eine räumlich konstante Spannungsverteilung auf; der Effektivwert des Spannungstensors variiert gemäß Gl. (18.28) bzw. (18.29).

Ganz analoge Verhältnisse gelten, wenn die Dehnungsverfestigungstheorie benutzt wird. Gemäß Gl. (15.13) wird dann statt Gl. (16.47)

$$\dot{\varepsilon}_{ij} = \frac{1}{2\,G}\left(\dot{\sigma}_{ij} - \frac{\nu}{1+\nu}\dot{\sigma}_{kk}\,\delta_{ij}\right) + \frac{3}{2}\,B\sigma_e^{m-1}\,\varepsilon_{ke}^{-\mu}\,s_{ij} \tag{18.30}$$

geschrieben, wo ε_k die Kriechdehnung und ε_{ke} deren Effektivwert bedeutet. Es folgt die Differentialgleichung

$$\dot{\sigma}_e = -3G \cdot B\sigma_e^m\,\varepsilon_{ke}^{-\mu} \tag{18.31}$$

Diese Gleichung läßt sich nur im Falle elastischer Inkompressibilität $\left(\nu = \frac{1}{2}\right)$ einfach integrieren. Mit

$$\sigma_{ij} = \sigma_{ij}^0 \cdot x(t) \tag{18.32}$$

folgt dann nämlich

$$\left\{\begin{array}{l} \sigma_e = \sigma_e^0 \cdot x \\[2ex] \varepsilon_{ke} = \dfrac{1}{3\,G}\,\sigma_e^0 \cdot (1-x) \end{array}\right. \tag{18.33}$$

und die Differentialgleichung (18.31) geht in

$$\dot{x} = -(3G)^{\mu+1}B\left(\sigma_e^0\right)^{m-\mu-1} \cdot x^m\,(1-x)^{-\mu} \tag{18.34}$$

über. Mit Rücksicht auf die Anfangsbedingung

$$x(0) = 1$$

folgt die zu Gl. (18.19) analoge Lösung

$$\int_1^{\frac{\sigma_e}{\sigma_e^0}} \frac{(1-x)^\mu}{x^m}\,dx = -(3G)^{\mu+1}B\left(\sigma_e^0\right)^{m-\mu-1} \cdot t \tag{18.35}$$

woraus $\sigma_e = \sigma_e(t)$ berechnet werden kann.

Falls der Verzerrungstensor nicht zeitlich konstant bleibt, Gl. (18.22), liegen die Verhältnisse viel schwieriger, und es ist im allgemeinen nicht möglich, eine explizite Lösung zu finden. Setzt man elastische Inkompressibilität voraus $\left(\nu = \dfrac{1}{2}\right)$, kann man aber oft eine angenäherte Lösung bestimmen. Gl. (16.47) schreibt sich dann einfach

$$\dot\varepsilon_{ij} = \frac{1}{2\,G}\,\dot s_{ij} + \frac{3}{2}\,k\sigma_c^{n-1}\,s_{ij}. \tag{18.36}$$

Diese Methode wurde von Odquist 1936 und Davis 1960 für die Relaxationsberechnung eines Schrumpfverbandes benutzt; vgl. auch Roberts 1951.

19. Wärmespannungen

Die Erwärmung eines Körpers bewirkt seine Ausdehnung. Wird diese verhindert, entstehen Spannungen im Körper, die *Wärmespannungen* genannt werden. Solche Wärmespannungen treten im allgemeinen schon bei jeder ungleichförmigen Erwärmung eines Körpers auf. Ausnahmefälle bieten z. B. statisch bestimmte Stabwerke, sowie gewisse spezielle Temperaturverteilungen in zwei- und dreidimensionalen Körpern.

Wärmespannungen wurden von Melan und Parkus 1953 unter der Annahme der klassichen linearen Theorie der Elastizität eingehend behandelt. Die mechanischen und thermischen Stoffwerte wurden dort als Materialkonstanten von der Temperatur unabhängig vorausgesetzt. Es wurden ausschließlich stationäre Temperaturfelder betrachtet. Eine spätere Arbeit von Parkus 1959 behandelt nichtstationäre Vorgänge (hauptsächlich Anlaufvorgänge) bei sowohl elastischen wie auch viskoelastischen und elastisch-plastischen Körpern. Ähnliche Darstellungen finden sich bei Gatewood 1957. Ein sehr umfassendes Werk über das ganze Gebiet wurde kürzlich von Boley und Weiner 1960 veröffentlicht. Die Behandlung des wichtigen Falles periodischer Temperaturschwankungen steht noch aus.

Im folgenden werden nur quellenfreie Temperaturfelder behandelt, d. h. es wird von den Fällen abgesehen, wo Wärme innerhalb des Körpers erzeugt wird.

Die Grundaufgabe der Theorie solcher Wärmespannungen kann folgendermaßen formuliert werden: Die Oberfläche eines gewissen Körpers besitzt eine gewisse, gegebene Temperaturverteilung. Man sucht die im Körper entstehenden Spannungen.

Es liegen also im allgemeinen zwei verschiedene Teilaufgaben vor; eine Wärmeleitungsaufgabe und eine reine Wärmespannungsaufgabe, die unabhängig voneinander behandelt werden können[1].

---

[1] Ganz streng gilt diese Unabhängigkeit aber nicht; vgl. hierzu Boley und Weiner 1960, S. 42—53. Für praktische Zwecke ist die Zerlegung in zwei Teilaufgaben jedoch immer gestattet.

Wärmeleitungsaufgaben wurden in neuerer Zeit von u. a. GRÖBER und ERK 1933, CARSLAW und JAEGER 1947, JACOB 1949 und ECKERT 1959 ausführlich behandelt. Auch in den obenerwähnten Arbeiten von MELAN und PARKUS, PARKUS sowie BOLEY und WEINER finden sich Lösungen einer Reihe von Wärmeleitungsaufgaben. Das Problem ist aber alt und findet eine ausführliche Behandlung z. B. in dem bekannten Werke „Die partiellen Differential-Gleichungen der mathematischen Physik, nach RIEMANNS Vorlesungen", zweiter Band, von H. WEBER (eine Reihe von Auflagen, die fünfte, Braunschweig 1912).

Wir werden in diesem Kapitel den Fall kriechender Feststoffe etwas eingehender behandeln. Da die Lösung der Wärmeleitungsaufgabe von den herrschenden mechanischen Formänderungsbeziehungen unabhängig ist, besteht dieselbe Temperaturverteilung wie in einem elastischen Körper. Wir werden hier die Temperaturverteilung als bekannt voraussetzen und uns daher hauptsächlich mit reinen Wärmespannungsaufgaben beschäftigen.

Die Nichtlinearität der gewöhnlichen Kriechgesetze bewirkt das Auftreten nichtlinearer Differentialgleichungen. Darüber hinaus entsteht aber hier noch eine Schwierigkeit, diejenige nämlich, daß die mechanischen Stoffwerte im Kriechbereich von der Temperatur gewöhnlich sehr stark abhängig sind. Eine ungleichförmige Temperaturverteilung verursacht also örtlich veränderliche Kriecheigenschaften. Wir werden daher hier auch auf die Temperaturabhängigkeit der Kriechparameter k und n eingehen. Dies wird vor allem im ersten Abschnitt getan, wo zeitlich konstante Verhältnisse angenommen werden. Im zweiten Abschnitt behandeln wir den Einfluß von überlagerten kleinen Temperaturschwankungen.

Anschließend an die Darstellung in dem angeführten Werke von BOLEY und WEINER wollen wir in diesem Kapitel die Temperatur T von der Temperatur des spannungslosen Zustandes aus rechnen, wobei diese Temperatur als Nullpunkt angenommen wird.

19.1 Zeitlich konstante Temperatur

Als ein einleitendes Beispiel betrachten wir den Stab von Abb. 19.1a, der sich zwischen zwei starren unbeweglichen Wänden befindet. Im unerwärmten Zustand ($T = 0$) sei die Länge des Stabes genau gleich dem Abstand zwischen den Wänden. Der Stab wird dann rasch aufgewärmt, bis er die Temperatur T_0 erreicht. Die Temperatur kann also mit der in Gl. (16.2) benutzten Bezeichnung $H(t)$, als

$$T = T_0 \cdot H(t) \tag{19.1}$$

geschrieben werden, vgl. Abb. 19.1b. Man sucht den Verlauf der Wärmespannung im Stabe.

14*

Bezeichnet man mit α den Wärmeausdehnungskoeffizienten (diesbezügliche Werte von α finden sich in der Tabelle von Teil VI unten), erhält man die gesamte Dehnungsgeschwindigkeit eines kriechenden Feststoffes

$$\dot{\varepsilon} = \alpha\,\dot{T} + \frac{\dot{\sigma}}{E} + k\sigma^n \tag{19.2}$$

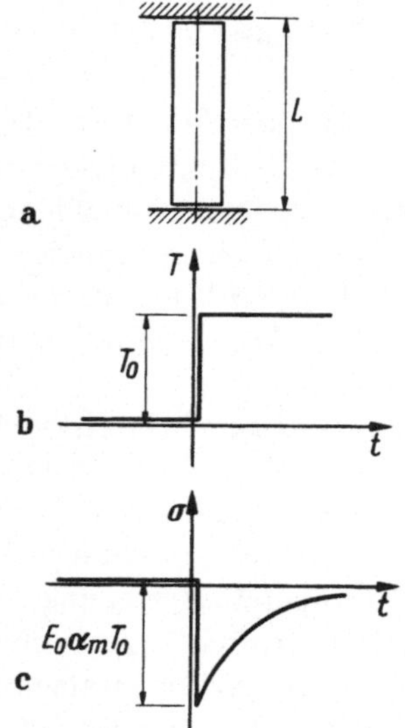

Abb. 19.1. *a* Stab zwischen starren Wänden; *b* Temperaturverlauf; *c* Verlauf der Wärmespannung als Folge des Kriechens

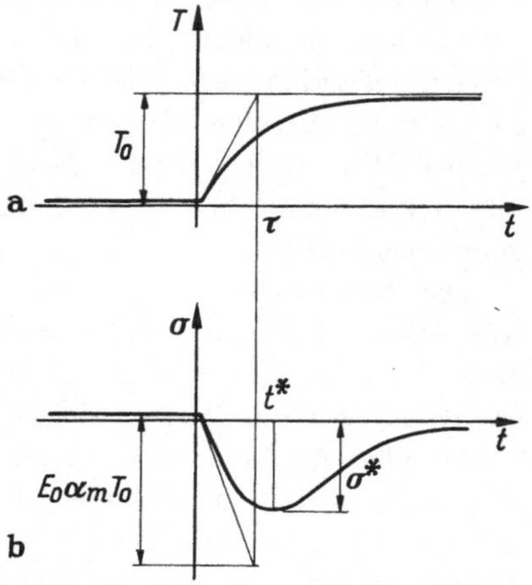

Abb. 19.2. *a* Allmähliche Temperaturerhöhung und *b* Verlauf der Wärmespannung beim Stabe von Abb. 19.1

Diese Beziehung ist also eine Verallgemeinerung des NORTONschen Kriechgesetzes auf veränderliche Spannung und Temperatur. Wir werden jedoch vorläufig die Stoffwerte k und n als von der Temperatur T unabhängig annehmen. Im ersten Augenblicke gilt

$$\varepsilon = \int_0^{T_0} \alpha\,dT + \frac{\sigma}{E_0} \tag{19.3}$$

wo E_0 die Größe des Elastizitätsmoduls bei der Temperatur T_0 bedeutet. Bezeichnet man mit α_m den Mittelwert von α im Temperaturbereiche $0 \cdots T_0$, schreibt sich Gl. (19.3) einfacher als

$$\varepsilon = \alpha_m\,T_0 + \frac{\sigma}{E_0} \tag{19.4}$$

Da die Länge des betrachteten Stabes immer konstant bleibt, gilt

$$\varepsilon \equiv 0$$

und es folgt also die unmittelbar sich einstellende Spannung

$$\sigma = \sigma_0 = - E_0 \, \alpha_m \, T_0 . \tag{19.5}$$

Nach der Temperaturerhöhung bleiben sowohl ε wie T konstant, und wir haben somit einen Fall typischer Spannungsrelaxation. Es folgt demnach aus Gl. (19.2) gerade die Differentialgleichung (18.5) mit der Lösung (18.6) bzw. (18.7). Die Größe der Druckspannung des Stabes fällt also stetig ab und verschwindet schließlich vollständig, vgl. Abb. 19.1.c.

Ein gleichartiger Verlauf der Wärmespannungen ist offenbar in jedem Falle zu erwarten, wo plötzliche Temperaturänderungen gemäß Gl. (19.1) vorkommen. Es entstehen dann immer Relaxationsvorgänge wie der hier gezeigte, und die Ergebnisse von Kap. 18 können unmittelbar benutzt werden.

Plötzliche Temperaturänderungen gemäß Gl. (19.1) kommen aber im Betrieb niemals vor; es handelt sich immer um stetige Anlaufvorgänge wie in Abb. 19.2a. Schreiben wir, statt Gl. (19.1)

$$T = T_0 \cdot \left(1 - e^{- \frac{t}{\tau}} \right) \tag{19.6}$$

folgt aus Gl. (19.2) die Differentialgleichung

$$\dot{\sigma} + E k \sigma^n = - E \alpha T_0 \cdot \frac{1}{\tau} e^{-\frac{t}{\tau}} . \tag{19.7}$$

Im Spezialfalle $n = 1$ erhält man die Lösung

$$\sigma = \sigma_0 \cdot \frac{1}{1 - E k \tau} \left(e^{-Ekt} - e^{-\frac{t}{\tau}} \right) \tag{19.8}$$

wo σ_0 von Gl. (19.5) gegeben ist. Für die Maximalspannung σ^* erhält man im Falle $\tau \ll \dfrac{1}{Ek}$, d. h. bei ziemlich rascher Erwärmung,

$$\sigma^* \simeq \sigma_0 \cdot (E k \tau)^{Ek\tau} < \sigma_0 . \tag{19.9}$$

Bei stetiger Temperaturerhöhung wird also die größte Wärmespannung kleiner als bei plötzlicher Temperaturerhöhung. Die Annahme plötzlicher Temperaturerhöhungen liefert somit größere Wärmespannungen als die wirklich vorkommenden.

Wenn die Mantelfläche eines freien zylindrischen Stabes plötzlich erhitzt wird, entsteht unmittelbar eine axiale Druckspannung in der Mantelfläche, weil das Innere auf Zug beansprucht wird. Mit fortgehender Wärmeleitung entsteht eine Umlagerung der Spannungen. Die Druckspannung der Mantelfläche fällt stetig ab, weil die Zugspannung an der Stabachse zuerst wächst und dann wieder abnimmt, vgl. ENDRES 1958. Dieser rein elastische Ausgleich der Wärmespannungen erinnert stark an den oben erwähnten Kriechausgleich der Wärmespannungen. Beide kommen im allgemeinen gleichzeitig vor, und die relativen Größen der entsprechenden Ausgleichgeschwindigkeiten sind also von ausschlaggebender Bedeutung.

Der Kriechausgleich von Wärmespannungen in einem langen zylindrischen Stabe mit parabolischer Temperaturverteilung wurde von PORITSKY und FEND 1958 mittels schrittweiser Integration behandelt.

Bei Erwärmung eines Systems mit verhinderter Verformung entstehen im allgemeinen Druckspannungen in den erwärmten Teilen. Nach einer gewissen Zeit wird das System wegen des Kriechens wieder spannungsfrei. Bei einer danach folgenden Abkühlung entstehen dann entgegengerichtete Spannungen, d. h. in den früher erwärmten Teilen entstehen Zugspannungen. Diese Erscheinung, die übrigens schon lange bekannt war, wurde neuerdings von ATTIA, FITZGEORGE und POPE 1954 behandelt.

Der Kriechparameter k hängt von der Temperatur im allgemeinen stark ab; mit wachsender Temperatur wächst k sehr rasch. Man kann häufig eine Beziehung der Form

$$k = k_0 \cdot e^{\beta T} \tag{19.10}$$

wo β eine Konstante ist, mit guter Genauigkeit in einem gewissen Temperaturgebiet benutzen. Nach DORN und Mitarbeitern gilt nämlich

$$k = C \cdot e^{-\frac{A}{T_K}} \tag{19.11}$$

wo C und A Konstanten und T_K die absolute Temperatur sind. Man erhält somit wenn $T_K - T_{K0} = T$ gesetzt wird

$$k = C \cdot e^{-\frac{A}{T_{K0}}} \cdot e^{A\left(\frac{1}{T_{K0}} - \frac{1}{T_K}\right)} = k_0 \cdot e^{A\frac{T_K - T_{K0}}{T_K T_{K0}}} = k_0 \cdot e^{\frac{A}{T_K T_{K0}} \cdot T} \tag{19.12}$$

Bei kleinen Temperaturänderungen T stimmt dieser Ausdruck mit Gl. (19.10) gut überein. Der Kriechexponent n fällt mit wachsender Temperatur T stetig ab, ändert sich aber viel weniger als k. Er wird daher oft als konstant angenommen.

Die Einwirkung der Temperaturabhängigkeit von k auf die Spannungsverteilung in einem statisch unbestimmten System läßt sich leicht nachweisen. Wir betrachten zwei konzentrische Rohre mit gleichen Querschnittsflächen, die an einem starren Joch J nach Abb. 19.3 befestigt sind. Das Joch wird durch eine zentrische Kraft belastet. Die Temperatur des Außenrohres (T_2) sei höher als die des Innenrohres (T_1), wo definitionsgemäß sowohl T_1 wie T_2 die Abweichungen von der Temperatur des spannungslosen Ausgangszustandes bedeuten.

Im stationären Zustande gilt gemäß Gl. (4.6)

$$k_1 \sigma_1^n = k_2 \sigma_2^n \tag{19.13}$$

woraus, mit Rücksicht auf Gl. (19.10)

$$\frac{\sigma_1}{\sigma_2} = e^{\frac{\beta}{n}(T_2 - T_1)} > 1 . \tag{19.14}$$

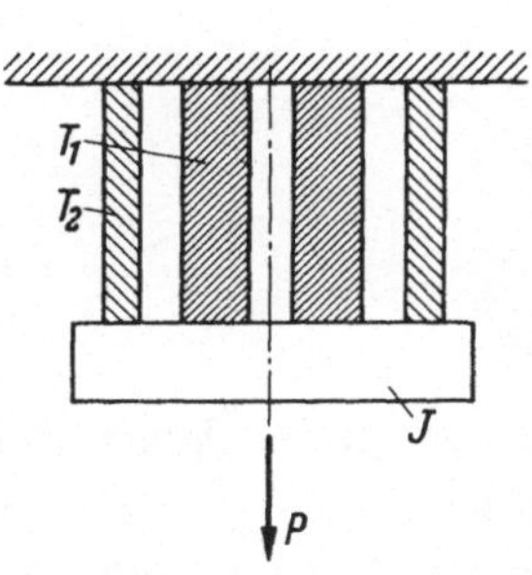

Abb. 19.3. Modell zum Studium des Kriechens bei örtlich variierender Temperatur

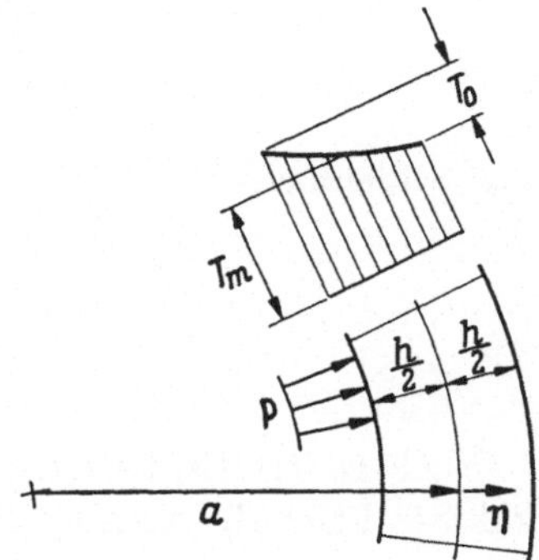

Abb. 19.4. Dünnwandiges Rohr mit Innendruck und Temperaturgradient

Wäre die Temperatur der beiden Rohre dieselbe gewesen ($T_1 = T_2$), würden die Spannungen gleich groß gewesen sein. Wenn ein Temperaturunterschied vorkommt, wächst also die Spannung in den kälteren Teilen des Systems.

Beispiel: Dünnwandiges Rohr mit radial gerichtetem inneren Druck und radial abnehmender Temperatur.

Bezeichnet man mit T_m die Temperatur an der Mittelfläche und mit T_0 der Temperaturunterschied zwischen den Innen- und Außenflächen, so gilt nach Abb. 19.4 angenähert im Falle $T_0 \ll T_m$

$$T(\eta) = T_m - \frac{\eta}{h} \cdot T_0 . \tag{19.15}$$

Nach Gl. (19.10) gilt dann

$$k(\eta) = k_m \cdot e^{-\frac{\eta}{h}\beta T_0} \tag{19.16}$$

wo k_m der Wert von k an der Mittelfläche $\eta = 0$ bedeutet.

Die einzige nichtverschwindende Spannung der Rohrwand ist die Umfangsspannung $\sigma_\vartheta = \sigma_\vartheta(\eta)$. Die entsprechende Dehnungsgeschwindigkeit beträgt gemäß den Gln. (4.6) und (19.16)

$$\dot{\varepsilon}_\vartheta = k_m \cdot e^{-\frac{\eta}{h}\beta T_0} \cdot \sigma^n(\eta) . \tag{19.17}$$

Weil das Rohr dünnwandig ist, muß $\dot\varepsilon_\vartheta$ von η unabhängig sein, woraus die Spannungsverteilung

$$\sigma_\vartheta(\eta) = C \cdot e^{\frac{\beta T_0}{nh}\eta} \tag{19.18}$$

folgt.

Aus der Gleichgewichtsbedingung

$$\int_{-\frac{h}{2}}^{+\frac{h}{2}} \sigma_\vartheta(\eta)\, d\eta = p \cdot a \tag{19.19}$$

folgt schließlich

$$C = p\,\frac{a}{h} \cdot \frac{\dfrac{\beta T_0}{2n}}{\sinh\dfrac{\beta T_0}{2n}} \cdot \tag{19.20}$$

Nach Gl. (19.18) tritt die größte Spannung an der Außenfläche auf (kälteste Fläche!); nach Gl. (19.20) beträgt sie

$$\sigma_{\max} = p\,\frac{a}{h} \cdot \frac{\dfrac{\beta T_0}{2n}}{\sinh\dfrac{\beta T_0}{2n}} \cdot e^{\frac{\beta T_0}{2n}} \tag{19.21}$$

oder aber, wenn

$$\frac{\beta T_0}{2n} \ll 1$$

gilt

$$\sigma_{\max} \simeq p\,\frac{a}{h}\left(1 + \frac{\beta T_0}{2n}\right) . \tag{19.22}$$

Die Dehnungsgeschwindigkeit wird gemäß den Gln. (19.17), (19.18) und (19.20)

$$\dot\varepsilon = k_m\left(p\,\frac{a}{h}\right)^n\left(\frac{\dfrac{\beta T_0}{2n}}{\sinh\dfrac{\beta T_0}{2n}}\right)^n \simeq k_m\left(p\,\frac{a}{h}\right)^n\left[1 - \frac{n}{6}\left(\frac{\beta T_0}{2n}\right)^2\right]. \tag{19.23}$$

Mit $n = 4$ und $\beta \cdot T_0 = 2$ erhält man beispielsweise

$$\sigma_{\max} \simeq 1{,}25 \cdot p\,\frac{a}{h}$$

$$\dot\varepsilon_\vartheta \simeq 0{,}96 \cdot k_m\left(p\,\frac{a}{h}\right)^n$$

d. h. die Temperaturvariation bewirkt dann eine Erhöhung von $\sigma_{\max}$ um 25 % und eine Verminderung von $\dot\varepsilon_\vartheta$ um nicht mehr als 4 %.

19.2 Periodisch veränderliche Temperatur

Die Ofentemperatur eines Kriechprüfgerätes variiert im allgemeinen periodisch zwischen zwei festen Grenzwerten. Die Variationsamplitude kann sehr klein sein, verschwindet aber nie. Die Oberflächentemperatur des Probestabes variiert demgemäß auch in einer periodischen Weise, was das Auftreten von Wärmespannungen im Probestabe bedingt. Wir wollen in diesem Abschnitt den Einfluß dieser Wärmespannungen auf die Kriechgeschwindigkeit untersuchen.

Der Einfachheit halber betrachten wir dann erst wieder das System von Abb. 19.3. Mit

$$\begin{cases} T_1 = T_m \\ T_2 = T_m + T_0 \cdot \sin \omega t \end{cases} \tag{19.24}$$

folgt dann aus Gl. (19.02)

$$\begin{cases} \dot{\varepsilon}_1 = \dfrac{\dot{\sigma}_1}{E} + k\sigma_1^n \\[2mm] \dot{\varepsilon}_2 = \alpha \omega T_0 \cos \omega t + \dfrac{\dot{\sigma}_2}{E} + k\sigma_2^n . \end{cases} \tag{19.25}$$

Weiterhin gilt die Gleichgewichtsbedingung

$$\sigma_1 \frac{A}{2} + \sigma_2 \frac{A}{2} = P = \sigma_m A \tag{19.26}$$

wo also σ_m die mittlere Spannung bezeichnet.

Führen wir die Veränderliche

$$S = 1 - \frac{\sigma_1}{\sigma_m} \tag{19.27}$$

ein, folgt aus der Verträglichkeitsbedingung $\varepsilon_1 = \varepsilon_2$ die Differentialgleichung

$$\dot{S} + \frac{\dot{\varepsilon}_m E}{2\sigma_m} \cdot [(1 + S)^n - (1 - S)^n] = - \frac{E \alpha \omega T_0}{2\sigma_m} \cdot \cos \omega t \tag{19.28}$$

wo

$$\dot{\varepsilon}_m = k\sigma_m^n \tag{19.29}$$

die Kriechgeschwindigkeit bei konstanter Temperatur bedeutet. Wir nehmen hier alle Stoffwerte als temperaturabhängig an. Bei kleinen Wärmespannungen, d. h. mit $S \ll 1$, folgt nach Linearisierung die angenäherte stationäre Lösung der Differentialgleichung (19.28)

$$S = - \frac{E \alpha T_0}{2\sigma_m} \cos \varphi \cdot \sin (\omega t + \varphi) \tag{19.30}$$

wo der Phasenwinkel φ aus der Beziehung

$$\operatorname{tg} \varphi = \frac{n \dot{\varepsilon}_m E}{\omega \sigma_m} \tag{19.31}$$

gegeben ist. Die Wärmespannungsamplitude beträgt also

$$\sigma_a = \frac{E\,\alpha\,T_0}{2}\cos\varphi \qquad (19.32)$$

und die entsprechende Kriechgeschwindigkeit wird nach Gl. (19.25)

$$\dot\varepsilon = \dot\varepsilon_m\left[1 + \frac{\alpha\,\omega\,\varDelta T}{2\,\dot\varepsilon_m}\cos\omega t + \frac{n\,(n-1)}{2}\cdot\left(\frac{\sigma_a}{\sigma_m}\right)^2\sin^2(\omega t + \varphi) + \dots\right] \qquad (19.33)$$

Die durchschnittliche Kriechgeschwindigkeit während einer Periode wird folglich bei kleinen Temperaturvariationen

$$\bar{\dot\varepsilon} = \dot\varepsilon_m\left[1 + \frac{n\,(n-1)}{4}\left(\frac{\sigma_a}{\sigma_m}\right)^2\right]. \qquad (19.34)$$

Die Phase der Kriechgeschwindigkeit $\dot\varepsilon$ ist in bezug auf die Temperaturschwankung in erster Annäherung um $90°$ verschoben. Die Temperaturschwankungen bewirken in zweiter Annäherung eine Vergrößerung der Kriechgeschwindigkeit.

Die Größe der Phasenwinkel φ ist von besonderem Interesse. Sie ist im allgemeinen vernachlässigbar klein; so erhält man z. B. mit

$n = 5$; $\varepsilon_m = 10^{-5}$ (St.$^{-1}$); $E = 2 \cdot 10^4$ (kg/mm^2); $\sigma_m = 10$ (kg/mm^2) und $\omega = 1$ (St.$^{-1}$)

aus Gl. (19.31) den Phasenwinkel

$$\varphi = 0{,}1$$

womit, in guter Annäherung

$$\cos\varphi \simeq 1. \qquad (19.35)$$

Man sieht, daß dieses Ergebnis bei nicht zu großer Kriechgeschwindigkeit $\dot\varepsilon_m$ und nicht zu kleiner Temperaturwechselfrequenz ω immer gültig bleibt. Daraus folgt auch, daß die Wärmespannungsamplitude nach Gl. (19.32) einfach als

$$\sigma_a = \frac{E\,\alpha\,T_0}{2} \qquad (19.36)$$

angeschrieben werden kann, was genau mit der rein elastischen Wärmespannungsamplitude übereinstimmt. Wir ziehen daher die wichtige Schlußfolge, daß die Wärmespannungsamplitude beim Kriechen von derjenigen bei rein elastischer Verformung nur vernachlässigbar wenig abweicht. Wir werden daher im folgenden die elastische Wärmespannungsamplitude benutzen, um dadurch kompliziertere Aufgaben als die hier behandelte lösen zu können. Diese Vereinfachung entstammt MELLGREN 1959b, der in dieser Weise einen kreiszylindrischen Stab sowie einen Plattenstab behandelte.

Wir betrachten hier kurz den ersten Fall, vgl. Abb. 19.5.

1. Temperaturverteilung

Die Temperatur an der Mantelfläche sei

$$T_b = T_0 \cdot \sin \omega t \tag{19.37}$$

Im stationären Zustand muß dann eine Temperaturverteilung der Form

$$T(r, t) = T(r) \cdot \sin(\omega t + \varphi) \tag{19.38}$$

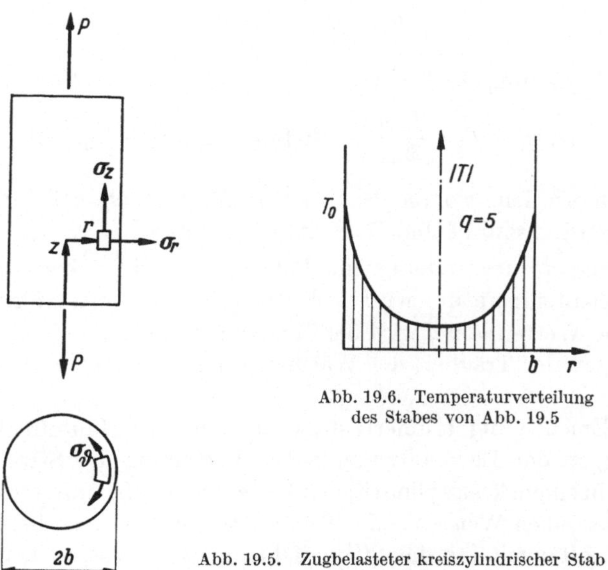

Abb. 19.6. Temperaturverteilung
des Stabes von Abb. 19.5

Abb. 19.5.   Zugbelasteter kreiszylindrischer Stab

im Stabe herrschen. Unter Zugrundelegung komplexer Schreibweise läßt sich demnach die Mantelflächentemperatur als

$$T_b = Im\,[T_0 \cdot e^{i\omega t}] \tag{19.39}$$

anschreiben. Es wird also eine Temperaturverteilung $T(r, t)$ gesucht, die die Differentialgleichung der Wärmeleitung eines Kreiszylinders

$$\frac{\partial^2 T}{\partial r^2} + \frac{1}{r} \cdot \frac{\partial T}{\partial r} = \frac{1}{a} \cdot \frac{\partial T}{\partial t} \tag{19.40}$$

sowie die Randbedingung

$$T(b, t) = T_b \tag{19.41}$$

befriedigt. Die Größe a wird öfters als Temperaturleitfähigkeit (Engl.: diffusivity) bezeichnet; numerische Werte finden sich in Teil VI unten. Die Lösung kann als

$$T(r, t) = Im\left[A \cdot J_0\left(\sqrt{\frac{\omega}{a}}\, i^{\frac{3}{2}} \cdot r\right) \cdot e^{i\omega t}\right] \tag{19.42}$$

geschrieben werden, vgl. hierzu z. B. HORT-THOMA 1954[1] und JAHNKE-EMDE 1952[2]. Wir werden uns im folgenden den Bezeichnungen von McLACHLAN 1955[3] anschließen. Führen wir hier die neuen dimensionslosen Veränderlichen

$$\begin{cases} q = \sqrt{\dfrac{\omega}{a}} \cdot b \\[2mm] \varrho = \dfrac{r}{b} \end{cases} \tag{19.43}$$

ein, kann die Lösung (19.42) als

$$T(r,t) = T_0 \cdot \frac{M_0(q\varrho)}{M_0(q)} \cdot \sin\left[\omega t - \Theta_0(q) + \Theta_0(q\varrho)\right] \tag{19.44}$$

geschrieben werden, wo die Funktionen M_0 und Θ_0 bei McLACHLAN tabuliert worden sind (Table 27, S. 227).

Die Temperaturverteilung im Falle $q = 0$, d. h. bei stationärer Mantelflächentemperatur wird selbstverständlich gleichförmig. Mit wachsenden Werten von q wird die Temperaturamplitude im Innern des Stabes wegen der Trägheit der Wärmeleitung immer kleiner, vgl. Abb. 19.6.

Diese Erscheinung erinnert stark an den sog. Hauteffekt (Engl.: skin effect) in der Elektrodynamik. Die Verteilung der Stromstärkenamplitude in einem kreiszylindrischen Leiter ändert sich mit der Frequenz in genau derselben Weise wie die Temperatur in dem oben betrachteten Stabe. Es gilt auch für die Stromdichte gerade dieselbe Differentialgleichung (19.40); vgl. hierzu z. B. dem oben zitierten Werke von HORT-THOMA, S. 504.

2. Wärmespannungen

Der Zylinder wird nun als rein elastisch angenommen. Es gelten die folgenden Verformungsbeziehungen

$$\begin{cases} \varepsilon_r = \dfrac{\partial u}{\partial r} = \alpha T + \dfrac{1}{E}\left[\sigma_r - \nu(\sigma_\vartheta + \sigma_z)\right] \\[3mm] \varepsilon_\vartheta = \dfrac{u}{r} = \alpha T + \dfrac{1}{E}\left[\sigma_\vartheta - \nu(\sigma_z + \sigma_r)\right] \\[3mm] \varepsilon_z = \alpha T + \dfrac{1}{E}\left[\sigma_z - \nu(\sigma_r + \sigma_\vartheta)\right] \end{cases} \tag{19.45}$$

[1] Die Differentialgleichungen der Technik und Physik, 6. Aufl., Leipzig: J. A. Barth Verlag 1954.

[2] Tafeln höherer Funktionen, 5. Aufl., Leipzig: B. G. Teubner Verlagsgesellschaft 1952.

[3] Bessel Functions for Engineers, 2. Aufl., Oxford: Oxford University Press 1955.

und die Gleichgewichtsbedingung

$$\frac{\partial}{\partial r}(r\sigma_r) = \sigma_\vartheta. \tag{19.46}$$

Weil der Zylinder lang ist, herrscht ein ebener Verzerrungszustand, d. h. es gilt

$$\frac{\partial \varepsilon_z}{\partial r} = 0 \tag{19.47}$$

und die Spannungen können damit explizit gelöst werden. Es folgen mit Rücksicht auf die Randbedingung

$$\sigma_r(b, t) = 0 \tag{19.48}$$

die Spannungen

$$\begin{cases} \sigma_r = \dfrac{\alpha\,E\,T_0}{1-\nu}(Q_1 - Q_2) \\[2ex] \sigma_\vartheta = \dfrac{\alpha\,E\,T_0}{1-\nu}(Q_1 + Q_2 - Q_3) \\[2ex] \sigma_z = \dfrac{\alpha\,E\,T_0}{1-\nu}(2Q_1 - Q_3) \end{cases} \tag{19.49}$$

mit

$$\begin{cases} Q_1 = \dfrac{\displaystyle\int_0^b Tr\,dr}{b^2\,T_0} \\[3ex] Q_2 = \dfrac{\displaystyle\int_0^r Tr\,dr}{r^2\,T_0} \\[3ex] Q_3 = \dfrac{T}{T_0}. \end{cases} \tag{19.50}$$

Im Falle von kleinem Radius b und niedriger Frequenz ω, so daß

$$q = \sqrt{\frac{\omega}{a}}\cdot b \ll 1 \tag{19.51}$$

gilt, ergibt eine Reihenentwicklung von Gl. (19.44) nach Potenzen von ϱ

$$\begin{cases} \sigma_r \simeq \dfrac{\alpha\,E\,T_0}{1-\nu}\cdot\dfrac{q^2}{16}(1 - \varrho^2)\cos\omega t \equiv F_r(\varrho, t), \\[2ex] \sigma_\vartheta \simeq \dfrac{\alpha\,E\,T_0}{1-\nu}\cdot\dfrac{q^2}{16}(1 - 3\varrho^2)\cos\omega t \equiv F_\vartheta(\varrho, t) \\[2ex] \sigma_z \simeq \dfrac{\alpha\,E\,T_0}{1-\nu}\cdot\dfrac{q^2}{8}(1 - 2\varrho^2)\cos\omega t \equiv F_z(\varrho, t). \end{cases} \tag{19.52}$$

Man ersieht aus Gl. (19.52), daß die Phasen der Wärmespannungen in bezug auf die Oberflächentemperatur sämtlich genau um 90° verschoben sind.

3. Kriechgeschwindigkeit

Es wird nun angenommen, daß die zeitlich veränderlichen Wärmespannungen mit den oben gefundenen, Gl. (19.52), identisch sind. Es können daher für die Spannungen im Stabe die folgenden Ansätze gemacht werden

$$\left\{ \begin{aligned} \sigma_z &= \sigma_m \left[1 + F_z(\varrho, t) + Z(\varrho) \right] \\ \sigma_r &= \sigma_m \left[(F_r(\varrho, t) + R(\varrho) \right] \\ \sigma_\vartheta &= \sigma_m \left[F_\vartheta(\varrho, t) + \Theta(\varrho) \right] \end{aligned} \right. \tag{19.53}$$

wo Z, R und Θ noch zu bestimmende Funktionen sind.

Die durchschnittlichen Kriechgeschwindigkeiten schreiben sich als

$$\left\{ \begin{aligned} \bar{\dot\varepsilon}_z &= \frac{1}{2\pi} \int_0^{2\pi} k\sigma_e^{n-1} \left[\sigma_z - \frac{1}{2}(\sigma_r + \sigma_\vartheta) \right] d(\omega t) \\[2ex] \bar{\dot\varepsilon}_r &= \frac{1}{2\pi} \int_0^{2\pi} k\sigma_e^{n-1} \left[\sigma_r - \frac{1}{2}(\sigma_\vartheta + \sigma_z) \right] d(\omega t) \\[2ex] \bar{\dot\varepsilon}_\vartheta &= \frac{1}{2\pi} \int_0^{2\pi} k\sigma_e^{n-1} \left[\sigma_\vartheta - \frac{1}{2}(\sigma_z + \sigma_r) \right] d(\omega t) \end{aligned} \right. \tag{19.54}$$

und zwischen ihnen besteht die Verträglichkeitsbedingung

$$\frac{\partial}{\partial r}(r\bar{\dot\varepsilon}_\vartheta) = \bar{\dot\varepsilon}_r \tag{19.55}$$

und die Bedingung für das Ebenbleiben des Verzerrungszustandes

$$\frac{\partial}{\partial r}(\bar{\dot\varepsilon}_z) = 0 . \tag{19.56}$$

Es gelten darüber hinaus die Gleichgewichtsbedingungen (19.46) und

$$2 \int_0^1 \sigma_z \varrho \, d\varrho = \sigma_m \tag{19.57}$$

sowie die Randbedingung (19.48). Man erhält in zweiter Annäherung die folgenden drei Differentialgleichungen für die Unbekannten Z, R und Θ

$$\left\{ \begin{aligned}
&\frac{d}{d\varrho}(\varrho R) = \Theta \\[2mm]
&n\varrho\frac{dZ}{d\varrho} - \frac{n-3}{2}\varrho\frac{dR}{d\varrho} + 3R - \frac{n+3}{2}\varrho\frac{d\Theta}{d\varrho} - 3\Theta = \frac{n-1}{4} \\[2mm]
&\qquad\qquad [(15-4n)\varrho^4 + (2n-6)\varrho^2]\cdot\left(\frac{\sigma_a}{\sigma_m}\right)^2 \qquad (19.58)\\[2mm]
&-\frac{dZ}{d\varrho} + \frac{1}{2}\frac{dR}{d\varrho} + \frac{1}{2}\frac{d\Theta}{d\varrho} = \frac{n-1}{4n}[(4n+3)\varrho^3 - 2n\varrho]\cdot\left(\frac{\sigma_a}{\sigma_m}\right)^2.
\end{aligned} \right.$$

Es sind hier auf der rechten Seite Größen von der Ordnung $\left(\dfrac{\sigma_a}{\sigma_m}\right)^4$ vernachlässigt worden.

Hier bedeutet

$$\sigma_a = \frac{\alpha E T_0}{1-\nu}\cdot\frac{q^2}{8} \qquad (19.59)$$

die axiale und tangentiale Wärmespannungsamplitude in der Mantelfläche.

Die Lösung des Systems (19.58) lautet

$$\left\{ \begin{aligned}
&Z = \frac{n-1}{48n}[-(30n+9)\varrho^4 + 24n\varrho^2 - 2n + 3]\cdot\left(\frac{\sigma_a}{\sigma_m}\right)^2 \\[2mm]
&R = \frac{n-1}{8}\varrho^2(1-\varrho^2)\left(\frac{\sigma_a}{\sigma_m}\right)^2 \qquad\qquad (19.60)\\[2mm]
&\Theta = \frac{n-1}{8}\varrho^2(3-5\varrho^2)\left(\frac{\sigma_a}{\sigma_m}\right)^2.
\end{aligned} \right.$$

Es folgt schließlich die durchschnittliche Kriechgeschwindigkeit

$$\bar{\dot{\varepsilon}}_z = \dot{\varepsilon}_m\left[1 + \frac{1}{48}(n-1)(n+3)\left(\frac{\sigma_a}{\sigma_m}\right)^2 + \dots\right]. \qquad (19.61)$$

Dieser Ausdruck ist genau von derselben Gestalt wie die früher gefundene Gl. (19.34) und wurde erstmalig von MELLGREN 1959b hergeleitet.

Um die Einwirkung der periodischen Wärmespannungen numerisch zu beurteilen, betrachten wir einen gewöhnlichen Kohlenstoffstahl. Wir können dabei die folgenden Werte, als charakteristisch ansehen:

$$a = 8\ (\mathrm{mm}^2\,\mathrm{s}^{-1});\ \alpha = 15\cdot10^{-6}\ (°\mathrm{C}^{-1});$$
$$\nu = 0{,}3;\ E = 2\cdot10^4\ (\mathrm{kg/mm}^2).$$

Mit $b = 10\ (\mathrm{mm})$, $T_0 = 5\ (°\mathrm{C})$ und $\omega = 2\pi/60 \simeq 0{,}1\ (\mathrm{s}^{-1})$, $\sigma_m = 4\ (\mathrm{kg/mm}^2)$ folgt dann die Wärmespannungsamplitude

$$\sigma_a = 0{,}35\ (\mathrm{kg/mm}^2)$$

und die Kriechgeschwindigkeit im Falle $n = 5$

$$\bar{\dot{\varepsilon}}_z = \dot{\varepsilon}_m\cdot1{,}005.$$

Die Kriechgeschwindigkeit wird in diesem Falle somit wegen der Wärmespannungen nur vernachlässigbar wenig vergrößert.

Bei Kriechversuchen mit intermittenter Erwärmung hat man aber in manchen Fällen eine sehr starke Vergrößerung der Kriechgeschwindigkeit gefunden. FELLOWS, COOK und AVERY fanden 1942 mit einem Cr-Ni-Stahl eine sechsmalige Vergrößerung bei einer Temperaturamplitude von 5° C mit einer Periodenzeit von 7 Min. Die Mitteltemperatur war 982° C. Bei einer Temperaturvariation zwischen 982° C und 20° C, Periodenzeit 48 Std., fanden AVERY und MATHEWS 1947 eine Vergrößerung der Kriechgeschwindigkeit um 10—100 Mal gegenüber dem Fall einer konstanten Temperatur von 982° C. Ähnliche Beobachtungen wurden 1942 von BROPHY und FURMAN gemacht. Man hat es zur Zeit allgemein angesehen, daß die beobachtete Vergrößerung der Kriechgeschwindigkeit von Wärmespannungen verursacht wird. Aus dem obigen numerischen Beispiel geht aber hervor, daß eine derartige mäßige Vergrößerung jedenfalls nicht von makroskopischen Wärmespannungen verursacht werden kann. Es bleibt dann die Möglichkeit übrig, daß es sich um mikroskopische Wärmespannungen handelt, die von dem Korngefüge des Werkstoffes abhängen. Eine vorläufige Darstellung eines solchen Mechanismus wurde von MELLGREN 1960 veröffentlicht. Es scheint ganz möglich in dieser Weise an eine phänomenologische Beschreibung der beobachteten Vergrößerungen der Kriechgeschwindigkeit zu erlangen.

19.3 Kriechbruch bei zeitlich veränderlicher Temperatur

Die Frage des Kriechbruches unter zeitlich veränderlicher Temperatur ist von großer technischer Bedeutung. Fast alle Hochtemperaturanlagen sind im Betrieb Temperaturschwankungen unterworfen. Eine große Menge von Kriechbruchversuchen sind unter betriebsähnlichen Temperaturverhältnissen durchgeführt worden, und man hat empirische Zusammenhänge gesucht.

Nach LARSON und MILLER 1952 gilt mit guter Annäherung die Beziehung

$$T(C + \log t_{cB}) = P.\tag{19.62}$$

Hier ist t_{cB} die Kriechbruchzeit und C und P sind Konstanten. Nimmt man nun nach MILLER 1954 eine lineare Beschädigungshypothese an, so gilt bei zeitlich veränderlicher Temperatur nach Abb. 19.7

$$\sum_{\nu} \frac{t_{\nu}}{t_{cB}(T_{\nu})} = 1.\tag{19.63}$$

Diese Beziehung ist von derselben Art, wie die später (Kap. 20) zu behandelnde Beschädigungshypothese von ROBINSON 1952.

Kommen nur zwei Temperaturen, T_1 und T_2 vor, erhält man aus Gl. (19.63)

$$t_{cB} = t_{cB}(T_1) \, \frac{\dfrac{\Sigma\, t\,(T_1)}{\Sigma\, t\,(T_2)} + 1}{\dfrac{\Sigma\, t\,(T_1)}{\Sigma\, t\,(T_2)} + \dfrac{t_{cB}\,(T_1)}{t_{cB}\,(T_2)}}. \qquad (19.64)$$

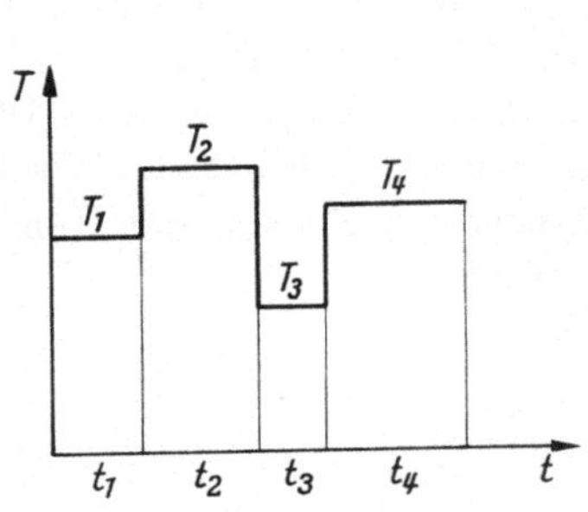

Abb. 19.7. Sprungweise veränderliche
Temperatur

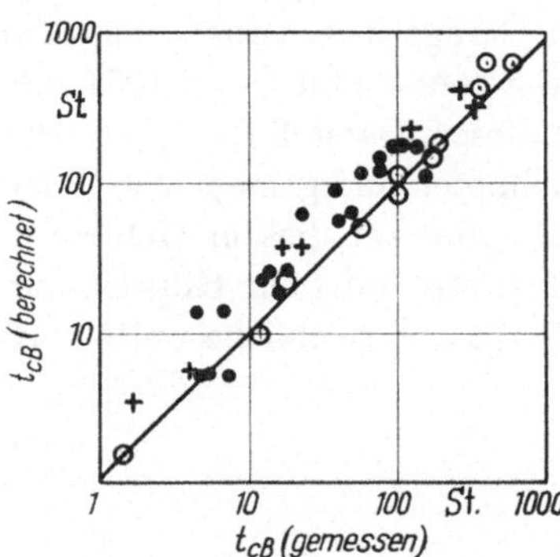

Abb. 19.8. Berechnete und gemessene
Werte der Kriechbruchzeit (MILLER)

Eine Reihe von Versuchen von MILLER, Abb. 19.8, zeigen gute Übereinstimmung zwischen berechneten und gemessenen Werten der Kriechbruchzeit.

Die umfassenden Untersuchungen von DORN und seinen Mitarbeitern zeigen, daß man bei konstanter Spannung und veränderlicher Temperatur das Kriechen als

$$\varepsilon = f(\Theta, \sigma) \qquad (19.65)$$

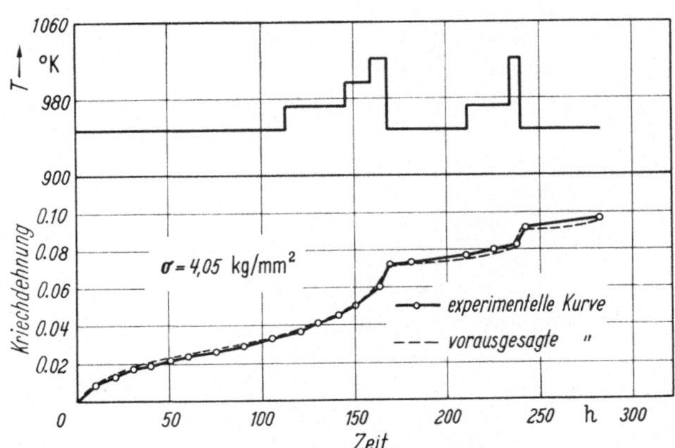

Abb. 19.9. Berechnete und gemessene Kriechdehnungen (DORN und Mitarbeiter)

15 Odqvist/Hult, Kriechfestigkeit

schreiben kann, wo der Parameter

$$\Theta = \int\limits_0^t e^{-\frac{\Delta H}{R\,T}}\,dt \tag{19.66}$$

eingeführt worden ist. Die Größe ΔH zeigt sich als ein Stoffwert. Sie ist von der Temperatur, Spannung und Spannungsgeschichte hauptsächlich unabhängig, hängt aber von der chemischen Zusammensetzung, vom Gefüge usw. (Engl.: metallurgical variables) ab; vgl. DORN 1954, ORR, SHERBY und DORN 1954, SHERBY, ORR und DORN 1954. Man hat mit dieser Darstellung eine sehr genaue Übereinstimmung zwischen berechneten und gemessenen Kriechdehnungen gefunden, vgl. Abb. 19.9.

Es gibt auf diesem Gebiete ein ausgedehntes Schrifttum. Wir begnügen uns mit dem Hinweis auf die Arbeit von FINNIE und HELLER 1959, wo sich reichliche weitere Hinweise finden.

IV. Stabilitätsprobleme bei Kriechen

Stabilitätsprobleme sind in der technischen Mechanik weitgehend behandelt worden. Die erste diesbezügliche Untersuchung stammt von EULER, der 1759 eine Untersuchung über die Stabilität gedrückter Stäbe im elastischen Gebiete veröffentlichte.

Wir betrachten ganz allgemein einen Körper, der von einer Kraft F beansprucht wird. Eine charakteristische, dadurch hervorgerufene Deformation nennen wir δ. Für einfache Probleme der Statik genügt dann öfters die folgende Definition der Stabilität. Das *elastische Gleichgewicht* wird *stabil* genannt, solange $\dfrac{d\,\delta}{d\,F}$ endlich bleibt. Wenn $\dfrac{d\,\delta}{d\,F}$ unendlich wird

$$\frac{d\,\delta}{d\,F} = \infty \tag{IV.1}$$

nennen wir das Gleichgewicht *instabil*. Eine solche Instabilität tritt in gewissen schlanken Konstruktionen bei Druckbelastung auf.

Beim Kriechen wird von F eine gewisse Deformationsgeschwindigkeit $\dot\delta$ hervorgerufen, die im allgemeinen von F eindeutig abhängt. Bei endlicher Kraft wird die Deformationsgeschwindigkeit dann auch endlich. Es zeigt sich aber, daß in gewissen Fällen eine unendliche Deformationsgeschwindigkeit auch bei endlicher Kraft entstehen kann, d. h.

$$\dot\delta = \infty. \tag{IV.2}$$

Wir sprechen dann von *Kriechinstabilität*.

Im Gegensatz zum elastischen Falle ist eine solche Instabilität sowohl bei Druckbelastung wie auch bei Zugbelastung möglich, wenn es sich auch in gewissem Sinne um verschiedene Arten von Instabilität handelt.

Die Kriechinstabilität im Zug hängt von der fortschreitenden Verminderung des Querschnittes im Zug ab. Die Kriechinstabilität bei Druckbelastung ist von derselben Art wie die der elastischen Instabilität.

Ein wesentlicher Unterschied zwischen elastischer Instabilität und Kriechinstabilität besteht darin, daß die Kriechinstabilität bei jeder noch so kleinen Last schließlich immer entsteht. Es gibt also keine kritische Last unterhalb derer die Konstruktion stabil bleibt. Statt dessen sprechen wir hier von einer *kritischen Zeit* (Engl.: critical time) nachdem die Kriechinstabilität eintritt. Der alternative Ausdruck *Versagenszeit* wurde von RIMROTT eingeführt.

15*

20. Statisches Tertiärkriechen, Kriechbruch (Instabilität bei Zug)

Das Tertiärkriechen, d. h. die Zunahme der Kriechgeschwindigkeit am Ende eines Kriechversuches, wurde schon bei den ersten Untersuchungen der Kriecherscheinungen beobachtet. Wie auch schon erwähnt, erstand frühzeitig der Gedanke, daß die Verminderung des Stabquerschnittes für diese Erscheinung verantwortlich sei. Neuzeitliche Kriechversuche, bei denen die Zuglast immer proportional zu der Querschnittsfläche angepaßt wurde, haben es aber gezeigt, daß bei einigen Werkstoffen ein rein *physikalisches Tertiärkriechen* nach gewisser Zeit eintritt, bei anderen Werkstoffen aber nicht, vgl. hierzu auch Abschn. 3.3. Das physikalische Tertiärkriechen, d. h. die Zunahme der Kriechgeschwindigkeit unter zeitlich konstanter Spannung, kann also als eine Schwächung des Werkstoffes selbst gekennzeichnet werden.

Bei manchen technisch wichtigen Werkstoffen spielt das *statische Tertiärkriechen*, d. h. die Zunahme der Kriechgeschwindigkeit die von der Querschnittsverminderung allein verursacht wird, eine viel größere Rolle als das physikalische Tertiärkriechen. Die neuzeitliche Materialforschung sucht immer stabilere Hochtemperaturwerkstoffe herzustellen, die also fast kein physikalisches Tertiärkriechen aufweisen. Das statische Tertiärkriechen ist jedoch immer da, und es wächst somit stetig an Bedeutung.

20.1 Einachsiger Zustand

Wir betrachten einen geraden zylindrischen Stab, der durch eine gleichmäßig verteilte Gesamtkraft P belastet wird. Die Abmessungen des Stabes gehen aus Abb. 20.1 hervor.

Da wir hier große Dehnungen in Betracht nehmen werden, müssen wir sog. natürliche Dehnungen benutzen (auch LUDWIK-Dehnungen genannt). Aus der Definition der Dehnungsänderung, $d\varepsilon$,

$$d\varepsilon = \frac{dL}{L} \tag{20.1}$$

wo L die augenblickliche Länge des Stabes bedeutet, erhält man durch Integration die natürliche Dehnung

$$\varepsilon = \ln\frac{L}{L_0} \tag{20.2}$$

wo L_0 die ursprüngliche Länge ist.

Man sieht, daß bei kleiner Dehnung diese Größe in die gewöhnliche, technisch benutzte Dehnung

$$\varepsilon = \frac{L}{L_0} - 1$$

übergeht.

Das Kriechen findet unter konstantem Volumen statt, d. h. es gilt

$$A_0 L_0 = A L \tag{20.3}$$

woraus sich

$$\varepsilon = \ln \frac{A_0}{A} \tag{20.4}$$

ergibt. Es folgt demnach die Dehnungsgeschwindigkeit

$$\dot{\varepsilon} = -\frac{1}{A} \cdot \dot{A} \tag{20.5}$$

und die Spannung

$$\sigma = \frac{P}{A} = \sigma_0 \cdot \frac{A_0}{A} \,. \tag{20.6}$$

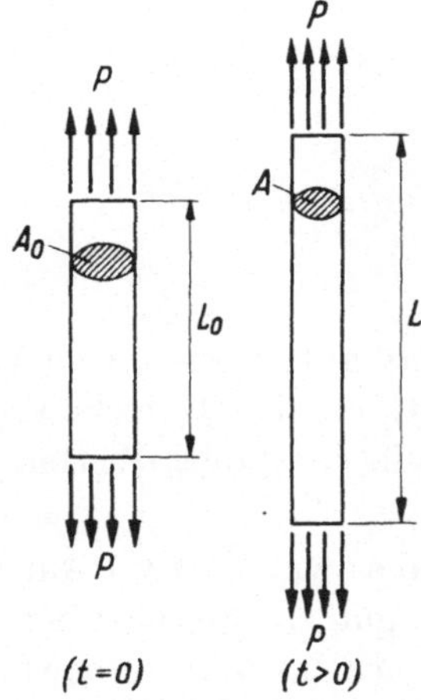

Abb. 20.1. Statisches Tertiärkriechen beim Zugstab

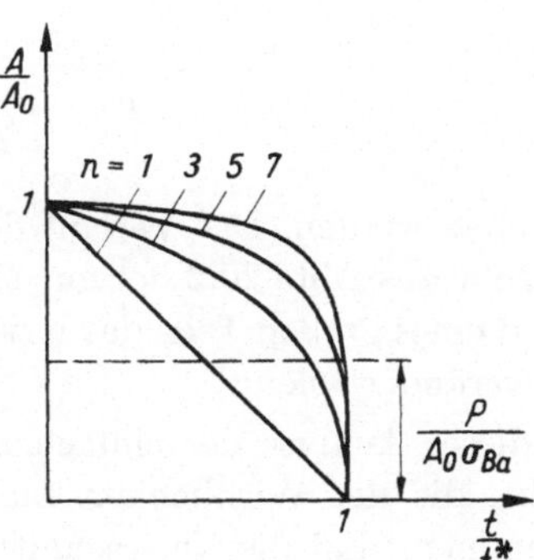

Abb. 20.2. Verminderung der Querschnittsfläche beim Kriechen des Zugstabes

Die elastische Dehnungsgeschwindigkeit ist gegenüber der Kriechgeschwindigkeit vernachlässigbar klein, und es kann somit das Kriechgesetz (4.6) benutzt werden, woraus die Differentialgleichung folgt

$$-\frac{1}{A} \cdot \dot{A} = k \left(\frac{\sigma_0 A_0}{A} \right)^n \tag{20.7}$$

mit der Anfangsbedingung

$$A(0) = A_0 \tag{20.8}$$

Integration liefert sofort

$$t = \frac{1}{n \, k \, \sigma_0^n} \left[1 - \left(\frac{A}{A_0} \right)^n \right] \tag{20.9}$$

wodurch die Funktion $A = A(t)$ bestimmt wird.

Aus den Gln. (20.5) und (20.7) geht hervor, daß die Dehnungsgeschwindigkeit erst bei verschwindender Querschnittsfläche A unendlich wird. Die kritische Zeit beim Zugstab wird demnach gemäß Gl. (20.9)

$$t^* = \frac{1}{n\,k\,\sigma_0^n} \tag{20.10}$$

oder aber

$$t^* = \frac{1}{n\,k}\left(\frac{A_0}{P}\right)^n. \tag{20.11}$$

Gemäß Gl. (4.6) kann sie auch als

$$t^* = \frac{1}{n\,\dot{\varepsilon}_0} \tag{20.12}$$

geschrieben werden.

Die Querschnittsfläche kann nun als

$$A = A_0\left(1 - \frac{t}{t^*}\right)^{\frac{1}{n}} \tag{20.13}$$

geschrieben werden. Der Verlauf der Funktion $A(t)$ bei einigen Werten von n geht aus Abb. 20.2 hervor. Man sieht, daß die Querschnittsfläche während eines großen Teils des Kriechverlaufs bei großen Werten von n fast unverändert bleibt.

In dieser Analyse des einfachen Zugstabes wurden zwei Annahmen gemacht, die der Wirklichkeit nicht ganz gut entsprechen. Es wurde angenommen, daß die Querschnittsfläche sich bis auf verschwindende Größe vermindert, und daß der Zugstab immer zylindrisch bleibt.

Wenn die Spannung $\sigma = \dfrac{P}{A}$ im Zugstab die absolute Bruchfestigkeit σ_{Ba} bei der vorhandenen Temperatur erreicht, bricht der Stab. Die entsprechende kritische Querschnittsfläche wird

$$A_{Ba} = \frac{P}{\sigma_{Ba}} = A_0\,\frac{\sigma_0}{\sigma_{Ba}}. \tag{20.14}$$

Hieraus folgt die kritische Zeit, auch *Kriechbruchzeit* genannt, nach Gl. (20.11)

$$t_B = \frac{1}{n\,k\,\sigma_0^n}\left[1 - \left(\frac{\sigma_0}{\sigma_{Ba}}\right)^n\right]. \tag{20.15}$$

Aus Abb. 20.2 sieht man aber, daß der Unterschied zwischen t^* und t_B bei nicht zu kleinen Werten von n ganz klein ist, so daß man angenähert

t^* statt t_B bei Berechnungen benutzen kann. Bei sehr großen Werten von $\dfrac{\sigma_0}{\sigma_{Ba}}$ gilt diese Vereinfachung aber nicht mehr, wie man aus der folgenden Tabelle sieht

$\dfrac{t_B}{t^*}$	n				
	1	3	5	7	9
$\dfrac{\sigma_0}{\sigma_{Ba}} = 0{,}75$	0,25	0,58	0,76	0,87	0,93
0,50	0,50	0,88	0,97	0,99	1,00
0,25	0,75	0,98	1,00	1,00	1,00

Nach Gl. (20.11) ist die kritische Zeit zu A_0^n proportional. Eine lokale Verminderung der Querschnittsfläche mit einem Faktor Θ bedeutet demnach eine Verminderung der kritischen Zeit mit einem Faktor Θ^n. Dies bedingt das Auftreten einer Einschnürung.

Die Gestalt der Einschnürung kann folgendermaßen ermittelt werden:

Wir setzen voraus, daß die Stababmessungen von Hause aus mit gewissen Fehlern behaftet sind, vgl. Abb. 20.3a, wo A_{10} der so vorliegende Mindestquerschnitt bedeutet, und die sich in gleichen Abständen befindlichen Querschnitte A_{20}, A_{30}, A_{40}, usw. sind, wobei $A_{20} < A_{30} < A_{40} < \ldots$ gilt.

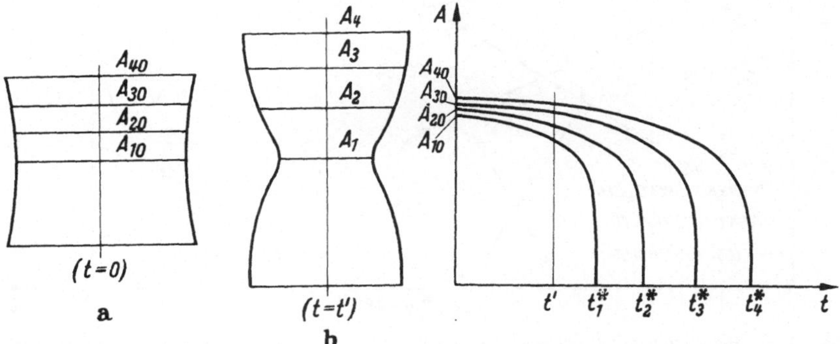

Abb. 20.3.   Entstehung einer Einschnürung beim Zugstabe

Abb. 20.4.   Hilfskurven zur Bestimmung der Gestalt der Einschnürung

Zu jeder Querschnittsfläche A_0 gehört eine bestimmte Kurve $A(t)$ nach Gl. (20.13). Die zu den Flächen A_{10}, A_{20}, A_{30}, A_{40}, usw. gehörigen Kurven sind in Abb. 20.4 aufgetragen. Die Größen dieser Flächen in einem bestimmten Augenblicke t' können dann leicht dem Diagramm

entnommen werden. Die Abstände der entsprechenden Querschnitten
werden aus der Volumenkonstanz der Verformung bestimmt. Die Gestalt
der Einschnürung im Augenblicke $t = t'$ kann dann wie in Abb. 20.3b
aufgetragen werden. Die hier gegebene Darstellung des Einschnürungs-
verlaufes rührt von HOFF 1953 her. Aus der Form der Kurven in Abb. 20.4
geht hervor, daß die Einschnürung sich nur kurz vor dem Bruch aus-
bildet, wenn der Kriechexponent nicht zu klein ist. Man darf jedoch nicht
erwarten, daß ein einschnürungsfreier Bruch für Werkstoffe mit hohen n
immer erhalten wird.

Die Kriechbruchzeit von Gl. (20.12) wurde von HOFF mit experimentellen Ergebnissen von DORN und TIETZ 1949 verglichen. Nach Gl. (20.10)
gilt

$$\log t^* = -n \cdot \log \sigma_0 - \log nk \tag{20.16}$$

und nach Gl. (4.6) gilt

$$\log \dot{\varepsilon}_0 = n \cdot \log \sigma_0 + \log k. \tag{20.17}$$

In einem doppeltlogarithmischen Diagramm mit $\log \sigma_0$ als Ordinate und
$\log t^*$ bzw. $\log \dot{\varepsilon}_0$ als Abszissen entsprechen diese Beziehungen geraden
Linien mit gleich großen Neigungen gegenüber der Abszissenachse.

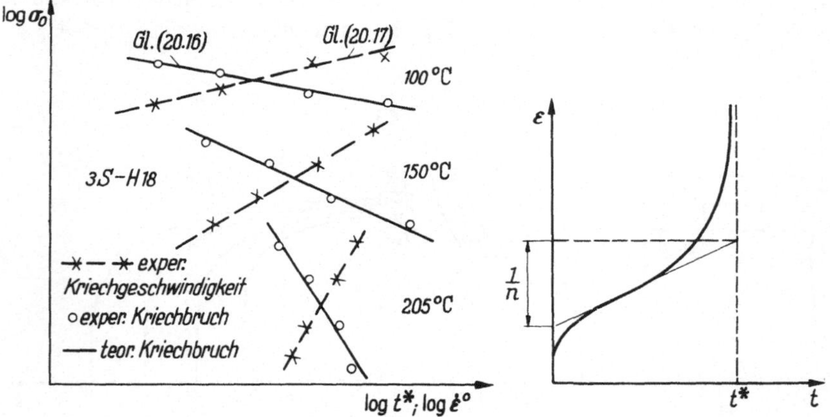

Abb. 20.5. Berechnete und gemessene Kriechgeschwindigkeiten und Kriechbruchzeiten (HOFF)

Abb. 20.6. Bestimmung der kritischen Zeit durch Extrapolation
des Sekundärkriechens

Bei einer Reihe von Kriechversuchen mit den Aluminiumlegierungen
3S-H18, 52S-H32, 52A-H38, 61S-T6 und 24S-T3, wo Kriechgeschwindigkeit sowie Kriechbruchzeit bestimmt wurden, ergaben sich gerade Linien
wie die von Abb. 20.5. Die Übereinstimmung mit der Theorie war ganz
befriedigend, mit Ausnahme von drei Versuchsreihen. Die Kriechbruch-

zeit von 61S-T6 bei 205° C und von 24S-T3 bei 150° C und 205° C war viel kürzer als die aus Gl. (20.16) berechneten. Es ist jedoch zu vermuten, daß sich die Aushärtung dieser Legierungen bei den hohen Prüftempeturen stetig vermindert hat. Bei 32° C konnte ein Vergleich mit der Theorie nicht leicht durchgeführt werden, da die Neigung der Geraden dann fast verschwindend klein war.

Eine einfache graphische Methode um die kritische Zeit beim Zugstab zu bestimmen zeigt Abb. 20.6. Wäre die Kriechgeschwindigkeit immer konstant $\dot{\varepsilon} = \dot{\varepsilon}_0$, würde die Kriechdehnung im Augenblicke t^*, nach Gl. (20.12), die Größe

$$\varepsilon^* = \dot{\varepsilon}_0 t^* = \frac{1}{n} \tag{20.18}$$

besitzen, woraus die in Abb. 20.6 angegebene Extrapolationsmethode unmittelbar folgt.

Die oben dargestellte HOFFsche Analyse der Lebensdauer eines einachsigen Zugstabes im Kriechen wurde ausschließlich auf die stetige Verminderung der Querschnittsfläche gegründet. Der Bruchvorgang ist derselbe wie bei einem gewöhnlichen Zugversuch mit zähem Werkstoff.

Es gibt jedoch Werkstoffe mit einem fast vollständig spröden Kriechbruch. Auch gibt es viele Werkstoffe, deren Kriechbrucheigenschaften zwischen diesen Extremen liegen. Eine phänomenologische Darstellung dieser Erscheinungen wurde von KACHANOV 1958 gegeben, die wir unten kurz wiedergeben wollen.

Es ist ein Beschädigungsparameter Ψ eingeführt, derart, daß $\Psi = 1$ dem jungfräulichen Zustand entspricht, während $\Psi = 0$ vollständiger Beschädigung, d. h. Bruch entspricht. Es wird die folgende hypothetische Gleichung aufgestellt

$$\dot{\Psi} = - C \left(\frac{\sigma}{\Psi} \right)^{\nu} \tag{20.19}$$

wo C und ν Konstanten sind[1]. Sie erlaubt die Berechnung einer kritischen Zeit. In Gl. (20.19) bedeutet σ die jeweilige Spannung, die mitunter auch zeitlich veränderlich sein kann.

Wir nehmen erst an, daß die Spannung während des Kriechversuches konstant gehalten wird, d. h. $\sigma_{max} = \sigma_0$. Aus Gl. (20.19) und der Anfangsbedingung

$$\Psi(0) = 1 \tag{20.20}$$

folgt dann sofort durch Integration

$$\Psi^{\nu+1} = 1 - (\nu + 1)\, C \sigma_0^{\nu}\, t. \tag{20.21}$$

---

[1] KACHANOV benutzte A und n statt C und ν.

Die kritische Zeit t_K (K nach KACHANOV) wird aus der Bedingung

$$\Psi(t_K) = 0 \tag{20.22}$$

bestimmt, woraus

$$t_K = \frac{1}{(\nu + 1)\, C\, \sigma_0^\nu} \tag{20.23}$$

d. h. die kritische Zeit bei vollständig sprödem Kriechbruch wird zu σ_0^ν umgekehrt proportional, was der Erfahrung ziemlich gut entspricht.

Betrachten wir anschließend den früher behandelten Fall mit dem Zugstab unter zeitlich konstanter Last. Nach Gl. (20.12) gilt dann für die Spannung

$$\sigma = \sigma_0 \cdot \left(1 - \frac{t}{t^*}\right)^{-\frac{1}{n}} \tag{20.24}$$

woraus nach Gl. (20.19) die Differentialgleichung

$$\dot{\Psi} = - C\sigma_0^\nu \cdot \Psi^{-\nu} \cdot \left(1 - \frac{t}{t^*}\right)^{-\frac{\nu}{n}} \tag{20.25}$$

folgt. Integration mit Rücksicht auf die Anfangsbedingung (20.20) und die Endbedingung

$$\Psi(t_K^*) = 0$$

liefert dann die kritische Zeit

$$t_K^* = t^* \left[1 - \left(1 - \frac{n - \nu}{n} \cdot \frac{t_K}{t^*}\right)^{\frac{n}{n-\nu}}\right] \quad (\nu < n) \tag{20.26}$$

oder aber

$$t_K^* = t^* \left(1 - e^{-\frac{t_K}{t^*}}\right) \qquad (\nu = n). \tag{20.27}$$

Im Falle $\nu < n$, folgt $t_K^* < t^*$ solange

$$\sigma_0 < \left(\frac{1 + \nu}{n - \nu} \cdot \frac{C}{k}\right)^{\frac{1}{n-\nu}} \equiv \bar{\sigma} \tag{20.28}$$

gilt. Bei Spannungen unterhalb der Grenze $\bar{\sigma}$ wird das Brechen von gleichzeitiger Querschnittsverminderung und Werkstoffbeschädigung verursacht; oberhalb $\bar{\sigma}$ hängt es nur von der Querschnittsverminderung ab. Die Geraden abc und de von Abb. 20.7 entsprechen rein zähem bzw. rein sprödem Verhalten des Werkstoffes. Die Kurve be entspricht der Kombination von beiden.

Kurven dieser Art geben den allgemeinen Charakter von Kriechbruch-
kurven gut wieder, vgl. ODQVIST und HULT 1961. Bei hohen Spannungen
kann man somit die HOFFsche Analyse benutzen, bei kleinen Spannungen
muß die Beschädigung des Werk-
stoffes auch in Betracht gezogen
werden.

Die Hypothese von KACHANOV,
Gl. (20.19), ist nicht anders als eine
alternative Formulierung der Theorie der linearen Kriechbeschädigung,
die zuerst von ROBINSON 1952 eingeführt wurde. Dies kann aus der
folgenden Überlegung eingesehen
werden.

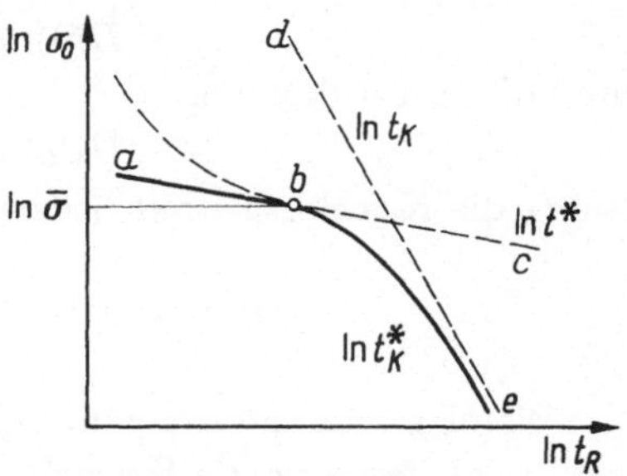

Abb. 20.7. Zur Kriechbruchtheorie von
KACHANOV

Die von dem Kriechen verursachte innere Beschädigung des Werkstoffes kann als eine Verminderung der lasttragenden Querschnittsfläche
ausgedrückt werden. Eine derartige Verminderung wird z. B. von dem
Auftreten von Mikrorissen verursacht.

Bezeichnet man mit A die ganze Querschnittsfläche des Zugstabes
und mit A_r die reduzierte, lasttragende Querschnittsfläche, kann die
Beschädigung als

$$D = \frac{A - A_r}{A} \tag{20.29}$$

definiert werden. Die entsprechenden Spannungen σ und σ_r folgen aus

$$\sigma A = \sigma_r A_r = P, \tag{20.30}$$

wo P die Zugkraft im Stabe bedeutet.

Wir nehmen an, daß die Geschwindigkeit der Beschädigung nur von
der Spannung σ_r aber nicht von ihrem Zeitverlauf abhängig ist, d. h.

$$\frac{dD}{dt} = f(\sigma_r). \tag{20.31}$$

Es folgt dann aus den Gln. (20.29) und (20.30)

$$\frac{dD}{dt} = f\left(\frac{\sigma}{1-D}\right). \tag{20.32}$$

Wenn, speziell, f eine reine Potenzfunktion ist, d. h.

$$f(x) = C x^v \tag{20.33}$$

so folgt mit

$$1 - D = \Psi \tag{20.34}$$

die KACHANOVsche Hypothese (20.19).

Die aus den Gln. (20.32) und (20.33) folgende Differentialgleichung kann nach Trennung der Veränderlichen integriert werden. Es folgt mit Rücksicht auf die Anfangsbedingung

$$D(0) = 0 \tag{20.35}$$

und die Endbedingung

$$D(t_R) = 1 \tag{20.36}$$

wo t_R die Kriechbruchzeit bedeutet

$$K \int_0^{t_R} \sigma^\nu \, dt = \int_0^1 (1 - D)^\nu \, dD = \frac{1}{\nu + 1}. \tag{20.37}$$

Wenn σ während des ganzen Kriechvorganges konstant wäre, würde sich die entsprechende Kriechbruchzeit t_K aus

$$K\sigma^\nu \, t_K = \frac{1}{\nu + 1} \tag{20.38}$$

ergeben. Die Gl. (20.37) kann demnach auch als

$$\int_0^{t_R} \frac{d\,t}{t_K} = 1 \tag{20.39}$$

geschrieben werden. Dies ist gerade die Definitionsgleichung der Theorie der linearen Kriechbeschädigung von ROBINSON 1952. Sie besagt, daß während jedes Zeitelementes ein gewisser Teil der ganzen Lebensdauer verbraucht wird, der nur von der Dauer dieses Zeitelementes und von der jeweiligen Spannung abhängig ist. Der Zusammenhang zwischen den Hypothesen von KACHANOV und ROBINSON ist damit angedeutet worden. Die ROBINSONsche Darstellung, d. h. Gl. (20.39) hat in der Literatur eine weite Anwendung gewonnen, vgl. FINNIE und HELLER 1959. Weitere Gesichtspunkte der Beschädigung des Werkstoffes beim Kriechen finden sich bei ODING und BURDUKSKI 1956.

20.2 Mehrachsiger Zustand

a) Kugelschale mit Innendruck

Wir betrachten hier dieselbe Kugelschale wie unter Abschn. 12.1a, berücksichtigen aber nun auch die Wirkung einer endlichen Formänderung.

Die Abmessungen der Kugelschale in einem willkürlichen Augenblicke gehen aus Abb. 12.1 hervor. Am Anfang des Kriechvorganges sei der Mittelradius a_0 und die Schalenstärke h_0 genannt.

Nach Abschn. 12.1 herrscht in der Schalenwand ein angenähert ebener Spannungszustand mit gleichen Hauptspannungen

$$\sigma_\vartheta = \frac{p}{2} \frac{a}{h}. \tag{12.1}$$

Die entsprechende Dehnungsgeschwindigkeit wird

$$\dot{\varepsilon}_\vartheta = \frac{k}{2} \left(\frac{p\,a}{2\,h} \right)^n . \tag{12.3}$$

Die Größen a und h sind nunmehr nicht konstant; der Radius nimmt während des Kriechens stetig zu, und die Wandstärke nimmt ab.

Das Volumen des Schalenwerkstoffes bleibt während des Kriechens konstant, d. h. es gilt

$$4\pi\,a^2\,h = 4\pi\,a_0{}^2\,h_0$$

woraus sich

$$\frac{a}{h} = \frac{a_0}{h_0} \cdot \left(\frac{a}{a_0} \right)^3 \tag{20.40}$$

ergibt. Bei großen Verformungen muß für die Umfangsdehnung statt

$$\varepsilon_\vartheta = \frac{a - a_0}{a_0}$$

der genauere Ausdruck

$$\varepsilon_\vartheta = \ln \frac{a}{a_0} \tag{20.41}$$

geschrieben werden. Nach Gl. (20.40) gilt dann

$$\frac{a}{h} = \frac{a_0}{h_0} \cdot e^{3\varepsilon_\vartheta} \tag{20.42}$$

und die Gl. (12.3) geht somit in die Differentialgleichung

$$\dot{\varepsilon}_\vartheta = \frac{k}{2} \left(\frac{p\,a_0}{2\,h_0} \right)^n \cdot e^{3n\varepsilon_\vartheta} \tag{20.43}$$

über.

Die Dehnung ε_ϑ bezieht sich auf den Zustand unmittelbar nach der Auferlegung des Druckes p, und es gilt somit die Anfangsbedingung

$$\varepsilon_\vartheta\,(0) = 0 \tag{20.44}$$

womit die Gl. (20.43) als

$$\dot{\varepsilon}_\vartheta = \dot{\varepsilon}_{\vartheta 0} \cdot e^{3n\varepsilon_\vartheta} \tag{20.45}$$

geschrieben werden kann. Es bedeutet hier

$$\dot{\varepsilon}_{\vartheta 0} = \frac{k}{2} \left(\frac{p\,a_0}{2\,h_0} \right)^n \tag{20.46}$$

den Wert der Kriechgeschwindigkeit im Augenblicke $t = 0$, vgl. Gl. (12.3).

Die Differentialgleichung (20.45) kann unmittelbar integriert werden. Mit Rücksicht auf die Anfangsbedingung (20.44) wird die Lösung

$$\varepsilon_\vartheta = \ln\,(1 - 3\,n\,\dot\varepsilon_{\vartheta 0}\,t)^{-\frac{1}{3n}} \tag{20.47}$$

woraus sich

$$a = a_0 \cdot (1 - 3\,n\,\dot\varepsilon_{\vartheta 0}\,t)^{-\frac{1}{3n}} \tag{20.48}$$

ergibt. Der Radiuszuwachs ist in Abb. 20.8 dargestellt. Es gibt hier, gerade wie beim Zugstab, eine kritische Zeit, nachdem die Zuwachsgeschwindigkeit unendlich groß wird. Nach Gl. (20.48) ist sie

$$t^* = \frac{1}{3\,n\,\dot\varepsilon_{\vartheta 0}} \tag{20.49}$$

oder, mit Rücksicht auf Gl. (20.46)

$$t^* = \frac{2}{3\,n\,k}\left(\frac{2}{p}\cdot\frac{h_0}{a_0}\right)^n . \tag{20.50}$$

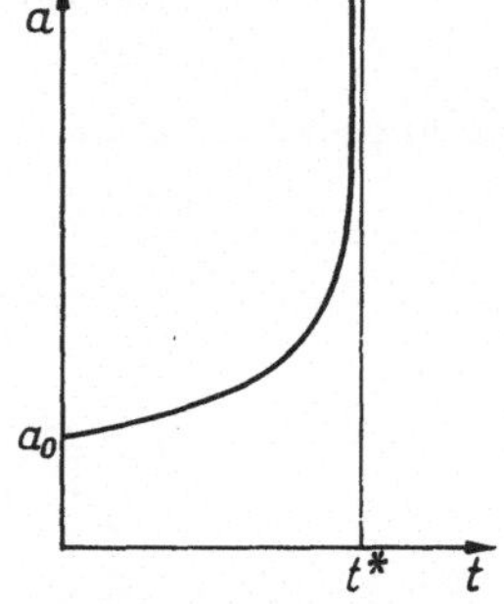

Abb. 20.8. Radiuszuwachs einer dünnwandigen Kugelschale mit Innendruck

Gerade wie beim Zugstab wird hier das Bersten etwas vor dieser Zeit eintreffen, dann nämlich, wenn die maßgebende Spannung in der Schalenwand die absolute Zugfestigkeit des Werkstoffes bei der vorhandenen Temperatur erreicht. Bei nicht zu kleinen Werten des Überdruckes unterscheidet sich auch hier die Kriechbruchzeit t_B nur wenig von der kritischen Zeit t^*.

Es bestehen somit zwischen dem Zugstab und der Kugelschale in dieser Hinsicht große Ähnlichkeiten. Ein Unterschied ist aber, daß bei der Kugelschale die Wand stetig schwächer wird, während gleichzeitig die Gesamtlast wegen des Radiuszuwachses stetig größer wird. Beim Zugstab kommt ja dagegen nur eine Querschnittsverminderung vor.

b) Zylinderschale mit Innendruck

Es wird hier dasselbe Rohr wie unter Abschn. 12.1b betrachtet. Wir benutzen dieselben Bezeichnungen wie oben bei der Kugelschale.

Die Hauptspannungen sind

$$\left\{\begin{array}{l} \sigma_x = \dfrac{p}{2}\cdot\dfrac{a}{h} \\[2ex] \sigma_\vartheta = p\,\dfrac{a}{h} \\[2ex] \sigma_r \simeq 0 \end{array}\right. \tag{12.5}$$

und die entsprechenden Dehnungsgeschwindigkeiten

$$\left\{ \begin{aligned} \dot\varepsilon_x &= 0 \\[2mm] \dot\varepsilon_\vartheta &= \left(\frac{3}{4}\right)^{\frac{n+1}{2}} \cdot k\sigma^n \\[2mm] \dot\varepsilon_r &= -\,\dot\varepsilon_\vartheta \,. \end{aligned} \right. \tag{12.7}$$

Ähnlich wie bei der Kugelschale gilt hier, da die Länge des Rohres während des Kriechens konstant bleibt

$$2\pi\, a h L_0 = 2\pi\, a_0\, h_0\, L_0$$

woraus

$$\frac{a}{h} = \frac{a_0}{h_0} \cdot e^{2\varepsilon_\vartheta} \tag{20.51}$$

folgt. Somit gilt die Differentialgleichung

$$\dot\varepsilon_\vartheta = \left(\frac{3}{4}\right)^{\frac{n+1}{2}} \cdot k \left(p \cdot \frac{a_0}{h_0}\right)^n \cdot e^{2n\varepsilon_\vartheta} \tag{20.52}$$

mit der Lösung

$$\varepsilon_\vartheta = \ln\left(1 - 2n\dot\varepsilon_{\vartheta 0}\, t\right)^{-\frac{1}{2n}} \tag{20.53}$$

woraus sich

$$a = a_0 \cdot \left(1 - 2n\dot\varepsilon_{\vartheta 0}\, t\right)^{-\frac{1}{2n}} \tag{20.54}$$

ergibt. Hier bedeutet

$$\dot\varepsilon_{\vartheta 0} = \left(\frac{3}{4}\right)^{\frac{n+1}{2}} \cdot k \left(p \cdot \frac{a_0}{h_0}\right)^n \tag{20.55}$$

die Dehnungsgeschwindigkeit im Augenblicke $t = 0$. Die kritische Zeit wird nach Gl. (20.54)

$$t^* = \frac{1}{2n\,\dot\varepsilon_{\vartheta 0}} \tag{20.56}$$

und besitzt somit eine ganz ähnliche Form wie beim Zugstab, Gl. (20.12) und wie bei der Kugelschale, Gl. (20.49). Diese Ausdrücke finden sich bei RIMROTT 1959a, b, die Gl. (20.56) auch bei FINNIE 1959.

FINNIE hat außerdem den Einfluß einer gleichzeitigen Werkstoffbeschädigung untersucht. Gemäß der oben besprochenen linearen Beschädigungstheorie kann die Kriechbruchzeit aus Gl. (20.37) berechnet werden, wenn σ eine für den Kriechbruch im mehrachsigen Falle maßgebende Spannung bedeutet.

Versuche mit Kriechbruch unter mehrachsiger Belastung sind von JOHNSON und seinen Mitarbeitern durchgeführt worden. Bei 0,5% Mo-Stahl, JOHNSON und FROST 1951, sowie bei reinem Kupfer, JOHNSON, HENDERSON und MATHUR 1956, ergab sich die größte Hauptspannung als die für Kriechbruch maßgebende Größe. Bei einer Aluminiumlegierung aber, JOHNSON, HENDERSON und MATHUR 1960, war die oben definierte effektive Spannung σ_e ausschlaggebend. Der Einfachheit halber wird die größte Hauptspannung hier benutzt werden. Beim dünnwandigen kreiszylindrischen Rohre hat man demnach für σ in der Gl. (20.37) die Umfangsspannung σ_ϑ einzusetzen. Aus den Gln. (12.5), (20.51), (20.53) und (20.56) folgt dann

$$\sigma = \sigma_0 \cdot \left(1 - \frac{t}{t^*}\right)^{-\frac{1}{n}} \tag{20.57}$$

was mit Gl. (20.24) an Form identisch ist. Es gelten somit auch beim Rohre die Ergebnisse des Zugstabes. Speziell hat man Kriechbruchzeitkurven des allgemeinen Charakters von Abb. 20.7 auch bei Versuchen mit Rohren gefunden, vgl. VOORHEES, SLIEPCEVITCH und FREEMAN 1956. Das zylindrische Rohr wurde auch von KACHANOV behandelt.

c) Hohlkugel mit Innendruck

Eine ausführliche Behandlung dieser Aufgabe findet sich bei RIMROTT 1959a und es wird auf diese Arbeit für Einzelheiten verwiesen.

Mit den Bezeichnungen von Abb. 12.2 gilt die Beziehung

$$t = \left(\frac{2\,n}{3\,p}\right)^n \cdot \frac{1}{k} \cdot J \tag{20.58}$$

mit

$$\left\{ \begin{array}{l} J = \dfrac{2\,n}{3} \displaystyle\int_{y_1}^{y_2} \dfrac{(1-y)^n\,d\,y}{(1-y^n)\,y} \\[2em] y_1 = \left(\dfrac{a_0}{b_0}\right)^{\frac{3}{n}} \\[2em] y_2 = \left[\dfrac{\left(\dfrac{a_0}{b_0}\right)^3 \cdot e^{\frac{3\,\varepsilon_a}{2}}}{1 + \left(\dfrac{a_0}{b_0}\right)^3 \left(e^{\frac{3\,\varepsilon_a}{2}} - 1\right)} \right]^{\frac{1}{n}}. \end{array} \right. \tag{20.59}$$

Die kritische Zeit wird

$$t^* = \left(\frac{2\,n}{3\,p}\right)^n \cdot \frac{1}{k} \cdot J^* \tag{20.60}$$

mit

$$J^* = J(y_2 = 1).\qquad(20.61)$$

Im Falle $b_0 = a_0 + h_0$; $h_0 \ll a_0$ ergibt sich wieder der Ausdruck (20.50) für die dünnwandige Kugelschale.

Verwendet man die Gl. (20.50) auch bei einer dickwandigen Kugel, so wird ein zu großer Wert der kritischen Zeit t^* erhalten, wie in Abb. 20.9 an einem numerischen Beispiel gezeigt ist.

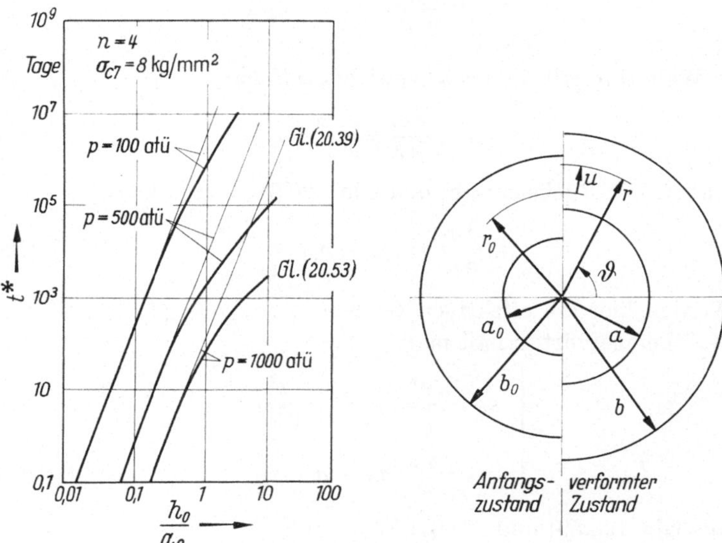

Abb. 20.9. Kritische Zeit bei Hohlkugel mit Innendruck (RIMROTT)

Abb. 20.10. Zur Bestimmung der kritischen Zeit bei Hohlzylinder mit Innendruck

d) Hohlzylinder Rohr mit Innendruck

Auch diese Aufgabe wurde von RIMROTT 1959b behandelt.

Wir benutzen hier die Bezeichnungen von Abb. 20.10 sowie die von Abschn. 12.2b.

Bei kleinen Kriechdeformationen eines dickwandigen Rohres mit Innendruck ergab sich im Abschn. 12.2b die Beziehung

$$\dot{\varepsilon}_z = 0\qquad(20.62)$$

d. h. die Länge des Rohres bleibt während des Kriechens konstant. Wir nehmen an, daß dieses Ergebnis auch bei großen Deformationen gültig bleibt. Wird der Zustand im Augenblicke $t = 0$ als Bezugszustand gewählt, gilt dann auch fortwährend

$$\varepsilon_z = 0\,.\qquad(20.63)$$

Die anderen beiden Hauptdehnungen sind

$$\varepsilon_\vartheta = \ln \frac{r}{r_0} = \ln\left(1 + \frac{u}{r_0}\right) \tag{20.64}$$

$$\varepsilon_r = \ln \frac{\partial r}{\partial r_0} = \ln\left(1 + \frac{\partial u}{\partial r_0}\right) \tag{20.65}$$

woraus die Verträglichkeitsbedingung

$$r_0 \frac{\partial \varepsilon_\vartheta}{\partial r_0} = e^{\varepsilon_r - \varepsilon_\vartheta} - 1 \tag{20.66}$$

folgt. Weiterhin gilt die Gleichgewichtsbedingung

$$r \frac{\partial \sigma_r}{\partial r} = \sigma_\vartheta - \sigma_r \tag{20.67}$$

oder aber, mit Rücksicht auf den Gln. (20.64) und (20.66)

$$r_0 \frac{\partial \sigma_r}{\partial r_0} = (\sigma_\vartheta - \sigma_r) \cdot e^{\varepsilon_r - \varepsilon_\vartheta} . \tag{20.68}$$

Werden hier die effektiven Größen ε_e nach Gl. (4.39) und σ_e nach Gl. (4.37) eingeführt, erhält man

$$\varepsilon_e = \frac{2}{\sqrt{3}} \varepsilon_\vartheta = -\frac{2}{\sqrt{3}} \varepsilon_r \tag{20.69}$$

$$\sigma_e = \frac{\sqrt{3}}{2} (\sigma_\vartheta - \sigma_r). \tag{12.26}$$

Aus Gln. (20.59) und (20.62) folgt dann

$$\frac{\sqrt{3}}{2} r_0 \frac{\partial \varepsilon_e}{\partial r_0} = e^{-\sqrt{3}\,\varepsilon_e} - 1 \tag{20.70}$$

woraus durch Integration

$$\varepsilon_e = \frac{1}{\sqrt{3}} \ln\left[1 + \frac{T(t)}{r_0{}^2}\right] \tag{20.71}$$

wo $T(t)$ eine vorläufig unbekannte Zeitfunktion ist. Speziell gilt am Innenradius

$$\varepsilon_e(a_0) = \frac{1}{\sqrt{3}} \ln\left[1 + \frac{T(t)}{a_0{}^2}\right]$$

woraus nach Elimination von $T(t)$

$$\varepsilon_e = \frac{1}{\sqrt{3}} \ln\left[1 + \left(\frac{a_0}{b_0}\right)^2 \cdot \left(e^{\sqrt{3}\cdot\varepsilon_e(a_0)} - 1\right)\right] \tag{20.72}$$

und nach einigen Umformungen

$$\frac{\partial \dot{\varepsilon}_e}{\partial r_0} = -\frac{2}{r_0} \dot{\varepsilon}_e\, e^{-\sqrt{3}\cdot\varepsilon_e}. \tag{20.73}$$

Aus der Gleichgewichtsbedingung folgt dann

$$\frac{d\,\sigma_r}{d\,\dot\varepsilon_e} = \frac{\dfrac{\partial\,\sigma_r}{\partial\,r_0}}{\dfrac{\partial\,\dot\varepsilon_e}{\partial\,r_0}} = -\frac{\sigma_e}{\sqrt{3}\cdot\dot\varepsilon_e} \tag{20.74}$$

woraus, da $\sigma_r = -p$ am Innenradius ist

$$p = \frac{1}{\sqrt{3}}\int\limits_{\dot\varepsilon_e(b_0)}^{\dot\varepsilon_e(a_0)} \frac{\sigma_e}{\dot\varepsilon_e}\,d\dot\varepsilon_e\,. \tag{20.75}$$

Aus dem Kriechgesetze (4.41) folgt

$$p = \frac{k^{-\frac{1}{n}}}{n\sqrt{3}}\left[\dot\varepsilon_e(a_0)^{\frac{1}{n}} - \dot\varepsilon_e(b_0)^{\frac{1}{n}}\right] \tag{20.76}$$

wo nach Gl. (20.72)

$$\dot\varepsilon_e(b_0) = \frac{\left(\dfrac{a_0}{b_0}\right)^2\cdot e^{\sqrt{3}\cdot\varepsilon_e(a_0)}}{1 + \left(\dfrac{a_0}{b_0}\right)^2\cdot\left(e^{\sqrt{3}\cdot\varepsilon_e(a_0)} - 1\right)}\cdot\dot\varepsilon_e(a_0) \tag{20.77}$$

gilt.

Nach Integration erhält man schließlich

$$t = \left(\frac{n}{\sqrt{3}}\cdot\frac{1}{p}\right)^n\cdot\frac{1}{k}\cdot I \tag{20.78}$$

mit

$$\left\{ \begin{aligned} I &= \frac{n}{\sqrt{3}}\int\limits_{x_1}^{x_2}\frac{(1-x)^n\,dx}{(1-x^n)\,x} \\[2mm] x_1 &= \left(\frac{a_0}{b_0}\right)^{\frac{2}{n}} \\[2mm] x_2 &= \left(\frac{\dot\varepsilon_e(b_0)}{\dot\varepsilon_e(a_0)}\right)^{\frac{1}{n}}. \end{aligned} \right. \tag{20.79}$$

Die kritische Zeit wird

$$t^* = \left(\frac{n}{\sqrt{3}}\cdot\frac{1}{p}\right)^n\cdot\frac{1}{k}\cdot I^* \tag{20.80}$$

mit

$$I^* = I(x_2 = 1) \tag{20.81}$$

Im Falle $b_0 = a_0 + h_0$; $h_0 \ll a_0$ ergibt sich wieder der Ausdruck (20.56) des dünnwandigen Rohres. Auch hier gelten übrigens ähnliche Verhältnisse wie die in Abb. 20.9 dargestellten.

16*

21. Kriechknickung

21.1 Einleitende prinzipielle Bemerkungen

Gewisse Bauteile besitzen bei Druckbelastung in ihrem elastischen Gebiet eine Stabilitätsgrenze oberhalb der stabiles Gleichgewicht nicht möglich ist. Beispiele solcher Fälle bieten axial gedrückte Stäbe. Zusammenfassende Darstellungen der elastischen und elastisch-plastischen Stabilitätsaufgaben finden sich z. B. bei RATZERSDORFER[1], KOLLBRUNNER und MEISTER[2,3] und TIMOSHENKO[4].

Viele der charakteristischen Eigenschaften der Stabilitätsaufgaben sind bei dem einfachen Modell von Abb. 21.1 vorhanden, und wir werden uns daher einleitend mit ihm kurz beschäftigen.

Ein starrer gerader Stab ist unten gelenkig gelagert und oben mittels einer Feder seitlich gestützt. Im unbelasteten Zustand bildet der Stab den Winkel φ_0 mit dem lotrechten.

Es wird die Änderung dieses Winkels gesucht, die von einer lotrechten Kraft P hervorgerufen wird.

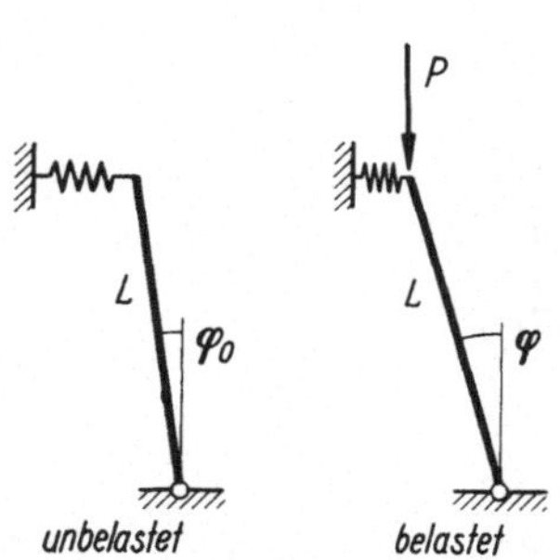

Abb. 21.1.   Einfaches Modell für einleitende Studien der Kriechknickung

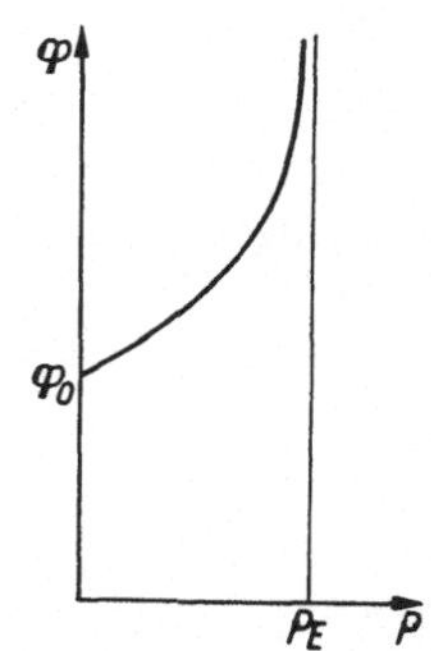

Abb. 21.2.   Winkel φ beim Modell von Abb. 21.1 im Falle einer linear elastischen Feder

Wir nehmen zuerst an, daß die Feder linear elastisch ist. Bezeichnen wir ihre Federkonstante mit c, d. h.

$$\delta = \frac{1}{c} \cdot F \tag{21.1}$$

wo δ die Zusammendrückung und F die Federkraft bedeutet, so gilt bei kleinen Werten von φ die Gleichgewichtsbedingung

$$P \cdot L\varphi - F \cdot L = 0 . \tag{21.2}$$

[1] Die Knickfestigkeit von Stäben und Stabwerken, Berlin: Springer 1936.
[2] Knicken, Berlin/Göttingen/Heidelberg: Springer 1955.
[3] Ausbeulen, Berlin/Göttingen/Heidelberg: Springer 1958.
[4] Theory of elastic stability, New York: Mc Graw-Hill 1936.

Schließlich gilt die Verträglichkeitsbedingung

$$L\,\varphi - L\,\varphi_0 = \delta \qquad (21.3)$$

woraus sich

$$\varphi = \varphi_0 \frac{1}{1 - \dfrac{P}{c\,L}} \qquad (21.4)$$

ergibt. Die Vergrößerung $\dfrac{\varphi}{\varphi_0}$ des Winkels wächst mit steigender Größe von P immer rascher an. Die Größe $\dfrac{d\,\varphi}{dP}$ wird bei

$$P = P_E = c\,L \qquad (21.5)$$

unendlich groß, vgl. Abb. 21.2. Die Anordnung wird somit bei $P = P_E$ elastisch instabil; P_E wird die *elastische Knickkraft* genannt. Der zugehörige Wert von φ ist unendlich groß.

Das Instabilwerden tritt unabhängig von φ_0 bei dieser Kraft ein. Bei $\varphi_0 = 0$ gilt speziell

$$\begin{cases} P < P_E; \ \varphi = 0 \\ P = P_E; \ \varphi \neq 0 \end{cases} \qquad (21.6)$$

und es handelt sich dann um eine reine Stabilitätsaufgabe die als eine Eigenwertaufgabe charakterisiert werden kann. Die Größe φ bei $P = P_E$ bleibt mit dieser linearen Theorie (Theorie kleiner Verformungen) unbestimmt.

Ferner betrachten wir eine Feder mit nichtlinearer Charakteristik

$$\delta = \frac{1}{c} \cdot F + \varkappa_0\,F^{n_0} \qquad (21.7)$$

wo $\varkappa_0$ und n_0 Konstanten sind.

Aus den Gln. (21.2) und (21.3) folgt dann mit Rücksicht auf Gl. (21.5)

$$\varphi\left(1 - \frac{P}{P_E}\right) - \varphi^{n_0} \cdot \frac{1}{L}\varkappa_0\,P^{n_0} = \varphi_0 \qquad (21.8)$$

womit $\varphi = \varphi(\varphi_0, P)$ bestimmt wird. Die Größe $\dfrac{d\,\varphi}{d\,P}$ wird bei

$$1 - \frac{P}{P_E} - \varphi^{n_0-1} \cdot \frac{n_0}{L}\varkappa_0\,P^{n_0} = 0 \qquad (21.9)$$

unendlich groß, d. h. die Anordnung wird schon bei

$$\varphi = \bar{\varphi} = \left(\frac{1 - \dfrac{\overline{P}}{P_E}}{\dfrac{n_0}{L}\varkappa_0\,\overline{P}^{n_0}}\right)^{\frac{1}{n_0-1}} \qquad (21.10)$$

instabil. Der zugehörige Wert $\overline{P}$ von P wird aus der Gleichung

$$\left(1 - \frac{\overline{P}}{P_E}\right)^{n_0} - \frac{L}{n_0}\left(\varphi_0 \frac{n_0}{n_0 - 1}\right)^{n_0 - 1} \varkappa_0\, \overline{P}^{n_0} = 0 \qquad (21.11)$$

erhalten.

Es folgt, daß $\overline{P}$ von φ_0 abhängig ist, und daß für alle $\varphi_0 \neq 0$

$$\overline{P} < P_E \qquad (21.12)$$

gilt, vgl. Abb. 21.3. Im Falle reiner Knickung, d. h. bei $\varphi_0 = 0$, gilt aber $\overline{P} = P_E$.

Bei kriechenden Werkstoffen liegen die Verhältnisse etwas verschieden. Wir nehmen zuerst an, daß die Feder in Abb. 21.1 dem Kriechgesetz

$$\dot{\delta} = \frac{1}{c} \cdot \dot{F} + \varkappa\, F^n \qquad (21.13)$$

gehorcht, wo n und $\varkappa$ Konstanten sind. Dabei ist n mit dem NORTONschen Exponenten identisch, und $\varkappa$ entspricht gerade dem Kennwert k des kriechenden Federwerkstoffes.

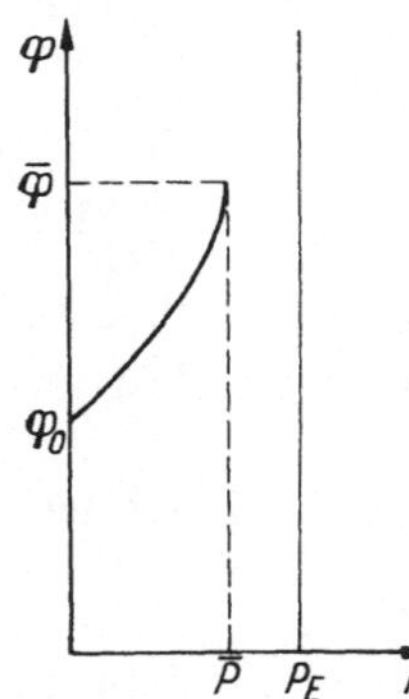

Abb. 21.3. Winkel φ beim Modell von Abb. 21.1 im Falle einer nichtlinear elastischen Feder

Die Anordnung sei spannungslos im Augenblicke $t = 0$ und $\varphi = \varphi_0$. Die Kraft

$$P(t) = P \cdot H(t) \qquad (21.14)$$

wird dann auferlegt, indem man unter $H(t)$ die bei Gl. (16.2) definierte Funktion versteht, und man sucht den Verlauf des Winkels $\varphi = \varphi(t)$.

Aus den Gln. (21.2), (21.3), (21.13) und (21.14) folgt die Differentialgleichung

$$L\,\dot{\varphi} = \frac{1}{c} \cdot P\,\dot{\varphi} + \varkappa\,(P\,\varphi)^n\,. \qquad (21.15)$$

Gerade nach der Kraftauferlegung gelten rein elastische Verhältnisse. Aus den Gln. (21.3) und (21.5) folgt somit die Anfangsbedingung

$$\varphi(0) = \varphi_0 \frac{1}{1 - \dfrac{P}{P_E}}\,. \qquad (21.16)$$

Mit den Bezeichnungen (21.5) und mit

$$\Pi = \frac{\varkappa}{L}\,P^n \qquad (21.17)$$

geht die Differentialgleichung in

$$\dot{\varphi}\left(1 - \frac{P}{P_E}\right) = \Pi \cdot \varphi^n \qquad (21.18)$$

über. Die Lösung lautet

$$\frac{1}{\varphi^{n-1}} = \frac{1}{[\varphi(0)]^{n-1}} - (n-1)\frac{\Pi}{1-\frac{P}{P_E}}\cdot t \quad (n > 1) \qquad (21.19)$$

oder aber

$$\varphi = \varphi(0)\cdot e^{\frac{\Pi}{1-\frac{P}{P_E}}\cdot t} \qquad (n = 1). \qquad (21.20)$$

Der Winkel φ wächst somit bei konstanter Kraft P mit der Zeit t immer rascher an. Die Geschwindigkeit $\dot\varphi$ wird nach Gl. (21.18) gleichzeitig mit φ unendlich groß. Nach Gl. (21.19) trifft dies bei nicht-

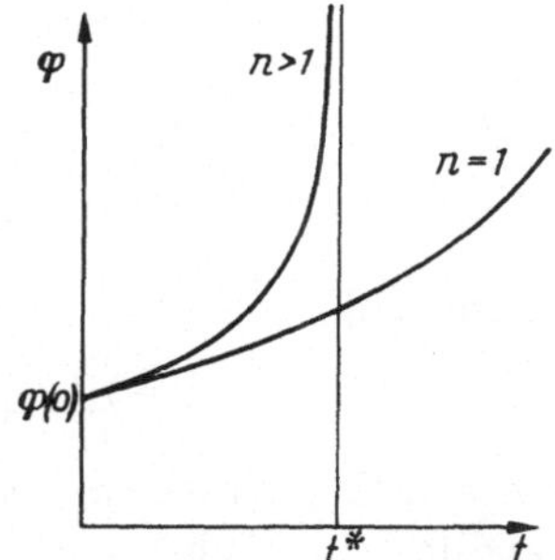

Abb. 21.4. Anwachs des Winkels φ beim Modell von Abb. 21.1 im Falle von linearem bzw. nichtlinearem Kriechen

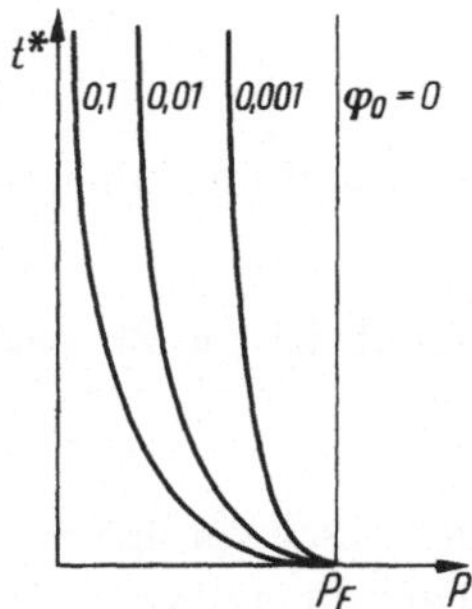

Abb. 21.5. Kritische Zeit beim Modell von Abb. 21.1 im Falle von nichtlinearem Kriechen

linearem Kriechen nach einer endlichen Zeitspanne zu; es tritt sog. *Kriechknickung* (Engl.: creep buckling) ein. Die entsprechende kritische Zeit beträgt gemäß Gl. (21.3)

$$t^* = \frac{1-\frac{P}{P_E}}{(n-1)\,\Pi\,[\varphi(0)]^{n-1}} \qquad (21.21)$$

oder aber mit Rücksicht auf die Anfangsbedingung Gl. (21.16)

$$t^* = \frac{L}{\varkappa\,(n-1)}\cdot\frac{\left(\frac{1}{P}-\frac{1}{P_E}\right)^n}{\varphi_0^{\,n-1}}. \qquad (21.22)$$

Die Abhängigkeit der kritischen Zeit von der Kraft P und dem Winkel φ_0 geht aus Abb. 21.5 hervor. Mit $\varphi_0 = 0$ wird speziell $t^* = \infty$, d. h. Kriechknickung trifft dann nicht zu. Sobald $\varphi_0 > 0$ gilt, trifft aber Kriechknickung bei *jeder* noch so kleinen Kraft P zu. Es gibt also beim

Kriechen keine Stabilitätsgrenze der Kraft P wie es bei elastischer Deformation der Fall ist. Die Hauptaufgabe wird statt dessen, hier die kritische Zeit t^* zu bestimmen.

Die Einwirkung des Primärkriechens auf die kritische Zeit läßt sich auch leicht bestimmen. Wird statt des Kriechgesetzes (21.13) die Dehnungsverfestigungsbeziehung

$$\dot{\delta} = \frac{1}{c} \cdot \dot{F} + B F^m \delta^{-\mu} \tag{21.23}$$

benutzt, folgt nach Gl. (21.3) die Differentialgleichung

$$L \dot{\varphi} = \frac{1}{c} \cdot P \dot{\varphi} + B (P \varphi)^m \cdot [L \varphi - L \varphi(0)]^{-\mu} . \tag{21.24}$$

Bei großen Werten von φ gilt somit

$$\dot{\varphi} \sim \varphi^{m-\mu} \tag{21.25}$$

woraus folgt, daß im Falle

$$\mu < m - 1 \tag{21.26}$$

eine endliche kritische Zeit erhalten wird. Im Falle

$$m - 1 \leq \mu < m \tag{21.27}$$

wächst die Geschwindigkeit $\dot{\varphi}$ stetig während des Kriechens; φ wird aber nur nach unendlicher Zeit selbst unendlich. Im Falle

$$m \leq \mu \tag{21.28}$$

schließlich nimmt die Geschwindigkeit $\dot{\varphi}$ während des Kriechens ab; der Vorgang wird stetig verzögert.

Wird das Primärkriechen gemäß der Gesamtdehnungstheorie als eine augenblickliche inelastische Dehnung betrachtet, kann die Beziehung

$$\dot{\delta} = \frac{1}{c} \cdot \dot{F} + n_0 \varkappa_0 F^{n_0-1} \dot{F} + \varkappa F^n \tag{21.29}$$

für die Federverformung benutzt werden. Aus den Gln. (21.3), (21.14) und (21.29) folgt die Differentialgleichung

$$L \dot{\varphi} = \frac{1}{c} \cdot P \dot{\varphi} + n_0 \varkappa_0 P^{n_0} \varphi^{n_0-1} \dot{\varphi} + \varkappa P^n \varphi^n . \tag{21.30}$$

Die Geschwindigkeit $\dot{\varphi}$ wird schon bei $\varphi = \bar{\varphi}$ nach Gl. (21.10) unendlich groß; Kriechknickung tritt bei einem endlichen Winkel ein. Man kann die Kraftauferlegung sowie den Kriechvorgang in einem einzigen Diagramm nach Abb. 21.6 einfach darstellen. Zu jeder Kraft $P = \bar{P}$ gehört ein Winkel $\varphi = \bar{\varphi}$, der mit P durch die Gl. (21.10) verknüpft ist.

Eine Grenzkurve AD in der φ-P-Ebene wird hierdurch definiert, unterhalb derjenigen stabile Verhältnisse herrschen. Die Kraftauferlegung beschreibt eine Kurve EF gemäß Gl. (21.8), der Kriechvorgang findet unter konstanter Kraft P statt, und entspricht der Geraden FC. Der Punkt B entspricht statische Instabilität, $\dfrac{d\varphi}{dP} = \infty$, d. h. plastische Knickung. Der Punkt C entspricht Kriechknickung, $\dot{\varphi} = \infty$, und er liegt auf derselben Grenzkurve AD. Die beiden Arten von Knickung sind

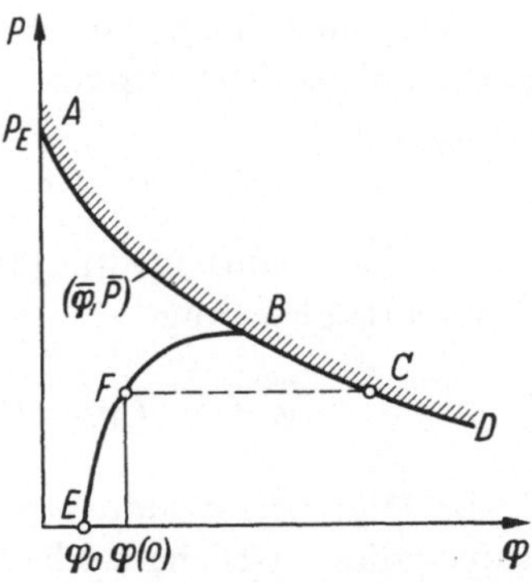

Abb. 21.6. Zusammenfassendes Diagramm des gesamten Deformationsverlaufes beim Modell von Abb. 21.1

also miteinander eng verknüpft; man vergleiche die entsprechenden Verhältnisse bei Stabknickung, S. 251.

Die kritische Zeit beträgt

$$\bar{t}^* = \frac{1}{\Pi} \int_{\varphi(0)}^{\bar{\varphi}} \frac{1 - \dfrac{P}{P_E} - \dfrac{n_0\,\varkappa_0}{L}\,F^{n_0}\,\varphi^{n_0-1}}{\varphi^n}\,d\varphi \tag{21.31}$$

wo der Anfangswert $\varphi(0)$ von der Gl. (21.8) gegeben ist. Die kritische Zeit $\bar{t}^*$ wird auch bei $n = 1$ endlich. Bei gleichen Größen von φ_0 und P gilt

$$\bar{t}^* < t^*$$

d. h. die kritische Zeit wird wegen der nichtlinearen elastischen Deformation verkürzt.

Der wesentlichste Unterschied zwischen dem Falle linear elastischer Momentandeformation, Gl. (21.13), und dem Falle nichtlinear elastischer Momentandeformation, Gl. (21.29), besteht darin, daß die Instabilität im letzten Falle schon bei einer endlichen Deformation zustande kommt. Diese Tatsache wurde zuerst von Fraeijs De Veubeke 1958 bei Kriechknickung von Stäben eingehender erörtert, vgl. auch Hoff 1958 b.

Die oben durchgeführte Behandlung der Instabilität beim Kriechen war in sämtlichen Fällen auf einer quasistationären Betrachtungsweise begründet, d. h. es wurde von allen Trägheitskräften abgesehen. Eine entscheidende Größe ist der Winkel im unbelasteten Zustande, φ_0. Mit $\varphi_0 = 0$ erhält man $\varphi(t) \equiv 0$, d. h. die Kriechknickung trifft dann nicht zu.

Man kann aber auch eine verschiedene, dynamische Definition der Kriechinstabilität einführen, die sich auf den Zustand $\varphi_0 = 0$ bezieht.

Bezeichnet man mit I das Maßträgheitsmoment des Stabes in Bezug auf den Gelenkpunkt, so gilt statt Gl. (21.2) die Gleichgewichtsbedingung

$$P \cdot L \varphi - F \cdot L = I \cdot \ddot{\varphi} . \qquad (21.32)$$

Aus den Gln. (21.3), (21.5), (21.13) und (21.32) folgt dann die Differentialgleichung

$$\dddot{\varphi} + \frac{L}{I}(P_E - P)\dot{\varphi} - \varkappa \frac{P_E}{I}\left(P\varphi - \frac{I}{L}\ddot{\varphi}\right)^n = 0 . \qquad (21.33)$$

Es folgt zuerst, daß $\varphi = \varphi_0 = 0$ eine Gleichgewichtslage ist. Wir nennen dieses Gleichgewicht stabil, wenn das System nach einer kleinen Störung der Form $\dot{\varphi} = \omega$ wieder der Gleichgewichtslage $\varphi = 0$ zurückstrebt. Wir suchen also jene Lösung der Differentialgleichung (21.33) zu bestimmen, die den Anfangsbedingungen

$$\varphi(0) = 0, \ \dot{\varphi}(0) = \omega, \ \ddot{\varphi}(0) = 0 \qquad (21.34)$$

gehorcht.

Eine geschlossene Lösung ist nur im Falle $n = 1$ möglich. Die Differentialgleichung nimmt dann die Form

$$\dddot{\varphi} + \varkappa \frac{P_E}{L}\ddot{\varphi} + \frac{L}{I}(P_E - P)\dot{\varphi} - \varkappa \frac{P_E P}{I}\varphi = 0 \qquad (21.35)$$

an. Schreiben wir die Lösung als $e^{\beta t}$, folgt die charakteristische Gleichung

$$\beta^3 + \varkappa \frac{P_E}{L}\beta^2 + \frac{L}{I}(P_E - P)\beta - \varkappa \frac{P_E P}{I} = 0 . \qquad (21.36)$$

Da das letzte Glied negativ ist, muß diese Gleichung mindestens eine reelle positive Wurzel besitzen, und es folgt, daß das Gleichgewicht bei positiver Kraft P immer instabil ist.

Im Falle $n \neq 1$ kann es durch Linearisierung gezeigt werden, daß das Gleichgewicht jedenfalls bei kleinen Störungen auch immer instabil bleibt.

Wird statt Gl. (21.13) die Dehnungsverfestigungsbeziehung (21.23) benutzt, folgt auch eine nichtlineare Differentialgleichung, bei der eine geschlossene Lösung zu finden nicht möglich ist. Durch Linearisierung kann aber gezeigt werden, daß das System unterhalb einer gewissen Grenze von P anfänglich stabil ist, vgl. HOFF 1958 b.

Die durch die Linearisierung beschränkte Lösung ist aber nur in den ersten Augenblicken des Kriechens verwendbar und besagt nichts über das langzeitige Verhalten des Systems.

Die dynamische Betrachtungsweise entstammt RABOTNOV und SHESTERIKOV 1957. Es sei jedoch bemerkt, daß die quasistatische Betrachtungsweise, die hauptsächlich von HOFF entwickelt worden ist, an technischen Aufgaben leichter verwendbar erscheint. Sie hat auch die weiteste Verbreitung gefunden. Eine ausführliche Diskussion dieser beiden Betrachtungsweisen findet sich bei HOFF 1958b; die Frage wurde auch von SHESTERIKOV 1957b behandelt.

Wir werden in den folgenden Abschnitten die Kriechstabilität bei Stäben, Rahmentragwerken und Schalen erörtern, und werden dabei hauptsächlich die quasistatische Betrachtungsweise benutzen.

Der letzte Abschnitt dieses Kapitels behandelt die sogenannte Durchschlagerscheinung bei kriechenden Werkstoffen.

21.2 Kriechknickung bei Stäben

Wir betrachten einen gedrückten Stab mit gelenkig gelagerten Endpunkten. Wenn der Stab von vornherein schwach gekrümmt ist, verursacht die Druckkraft eine gewisse Momentenverteilung. Bei kriechendem Stabwerkstoffe entsteht dann eine stetig wachsende Krümmung der Stabachse. Dies verursacht in demselben Maße stetig wachsende Biegemomente, und die Krümmung wächst daher immer rascher zu. Bei nichtlinearem Kriechen wird eine unendlich große Krümmungsgeschwindigkeit nach endlicher Zeit erreicht; Kriechknickung des Stabes trifft zu. Da vollständig gerade Stäbe überhaupt nicht hergestellt werden hönnen, ist Kriechknickung von Stäben eine Erscheinung von großer technischer Bedeutung.

Die erste Analyse eines gedrückten kriechenden Stabes entstammt FREUDENTHAL 1946, 1950. Er behandelte den Fall eines linear visko-elastischen Stabes mit einer gewissen anfänglichen Ausbiegung, und berechnete eine endliche kritische Zeit, nachdem die Ausbiegung unendlich groß werden würde. Dieses Ergebnis hat sich später als falsch gezeigt, vgl. KEMPNER und POHLE 1953. Frühzeitige Versuche mit Kriechknickung von Stäben wurden von ROSS 1946 mit Kunstharz-stäben durchgeführt.

Nichtlineares Kriechen eines gedrückten exzentrisch belasteten Stabes wurde von MARIN 1947 behandelt. Die dabei erhaltene nichtlineare Differentialgleichung zweiter Ordnung wurde durch eine Methode mit endlichen Differenzen gelöst, die später von McLACHLAN [1] wiedergegeben worden ist. MARIN und ZWISSLER 1940 haben auch Experimente mit exzentrisch gedrückten Stäben aus Aluminium bei Zimmertemperatur durchgeführt, die überdies in Zug und reiner Biegung belastet wurden.

Es zeigte sich früh, daß die charakteristischen Eigenschaften der Kriechknickung von Stäben von den mathematischen Schwierigkeiten

---

[1] Ordinary Non-Linear Differential Equations, Oxford: Oxford University Press 1950, S. 171.

der Analyse verdunkelt wurden. Es war ganz schwierig, allgemeine Schlußfolgerungen aus den erhaltenen nichtlinearen Differentialgleichungen zu ziehen.

Hoff und seine Mitarbeiter führten demnach die Vereinfachung des idealisierten H-Querschnittes ein, vgl. Abschn. 8.1b. Da die Spannungsverteilung dieses Querschnittes statisch bestimmt ist, verschwindet die andernfalls komplizierte Aufgabe die Spannungsverteilung des Querschnittes zu berechnen. Es ist zu erwarten, daß die Ergebnisse der Kriechknickung solcher H-Stäbe auch bei anderen Querschnitten qualitativ gültig sind. Wir werden daher die Kriechknickung anfänglich mit H-Stäben behandeln, um später gelegentlich auch andere Querschnittsformen zu betrachten. Als ein Ausnahmefall behandeln wir aber erst einen linear viskoelastischen Stab mit willkürlichem einfach symmetrischem Querschnitt, wo die Lösung ziemlich einfach, jedoch nicht trivial ist.

a) Linear viskoelastischer Werkstoff

Aus dem Kriechgesetze

$$\dot{\varepsilon} = \frac{\dot{\sigma}}{E} + k\sigma \tag{21.37}$$

und den Bezeichnungen von Abb. 8.1 folgt nach Multiplikation mit $\eta\,dA$ und Integration über den ganzen Querschnitt

$$EI\dot{\varkappa} = \dot{M} + EkM . \tag{21.38}$$

Wird, gerade wie in Kap. 8 die Ausbiegung w eingeführt, kann die Gl. (21.38) bei kleinen Neigungen der Stabachse als

$$-EI\frac{\partial^2 \dot{w}}{\partial x^2} = \dot{M} + EkM \tag{21.39}$$

geschrieben werden. Diese Beziehung ist eine Verallgemeinerung der Gl. (8.32) auf zeitlich veränderliches Biegemoment.

Wir betrachten nun einen Stab nach Abb. 21.7. Aus der Gleichgewichtsbedingung

$$M - P \cdot w = 0 \tag{21.40}$$

folgt mit Gl. (21.39) die Differentialgleichung

$$\frac{\partial^2 \dot{w}}{\partial x^2} + \frac{P}{EI}\dot{w} + \frac{kP}{I}w = 0 . \tag{21.41}$$

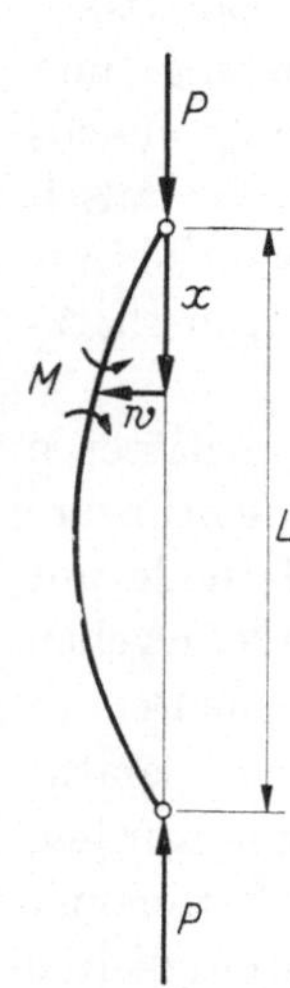

Abb. 21.7.
Druckbelasteter
gekrümmter
Stab

Zu ihr gehören die Randbedingungen

$$w(0, t) = 0, \; w(L, t) = 0. \tag{21.42}$$

Die Gestalt der Stabachse im unbelasteten Zustand, $w_0(x)$, sei überdies bekannt. Der Anfangswert, $w(x, 0)$, der gesuchten Funktion $w(x, t)$ kann dann folgendermaßen erst ermittelt werden.

Der Stab sei spannungslos im unbelasteten Zustande, und die Kraft

$$P(t) = P \cdot H(t) \tag{21.43}$$

wird auferlegt, wo $H(t)$ die bei Gl. (16.2) definierte Funktion bedeutet. Es gelten dann während der Kraftauferlegung rein elastische Verhältnisse. Statt Gl. (21.41) gilt für $t = 0$ die Differentialgleichung

$$\frac{d^2 w}{d x^2} + \frac{P}{E I} w = \frac{d^2 w_0}{d x^2} \tag{21.44}$$

mit den Randbedingungen

$$w(0) = 0, \; w(L) = 0 . \tag{21.45}$$

Wir schreiben die Funktion $w_0(x)$ als eine FOURIER-Reihe

$$w_0(x) = \sum_{\nu=1}^{\infty} W_{\nu_0} \sin \frac{\nu \pi x}{L} \tag{21.46}$$

mit

$$W_{\nu_0} = \frac{2}{L} \int_0^L w_0(x) \sin \frac{\nu \pi x}{L} \, dx \; (\nu = 1, 2, 3, \ldots) . \tag{21.47}$$

Die gesuchte Funktion $w(x)$ kann dann als

$$w(x) = \sum_{\nu=1}^{\infty} W_{\nu} \sin \frac{\nu \pi x}{L} \tag{21.48}$$

geschrieben werden, wo

$$W_{\nu} = W_{\nu_0} \frac{1}{1 - \dfrac{P}{P_{\nu}}} \; (\nu = 1, 2, 3, \ldots) \tag{21.49}$$

gilt, wie man leicht nach Einsetzen in die Differentialgleichung (21.44) bestätigt. Es bedeutet hier

$$P_{\nu} = \nu^2 \frac{\pi^2 E I}{L^2} \; (\nu = 1, 2, 3 \ldots) \tag{21.50}$$

die ν : te EULERsche Knickkraft des betrachteten Stabes.

Zu der Differentialgleichung (21.41) gehört demnach die Anfangsbedingung

$$w(x, 0) = \sum_{\nu=1}^{\infty} W_{\nu_0} \frac{1}{1 - \dfrac{P}{P_E}} \sin \frac{\nu \pi x}{L} . \tag{21.51}$$

Es besteht nun die Aufgabe $w(x, t)$ derart zu bestimmen, daß die Differentialgleichung (21.41), die Randbedingungen (21.42) und die Anfangsbedingung (21.51) erfüllt werden. Aus der Form der Differentialgleichung (21.41) geht unmittelbar hervor, daß die Lösung als

$$w(x, t) = X(x) \cdot T(t) \qquad (21.52)$$

angeschrieben werden kann, womit folgt

$$\frac{X''}{X} + \frac{P}{EI} = -\frac{kP}{I} \cdot \frac{T}{T'} = \text{konst.} = -\lambda. \qquad (21.53)$$

Der Zeitfaktor $T(t)$ erhält somit die Form

$$T(t) = T_0 \cdot e^{\frac{kP}{I} \cdot \frac{t}{\lambda}} \qquad (21.54)$$

und für $X(x)$ gilt die gewöhnliche Differentialgleichung

$$X'' + \left(\frac{P}{EI} + \lambda\right) X = 0 \qquad (21.55)$$

mit den Randbedingungen

$$X(0) = 0, \; X(L) = 0. \qquad (21.56)$$

Es liegt also eine *Eigenwertaufgabe* vor; die Differentialgleichung (21.55) besitzt nur bei gewissen *Eigenwerten* von λ (λ_ν; $\nu = 1, 2, 3, \ldots$) eine nichttriviale Lösung.

Es besteht in dieser Hinsicht ein wesentlicher Unterschied zwischen den Fällen von Kriechen und linearer Elastizität.

In rein elastischem Falle liegt beim anfänglich geraden Stabe eine Eigenwertaufgabe vor, beim anfänglich gekrümmten Stabe aber nicht. Die allgemeine Lösung der Differentialgleichung (21.55) kann als eine Summe von *Eigenfunktionen* geschrieben werden

$$X = \sum_{\nu=1}^{\infty} X_\nu \sin \frac{\nu \pi x}{L}. \qquad (21.57)$$

Wird diese Lösung in die Differentialgleichung (21.55) eingeführt, erhält man die Eigenwerte

$$\lambda_\nu = \frac{\nu^2 \pi^2}{L^2} - \frac{P}{EI} = \frac{\nu^2 \pi^2}{L^2}\left(1 - \frac{P}{P_\nu}\right) (\nu = 1, 2, 3, \ldots). \qquad (21.58)$$

Solange $P < P_\nu$ ($\nu = 1, 2, 3, \ldots$) ist, gilt somit $\lambda_\nu > 0$ ($\nu = 1, 2, 3, \ldots$) d. h. die entsprechenden Zeitfaktoren nach Gl. (21.54)

$$T_\nu(t) = T_{\nu 0} \cdot e^{\frac{kP}{I} \cdot \frac{t}{\lambda_\nu}} (\nu = 1, 2, 3, \ldots) \qquad (21.59)$$

sind alle wachsend.

Die Lösung der Differentialgleichung (21.41) erhält somit die Form

$$w(x, t) = \sum_{\nu=1}^{\infty} W_\nu(t) \sin \frac{\nu \pi x}{L} \tag{21.60}$$

mit

$$W_\nu(t) = X_\nu \, T_{\nu 0} \cdot e^{\frac{kP}{I} \cdot \frac{t}{\lambda_\nu}} \quad (\nu = 1, 2, 3, \ldots). \tag{21.61}$$

Aus der Anfangsbedingung (21.51) folgt schließlich

$$X_\nu \, T_{\nu 0} = W_{\nu 0} \frac{1}{1 - \dfrac{P}{P_E}} \quad (\nu = 1, 2, 3, \ldots) \tag{21.62}$$

womit die Aufgabe vollständig gelöst ist.

Besitzt speziell $w_0(x)$ die einfache Form

$$w_0(x) = W_0 \sin \frac{\pi x}{L} \tag{21.63}$$

gilt nach den Gln. (21.60), (21.61) und (21.62)

$$w(x, t) = W(t) \cdot \sin \frac{\pi x}{L} \tag{21.64}$$

mit

$$W(t) = W_0 \frac{1}{1 - \dfrac{P}{P_1}} \, e^{\frac{P}{P_1 - P} Ekt}. \tag{21.65}$$

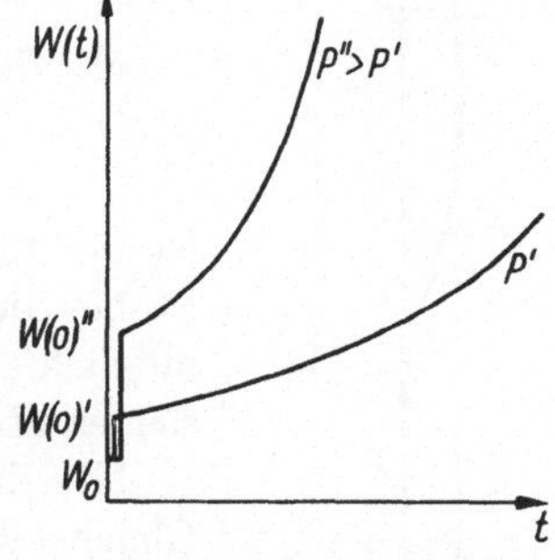

Abb. 21.8. Zuwachs der Ausbiegung beim Stabe von Abb. 21.7

Die Form der Ausbiegung ändert sich somit in diesem Falle nicht, sie ist immer eine halbe Sinuswelle. Die Ausbiegung der Stabmitte wächst mit stetig steigender Geschwindigkeit, vgl. Abb. 21.8. Die Ausbiegegeschwindigkeit beträgt

$$\dot{W}(t) = W_0 \frac{P\, P_1}{(P_1 - P)^2} \, Eke^{\frac{P}{P_1 - P} Ekt} \tag{21.66}$$

und sie wird bei $P = P_1$ unendlich groß, gerade wie man es erwarten würde.

Nach Gl. (21.61) gilt

$$\frac{W_\nu(t)}{W_1(t)} \sim e^{-Ek \cdot \frac{P(P_\nu - P_1)}{(P_\nu - P)(P_1 - P)} \cdot t} \tag{21.67}$$

d. h. die Koeffizienten $W_\nu(t)$ werden gegenüber $W_1(t)$ immer kleiner. Das Glied $W_1(t)\sin\dfrac{\pi x}{L}$ wird somit während des Kriechens immer mehr vorherrschend; die Ausbiegung nähert sich einer halben Sinuswelle.

Die hier hergeleiteten Gleichungen sind nur dann gültig, wenn die Neigung $\dfrac{\partial w}{\partial x}\ll 1$ ist. Dieselbe Aufgabe wurde von ZYCZKOWSKI 1960 ohne diese Einschränkung behandelt. Gerade wie bei EULERscher Stabknickung treten dabei elliptische Funktionen statt der trigonometrischen in den Ausbiegungsausdrücken auf.

Nach Gl. (21.40) ist das Biegemoment bis auf einen konstanten Faktor in jedem Punkt des Stabes gleich der Ausbiegung. Es gelten somit für das Biegemoment gerade ähnliche Gleichungen wie die obigen für die Ausbiegungsfunktion hergeleiteten.

Diese Betrachtungsweise wird später in Abschn. 21.2 bei Stabwerken wieder benutzt werden.

Ein wichtiges Ergebnis beim linear viskoelastischen Stabe ist, daß es keine endliche kritische Zeit gibt, ebensowenig wie im linear viskoelastischen Falle des einleitenden Beispieles mit dem Federmodell.

b) Nichtlinear viskoelastischer Werkstoff

Mit dem Kriechgesetz

$$\dot{\varepsilon} = \frac{\dot{\sigma}}{E} + k\sigma^n \qquad (21.68)$$

ist eine Lösung bei willkürlicher Querschnittsform des Stabes, im Gegensatz zum vorigen Falle, nicht mehr möglich. Wir beschränken uns daher auf den idealisierten H-Querschnitt.

Mit den Bezeichnungen von Abb. 21.9 folgen die Gleichgewichtsbedingungen

$$\begin{cases} \sigma_i\dfrac{A}{2} + \sigma_a\dfrac{A}{2} = P \\[2mm] \sigma_i\dfrac{A}{2}\dfrac{H}{2} - \sigma_a\dfrac{A}{2}\dfrac{H}{2} = Pw \end{cases} \qquad (21.69)$$

wo σ_i und σ_a die Druckspannungen in der Innen- bzw. Außenflansche bedeuten, die in diesem Abschnitt somit als *positiv* gerechnet werden.

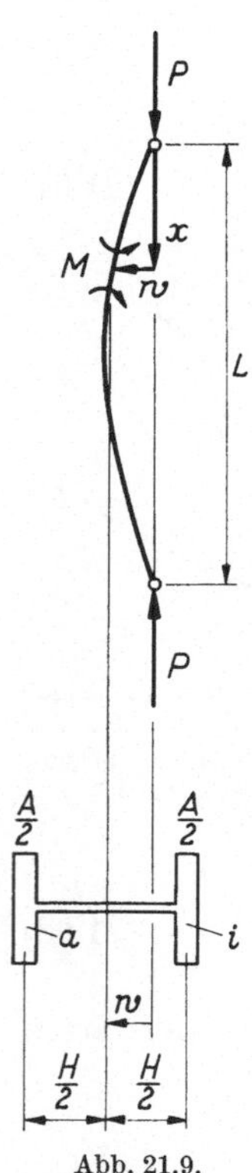

Abb. 21.9. Druckbelasteter gekrümmter Stab mit idealisiertem H-Querschnitt

Es folgt sofort aus den Gln. (21.69)

$$\begin{cases} \sigma_i = \sigma_m(1+\delta) \\[2mm] \sigma_a = \sigma_m(1-\delta) \end{cases} \qquad (21.70)$$

mit

$$\sigma_m = \frac{P}{A} \tag{21.71}$$

und

$$\delta = \frac{2\,w}{H}. \tag{21.72}$$

Es sei bemerkt, daß die Spannung in der Außenflansche im Falle $\delta > 1$ negativ ist, d. h. sie ist dann eine Zugspannung. Wir haben daher im folgenden verschiedene Ausdrücke für σ_a zu benutzen je nachdem $\delta < 1$ oder $\delta > 1$ ist.

Weiterhin folgt aus der gewöhnlichen BERNOULLIschen Annahme, vgl. hierzu Kap. 8,

$$\varepsilon_a - \varepsilon_i = H\left(\frac{\partial^2\,w}{\partial\,x^2} - \frac{\partial^2\,w_0}{\partial\,x^2}\right) \tag{21.73}$$

oder aber

$$\varepsilon_a - \varepsilon_i = \frac{H^2\,\pi^2}{2\,L^2}\left(\frac{\partial^2\,\delta}{\partial\,\xi^2} - \frac{\partial^2\,\delta_0}{\partial\,\xi^2}\right) \tag{21.74}$$

mit

$$\xi = \frac{\pi\,x}{L}. \tag{21.75}$$

Es bedeuten ε_i und ε_a die Druckdehnungen in der Innen- bzw. Außenflansche.

Schließlich schreiben wir die Gl. (21.68)

$$\begin{cases} \dot{\varepsilon}_i = \dfrac{\dot{\sigma}_i}{E} + k\,|\sigma_i|^n\,\mathrm{sgn}\,\sigma_i \\[2ex] \dot{\varepsilon}_a = \dfrac{\dot{\sigma}_a}{E} + k\,|\sigma_a|^n\,\mathrm{sgn}\,\sigma_a. \end{cases} \tag{21.76}$$

Zwischen den fünf Unbekannten σ_i, σ_a, ε_i, ε_a und δ bestehen somit die fünf Beziehungen (21.70), (21.74) und (21.76), womit die Aufgabe vollständig definiert ist. Es ist die Funktion gesucht, die außerdem die Randbedingungen

$$\delta(0, t) = 0;\ \delta(\pi, t) = 0 \tag{21.77}$$

erfüllt. Die Gestalt der Stabachse im unbelasteten Zustande, $\delta_0(x)$, sei überdies bekannt, woraus folgt, daß der Anfangswert $\delta(x, 0)$ auch von vornherein berechnet werden kann.

Durch Elimination folgt die Differentialgleichung

$$\frac{\partial^2\,\delta}{\partial\,\xi^2} + \frac{\sigma_m}{\sigma_E}\,\delta = -\,\varPi\,[(1 + \delta)^n - |1 - \delta|^n \cdot \mathrm{sgn}\,(1 - \delta)] \tag{21.78}$$

wo

$$\varPi = \frac{1}{2}\,\frac{E}{\sigma_E}\,k\,\sigma_m^n \tag{21.79}$$

eine Konstante ist, und wo

$$\sigma_E = \frac{\pi^2\, E\, H^2}{4\, L^2} \tag{21.80}$$

die EULERsche Knickspannung bedeutet.

Die Differentialgleichung (21.78) gilt unabhängig von der obigen Bedingung für δ. Da die Differentialgleichung (21.78) bei großen Werten von n sehr schwierig zu lösen ist, suchen wir hier nur eine angenäherte Lösung. Wir werden dabei einige verschiedene Methoden benutzen.

Der Einfachheit halber betrachten wir den Fall, wo der unbelastete Stab die Form einer halben Sinuswelle besitzt

$$\delta_0(\xi) = \Delta_0 \sin \xi. \tag{21.81}$$

Es gelten auch hier rein elastische Verhältnisse während der Kraftauferlegung, woraus folgt, daß der belastete Stab im ersten Augenblicke auch die Form einer halben Sinuswelle besitzt, vgl. Gl. (21.49). Es gilt somit die Anfangsbedingung

$$\delta(\xi, 0) = \Delta_0 \frac{1}{1 - \dfrac{P}{P_E}} \sin \xi \tag{21.82}$$

wo $P_E = P_1$ die niedrigste EULERsche Knickkraft bedeutet.

Es liegt dann nahe, einen Ansatz der Form

$$\delta(\xi, t) = \Delta(t) \cdot \sin \xi \tag{21.83}$$

für die Lösung der Differentialgleichung (21.78) zu machen. Die Randbedingungen (21.77) sind dann von selbst befriedigt. Es folgt aber unmittelbar, daß die Differentialgleichung mit diesem Ansatz nicht befriedigt werden kann, jedenfalls nicht in allen Punkten des Bereiches $0 \leq \xi \leq \pi$. Man sieht, daß die Differentialgleichung in den Endpunkten $\xi = 0$ und $\xi = \pi$ immer erfüllt ist. Man kann nun die Funktion $\Delta(t)$ außerdem derart bestimmen, daß die Differentialgleichung auch in einem anderen Punkte des Gebietes $0 \leq \xi \leq \pi$, z. B. im Punkte $\xi = \dfrac{\pi}{2}$ erfüllt wird. Eine ausführliche Behandlung dieser sog. *Kollokationsmethode* findet sich bei COLLATZ[1]. Man erhält für $\Delta(t)$ die gewöhnliche Differentialgleichung

$$\dot{\Delta}\left(1 - \frac{\sigma_m}{\sigma_E}\right) = \Pi\left[(1 + \Delta)^n - |1 - \Delta|^n \cdot \mathrm{sgn}\,(1 - \Delta)\right] \tag{21.84}$$

---

[1] Numerische Behandlung von Differentialgleichungen. Berlin/Göttingen/Heidelberg: Springer 1951, S. 182.

mit der Anfangsbedingung nach Gl. (21.82)

$$\varDelta(0) = \varDelta_0 \frac{1}{1 - \dfrac{P}{P_E}} \, . \tag{21.85}$$

Die Lösung kann mittels des Integralausdruckes

$$t = \frac{1}{\Pi}\left(1 - \frac{\sigma_m}{\sigma_E}\right) \cdot \int\limits_{\varDelta(0)}^{\varDelta} \frac{d\varDelta}{(1+\varDelta)^n - |1-\varDelta|^n \cdot \mathrm{sgn}\,(1-\varDelta)} \tag{21.86}$$

dargestellt werden.

Im Falle $n = 1$ ergibt sich einfach mit Rücksicht auf Gl. (21.79)

$$t = \frac{\sigma_E}{E} \cdot \frac{1}{k\,\sigma_m}\left(1 - \frac{\sigma_m}{\sigma_E}\right) \cdot \int\limits_{\varDelta(0)}^{\varDelta} \frac{d\varDelta}{\varDelta} \tag{21.87}$$

woraus folgt, mit Rücksicht auf den Gln. (21.71), (21.80) und (21.85)

$$\varDelta = \varDelta_0 \frac{1}{1 - \dfrac{P}{P_E}} e^{\frac{P}{P_E - P} Ekt} \tag{21.88}$$

was mit der früher erhaltenen Beziehung (21.65) genau übereinstimmt.

Aus der Differentialgleichung (21.84) sieht man, daß eine unendlich große Ausbiegegeschwindigkeit $\dot{\varDelta}$ erst bei unendlich großer Ausbiegung $\varDelta$ entsteht. Die durch die Annahme unendlicher Ausbiegung $\varDelta$ eingeführte Ungenauigkeit dürfte in dieser Verbindung vernachlässigbar sein. Die kritische Zeit beträgt somit gemäß Gl. (21.86) und mit Rücksicht auf Gl. (21.80)

$$t^* = \frac{2\,\sigma_E}{Ek} \cdot \frac{1}{\sigma_m^n}\left(1 - \frac{\sigma_m}{\sigma_E}\right) \cdot \int\limits_{\varDelta(0)}^{\infty} \frac{d\varDelta}{(1+\varDelta)^n - |1-\varDelta|^n \cdot \mathrm{sgn}\,(1-\varDelta)} \, . \tag{21.89}$$

Das Integral dieses Ausdruckes wurde von KEMPNER und PATEL 1954 bei verschiedenen Werten von $\varDelta(0)$ und n berechnet, vgl. auch KEMPNER 1954 b. Wir werden es hier bei den ganzzahligen Werten $n = 2$ und $n = 3$ analytisch bestimmen.

Bei ganzzahligen Werten von n schreibt sich das Integral im Falle $\varDelta(0) < 1$

$$I = \int\limits_{\varDelta(0)}^{1} \frac{d\varDelta}{(1+\varDelta)^n - (1-\varDelta)^n} + \int\limits_{1}^{\infty} \frac{d\varDelta}{(1+\varDelta)^n + (\varDelta-1)^n} \tag{21.90}$$

und im Falle $\varDelta(0) > 1$

$$I = \int\limits_{\varDelta(0)}^{\infty} \frac{d\varDelta}{(1+\varDelta)^n + (\varDelta-1)^n} \, . \tag{21.91}$$

17*

Es gilt somit bei $n = 2$, $\Delta(0) < 1$

$$I = \frac{1}{4}\int\limits_{\Delta(0)}^{1}\frac{d\Delta}{\Delta} + \frac{1}{2}\int\limits_{1}^{\infty}\frac{d\Delta}{1+\Delta^2} = \frac{1}{4}\ln\frac{1}{\Delta(0)} + \frac{\pi}{8} \qquad (21.92)$$

d. h. bei sehr kleinen Anfangsausbiegungen, $\Delta(0) \ll 1$, gilt angenähert

$$I \simeq \frac{1}{4}\ln\frac{1}{\Delta(0)}\,. \qquad (21.93)$$

Es folgt, daß die kritische Zeit schon bei der Ausbiegung $\Delta = 1$ oder aber $w = \dfrac{H}{2}$ fast erreicht ist, d. h. die Deformation des Stabes verläuft von dieser Ausbiegung an, ganz schnell.

Bei ganzzahligen ungeraden Werten von n schreibt sich das Integral, unabhängig von der Größe von $\Delta(0)$ als

$$I = \int\limits_{\Delta(0)}^{\infty}\frac{d\Delta}{(1+\Delta)^n - (1-\Delta)^n} \qquad (21.94)$$

und im Falle $n = 3$ gilt somit

$$I = \frac{1}{2}\int\limits_{\Delta(0)}^{\infty}\frac{d\Delta}{3\Delta + \Delta^3} = \frac{1}{12}\ln\frac{3 + [\Delta(0)]^2}{[\Delta(0)]^2} \qquad (21.95)$$

d. h. bei sehr kleinen Anfangsausbiegungen, $\Delta(0) \ll 1$, gilt angenähert

$$I \simeq \frac{1}{6}\ln\frac{\sqrt{3}}{\Delta(0)}\,. \qquad (21.96)$$

Andere Näherungsmethoden, die statt der Kollokationsmethode benutzt werden können, sind z. B. die GALERKINsche Methode und die Fehlerquadratmethode; siehe hierzu COLLATZ, S. 184 ff.

Man kann auch eine angenäherte Lösung folgendermaßen direkt bestimmen.

Solange $\delta < 1$ ist, gilt die Reihenentwicklung der Differentialgleichung (21.79)

$$\frac{\partial^2\delta}{\partial\xi^2} + \frac{\sigma_m}{\sigma_E}\,\delta = -2\,\Pi\left[n\delta + \frac{n\,(n-1)\,(n-2)}{6}\,\delta^3 + O(\delta^5)\right]. \qquad (21.97)$$

Nehmen wir wieder die angenäherte Lösung (21.83) an, folgt durch Einsetzen in die Gl. (21.97)

$$\Delta\left(1 - \frac{\sigma_m}{\sigma_E}\right)\sin\xi = 2\Pi n\Delta\sin\xi +$$

$$+\, 2\,\Pi\,\frac{n\,(n-1)\,(n-2)}{6}\,\Delta^3\left(\frac{3}{4}\sin\xi - \frac{1}{4}\sin 3\xi\right) + O(\Delta^5\sin^5\xi) \qquad (21.98)$$

woraus sich in erster Annäherung

$$\varDelta\left(1 - \frac{\sigma_m}{\sigma_E}\right) = 2\Pi n\left[\varDelta + \frac{(n-1)(n-2)}{8}\varDelta^3\right] \qquad (21.99)$$

ergibt. Diese Differentialgleichung, die im Falle $n = 3$ sogar exakt ist, wurde erstmalig von HOFF für seine grundlegenden Studien über Kriechknickung (HOFF 1954 b) hergeleitet. Andererseits schreibt sich die Differentialgleichung (21.84)

$$\dot\varDelta\left(1 - \frac{\sigma_m}{\sigma_E}\right) = 2\Pi n\left[\varDelta + \frac{(n-1)(n-2)}{6}\varDelta^3\right] \qquad (21.100)$$

bei einer der Gl. (21.98) entsprechenden Reihenentwicklung.

Wie wir oben gesehen haben, kann die kritische Zeit im Falle $\varDelta(0) \ll 1$ angenähert als

$$t^* \simeq \int\limits_{\varDelta(0)}^{1} \frac{d\varDelta}{\dot\varDelta} \qquad (21.101)$$

geschrieben werden, womit sich nach sowohl Gl. (21.99) wie Gl. (21.100)

$$t^* \simeq \frac{\sigma_E}{n\,E\,k}\cdot\frac{1}{\sigma_m^n}\left(1 - \frac{\sigma_m}{\sigma_E}\right)\ln\frac{1}{\varDelta(0)} \qquad (21.102)$$

ergibt.

Eine ähnliche Beziehung wurde erst von HOFF 1954b hergeleitet und später in der Form (21.102) von HULT 1955a, b verbessert. Mit Rücksicht auf die Gln. (21.71), (21.80) und (21.85) kann sie als

$$t^* \simeq \frac{1}{n\,E\,k}\cdot\frac{P_E}{A}\cdot\left(\frac{A}{P}\right)^n\cdot\left(1 - \frac{P}{P_E}\right)\ln\frac{1 - \dfrac{P}{P_E}}{\varDelta_0} \qquad (21.103)$$

geschrieben werden.

Die Abhängigkeit der kritischen Zeit t^* von der anfänglichen Ausbiegung $\varDelta_0$ und der Druckkraft P wird hierdurch bestimmt, vgl. Abb. 21.10. Es sei daran erinnert, daß die Beziehung (21.103) nur im Falle

$$\varDelta(0) = \frac{\varDelta_0}{1 - \dfrac{P}{P_E}} \ll 1 \qquad (21.104)$$

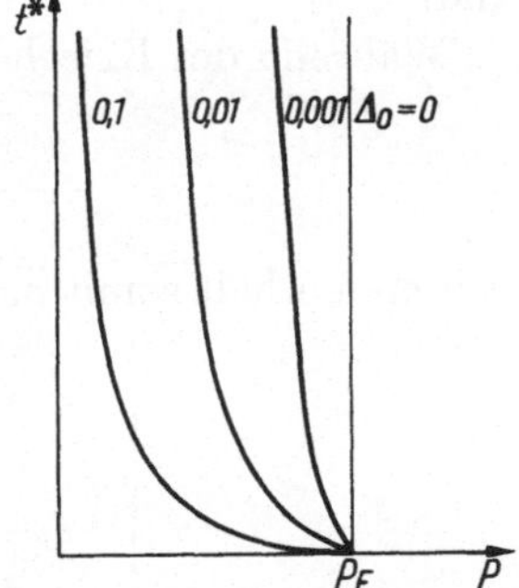

Abb. 21.10. Kritische Zeit beim Stabe von Abb. 21.9

d. h. bei schwach gekrümmten und mäßig belasteten Stäben gültig ist. In zweiter Näherung müßte man den vollständigeren Ausdruck (21.89) benutzen. Im Falle

$$\varDelta(0) = \frac{\varDelta_0}{1 - \dfrac{P}{P_E}} \gg 1 \qquad (21.105)$$

erhält man speziell

$$t^* \simeq \frac{1}{(n-1)\,E\,k} \cdot \frac{P_E}{A} \cdot A^n \left(\frac{1}{P} - \frac{1}{P_E}\right)^n \cdot \frac{1}{\varDelta_0^{\,n-1}} \qquad (21.106)$$

was an die früher erhaltene Beziehung (21.22) bei dem Federmodell
erinnert

c) Berücksichtigung des physikalischen Primärkriechens

Bei dem oben analysierten Federmodell ergaben sich prinzipiell
wichtige Unterschiede zwischen den Fällen, bei denen das Primärkriechen
vernachlässigt bzw. berücksichtigt wurde. Solche Unterschiede bestehen
auch bei druckbelasteten Stäben.

Die ersten Untersuchungen der Einwirkung des Primärkriechens
entstammen LIBOVE 1952, 1953. Das Primärkriechen wurde gemäß der
Dehnungsverfestigungstheorie berücksichtigt, und die kritische Zeit im
Falle eines rechteckigen Querschnittes wurde berechnet. Die Analyse
kann nur numerisch durchgeführt werden und läßt keine allgemeinen
Schlüsse zu.

Betrachtet man aber gemäß der Gesamtdehnungstheorie das Primärkriechen als eine augenblicklich sich einstellende Dehnung, liegen die
Verhältnisse einfacher. Dies wurde zuerst von ODQVIST 1954 gezeigt,
und ist später vor allem von HOFF 1955, 1956 b und FRAEIJS DE VEUBEKE
1958 weiter entwickelt worden.[1]

Betrachten wir zuerst den einfachsten Fall, bei dem an der Stabmitte
$w < \dfrac{H}{2}$ gilt. Es kommen dann überall im Stabe nur Druckspannungen
vor, die hier, wie schon früher hervorgehoben, als positiv angenommen
sind.

Während des Kriechens gilt

$$\begin{cases} \sigma_i\,d\sigma_i > 0 \\[4pt] \sigma_a\,d\sigma_a < 0 \end{cases} \qquad (21.107)$$

und man erhält somit nach dem Kriechgesetz (15.23)

$$\begin{cases} \dot{\varepsilon}_i = \dfrac{\dot{\sigma}_i}{E} + k_0\,n_0\,\sigma_i^{\,n_0-1}\,\dot{\sigma}_i + k\,\sigma_i^{\,n} \\[10pt] \dot{\varepsilon}_a = \dfrac{\dot{\sigma}_a}{E} \qquad\qquad\quad + k\,\sigma_a^{\,n} \end{cases} \qquad (21.108)$$

---

[1] Es ist zu bemerken, daß die von HOFF und FRAEIJS DE VEUBEKE gemachte
Anwendung von der Gesamtdehnungstheorie prinzipiell verschieden von derjenigen
von ODQVIST 1960 b vorgeschlagenen ist. Erstere ist bei einachsigen Zuständen in
der Anwendung an Knickungsproblemen einfacher und läßt sich als eine Berücksichtigung des Bauschingereffekts auffassen. Letztere allein läßt sich in einfacher
Weise auf mehrachsige Zustände verallgemeinern.

welche Gleichungen an Stelle von den Gln. (21.76) treten. Übrigens gelten hier dieselben Beziehungen wie oben, und man erhält statt (21.78) die Differentialgleichung

$$\frac{\partial^2 \delta}{\partial \xi^2} + \frac{\sigma_m}{\sigma_E}\,\dot\delta + \Lambda\,(1 + \delta)^{n_0-1}\dot\delta =$$
$$= -\Pi\left[(1 + \delta)^n - (1 - \delta)^n\right] \qquad (21.109)$$

mit

$$\Lambda = \frac{1}{2}\,\frac{E}{\sigma_E}\,k_0\,n_0\,\sigma_m^{n_0}\,. \qquad (21.110)$$

Es sei daran erinnert, daß diese Differentialgleichung nur solange gültig ist, wie $\delta < 1$ bleibt.

Mit dem Lösungsansatz (21.83) folgt sofort nach der Kollokationsmethode die gewöhnliche Differentialgleichung

$$\dot\Delta\left[1 - \frac{\sigma_m}{\sigma_E} - \Lambda\,(1 + \Delta)^{n_0-1}\right] =$$
$$= \Pi\left[(1 + \Delta)^n - (1 - \Delta)^n\right]. \qquad (21.111)$$

Es besteht zwischen dieser und der entsprechenden Differentialgleichung (21.84) ein wichtiger Unterschied, nämlich daß Δ hier schon bei

$$\Delta = \bar\Delta = \left(\frac{1 - \dfrac{\sigma_m}{\sigma_E}}{\Lambda}\right)^{\frac{1}{n_0-1}} - 1 \qquad (21.112)$$

unendlich wird, vorausgesetzt, daß $\bar\Delta < 1$ gilt. Kriechknickung tritt also hier bei einer endlichen Ausbiegung plötzlich ein. Die entsprechende kritische Zeit, $\bar t^*$, wird aus der Beziehung

$$\bar t^* = \int\limits_{\Delta(0)}^{\bar\Delta} \frac{d\,\Delta}{\dot\Delta} \qquad (21.113)$$

erhalten, und kann nach Einsetzen von Gl. (21.111) berechnet werden. Die Verhältnisse beim Stabe erinnern somit stark an die beim Federmodell und insbesondere wird die kritische Zeit durch die Berücksichtigung der Gesamtdehnung herabgesetzt.

Bei einer eingehenden Untersuchung des druckbelasteten Stabes muß man

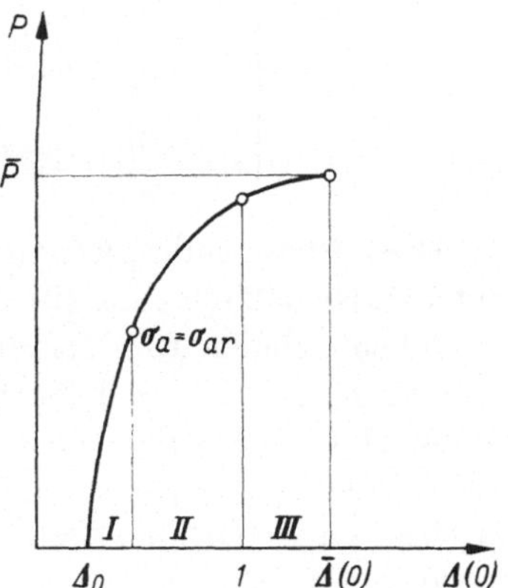

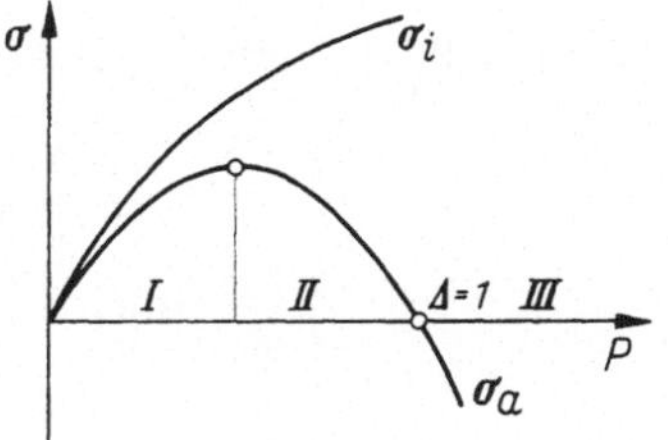

Abb. 21.11. Kraftaufbringung beim gekrümmten Stabe

viele verschiedene Phasen des ganzen Vorganges untersuchen. Es kommen zwei Hauptteile vor: die Kraftaufbringung und der Kriechvorgang selbst. Während der Kraftaufbringung können drei Phasen I, II, III vorkommen, vgl. Abb. 21.11.

I: $\sigma_i,\ \sigma_a > 0;\ \dfrac{d\,\sigma_i}{d\,P},\ \dfrac{d\,\sigma_a}{d\,P} > 0$

$$\begin{cases} \varepsilon_i = \dfrac{\sigma_i}{E} + k_0\,\sigma_i^{n_0} \\[2ex] \varepsilon_a = \dfrac{\sigma_a}{E} + k_0\,\sigma_a^{n_0}. \end{cases} \tag{21.114}$$

Diese Phase endet mit dem Verschwinden von $\dfrac{d\,\sigma_a}{d\,P}$, was erst in der Stabmitte zutrifft. Die entsprechende Spannung in der Außenflansche nennen wir σ_{ar}. Mit wachsender Kraft P verbreitet sich das Gebiet von negativer $\dfrac{d\,\sigma_a}{d\,P}$. Wir nehmen aber hier angenähert an, daß in der ganzen Außenflansche $\dfrac{d\,\sigma_a}{d\,P}$ bei $\sigma_a = \sigma_{ar}$ ihr Vorzeichen wechselt.

II: $\sigma_i,\ \sigma_a > 0;\ \dfrac{d\,\sigma_i}{d\,P} > 0,\ \dfrac{d\,\sigma_a}{d\,P} < 0$

$$\begin{cases} \varepsilon_i = \dfrac{\sigma_i}{E} + k_0\,\sigma_i^{n_0} \\[2ex] \varepsilon_a = \dfrac{\sigma_a}{E} + k_0\,\sigma_{ar}^{n_0}. \end{cases} \tag{21.115}$$

Diese Phase endet, wenn σ_a verschwindet, was erst in der Stabmitte zutrifft. Gemäß den Gln. (21.70) und (21.83) gilt dabei $\varDelta\,(0) = 1$. Gerade wie oben nehmen wir hier angenähert an, daß in der ganzen Außenflansche σ_a bei $\varDelta\,(0) = 1$ ihr Vorzeichen wechselt. Es ist klar, daß die Größe $\varDelta\,(0)$ durch die gemachten Vernachlässigungen auf der sicheren Seite geschätzt wird, so daß die wirkliche Tragfähigkeit des Stabes größer und weiterhin seine wirkliche Versagenszeit auch entsprechend größer wird.

III: $\sigma_i > 0,\ \sigma_a < 0;\ \dfrac{d\,\sigma_i}{d\,P} > 0,\ \dfrac{d\,\sigma_a}{d\,P} < 0$

$$\begin{cases} \varepsilon_i = \dfrac{\sigma_i}{E} + k_0\,\sigma_i^{n_0} \\[2ex] \varepsilon_a = \dfrac{\sigma_a}{E} - k_0\,|\sigma_a|^{n_0} + k_0\,\sigma_{ar}^{n_0} \end{cases} \tag{21.116}$$

In der Phase III tritt somit eine Zugspannung $-\sigma_a$ in der Außenflansche auf.

Eine nähere Untersuchung zeigt, daß unmittelbare Knickung, d. h. Unendlichwerden von $\dfrac{d\,\Delta}{d\,P}$ während der Kraftauferlegung nur in den Phasen II und III zutreffen kann. Diese Knickkraft, $\bar{P}$, wird aus der Beziehung

$$\left[\frac{d\,\Delta\,(0)}{d\,P}\right]_{P=\bar{P}} = \infty \tag{21.117}$$

bestimmt. Der zugehörige Wert von $\Delta\,(0)$ wird $\bar{\Delta}\,(0)$ bezeichnet.

Zu jeder Kraft $P < \bar{P}$ gehört eine bestimmte Ausbiegung $\Delta\,(0)$, die aus den oben gegebenen Gleichungen (21.114), (21.115), (21.116) und den früher gegebenen Gleichungen (21.70) und (21.74) berechnet werden kann.

Während des danach folgenden Kriechvorganges gelten verschiedene Ausdrücke je nachdem $\Delta < 1$ oder $\Delta > 1$ gilt, und es folgen somit zwei weitere Phasen IV und V.

IV: $\Delta < 1$; $\sigma_i, \sigma_a > 0$; $\dot{\sigma}_i > 0$, $\dot{\sigma}_a < 0$

$$\begin{cases} \dot{\varepsilon}_i = \dfrac{\dot{\sigma}_i}{E} + k_0\,\sigma_i{}^{n_0-1}\dot{\sigma}_i + k\,\sigma_i^n \\[2mm] \dot{\varepsilon}_a = \dfrac{\dot{\sigma}_a}{E} \qquad\qquad + k\,\sigma_a^n \end{cases} \tag{21.118}$$

V: $\Delta > 1$; $\sigma_i > 0$, $\sigma_a < 0$; $\dot{\sigma}_i > 0$, $\dot{\sigma}_a < 0$

$$\begin{cases} \dot{\varepsilon}_i = \dfrac{\dot{\sigma}_i}{E} + k_0\sigma_i^{n_0-1}\,\dot{\sigma}_i + k\,\sigma_i^n \\[2mm] \dot{\varepsilon}_a = \dfrac{\dot{\sigma}_a}{E} + k_0\,|\sigma_a|^{n_0-1} + k\,|\sigma_a|^n \ . \end{cases} \tag{21.119}$$

Wenn für die kritische Ausbiegung, $\bar{\Delta}$, gemäß Gl. (21.112) $\bar{\Delta} > 1$ gilt, muß also die Kriechknickung während der Phase V zutreffen.

Es zeigt sich, daß immer

$$\bar{\Delta} = \bar{\Delta}\,(0) \tag{21.120}$$

gilt, d. h. es gelten hier gerade dieselben Ergebnisse wie beim Federmodell, wie sie in Abb. 21.6 dargestellt wurden.

Die oben gefundenen Beziehungen des gleichflanschigen H-Stabes lassen sich leicht auf einen allgemeinen I-Querschnitt nach Abb. 8.3 verallgemeinern, vgl. Hult 1955b.

Versuche mit Kriechknickung bei Stäben wurden von u. a. Mathauser und Brooks 1954; Carlson und Manning 1954; Patel, Kempner, Erickson und Mobassery 1956 und Hult 1955b durchgeführt.

Es wurden dabei hauptsächlich Stäbe mit rechteckigem Querschnitt benutzt, und eine direkte Verifizierung der berechneten kritischen Zeit war im allgemeinen nicht möglich. Die Versuche zeigen jedoch eine qualitativ gute Übereinstimmung mit dem theoretisch vorausgesagten Verlauf der Ausbiegung. Speziell beobachtet man in manchen Fällen, daß die Kriechknickung, d. h. Unendlichwerden der Ausbiegegeschwindigkeit, schon bei einer gewissen endlichen Ausbiegung zustande kommt, wie es von der Theorie vorausgesagt wird. Die angeführten Versuche von HULT wurden mit Stäben von H-Querschnitt durchgeführt und zeigten die von der Theorie geforderte charakteristische Konzentration der Krümmung bei der Stabmitte, die einem zweiten Fourierglied des Lösungsansatzes (21.83) entspricht.

21.3 Kriechknickung bei Stabwerken

Die ersten Untersuchungen über Kriechknickung waren alle dem gelenkig gelagerten Stab gewidmet, der im vorigen Abschnitt ausführlich behandelt wurde. Die dort gefundenen Ergebnisse lassen sich aber nicht unmittelbar auf andere Lagerungsarten eines gedrückten Stabes verallgemeinern.

Das charakteristische Element einer Analyse der Kriechknickung bei Stabwerken ist die statische Unbestimmtheit, die die stetige Veränderung der Ausbiegungsform bewirkt. Wegen der statischen Unbestimmtheit, treten hier Differentialgleichungen höherer Ordnung auf, als im Falle des gelenkig gelagerten Druckstabes. Die einzige diesbezüglichen uns bekannten Arbeiten stammen von HULT 1959 a, b. Wir werden die Ergebnisse dieser Arbeiten in ihren Hauptzügen im folgenden darstellen.

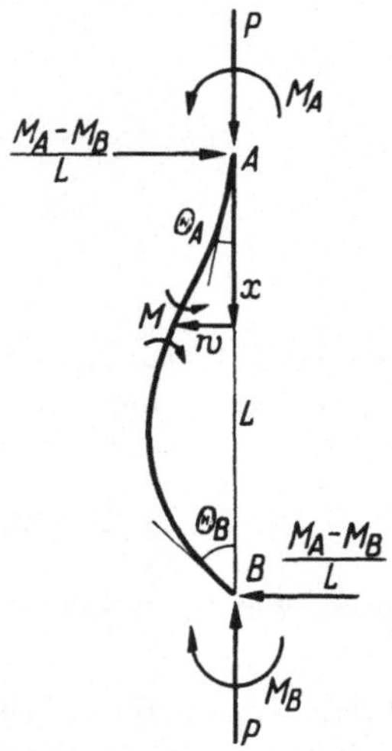

Abb. 21.12.　　Gedrückter Teilstab eines Stabwerkes

a) Linear viskoelastischer Werkstoff

Wir betrachten einen Stab AB von Abb. 21.12, der einen druckbelasteten Teil eines Stabwerkes ausmacht. Die Endmomente M_A und M_B sind Reaktionsmomente, die der Verdrehung der Stabendpunkte entgegenwirken.

Man erhält sofort die Gleichgewichtsbedingung

$$M + M_A - P \cdot w - \frac{M_A - M_B}{L} \cdot x = 0 \qquad (21.121)$$

oder aber nach zweimaliger Differentiation

$$\frac{\partial^2 M}{\partial x^2} - P\frac{\partial^2 w}{\partial x^2} = 0.$$ (21.122)

Zusammen mit der allgemeinen Beziehung des linear viskoelastischen Stabes, Gl. (21.31), liefert sie die partielle Differentialgleichung der Ausbiegung

$$\frac{\partial^4 \dot{w}}{\partial x^4} + \frac{P}{E\,I}\frac{\partial^2 \dot{w}}{\partial x^2} + \frac{k\,P}{I}\cdot\frac{\partial^2 w}{\partial x^2} = 0$$ (21.123)

oder diejenige des Biegemomentes

$$\frac{\partial^2 \dot{M}}{\partial x^2} + \frac{P}{E\,I}\,\dot{M} + \frac{k\,P}{I}\,M = 0.$$ (21.124)

Die Differentialgleichung (21.123) vierter Ordnung entspricht gerade der Differentialgleichung (21.41) zweiter Ordnung beim gelenkig gelagerten Stabe.

Wir nehmen hier an, daß das Stabwerk aus einer Anzahl von N Stäben besteht, bei denen die elastische Biegesteifigkeit $E_\nu\,I_\nu$ ($\nu = 1, 2, 3, \ldots, N$) und der Kriechkennwert k_ν ($\nu = 1, 2, 3, \ldots, N$) stückweise konstant sind. Die Beziehung (21.39) ist somit bei allen Stäben gültig, und die Randbedingungen können dadurch einfach formuliert werden.

Gemäß den Ergebnissen des gelenkig gelagerten Stabes, führen wir den Lösungsansatz

$$w(x, t) = W(x) \cdot e^{\mu t}$$ (21.125)

in die Differentialgleichung (21.123) ein, und erhalten somit die gewöhnliche Differentialgleichung

$$\frac{d^4 W}{d x^4} + \frac{P}{E\,I}\left(1 + \frac{E\,k}{\mu}\right)\cdot\frac{d^2 W}{d x^2} = 0.$$ (21.126)

Wäre der Stab rein elastisch ($k = 0$), würde man statt dessen die Differentialgleichung

$$\frac{d^4 W}{d x^4} + \frac{P}{E\,I}\cdot\frac{d^2 W}{d x^2} = 0$$ (21.127)

erhalten haben.

Von den Ergebnissen des gelenkig gelagerten Stabes schließen wir wieder, daß die Differentialgleichung (21.126) für jeden Wert der Kraft P nur bei gewissen Eigenwerten $\mu = \mu_i$ ($i = 1, 2, 3, \ldots$) eine nichttriviale Lösung besitzt. Die Differentialgleichung (21.127) des entsprechenden rein elastischen Stabes besitzt hingegen nur bei gewissen Eigenwerten der Kraft $P = P_i$ ($i = 1, 2, 3, \ldots$) eine nichttriviale Lösung.

Die Differentialgleichungen (21.126) und (21.127) sind formal ganz ähnlich, und es läßt sich zeigen, daß dies auch für die entsprechenden Randbedingungen der Fall ist. Man findet, daß durch Vertausch gemäß

$$\left\{ \begin{aligned} & P \to P_i \\ & \frac{1}{E_\nu I_\nu}\left(1 + \frac{E_\nu\,k_\nu}{\mu_i}\right) \to \frac{1}{E_\nu I_\nu} \quad (\nu = 1, 2, 3, \ldots, N) \end{aligned} \right. \qquad (21.128)$$

die Differentialgleichung und die Randbedingungen der Kriechknickungsaufgabe in die der elastischen Knickungsaufgabe gerade übergehen.

Die Eigenwerte P_i $(i = 1, 2, 3, \ldots)$ werden aus den Nullstellen der Knickungsdeterminante erhalten, vgl. hierzu z. B. KOLLBRUNNER und MEISTER[1]. Führt man die von den Gln. (21.128) angegebenen Substitutionen (von rechts nach links) in die Knickungsdeterminante ein, erhält man eine „Kriechknickungsdeterminante", deren Nullstellen den verschiedenen Eigenwerten μ_i $(i = 1, 2, 3, \ldots)$ entsprechen.

Eine explizite Lösung ergibt sich unmittelbar im Falle wo $E_\nu\,k_\nu$ $(\nu = 1, 2, 3, \ldots, N)$ in allen Stäben denselben Wert, $E\,k$, besitzt. Die elastischen und viskoelastischen Aufgaben werden dann vollständig identisch, wenn

$$\frac{P}{E\,I}\left(1 + \frac{E\,k}{\mu_i}\right) \equiv \frac{P_i}{E\,I} \; (i = 1, 2, 3, \ldots) \qquad (21.129)$$

gilt, woraus sich

$$\mu_i = E\,k \,\frac{P}{P_i - P}\;(i = 1, 2, 3, \ldots) \qquad (21.130)$$

ergibt; vgl. Gl. (21.65).

Die Bestimmung der vollständigen Lösung, die auch die Anfangsbedingung berücksichtigt, geht gerade wie beim gelenkig gelagerten Stabe hervor.

b) Nichtlinear viskoelastischer Werkstoff

Wir betrachten nochmals den Stab von Abb. 21.12, beschränken uns aber im folgenden auf den Fall des idealisierten H-Querschnittes von Abb. 21.9. Die Gleichgewichtsbedingung (21.12) bleibt noch gültig, und analog mit den Gln. (21.69) gilt für diesen Fall

$$\left\{ \begin{aligned} & \sigma_i \frac{A}{2} + \sigma_a \frac{A}{2} = P \\ & \sigma_i \frac{A}{2}\frac{H}{2} - \sigma_a \frac{A}{2}\frac{H}{2} = Pw - M_A + \frac{M_A - M_B}{L}\cdot x. \end{aligned} \right. \qquad (21.131)$$

Die Endmomente M_A und M_B sind hier durch nichtlineare Beziehungen mit den entsprechenden Verdrehungsgeschwindigkeiten $\dfrac{\partial \dot{w}_A}{\partial x}$ und

---

[1] Knicken. Berlin/Göttingen/Heidelberg: Springer 1955.

$\dfrac{\partial \dot{w}_B}{\partial x}$ der Stabenden verknüpft. Eine vollständige Analyse analog mit derjenigen beim gelenkig gelagerten Stabe würde daher auf eine sehr komplizierte nichtlineare Differentialgleichung führen. Wir verzichten darauf, eine derartige Lösung der Aufgabe zu versuchen, und wenden uns statt dessen einem angenäherten Verfahren zu.

Wir erinnern zuerst daran, daß bei linear viskoelastischem Kriechen die niedrigste Eigenform der Ausbiegung während des Kriechvorganges immer vorherrschender wird. Nach langzeitigem Kriechen ist die Ausbiegungsform des Stabwerkes mit deren niedrigster Ausbiegungsform fast völlig identisch. Analog damit nehmen wir nun an, daß dies auch bei nichtlinearem Kriechen der Fall ist, so daß wir nur die niedrigste Ausbiegungsform zu behandeln brauchen.

Beim gelenkig gelagerten Stabe ist die niedrigste Ausbiegungsform im linearen Falle eine halbe Sinuswelle. Während des Kriechvorganges nähert sich die Ausbiegungsform immer rascher der von Abb. 21.13 angegebenen, bei der die Kriechdeformation in der Stabmitte vollständig konzentriert ist. Der Stab besteht dann aus zwei geraden Teilen, die durch ein *Kriechgelenk* vereinigt sind. Wenn der Stab in einem Stabwerke eingeht, können mehrere Kriechgelenke entstehen. Es bilden sich so viele Kriechgelenke aus, daß das Stabwerk gemäß seiner niedrigsten Ausbiegungsform versagen kann. Es besteht sodann mit den kinematischen Ketten der Traglasttheorie eine enge Verwandtschaft, vgl. hierzu NEAL[1].

Bevor wir diese Betrachtungsweise auf Stabwerke anwenden, werden wir den gelenkig gelagerten Stab noch einmal behandeln, um die Verwendbarkeit des angenäherten Verfahrens beurteilen zu können.

Die Teilstäbe des Stabwerkes können schematisch wie in Abb. 21.14 dargestellt werden, wobei das Rechteck als starr angenommen ist. Die Federn sind durch die nicht lineare Beziehung

$$\dot{\delta} = \varkappa N^n \tag{21.132}$$

gekennzeichnet, d. h. es wird von der rein elastischen Deformation im Stabe selbst abgesehen. Die Kriecheigenschaften des Teilstabes in reinem Zug sind dann mit denen des H-Stabes von Abb. 21.9 identisch gleich, wenn

$$\varkappa = \frac{kl}{2}\left(\frac{2}{A}\right)^n \tag{21.133}$$

gilt.

---

[1] Die Verfahren der plastischen Berechnung biegesteifer Stahlstabwerke. Berlin/Göttingen/Heidelberg: Springer 1958.

Wir betrachten danach zwei solche Elementarstäbe, mit den Längen l_1 und l_2 die zusammen, nach Abb. 21.15, ein Kriechgelenk bilden.

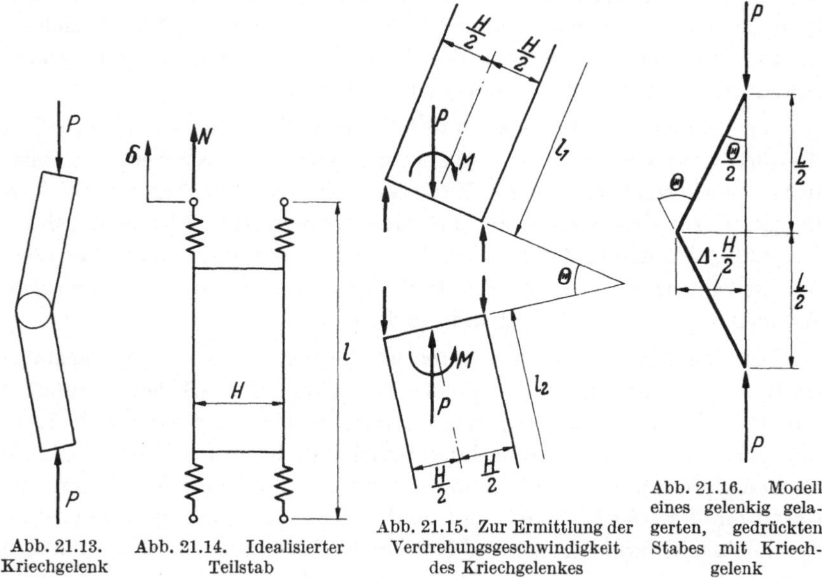

Abb. 21.13. Kriechgelenk

Abb. 21.14. Idealisierter Teilstab

Abb. 21.15. Zur Ermittlung der Verdrehungsgeschwindigkeit des Kriechgelenkes

Abb. 21.16. Modell eines gelenkig gelagerten, gedrückten Stabes mit Kriechgelenk

Aus den Gln. (21.132) und (21.133) folgt dann die Verdrehungsgeschwindigkeit des Kriechgelenkes

$$\dot{\Theta} = \frac{k}{2H}(l_1 + l_2)\left[\left(\frac{P}{A} + \frac{2M}{AH}\right)^n - \left(\frac{P}{A} - \frac{2M}{AH}\right)^n\right] \qquad (21.134)$$

wobei P und M die resultierende Druckkraft und das resultierende Biegemoment am Kriechgelenk bedeuten. Es wird vorläufig vorausgesetzt, daß $PH > 2M$ bleibt.

Eine Kette, die aus einer unendlich großen Menge unendlich kleiner solcher Elementarstäbe besteht, ist somit identisch gleich dem stetigen Stabe. Das Ersetzen des stetigen Stabes durch eine endliche Anzahl solcher Elementarstäbe entspricht somit dem Ersetzen der Differentialgleichung durch eine Anzahl von Gleichungen mit endlichen Differenzen.

Die Kriechknickung eines gelenkig gelagerten Stabes kann nun unmittelbar analysiert werden. Nach Abb. 21.16 erhält man die Gleichgewichtsbedingung

$$M = P \cdot \Delta \cdot \frac{H}{2} \qquad (21.135)$$

und weiterhin gilt $l_1 = l_2 = \dfrac{L}{2}$ und

$$\Theta = 2\,\Delta \cdot \frac{H}{L}. \qquad (21.136)$$

Mit Rücksicht auf Gl. (21.134) folgt sofort die Differentialgleichung

$$\dot{\Delta} = \frac{k}{4}\frac{L^2}{H^2}\left(\frac{P}{A}\right)^n \left[(1+\Delta)^n - (1-\Delta)^n\right].\qquad(21.137)$$

Die entsprechende kritische Zeit wird gemäß Abschn. 21.2 bei kleinen Anfangsausbiegungen $\Delta(0)$

$$t^* \simeq \frac{2}{n\,k}\left(\frac{A}{P}\right)^n\left(\frac{H}{L}\right)^2 \ln\frac{1}{\Delta(0)}.\qquad(21.138)$$

Bei Vernachlässigung rein elastischer Verformungen ($E = \infty$) wird die kritische Zeit von Gl. (21.102)

$$t^* \simeq \frac{\pi^2}{8}\cdot\frac{2}{n\,k}\left(\frac{A}{P}\right)^n\left(\frac{H}{L}\right)^2 \ln\frac{1}{\Delta(0)}.\qquad(21.139)$$

Es folgt, daß die kritische Zeit des Kriechgelenkmodelles etwas kürzer als diejenige des stetig gekrümmten Stabes ist. Dies hängt natürlich davon ab, daß beim Kriechgelenkmodell die gesamte Verformung zum meist beanspruchten Punkte des Stabes lokalisiert ist.

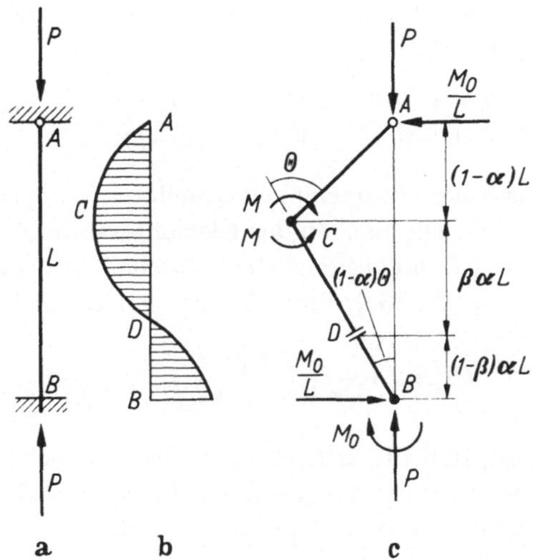

Abb. 21.17. Gedrückter, gelenkig gelagerter und fest eingespannter Stab mit zwei Kriechgelenken

Mit Hilfe des Kriechgelenkmodelles können wir nun z. B. die kritische Zeit des Stabes AB von Abb. 21.17a berechnen. Der Stab ist an A gelenkig gelagert und an B fest eingespannt, und entspricht demnach einem der bekannten EULERschen Knickfälle. Im rein elastischen Falle verläuft das Biegemoment wie in Abb. 21.17b, mit einem absoluten

Maximum im Punkte C. Wir nehmen daher an, daß sich Kriechgelenke in den Punkten C und B ausbilden. Für diese erhält man dann gemäß Gl. (21.134) und mit den Bezeichnungen von Abb. 21.17c

$$(21.140)$$

$$\begin{cases} \dot{\Theta} = \dfrac{k}{2H} \left[(1-\alpha)L + \beta\alpha L\right] \cdot \left[\left(\dfrac{P}{A} + \dfrac{2M}{AH}\right)^n - \left(\dfrac{P}{A} - \dfrac{2M}{AH}\right)^n\right] \\[3ex] (1-\alpha)\dot{\Theta} = \dfrac{k}{2H}(1-\beta)\alpha L \cdot \left[\left(\dfrac{P}{A} + \dfrac{2M_0}{AH}\right)^n - \left(\dfrac{P}{A} - \dfrac{2M_0}{AH}\right)^n\right]. \end{cases}$$

$$(21.141)$$

Darüber hinaus besteht die Gleichgewichtsbedingung

$$M + M_0(1-\alpha) = \alpha(1-\alpha)P\Theta L . \qquad (21.142)$$

Die Lage des Verbindungspunktes D, wo das Biegemoment verschwindet, ist aus der Beziehung

$$M(1-\beta) = M_0\beta \qquad (21.143)$$

gegeben.

Bei nicht zu großen Ausbiegungen erhält man aus den Gln. (21.140), (21.141) und (21.143)

$$\frac{1}{1-\alpha} \simeq \frac{1-\alpha+\beta\alpha}{(1-\beta)\alpha} \cdot \frac{M}{M_0} = \frac{1-\alpha+\beta\alpha}{(1-\beta)\alpha} \cdot \frac{\beta}{1-\beta} . \qquad (21.144)$$

Die rein elastische Biegemomentverteilung entspricht $\alpha \simeq 0{,}65$, womit folgt $\beta \simeq 0{,}53$. Die Längen der Elementarstäbe AC und CD sind also $0{,}35\,L$ bzw. $0{,}34\,L$, und es folgt die kritische Zeit bei kleinen Werten von $\Delta(0)$ aus der Gl. (21.138) durch Ersatz von L mit $0{,}69 \cdot L$

$$t^* \simeq 2{,}1 \cdot \frac{2}{nk} \left(\frac{A}{P}\right)^n \left(\frac{H}{L}\right)^2 \ln\frac{1}{\Delta(0)} . \qquad (21.145)$$

Man findet also, daß die kritische Zeit des hier behandelten Stabes etwa doppelt so groß wie die des gelenkig gelagerten Stabes, Gl. (21.138), ist. Da die kritische Zeit zu L^{-2} proportional ist, folgt weiterhin, daß die kritische Zeit des doppelt eingespannten Stabes angenähert gleich

$$t^* \simeq 4 \cdot \frac{2}{nk} \left(\frac{A}{P}\right)^n \left(\frac{H}{L}\right)^2 \ln\frac{1}{\Delta(0)} \qquad (21.146)$$

ist. Die Gln. (21.138), (21.145) und (21.146) lassen erstaunlicherweise erkennen, daß die kritischen Zeiten t^* der EULERfälle fast genau den entsprechenden elastischen Knicklasten proportional sind. Andere Beispiele, z. B. die eines Rechteckrahmens, finden sich bei HULT 1959a.

21.4 Kriechknickung bei Platten und Schalen

Bei Kriechknickung von Platten und Schalen treten mehrachsige Spannungszustände auf, was eine weitere, ganz besondere Verwicklung gegenüber denen der Stabknickung bedeutet. Auch sind nur ganz wenige Untersuchungen über Platten und Schalen in dieser Hinsicht durchgeführt worden. Wir werden uns daher hier auf eine Übersicht einiger dieser Arbeiten beschränken.

a) Platten

Die frei aufliegende, entlang den vier Rändern durch gleichmäßigen Druck belastete Rechteckplatte, wurde von LIN 1956 behandelt. Für eine anfänglich schwach gekrümmte, linear viskoelastische Platte wurde eine Lösung des Ausbiegungsvorganges mittels LAPLACE-Transformation hergeleitet. Gerade wie beim linear viskoelastischen Stabe wächst die Ausbiegung nur nach unendlicher Zeit ins Unendliche.

Das zweidimensionale Gegenstück des idealisierten H-Querschnittes bei Stäben, die Doppelplatte (Engl.: sandwich plate) wurde von u. a. PIAN und JOHNSON 1957 in einer Untersuchung von Kriechknickung bei Rechteckplatten benutzt. Mittels der Variationsmethode von SANDERS, McComb und SCHLECHTE (vgl. Abschn. 5.3 b) wurde eine Differentialgleichung der Ausbiegung bei nichtlinearem Kriechen hergeleitet. Eine explizite Lösung für den Fall $n = 3$ zeigt dieselben allgemeinen Eigenschaften wie bei nichtlinearer Stabknickung. Die entsprechende Aufgabe wurde später ohne die Beschränkung auf den Spezialfall einer Doppelplatte von McComb 1958 behandelt.

RABOTNOV und SHESTERIKOV 1957 behandelten auch die Kriechstabilität von Platten, und führten eine quasi-statische Behandlung ein, um die Schwierigkeiten der mehrachsigen Zustände bei dynamischer Analyse zu vermeiden.

b) Schalen

Die zur Zeit veröffentlichten Arbeiten über Kriechknickung bei Schalen behandeln alle das kreiszylindrische Rohr.

HOFF 1957 b behandelte ein Rohr als Biegebalken, der durch ein konstantes Biegemoment beansprucht wird. Die anfängliche, elastische Verformung bewirkt eine schwach elliptische Form des Querschnittes. Die Ellipse wird während des Kriechens immer flacher, wodurch das Widerstandsmoment des Rohres immer kleiner wird; der Kriechvorgang endet mit der Knickung des Rohres.

Eine analytische Behandlung bei nichtlinearem Kriechen wurde dabei durchgeführt. Bei einem Rohr mit sowohl Umfangs- wie Längsversteifungen konnte der Rohrmantel selbst durch seine mittragende

Breite einfach in Betracht genommen werden. Die Analyse führt zu zwei nichtlinearen Differentialgleichungen für die Krümmungsgeschwindigkeit und die Verformungsgeschwindigkeit des Querschnittes. Die numerisch erhaltene Lösung dieses Systems zeigt gute Übereinstimmung mit Ergebnissen von Versuchen, in denen Aluminiumrohre durch ein konstantes Biegemoment beansprucht wurden. Die Rohre waren unversteift und die Temperatur war 260° C.

Die Kriechknickung eines zylindrischen Rohres unter gleichmäßig verteiltem Außendruck wurde von HOFF, JAHSMAN und NACHBAR 1959 behandelt. Da keine Längskraft vorkommt, ist die Aufgabe mit der Untersuchung der Kriechstabilität eines Ringes identisch. Eine kleine Abweichung von der kreiszylindrischen Form im unbelasteten Zustand wird während des Kriechens vergrößert. Gerade wie bei Stäben wird dieser Vorgang beschleunigt und endet mit der Kriechknickung. Bei linear viskoelastischem Kriechen trifft dies nur nach unendlicher Zeit zu. Die Abhängigkeit der kritischen Zeit von der anfänglichen Form des Querschnittes wurde bei nichtlinearem Kriechen einer Doppelschale im Falle $n = 3$ durchgeführt.

Kriechknickung eines kreiszylindrischen Rohres unter sowohl Außendruck wie Längskraft wurde von SUNDSTRÖM 1957 behandelt. Er untersuchte auch die Einwirkung des Primärkriechens. Die kritische Zeit wurde für $n = 3$ und $n = 5$ numerisch berechnet.

Die Kriechinstabilität bei drehbelasteten Rohren wurde von FINNIE 1958 behandelt.

21.5 Durchschlag bei Kriechen

Bei einem querbelasteten, schwach gekrümmten Stabe nach Abb. 21.18 entstehen große Druckspannungen, die die Verkürzung der Stablänge bewirken. Die Krümmung wird dadurch vermindert, was auf immer größere Druckspannungen führt. Diese Tatsachen können unter Umständen auf eine besondere Art von Instabilität führen, die als *Durchschlag* bekannt ist. Die Ausbiegung des Stabes ändert sich dabei sprungweise nach Abb. 21.18. In der neuen Gleichgewichtslage (gestrichelt) sind die Druckspannungen gegen Zugspannungen vertauscht, und die Lage ist damit stabil.

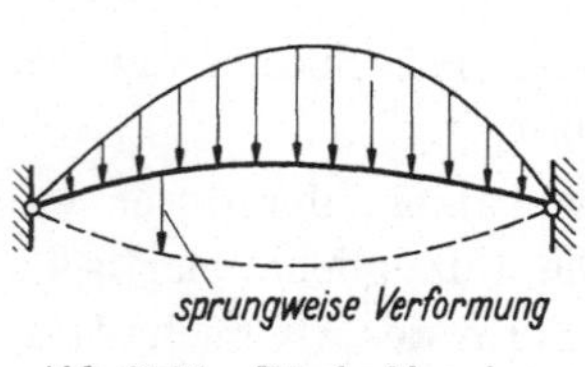

Abb. 21.18. Durchschlag eines querbelasteten Stabes

Bei elastischem Werkstoff tritt der Durchschlag für eine gewisse kritische Belastung zu. Bei Kriechen tritt der Durchschlag unter zeitlich konstanter Belastung nach einer gewissen kritischen Zeit zu. Weitere Einzelheiten dieser Erscheinung finden sich bei PIAN 1958, PIAN und CHOW 1958 und HULT 1960.

V. Cartesische Tensoren

Unten folgt eine kurze Darstellung der gewöhnlichsten Begriffe bei CARTESIschen Tensoren. Eingehendere Darstellungen der Tensoralgebra sowie ihre Anwendung in der Physik und Technik finden sich z. B. bei DUSCHEK und HOCHRAINER[1].

A. Einleitung

Der Spannungszustand eines Kontinuums kann durch die neun Spannungskomponenten σ_x, τ_{xy}, τ_{xz}, σ_y, τ_{yz}, τ_{yx}, σ_z, τ_{zx}, τ_{zy} definiert werden, die auf die Seitenflächen eines ausgeschnittenen rechteckigen Elementes wirken. Das Element ist auf ein willkürlich gewähltes CARTESIsches Koordinatensystem $Oxyz$ bezogen. Die Richtungen der Spannungskomponenten werden wie in Abb. V.1a als positiv definiert.

Die Spannungskomponenten sind natürlich alle von den gewählten Koordinatenrichtungen abhängig. Es ist von Bedeutung zu wissen, wie sich diese Komponenten bei einer reinen Koordinatenachsenverdrehung ändern.

Es werden zunächst für die Koordinatenrichtungen und Spannungskomponenten neue Bezeichnungen eingeführt wie in Abb. V.1b, wodurch eine einheitliche, mehr allgemeine Schreibweise erreicht wird.

Die Lage des verdrehten Koordinatensystemes $Ox_1'\,x_2'\,x_3'$ in dem ursprünglichen $Ox_1\,x_2\,x_3$ wird durch die Richtungskosinusse definiert, z. B. $a_{11'} = \cos(x_1,\,x_1')$.

Statisches Gleichgewicht, in der Richtung Ox_2', des in Abb. V.2 ausgeschnittenen Elementes erfordert

$$\sigma_{1'2'} = \sigma_{11}\,a_{11'}\,a_{12'} + \sigma_{12}\,a_{11'}\,a_{22'} + \sigma_{13}\,a_{11'}\,a_{32'} +$$
$$+ \sigma_{21}\,a_{21'}\,a_{12'} + \sigma_{22}\,a_{21'}\,a_{22'} + \sigma_{23}\,a_{21'}\,a_{32'} +$$
$$+ \sigma_{31}\,a_{31'}\,a_{12'} + \sigma_{32}\,a_{31'}\,a_{22'} + \sigma_{33}\,a_{31'}\,a_{32'}\,.$$

Es wird sich zeigen, daß alle Gleichgewichtsbedingungen eines solchen Elementes diese Struktur haben, und sie können mithin in der Form

$$\sigma_{i'j'} = \sum_{i=1}^{3} \sum_{j=1}^{3} \sigma_{ij}\,a_{ii'}\,a_{jj'} \qquad (i',\,j' = 1,\,2,\,3) \tag{V.1}$$

zusammengefaßt werden.

---

[1] Grundzüge der Tensorrechnung in analytischer Darstellung; Teil I: Tensoralgebra (1960), Teil II: Tensoranalysis (1961), Teil III: Anwendungen in Physik und Technik (1955). Wien: Springer.

Um eine noch einfachere Schreibweise zu erreichen, führen wir hier die folgende sogenannte *Summationskonvention* ein:

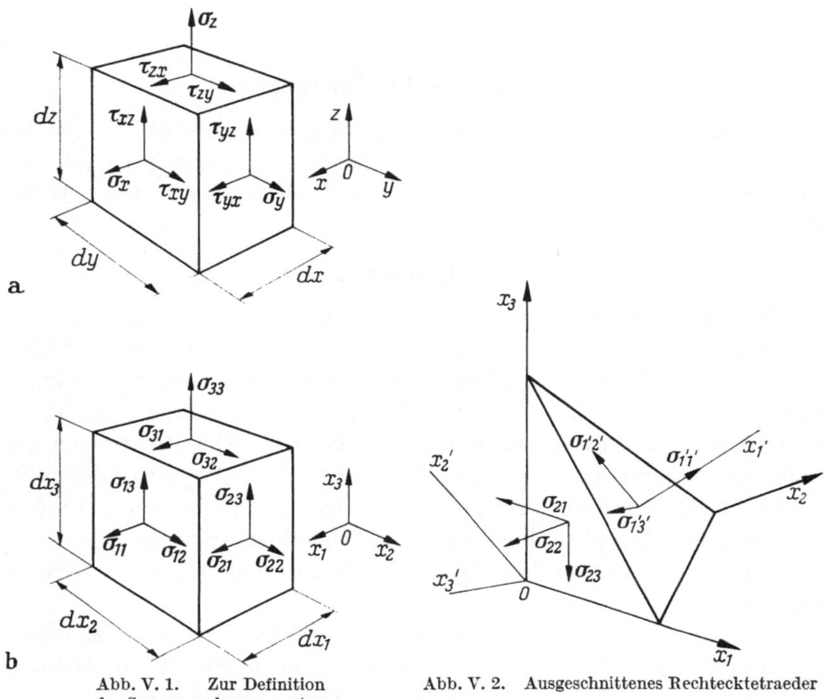

Abb. V. 1.   Zur Definition der Spannungskomponenten

Abb. V. 2.   Ausgeschnittenes Rechtecktetraeder

Sobald ein Buchstabenindex zweimal in einem Glied vorkommt, soll dieser Index alle vorgeschriebenen Werte durchlaufen, wonach die so erhaltenen Glieder summiert werden sollen.

Dann können wir die Beziehung (V.1) als

$$\sigma_{i'j'} = \sigma_{ij}\, a_{ii'}\, a_{jj'} \tag{V.2}$$

schreiben, wobei auch die Parenthese der Kürze wegen weggelassen ist. Es wird sich zeigen, daß diese beiden Vereinfachungen, nämlich das Weglassen von Summationszeichen und Parenthese, keine Unklarheiten bewirken, weshalb sie im folgenden durchweg angewandt werden.

Der Ausdruck (V.2) ist die gesuchte Beziehung, die zeigt, wie sich die Spannungskomponenten bei einer Koordinatenachsenverdrehung ändern. Durch eine Transformation dieser speziellen Art wird in der Kontinuumsmechanik eine wichtige Klasse von Größen definiert, die *Tensoren* genannt werden, und zwar CARTESische Tensoren, weil es sich hier schlechthin um Cartesische Koordinatensysteme handelt.

Definition: Eine Größe τ_{ij}, deren Komponenten sich bei einer Verdrehung des Koordinatensystemes nach

$$\tau_{i'j'} = \tau_{ij}\, a_{ii'}\, a_{jj'} \tag{V.3}$$

transformieren, wird ein Tensor genannt.

Es kommen in der Literatur mehrere äquivalente Tensordefinitionen vor. Durch die hier gegebene wird ein naher Anschluß an den mehr bekannten Begriff eines Vektors gewonnen:

Definition: Eine Größe ξ_i, deren Komponenten sich bei einer Verdrehung des Koordinatensystems nach

$$\xi_{i'} = \xi_i\, a_{ii'} \tag{V.4}$$

transformieren, wird ein Vektor genannt.

B. Einheitstensor, Kugeltensor, Deviator

Ein dreidimensionaler Tensor, wie σ_{ij} oben, hat neun Komponenten. Diese werden oft in einer quadratischen Aufstellung geordnet

$$\tau_{ij} \equiv \begin{pmatrix} \tau_{11}\ \tau_{12}\ \tau_{13} \\ \tau_{21}\ \tau_{22}\ \tau_{23} \\ \tau_{31}\ \tau_{32}\ \tau_{33} \end{pmatrix}. \tag{V.5}$$

Die Komponenten mit gleichen Indizes werden die Diagonalkomponenten des Tensors genannt.

Ein Tensor, bei dem $\tau_{ij} = \tau_{ji}$ ist, wird *symmetrisch* genannt, ein Tensor bei dem $\tau_{ij} = -\tau_{ji}$ ist, *antisymmetrisch*. Bei einem antisymmetrischen Tensor verschwinden alle Diagonalkomponenten.

Die Richtungskosinusse $a_{ii'}$ des Koordinatensystems $O\,x_1'\,x_2'\,x_3'$ in dem Koordinatensystem $O\,x_1\,x_2\,x_3$ bilden keinen Tensor, da sie sich bei einer weiteren Verdrehung nach Gl. (V.3) nicht transformieren. Sie werden aber häufig in einem quadratischen Schema angeordnet

	x_1'	x_2'	x_3'
x_1	$a_{11'}$	$a_{12'}$	$a_{13'}$
x_2	$a_{21'}$	$a_{22'}$	$a_{23'}$
x_3	$a_{31'}$	$a_{32'}$	$a_{33'}$

Es gelten hier die Beziehungen

$$a_{1i'}^2 = 1,\ a_{2i'}^2 = 1,\ a_{3i'}^2 = 1 \tag{V.6}$$
$$a_{i1'}^2 = 1,\ a_{i2'}^2 = 1,\ a_{i3'}^2 = 1.$$

Ein speziell wichtiger Tensor ist der *Einheitstensor*, bisweilen auch KRONECKERS Delta genannt

$$\delta_{ij} \equiv \begin{pmatrix} 1 & 0 & 0 \\ 0 & 1 & 0 \\ 0 & 0 & 1 \end{pmatrix}. \tag{V.7}$$

Die gegenseitige Ortogonalität zwischen der Koordinatenachsen in den $O x_1 x_2 x_3$- und $O x_1' x_2' x_3'$-Systemen wird sodann durch die Formeln

$$a_{ii'}\,a_{ji'} = \delta_{ij},\; a_{ii'}\,a_{ij'} = \delta_{i'j'} \tag{V.8}$$

ausgedrückt.

Weiterhin folgt aus den gegebenen Definitionen, wenn τ_{ik} ein willkürlicher symmetrischer Tensor ist, die Beziehung

$$\delta_{ij}\,\tau_{ik} = \tau_{jk}. \tag{V.9}$$

Ein Tensor, der die spezielle Form

$$\tau_{ij} = \tau\,\delta_{ij} \equiv \begin{pmatrix} \tau & 0 & 0 \\ 0 & \tau & 0 \\ 0 & 0 & \tau \end{pmatrix} \tag{V.10}$$

besitzt, wird *Kugeltensor* genannt.

In der Kontinuumsmechanik kommen häufig Tensoren der Form

$$t_{ij} = \tau_{ij} - \frac{1}{3}\,\tau_{kk}\,\delta_{ij} \tag{V.11}$$

vor. Ein solcher Tensor wird *Deviator* genannt. Er besitzt, wegen der Beziehung $\delta_{ii} = 3$, unter anderem die wichtige Eigenschaft

$$t_{ii} = 0 \tag{V.12}$$

d. h. die Summe der Diagonalkomponenten eines Deviators ist immer gleich Null. Aus der Definition (V.11) eines Deviators geht hervor, daß jeder symmetrische Tensor in einen Kugeltensor und einen Deviator aufgespaltet werden kann.

C. Der Spannungstensor

Der Spannungszustand eines Kontinuums kann auf zwei verschiedene Weisen beschrieben werden. Man kann die Komponenten des Spannungszustandes, auf ein gewisses Koordinatensystem bezogen, angeben; sie bilden den sogenannten Spannungstensor.

Oder aber man kann denjenigen Kraftvektor $\bar{K}$ angeben, der auf ein Element von Einheitsgröße mit dem Normalvektor $\bar{n}$ wirkt; vgl. Abb. V.3. Dieses letztere Verfahren bedeutet, daß der Spannungszustand dadurch gekennzeichnet wird, daß

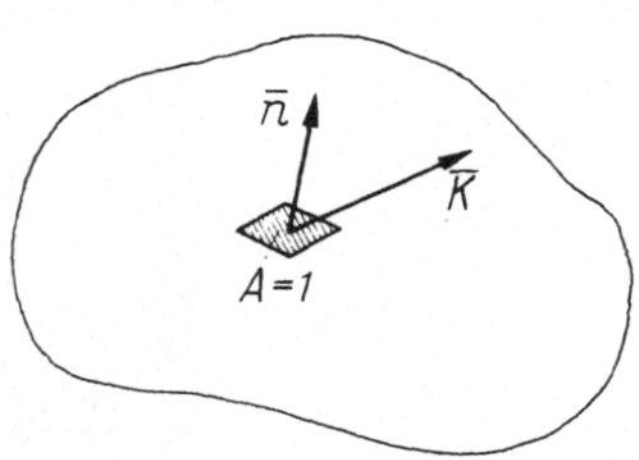

Abb. V. 3. Zur Veranschaulichung des Begriffes des Spannungstensors

man einen gewissen Vektor mit einem anderen Vektor verknüpft. Hierdurch wird eine physikalische Illustration des Tensorbegriffes gewonnen; vgl. weiter z. B. FRANK-v. MISES[1].

Der Name Tensor deutet an, daß diese Algebra bei Studien von Spannungszuständen in Kontinuen entstanden ist. Nunmehr ist die Tensoralgebra ein in der Physik häufig angewandtes Hilfsmittel.

Wir wollen nun einige wohlbekannte Beziehungen zwischen den Spannungskomponenten in Tensorform darstellen.

Momentengleichgewicht des Elementes in Abb. V.1b erfordert in Bezug auf die $O x_3$-Achse

$$\sigma_{12} \cdot d x_2 \, d x_3 \cdot \frac{d x_1}{2} \cdot 2 - \sigma_{21} \cdot d x_3 \, d x_1 \cdot \frac{d x_2}{2} \cdot 2 = 0$$

das heißt

$$\sigma_{12} = \sigma_{21}$$

oder in Tensorform

$$\sigma_{ij} = \sigma_{ji} \ . \tag{V.13}$$

Der Spannungstensor ist demnach symmetrisch.

Kraftgleichgewicht desselben Elementes erfordert in Bezug auf die $O x_1$-Richtung wenn X_1 die Volumenkraft in der $O x_1$-Richtung bedeutet

$$\left(\sigma_{11} + \frac{\partial \sigma_{11}}{\partial x_1} d x_1\right) d x_2 \, d x_3 - \sigma_{11} d x_2 \, d x_3 +$$

$$+ \left(\sigma_{21} + \frac{\partial \sigma_{21}}{\partial x_2} d x_2\right) d x_3 \, d x_1 - \sigma_{21} \, d x_3 \, d x_1 +$$

$$+ \left(\sigma_{31} + \frac{\partial \sigma_{31}}{\partial x_3} d x_3\right) d x_1 \, d x_2 - \sigma_{31} \, d x_1 \, d x_2 +$$

$$+ X_1 \, d x_1 \, d x_2 \, d x_3 = 0$$

das heißt

$$\frac{\partial \sigma_{11}}{\partial x_1} + \frac{\partial \sigma_{21}}{\partial x_2} + \frac{\partial \sigma_{31}}{\partial x_3} + X_1 = 0,$$

oder in Tensorform und mit Bezug auf Gl. (V.13)

$$\frac{\partial \sigma_{ij}}{\partial x_j} + X_i = 0. \tag{V.14}$$

Auf der Oberfläche eines mit Flächenkraft T_i je Flächeneinheit belasteten Körpers gilt in der $O x_1$-Richtung die Gleichgewichtsbedingung

$$\sigma_{11} n_1 + \sigma_{21} n_2 + \sigma_{31} n_3 - T_1 = 0,$$

wo n_1, n_2, n_3 die Richtungskosinusse des Flächennormales bedeuten. In Tensorform wird sodann diese Randbedingung, mit Bezug auf Gl. (V.13)

$$\sigma_{ij} n_j = T_i \ . \tag{V.15}$$

---

[1] Die Differentialgleichungen und Integralgleichungen der Mechanik und Physik, Braunschweig: Vieweg & Sohn, 1. Bd. 1930, 2. Bd. 1935.

Es wird hier n_j Flächenvektor genannt, d. h. ein Vektor von Einheitsgröße, der in jedem Punkt der Fläche senkrecht zu der Fläche steht.

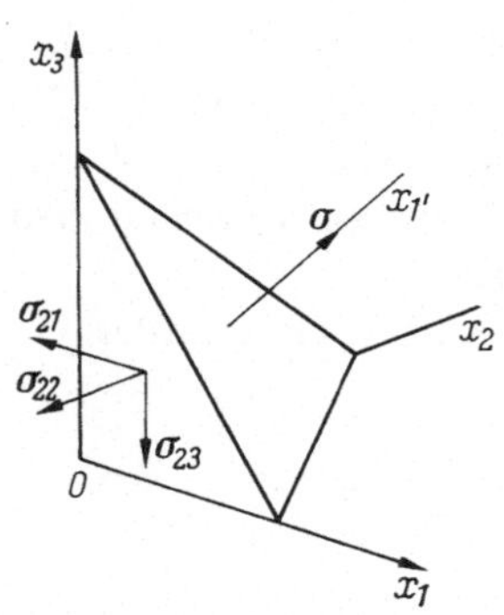

Abb. V. 4. Zur Bestimmung der Hauptspannungen

Die Hauptrichtungen des Spannungszustandes werden dadurch definiert, daß keine Schubspannungen auf diejenigen Schnittflächen wirken, die senkrecht zu den Hauptspannungsrichtungen stehen. Werden die Richtungskosinusse der Hauptrichtungen durch a_{ij}' bezeichnet, erhalten wir die folgenden Gleichgewichtsbedingungen des in Abb. V.4 ausgeschnittenen Tetraeders

$$\begin{cases} \sigma_{11}\,a_{11}' + \sigma_{21}\,a_{21}' + \sigma_{31}\,a_{31}' = \sigma\,a_{11}' \\ \sigma_{12}\,a_{11}' + \sigma_{22}\,a_{21}' + \sigma_{32}\,a_{31}' = \sigma\,a_{21}' \\ \sigma_{13}\,a_{11}' + \sigma_{23}\,a_{21}' + \sigma_{33}\,a_{31}' = \sigma\,a_{31}' \, . \end{cases}$$

Betrachten wir statt dessen ein Tetraeder, wo die schräge Ebene senkrecht zu der Richtung $O\,x_2'$ oder $O\,x_3'$ steht, so erhalten wir Gleichungssysteme derselben Struktur. Es gilt sodann, mit Tensorsymbolik

$$(\sigma_{ij} - \sigma\,\delta_{ij})\,a_{ij}' = 0 \, .$$

Nicht triviale Lösungen existieren nur dann, wenn die Systemdeterminante dieses homogenen linearen Gleichungssystems verschwindet, d. h. wenn

$$|\,\sigma_{ij} - \sigma\,\delta_{ij}\,| = 0 \tag{V.16}$$

gilt.

Die Wurzeln dieser Gleichung dritten Grades, die sog. charakteristische Gleichung oder auch Säkulargleichung, sind die drei Hauptspannungen σ_1, σ_2, σ_3, auch Eigenwerte des Tensors genannt. Man kann zeigen, daß sie immer reell sind. Die zugehörigen Richtungen werden Hauptspannungsrichtungen genannt, und sie stehen senkrecht zueinander. Falls zwei oder alle drei Hauptspannungen gleich sind, sind die zugehörigen Hauptspannungsrichtungen unbestimmt.

D. Der Verzerrungstensor

Der Verzerrungszustand eines Kontinuums kann dadurch definiert werden, daß der Verschiebungsvektor u_i jedes Punktes angegeben wird. Vorausgesetzt, daß alle Ableitungen

$$\frac{\partial u_i}{\partial x_j} \ll 1$$

sind, wird die Verzerrung als

$$\varepsilon_{ij} = \frac{1}{2}\left(\frac{\partial u_i}{\partial x_j} + \frac{\partial u_j}{\partial x_i}\right) \tag{V.17}$$

definiert. Wir wollen zeigen, daß die so definierte Verzerrung ein Tensor ist. Nach Gl. (V.4) gilt $u_{i'} = u_i a_{ii'}$ und $x_j = x_{j'} a_{jj'}$. Demnach ist

$$\frac{\partial}{\partial x_{j'}} = \frac{\partial}{\partial x_j} \cdot \frac{d x_j}{d x_{j'}} = \frac{\partial}{\partial x_j} \cdot a_{jj'}$$

und es gilt somit

$$\varepsilon_{i'j'} = \frac{1}{2}\left(\frac{\partial u_{i'}}{\partial x_{j'}} + \frac{\partial u_{j'}}{\partial x_{i'}}\right) = \frac{1}{2}\left(\frac{\partial u_i}{\partial x_j} a_{ii'} a_{jj'} + \frac{\partial u_j}{\partial x_i} a_{jj'} a_{ii'}\right) =$$

$$= \frac{1}{2}\left(\frac{\partial u_i}{\partial x_j} + \frac{\partial u_j}{\partial x_i}\right) a_{ii'} a_{jj'} = \varepsilon_{ij} a_{ii'} a_{jj'}$$

was nach Gl. (V.3) bedeutet, daß ε_{ij} ein Tensor ist.

Wenn die Voraussetzung

$$\frac{\partial u_i}{\partial x_j} \ll 1$$

nicht erfüllt ist, wird die Verzerrung als

$$\varepsilon_{ij} = \frac{1}{2}\left(\frac{\partial u_i}{\partial x_j} + \frac{\partial u_j}{\partial x_i} + \frac{\partial u_k}{\partial x_i} \cdot \frac{\partial u_k}{\partial x_j}\right) \quad (V.18)$$

definiert. Es kann gerade wie bei Gl. (V.17) oben gezeigt werden, daß die so definierte Verzerrung auch ein Tensor ist. Aus den Definitionen (V.17) und (V.18) folgt außerdem, daß der Verzerrungstensor in beiden Fällen symmetrisch ist. Wir wollen uns im folgenden nur mit dem Verzerrungstensor nach Gl. (V.17) beschäftigen.

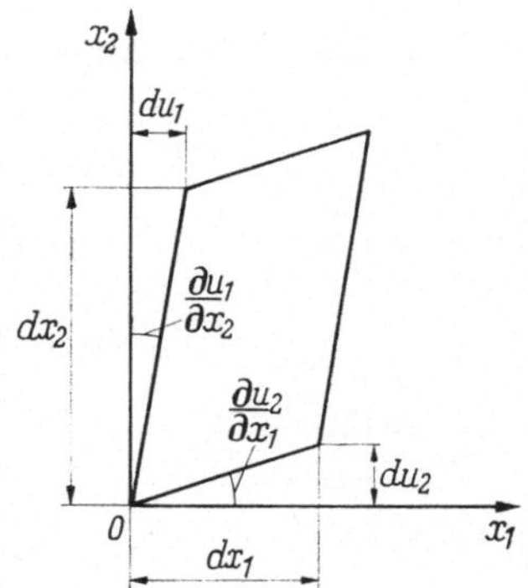

Abb. V. 5. Verformung eines rechteckigen Elementes

Die Diagonalkomponenten des Verzerrungstensors sind mit den Normaldehnungen identisch, wie sie häufig in der technischen Mechanik definiert sind.

Die übrigen Komponenten entsprechen aber nicht den Schubwinkeln, sondern sind von ihnen durch einen Faktor Zwei verschieden. Es entspricht somit γ_{xy} die Tensorkomponente $2 \cdot \varepsilon_{12}$ usw.

Die Ursache, weshalb wir die Tensordefinition (V.17) statt der technisch üblichen eingeführt haben, ist gerade die, daß die Verzerrungskomponenten jetzt einen Tensor bilden. Es folgt damit, daß beim Verzerrungszustand mehrere Zusammenhänge gültig sind, die wir vorher bei dem Spannungszustande gefunden haben. Beispielsweise gibt es drei Hauptdehnungen ε_1, ε_2 und ε_3, die aus der mit Gl. (V.16) analogen Gleichung

$$|\varepsilon_{ij} - \varepsilon \delta_{ij}| = 0 \quad (V.19)$$

erhalten werden.

E. Hookesches Gesetz

Mit den oben gegebenen Definitionen des Spannungstensors und des Verzerrungstensors können wir nun das HOOKEsche Gesetz in Tensorform ausdrücken. Mit gewöhnlichen technischen Bezeichnungen schreibt sich das HOOKEsche Gesetz

$$\left\{ \begin{aligned} \varepsilon_x &= \frac{1}{2\,G}\left[\sigma_x - \frac{v}{1+v}(\sigma_x + \sigma_y + \sigma_z)\right] \\[2mm] \varepsilon_y &= \frac{1}{2\,G}\left[\sigma_y - \frac{v}{1+v}(\sigma_x + \sigma_y + \sigma_z)\right] \\[2mm] \varepsilon_z &= \frac{1}{2\,G}\left[\sigma_z - \frac{v}{1+v}(\sigma_x + \sigma_y + \sigma_z)\right] \end{aligned} \right. \qquad\qquad \left\{ \begin{aligned} \varepsilon_{xy} &= \frac{1}{2\,G}\tau_{xy} \\[2mm] \varepsilon_{yz} &= \frac{1}{2\,G}\tau_{yz} \\[2mm] \varepsilon_{zx} &= \frac{1}{2\,G}\tau_{zx} \end{aligned} \right.$$

Alle diese Gleichungen können in der einzigen Tensorgleichung

$$\varepsilon_{ij} = \frac{1}{2\,G}\left(\sigma_{ij} - \frac{v}{1+v}\,\sigma_{kk}\,\delta_{ij}\right) \tag{V.20}$$

zusammengefaßt werden. Umgekehrt gilt

$$\sigma_{ij} = 2G\left(\varepsilon_{ij} + \frac{v}{1-2v}\,\varepsilon_{kk}\,\delta_{ij}\right). \tag{V.21}$$

Aus Gl. (V.20) folgt die Volumendilatation

$$\varepsilon_{ii} = \frac{1}{2\,G}\cdot\frac{1-2v}{1+v}\sigma_{ii} = \frac{1-2v}{E}\cdot\sigma_{ii}. \tag{V.22}$$

Es folgt dann, daß das HOOKEsche Gesetz (V.21) in der alternativen Form

$$\sigma_{ij} - \frac{1}{3}\sigma_{ii}\,\delta_{ij} = 2G\left(\varepsilon_{ij} - \frac{1}{3}\varepsilon_{kk}\,\delta_{ij}\right)$$

geschrieben werden kann, oder einfacher

$$s_{ij} = 2G\cdot e_{ij} \tag{V.23}$$

wo s_{ij} und e_{ij} den Spannungsdeviator bzw. Verzerrungsdeviator bedeuten. Dieses Ergebnis scheint zuerst erstaunlich, da die Gl. (V.23) das HOOKEsche Gesetz mit einem einzigen Parameter ausdrückt, nämlich dem Schubmodul G. Es ist ja wohlbekannt, daß die elastischen Eigenschaften eines Werkstoffes durch zwei Stoffwerte gekennzeichnet sind. Wenn $i = j$ ist, entartet aber die Gl. (V.23), denn nach Gl. (V.12) gilt $s_{ii} = e_{ii} = 0$. Eine vollständige Charakterisierung des Verhaltens eines belasteten elastischen Materiales erfordert somit außer der Gl. (V.23) auch die Gl. (V.22), die den Zusammenhang zwischen dem durchschnittlichen Druck und der Volumendilatation gibt. Die Gln. (V.22) und (V.23) entsprechen demnach zusammen dem HOOKEschen Gesetze.

F. Invarianten

Ein Vektor kann durch seine Komponenten in einem willkürlich gewählten Koordinatensystem definiert werden, oder aber kann man seine Größe und seine Richtungen in Bezug auf gewisse willkürlich gewählte Referenzrichtungen angeben. Die Komponenten des Vektors sind alle von demjenigen Koordinatensysteme abhängig, worin er definiert ist. Seine Größe dagegen ist eine Eigenschaft des Vektors selbst, und sie beruht nicht auf dem Koordinatensystem, in welchem der Vektor definiert ist. Bei einer Verdrehung des Koordinatensystems ändern sich demnach die Komponenten des Vektors, aber nicht seine Größe. Die Größe wird eine *Invariante* des Vektors genannt.

In derselben Weise kann ein Tensor durch seine Komponenten in einem willkürlich gewählten Koordinatensystem, oder durch seine Hauptgrößen und die entsprechenden Richtungen definiert werden. Hierbei sind die Hauptgrößen bei einer Koordinatenachsenverdrehung invariant. Diese bilden somit drei voneinander unabhängige Invarianten des Tensors.

Die Hauptgrößen können aber nicht als einfache Funktionen der Tensorkomponenten in einem willkürlich gewählten Koordinatensystem ausgedrückt werden, da sie ja die Wurzeln einer Gleichung dritten Grades von der Form

$$| \tau_{ij} - \tau \delta_{ij} | = 0 \tag{V.24}$$

sind, oder völlig ausgeschrieben

$$\tau^3 - \tau^2 (\tau_{11} + \tau_{22} + \tau_{33}) +$$

$$+ \tau (\tau_{11} \tau_{22} + \tau_{22} \tau_{33} + \tau_{33} \tau_{11} - \tau_{12}^2 - \tau_{23}^2 - \tau_{31}^2) - \begin{vmatrix} \tau_{11} & \tau_{12} & \tau_{13} \\ \tau_{21} & \tau_{22} & \tau_{23} \\ \tau_{31} & \tau_{32} & \tau_{33} \end{vmatrix} = 0.$$

Da die Wurzeln τ_1, τ_2 und τ_3 dieser Gleichung invariant sind, müssen auch die Koeffizienten der Gleichung invariant sein. Auf Grund ihrer großen Bedeutung sind spezielle Bezeichnungen für diese Größen eingeführt.

$$\begin{cases} J_1 = \tau_{11} + \tau_{22} + \tau_{33} \\ J_2 = - (\tau_{11} \tau_{22} + \tau_{22} \tau_{33} + \tau_{33} \tau_{11} - \tau_{12}^2 - \tau_{23}^2 - \tau_{31}^2) \\ J_3 = \begin{vmatrix} \tau_{11} & \tau_{12} & \tau_{13} \\ \tau_{21} & \tau_{22} & \tau_{23} \\ \tau_{31} & \tau_{32} & \tau_{33} \end{vmatrix} \end{cases} \tag{V.25}$$

oder, mit Tensorsymbolik

$$\begin{cases} J_1 = \tau_{ii} \\[2mm] J_2 = \dfrac{1}{2}\left(\tau_{ij}^2 - \tau_{ii}^2\right) \\[2mm] J_3 = |\tau_{ij}| \, . \end{cases} \qquad\qquad (V.26)$$

Sie werden oft kurz die Invarianten des Tensors genannt.

Der Invarianz von τ_{ii} folgt auch unmittelbar aus der Definition eines Tensors, Gl. (V.3), und den Beziehungen (V.8) und (V.9)

$$\tau_{i'i'} = \tau_{ij}\, a_{ii'}\, a_{ji'} = \tau_{ij}\, \delta_{ij} = \tau_{ii} \, .$$

Es sei bemerkt, daß ein Buchstabenindex, der in einem Glied zweimal vorkommt, durch irgendeinen anderen Buchstabenindex ersetzt werden kann, der nicht schon in der Gleichung vorkommt.

In derselben Weise wird bewiesen, daß auch $\tau_{ij}\,\tau_{ij}$ und $\tau_{ij}\,\tau_{jk}\,\tau_{ki}$ invariant sind:

$$\tau_{i'j'}\,\tau_{i'j'} = \tau_{ij}\, a_{ii'}\, a_{jj'}\, \tau_{kl}\, a_{ki'}\, a_{lj'} =$$
$$= \tau_{ij}\, \delta_{ik}\, \tau_{kl}\, \delta_{jl} = \tau_{jk}\, \tau_{jk} = \tau_{ij}\, \tau_{ij}$$

$$\tau_{i'\,j'}\,\tau_{j'k'}\,\tau_{k'i'} = \tau_{ij}\, a_{ii'}\, a_{jj'}\, \tau_{kl}\, a_{kj'}\, a_{lk'}\, \tau_{mn}\, a_{mk'}\, a_{ni'} =$$
$$= \tau_{ij}\, \delta_{in}\, \tau_{kl}\, \delta_{kj}\, \tau_{mn}\, \delta_{ml} =$$
$$= \tau_{jn}\, \tau_{lj}\, \tau_{nl} = \tau_{ij}\, \tau_{jk}\, \tau_{ki} \, .$$

Wenn das Koordinatensystem längs den Hauptrichtungen eingestellt wird, nimmt der Tensor die Form

$$\tau_{ij} \equiv \begin{pmatrix} \tau_1 & 0 & 0 \\ 0 & \tau_2 & 0 \\ 0 & 0 & \tau_3 \end{pmatrix}$$

an, weil die Invarianten werden

$$\begin{cases} J_1 = \tau_1 + \tau_2 + \tau_3 \\ J_2 = -\,(\tau_1\,\tau_2 + \tau_2\,\tau_3 + \tau_3\,\tau_1) \\ J_3 = \tau_1\,\tau_2\,\tau_3 \, . \end{cases} \qquad\qquad (V.27)$$

Hieraus folgt, daß umgekehrt τ_1, τ_2, τ_3 mit Hilfe J_1, J_2, J_3 ausgedrückt werden können. Man kann zeigen, daß der Tensor τ_{ik} nur drei voneinander unabhängige Invarianten besitzt. Alle andere Invarianten können mit Hilfe dieser drei, z. B. J_1, J_2, J_3 ausgedrückt werden.

Der Zustand eines belasteten isotropen Kontinuums ist selbstverständlich von den Hauptspannungsrichtungen unabhängig. Nur die Größe der Hauptspannungen ist in dieser Hinsicht von Bedeutung, und sie spielen daher bei Studien der Stoffestigkeit eine grundlegende Rolle. Es folgt dann, daß auch die Invarianten dieselbe Rolle spielen.

Mit einem Kugeltensor, der nach Gl. (V.10) definiert wird, gilt bei einer Verdrehung des Koordinatensystems nach den Gln. (V.3), (V.8) und (V.9)

$$\tau_{i'j'} = \tau_{ij}\, a_{ii'}\, a_{jj'} = \tau\, \delta_{ij}\, a_{ii'}\, a_{jj'} =$$
$$= \tau\, a_{ji'}\, a_{jj'} = \tau\, \delta_{i'j'}$$

d. h. ein Kugeltensor ist selbst invariant bei einer Verdrehung des Koordinatensystems.

Die Invarianten des Kugeltensors sind nach (V.27), da $\tau_1 = \tau_2 = \tau_3 = \tau$ ist,

$$\begin{cases} J_1 = 3\,\tau \\ J_2 = -\,3\tau^2 \\ J_3 = \tau^3. \end{cases} \tag{V.28}$$

Der Deviator, der mittels Gl. (V.11) definiert wurde, kommt in der Kriechmechanik häufig vor. Seine Invarianten sind

$$\begin{cases} I_1 = t_{ii} = 0 \\ I_2 = \dfrac{1}{2}\left(t_{ij}^2 - t_{ii}^2\right) = \dfrac{1}{2}\,t_{ij}^2 \\ I_3 = |t_{ij}| = \dfrac{1}{3}\,t_{ij}\,t_{jk}\,t_{ki}. \end{cases} \tag{V.29}$$

Von speziellem Interesse ist der zweite Invariant, der auch in der Form

$$I_2 = \frac{1}{3}\left(t_1^2 + t_2^2 + t_3^2 - t_1 t_2 - t_2 t_3 - t_3 t_1\right) \tag{V.30}$$

geschrieben werden kann.

In der Spezialliteratur über Tensoralgebra kommen die Begriffe Kontravarianz und Kovarianz häufig vor. Bei symmetrischen CARTESIschen Tensoren fallen diese Distinktionen aber weg.

VI. Kriechfestigkeitszahlen

Die unten angegebenen Stoffwerte beziehen sich auf einige gewöhnliche, im Maschinenbau häufig benutzte Werkstoffe. Es wurde hier keineswegs einem vollständigen Verzeichnis solcher Stoffwerte zugestrebt. Die angegebenen Zahlen sollten vielmehr als einige charakteristische Beispiele betrachtet werden.

Eine vollständige Übersicht der bisher veröffentlichten zusammenfassenden Darstellungen über Kriechfestigkeitszahlen verschiedener Werkstoffe findet sich bei FINNIE und HELLER 1959.

Die Stoffwerte sind unten mittels MKS-Einheiten ausgedrückt. Die einzigen Ausnahmen bieten Spannung und Elastizitätsmodul, für die kp/mm² statt N/m² benutzt worden ist. Es gilt dabei die genaue Umrechnungsbeziehung

$$1 \text{ kp/mm}^2 = 9{,}80665 \cdot 10^6 \text{ N/m}^2.$$

Man vergleiche hierzu weiter U. STILLE, Messen und Rechnen in der Physik, Braunschweig: Vieweg & Sohn 1955.

Die Tabelle enthält die folgenden Größen:

Dichte	ϱ	(kg/m³)
Wärmeausdehnungskoeffizient (Wärmedehnzahl)	α	(1/°C)
Spezifische Wärme	c	(Ws/kg °C)
Wärmeleitfähigkeit	λ	(W/m °C)
Temperaturleitfähigkeit	$a = \lambda/\varrho c$	(m²/s)
Zugfestigkeit	σ_B	(kp/mm²)
Streckgrenze, bleibende Dehnung 0,2%	$\sigma_{0,2}$	(kp/mm²)
Elastizitätsmodul	E	(kp/mm²)
Kriechexponent	n	
Kriechgrenze	σ_{c7}	(kp/mm²)
Kriechbruchgrenze	$\sigma_{cB}^{(m)}$	(kp/mm²)

Die Kriechbruchgrenze $\sigma_{cB}^{(m)}$ ist jene Spannung, auf dem ursprünglichen Querschnitt bezogen, bei der Kriechbruch nach 10^m Stunden zutrifft.

Die entsprechenden Größen in der Bezeichnungsweise des Normblattes DIN 50 119 würden etwa folgendermaßen ausgedrückt werden, man vergl. Abschn. 6.1

$$\sigma_{c7} = \text{Kriechgeschwindigkeitsgrenze} = \sigma_{7/\text{Meßzeitdauer/Temp.}}$$

bzw.

$$\sigma_{cB}^{(m)} = \text{Zeitstandfestigkeit} = \sigma_{B/10^m/\text{Temp.}}$$

Die in Parenthese stehenden Tabellenzahlen beziehen sich auf geschätzte Werte.

Werkstoff	Zusammensetzung Warmbehandlung	ϱ kg/m³	T °C	Wärmetechnische Zahlen			
				$\alpha \cdot 10^5$ 1/°C	c Ws/kg°C	λ W/m°C	$a \cdot 10^6$ m²/s
Kohlenstoffstahl	0,12 C 0,25 Si 0,4 Mn gewälzt normalgeglüht geglüht 840° C	7850	20 300 400 450 500 550 600 650	1,4	630	45 44	8,9
Chromstahl	0,15 C 13 Cr geschmiedet martensitisch	7850	20 400 450 500 550 600 650 700	1,2	500	28 29 30	7,1
Nichtrostender Stahl	0,1 C 0,15 Si 0,4 Mn 18 Cr 9 Ni gewälzt austenitisch geglüht 1070° C Luftabkühlung	7900	20 300 400 450 500 600 650 700	2,0	500	21 23 24	5,3
Nimonic 75	0,1 C 20 Cr 77 Ni 2 Fe Guß	8350	20 650	1,6	460	15 27	7,0
Duralumin 24 S-T 4	4,4 Cu 0,34 Fe 1,3 Mg 0,6 Mn 0,18 Si gepreßt	2800	20 150 190	2,5	1050	203	69
Al.Leg. RR-59	Guß	2800	200	2,5	1050	203	69
Kupfer	99,95 Cu elektrolyt, geglüht, Rekristall. temp. 189° C	8900	20 190	1,8	385	384	112
Mg. Leg.	2 Al, Rest Mg	1740	20 50	2,6	1050	163	89

Festigkeitszahlen			Kriechfestigkeitszahlen					
σ_B kp/mm²	$\sigma_{0,2}$ kp/mm²	$E \cdot 10^{-3}$ kp/mm²	n	σ_{c7} kp/mm²	$\sigma_{cB}^{(2)}$ kp/mm²	$\sigma_{cB}^{(3)}$ kp/mm²	$\sigma_{cB}^{(4)}$ kp/mm²	$\sigma_{cB}^{(5)}$ kp/mm²
40	(24)	21						
(45)	14	20						
(30)	12	19	(6,5)	(14)				
		18	5	7	21	15	11	(8)
		17	3,3	3,5	13	9,5	7	(4)
			(2,5)	(1,6)	8	6	4	2,7
								0,8
								0,4
62	(35)	20						
		18,5	7,7	25				
		17,7	6,3	16				
		16,9	5,27	9,6		(20)		
		15,5	4,4	5,4		(12)		
		14	3,8	2,5		(6,5)		
67	(25)	20						
	15							
	14	19						
			(6,5)	(10)				
		18	5,6	(8)	44	41	30	26
		15	4,5	4,5				(16)
			(4,0)	2,5				(12)
			(3,5)	1,4				(9)
73	(47)	22						
		18	2,73	3				
		7,3						
48	37	6,9	10	19				
33	22	6,7	5,3	7,1				
		6,7	3,7	4,3				
25		10						
		10	2,75	0,9				
		4,5	5,17	4				
			4,45	3				

19 Odqvist/Hult, Kriechfestigkeit

VII. Schrifttum

Der Hauptabschnitt dieses Teils ist eine alphabetische Zusammenstellung der im Text zitierten Arbeiten. Es wurde keineswegs eine vollständige Bibliographie des ganzen Gebietes angestrebt. Die Literatur dieses Gebietes der Mechanik und Physik ist nunmehr so umfassend, daß eine solche Bibliographie mehrere Tausend Arbeiten umfassen würde.

Außer den Literaturverzeichnissen der einzelnen zitierten Arbeiten wird zu diesem Zwecke auf die folgenden Referatzeitschriften hingewiesen:

1. Zentralblatt für Mechanik, 1933—1945,
2. Applied Mechanics Reviews, 1948 —
3. Referativnij Zhurnal (Russisch).

Wir nennen besonders die folgenden übersichtlichen Darstellungen der Entwicklung dieses Gebietes der Mechanik:

MARIN, J., A survey of recent research on creep of engineering materials, Appl. Mech. Rev. 4 (1951), 633/634.

ODQVIST, F. K. G., Recent advances in theories of creep of engineering materials, Appl. Mech. Rev. 7 (1954), 517—519.

HOFF, N. J., High temperature effects in aircraft structures, Appl. Mech. Rev. 8 (1955), 453—456.

FINNIE, I., Stress analysis in the presence of creep, Appl. Mech. Rev. 13 (1960), 705—712.

Die Russische Zeitschrift „Prikladnaia Mathematika i Mekhanika" enthält viele Aufsätze dieses Gebietes. Eine Übersetzung dieser Zeitschrift auf Englisch wird als „Applied Mathematics and Mechanics" veröffentlicht. Ein vollständiges Verfasser- und Inhaltsverzeichnis der 21 ersten Bände findet sich in Bd. 22, Heft 6, 1958.

Die folgenden Abkürzungen werden in dem Literaturverzeichnis unten benutzt:

Aer. Quart.	= Aeronautical Quarterly
AIME	= American Institute of Mining and Metallurgical Engineers
Aircr. Engng.	= Aircraft Engineering
ASM	= American Society for Metals
ASME	= American Society of Mechanical Engineers
ASTM	= American Society for Testing Materials
Ing. Arch.	= Ingenieur Archiv
Inst. Mech. Engrs.	= Institution of Mechanical Engineers
IUTAM	= International Union of Theoretical and Applied Mechanics
IVA	= Ingeniörsvetenskapsakademien, Stockholm
JAM	= Journal of Applied Mechanics
JAP	= Journal of Applied Physics
J Aer. Sci.	= Journal of the Aeronautical Sciences
J Aerospace Sci.	= Journal of the Aerospace Sciences
J Mech. Phys. Sol.	= Journal of the Mechanics and Physics of Solids
J Roy. Aer. Soc.	= Journal of the Royal Aeronautical Society

KTH	= Kungliga Tekniska Högskolan, Stockholm
KW Inst. Eisenf.	= Kaiser-Wilhelm-Institut für Eisenforschung
MIT	= Massachusetts Institute of Technology
NACA	= National Advisory Committee for Aeronautics
NASA	= National Aeronautis & Space Administration
NPL	= National Physical Laboratory
PIBAL	= Polytechnic Institute of Brooklyn Aeronautical Laboratory
PMM	= Prikladnaia Matemathika i Mekhanika
QAM	= Quarterly of Applied Mechanics
RM	= Research Memorandum
SESA	= Society for Experimental Stress Analysis
TM	= Technical Memorandum
TN	= Technical Note
WADC	= Wright Air Development Center
ZAMM	= Zeitschrift für angewandte Mathematik und Mechanik
Z Metallk.	= Zeitschrift für Metallkunde
Z Phys.	= Zeitschrift für Physik

A. Zusammenfassende Arbeiten über Kriechfestigkeit

FINNIE, I., und HELLER, W. R., Creep of engineering materials, New York: Mc Graw Hill 1959.

High temperature effects in aircraft structures; Herausgeber N. J. HOFF, London: Pergamon Press 1958.

KACHANOV, L. M., Theorie des Kriechens (in Russisch), Moskau: Gos. Izdat. Fis.-Mat. Lit. 1960.

MALININ, N. N., Grundlagen für Berechnungen beim Kriechen (in Russisch), Moskau: Maschgiz 1948.

NORTON, F. H., Creep of steel at high temperatures, New York: Mc Graw Hill 1929.

SMITH, G. V., Properties of metals at elevated temperatures, New York: Mc Graw Hill 1950.

STANFORD, E. G., The creep of metals and alloys, London: Temple Press 1949.

SULLY, A. H., Metallic creep and creep resistant alloys, London: Butterworths 1949.

TAPSELL, H. J., Creep of metals, Oxford: University Press 1931.

B. Zusammenfassende Arbeiten über Wärmespannungen

BOLEY, B. A., und WEINER, J. H., Theory of thermal stresses, New York: Wiley & Sons 1960.

CARSLAW, H. S. und JAEGER, J. C., Conduction of heat in solids, Oxford: University Press 1947.

ECKERT, E., Einführung in den Wärme- und Stoffaustausch, 2. Aufl., Berlin: Springer 1959.

GATEWOOD, B. E., Thermal stresses, New York: Mc Graw Hill 1957.

GRÖBER, H., ERK, S. und GRIGULL, U., Grundgesetze der Wärmeübertragung, 3. Aufl., Berlin: Springer 1955.

JACOB, M., Heat transfer, I und II, New York: Wiley & Sons 1949, 1957.

MELAN, E., und PARKUS, H., Wärmespannungen infolge stationärer Temperaturfelder, Wien: Springer 1953.

PARKUS, H., Instationäre Wärmespannungen, Wien: Springer 1959.

C. Tagungs- und Konferenzberichte

Symposium on effect of temperature on the properties of metals, ASME und
    ASTM, Chicago 1931.
Symposium on creep of nonferrous metals and alloys, Trans. AIME **161** (1945),
    401—477.
Conference on strength of solids (Bristol), Proc. London 1948.
Symposium on plasticity and creep of metals, ASTM Special Technical Publication
    107, 1950.
High temperature properties of metals, ASM, Ohio 1951.
Symposium on strength and ductility of metals at elevated temperatures, ASTM
    Special Technical Publication 128, 1953.
Symposium on strength at elevated temperatures, SESA, New York 1953.
Creep and fracture of metals at high temperature, NPL 1954, Her Majestys
    Stationery Office, London 1956.
Verformung und Fließen des Festkörpers, Madrid 1955, Herausgeber R. GRAMMEL,
    Berlin: Springer 1956.
Seminar on creep and recovery, ASM, Cleveland 1956.
Dislocations and mechanical properties of crystals, Lake Placid 1956, Herausgeber:
    J. C. FISHER, W. G. JOHNSTON, R. THOMSON und T. VREELAND, Jr., New
    York: Wiley & Sons 1957.
Colloquium on creep in structures, IUTAM, Stanford 1960, Herausgeber: N. J.
    HOFF, Berlin/Göttingen/Heidelberg: Springer 1962.

D. Aufsätze und andere im Text zitierte Werke

ALFREY, T., Non-homogeneous stresses in viscoelastic media, QAM **2** (1944).
    113—119.
ANDRADE, E. N. da C., The viscous flow in metals and allied phenomena, Proc.
    Roy. Soc. London **A 84** (1910).
ARUTYUNIAN, N.H., A contact problem in the theory of creep, X Int. Congr. Appl.
    Mech., Stresa 1960.
ASTM, Joint Research Committee on effect of temperature on properties of metals,
    Creep Data, 1938.
ATTIA, Y. G., FITZGEORGE, D. und POPE, J. A., An experimental investigation of
    residual stresses in hollow cylinders due to the creep produced by thermal
    stresses, J Mech. Phys. Sol. **2** (1954), 238—258.
AUSTIN, C. R., ST. JOHN, C. R. und LINDSAY, R. W., Creep properties of some
    binary solid solutions of ferrite, Trans. AIME **162** (1945), 84—105.
AVERY, H. S., und MATHEWS, N. A., Cast heat resisting alloys of the 16 per cent
    chromium, 35 per cent nickel type, Trans. ASM **38** (1947), 956—1022.
BAILEY, R. W., Creep of steel under simple and compound stresses, and the use
    of high initial temperature in steam power plant, Trans. World Power Conference,
    Tokyo 1929, Bd. 3, 1089.
BAILEY, R. W., The utilization of creep test data in engineering design, Proc. Inst.
    Mech. Engrs. **131** (1935), 131—349.
BAILEY, R. W., Creep relationships and their application to pipes, tubes, and
    cylindrical parts under internal pressure, Proc. Inst. Mech. Engrs. **164** (1951),
    425—431.
BERGEN, J. T. (Herausgeber), Viscoelasticity: Phenomenological aspects, New
    York: Academic Press 1960.
BERNHARDT, E.O. und HANEMANN, H. Über den Kriechvorgang bei dynamischer
    Belastung und den Begriff der dynamischen Kriechfestigkeit, Z Metallk. **30**
    (1938), 401—409.

BESSELING, J. F., Theory of elastic, plastic and creep deformations, JAM **25** (1958), 529—536.

BESSELING, J. F., Investigation on transient creep in thick-walled tubes under radially symmetric loading, IUTAM Colloquium on creep in structures, Stanford 1960, Proc. Berlin: Springer 1962.

BIENIEK, M. P., und FREUDENTHAL, A. M., Creep deformation and stresses in pressurized, long cylindrical shells, J Aerospace Sci **27** (1960), 763—766, 778.

BILBY, B. A., GARDNER, L. R. T. und STROH, A. N., Continuous distribution of dislocations and the theory of plasticity IX Int. Congr. Appl. Mech., Brüssel 1956, Proc. 35—44.

BLAND, D. R., The theory of linear viscoelasticity, London: Pergamon 1960.

BOYD, J., The relaxation of copper at normal and at elevated temperatures, Proc. ASTM **37** (1937), 218—232.

BRAGG, W. L., und NYE, J. F., A dynamical model of a crystal structure, Proc. Roy. Soc. London **A 190** (1947), 474—481.

BROPHY, G. R., und FURMAN, D. E., Cyclic temperature acceleration of strain in heat resistant alloys, Trans. ASM **30** (1942), 1115—1138.

BURGERS, J. M., und BURGERS, W. G., Dislocations in crystal lattices, Kap. 6 in Rheology, I (Herausgeber F. R. EIRICH), New York: Academic Press 1956.

CARLSON, R. L., und MANNING, G. K., Investigation of compressive creep properties of aluminium columns at elevated temperatures, WADC Tech. Report 52—251, 1954.

COFFIN, L. F. Jr., SHEPLER, P. R. und CHERNIAK, G. S., Primary creep in the design of internal-pressure vessels, JAM **16** (1949), 229—241.

COTTRELL, A. H. und BILBY, B. A., Dislocation theory of yielding and strain ageing of iron, Proc. Phys. Soc. **A 62** (1949), 49—62.

COTTRELL, A. H., Dislocations and plastic flow in crystals, Oxford: Clarendon Press 1953.

DAVENPORT, C. C., Correlation of creep and relaxation properties of copper, JAM **5** (1938), A 55—A 60.

DAVIS, E. A., Creep of metals at high temperature in bending, JAM **5** (1938), A 29—A 31.

DAVIS, E. A., Creep and relaxation of oxygen-free copper, JAM **10** (1943), A 101—A 105.

DAVIS, E. A., Relaxation of a cylinder on a rigid shaft, JAM **27** (1960), 41—44.

DORN, J. E. und TIETZ, T. E., Creep and stress-rupture investigations on some aluminium alloy sheet metals, Proc. ASTM **49** (1949), 815.

DORN, J. E., Some fundamental experiments on high temperature creep, J Mech. Phys. Sol. **3** (1954), 85—116.

DUWEZ, P., Materials for high temperature aircraft structures, Kap. 4 in High temperature effects in aircraft structures (Herausgeber N. J. HOFF), London: Pergamon 1958.

EIRICH, F. R., Rheology, theory and applications, 1 (1956), 2 (1958), 3 (1960), New York: Academic Press.

ENDRES, W., Wärmespannungen beim Aufheizen dickwandiger Hohlzylinder, Brown Boveri Mitt. 45 (1958), Nr. 1.

FELLOWS, J. A., COOK, E. und AVERY, H. S., Precision in creep testing, Metals Technology (1942), TP No. 1443, 1—15.

FINDLEY, W. N., Creep characteristics of plastics, 1944 Symposium on plastics ASTM, 118.

FINDLEY, W. N., Derivation of a stress-strain equation from creep data for plastics, Proc. 1 US Nat. Congr. Appl. Mech. 1951, 595—602.

FINDLEY, W. N., Prediction of stress relaxation from creep tests on plastics, Proc. 3 US Nat. Congr. Appl. Mech. 1958, 521—526.

FINNIE, I., Creep buckling of tubes in torsion, J Aer. Sci. **25** (1958), 66—67.

FINNIE, I., A creep instability of thin-walled tubes under internal pressure, J Aerospace Sci. **26** (1959), 248/249.

FISHER, J. C., JOHNSTON, W. G., THOMSON, R., und VREELAND, T. Jr., Dislocations and mechanical properties of crystals, New York: Wiley & Sons 1957.

FRAEIJS de VEUBEKE, B., Creep buckling, Kap. 13 in High temperature effects in aircraft structures (Herausgeber N. J. HOFF), London: Pergamon 1958.

FRENKEL, J., Zur Theorie der Elastizitätsgrenze und der Festigkeit kristallinischer Körper, Z Phys. **37** (1926), 572—609.

FREUDENTHAL, A. M., Some time effects in structural analysis, VI Int. Congr. Appl. Mech. Paris 1946 (nie veröffentlicht).

FREUDENTHAL, A. M., The inelastic behaviour of engineering materials and structures, New York: Wiley & Sons 1950.

GOODEY, W. J., Creep deflexion and stress distribution in a beam, Aircr. Engng. **30** (1958), 170—172.

GREEN, L., Correlation of creep properties by a diffusion analogy, JAM **19** (1952), 320—326.

GREENBERG, H. J. et al, A comparison of flow and deformation theories in plastic torsion of a square cylinder, X Int. Congr. Appl. Mech., Stresa 1960.

HEMPEL, M. und TILLMANS, H. E., Verhalten des Stahles bei hohen Temperaturen unter wechselnder Zugbeanspruchung, Mitt. KW Inst. Eisenf. **18** (1936), 163—182.

HILL, R., The mathematical theory of plasticity, Oxford: Clarendon Press 1950.

HILL, R., New horizons in the mechanics of solids, J Mech. Phys. Sol. **5** (1956), 66—74.

HOFF, N. J., Necking and rupture of rods under tensile loads, JAM **20** (1953), 105—108.

HOFF, N. J., Approximate analysis of structures in the presence of moderately large creep deformations, QAM **12** (1954a), 49—55.

HOFF, N. J., Buckling and stability, J Roy. Aer. Soc. **58** (1954b), 3—52.

HOFF, N. J., Rapid creep in structures, J Aer. Sci. **22** (1955), 661—673.

HOFF, N. J., Experiment and theory in the investigation of the behavior of structures at high temperatures, Aeronautical Engineering Review **15** (1956a), 39—47.

HOFF, N. J., Creep buckling, Aer. Quart. **7** (1956b), 1—20.

HOFF, N. J., On primary creep, J Mech. Phys. Sol. **5** (1957a), 150/151.

HOFF, N. J., Buckling at high temperature, J Roy. Aer. Soc. **61** (1957b), 756—774.

HOFF, N. J., Stress distribution in the presence of creep, Kap. 12 in High temperature effects in aircraft structures (Herausgeber N. J. HOFF), London: Pergamon 1958a.

HOFF, N. J., A survey of the theories of creep buckling, Proc. 3 US Nat. Congr. Appl. Mech. 1958b, 29—49.

HOFF, N. J., JAHSMAN, W. E. und NACHBAR, W., A study of creep collapse of a long circular cylindrical shell under uniform external pressure, J Aerospace Sci. **26** (1959), 663—669.

HOFF, N. J., Mechanics applied to creep testing, Proc. SESA XVII : 2 (1960), 1—32.

HOLLOMON, J. H., The mechanical equation of state, Trans. AIME **171** (1947), 535—545.

HOPKINS, H. G. und PRAGER, W., The load carrying capacities of circular plates, J Mech. Phys. Sol. **2** (1953), 1—13.

Hᴜʟᴛ, J., Critical time in creep buckling, JAM **22** (1955a), 432.

Hᴜʟᴛ, J., Creep buckling, KTH, Inst. f. hållfasthetslära Publ. Nr. 111, 1955b.

Hᴜʟᴛ, J., Creep buckling of plane frameworks, KTH Handl. Nr. 136, 1959a.

Hᴜʟᴛ, J., Creep buckling of plane frameworks, Durand Centennial Conference, Stanford 1959b, Aeronautics and Astronautics (Herausgeber N. J. Hᴏꜰꜰ und W. G. Vɪɴᴄᴇɴᴛɪ), London: Pergamon 1960.

Hᴜʟᴛ, J., Oil canning problems in creep, IUTAM Colloquium on creep in structures, Stanford 1960, Proc. Berlin: Springer 1962.

Iʟʏᴜsʜɪɴ, A. A., Theorie kleiner elastisch-plastischen Verformungen (in Russisch), Prikl. Math. Mekh. **9** (1945), 207.

Isᴀᴋssᴏɴ, Å., Rᴀʙᴏᴛɴᴏᴠs Theorie des Kriechens (in Schwedisch), KTH Inst. f. hållfasthetslära Publ. Nr. 110, 1955.

Isᴀᴋssᴏɴ, Å., Creep rates of excentrically loaded test pieces, KTH Handl. Nr. 110, 1957.

Jᴇɴᴋɪɴs, C. H. M., Tᴀᴘsᴇʟʟ, H. J., Mᴇʟʟᴏʀ, G. A. und Jᴏʜɴsᴏɴ, A. E., Some aspects of the behaviour of carbon and molybdenum steels at high temperatures, Trans. Chem. Eng. Congr. World Power Conf. London **1** (1936), 122—162.

Jᴏʜɴsᴏɴ, A. E. und Tᴀᴘsᴇʟʟ, H. J., Creep under combined tension and torsion I—IV, Engineering **150** (1940), 24/25, 61—63, 104/105, 134, 164—166.

Jᴏʜɴsᴏɴ, A. E., Proc. Inst. Mech. Engrs. **145** (1941), 210—220.

Jᴏʜɴsᴏɴ, A. E., The creep of a nominally isotropic aluminium alloy under combined stress systems at elevated temperatures, Metallurgia **40** (1949), 125—139.

Jᴏʜɴsᴏɴ, A. E., Creep under complex stress systems at elevated temperatures, Proc. Inst. Mech. Engrs. **164** (1951), 432—447.

Jᴏʜɴsᴏɴ, A. E. und Fʀᴏsᴛ, N. E., Fracture under combined stress creep conditions of a 0.5 per cent molybdenum steel, Engineer **191** (1951), 434—437.

Jᴏʜɴsᴏɴ, A. E., Fʀᴏsᴛ, N. E. und Hᴇɴᴅᴇʀsᴏɴ, J., Plastic stress and strain relations at high temperatures I—III, Engineer **199** (1955), 366—369, 403—405, 457—458.

Jᴏʜɴsᴏɴ, A. E., Turbine disks for jet propulsion units I—V, Aircr. Engng. **28** (1956), 187—195, 235—243, 265—272, 325—332, 348—356.

Jᴏʜɴsᴏɴ, A. E., Hᴇɴᴅᴇʀsᴏɴ, J. und Mᴀᴛʜᴜʀ, V. D., Combined stress creep fracture of a commercially pure copper at 250 deg. cent., Engineer **202** (1956), 261—265, 299—301.

Jᴏʜɴsᴏɴ, A. E., Hᴇɴᴅᴇʀsᴏɴ, J. und Mᴀᴛʜᴜʀ, V. D., Creep under changing complex stress systems I—III, Engineer **206** (1958), 209—216, 251—257, 287—290.

Jᴏʜɴsᴏɴ, A. E., Hᴇɴᴅᴇʀsᴏɴ, J. und Mᴀᴛʜᴜʀ, V. D., Complex stress creep fracture of an aluminium alloy, Aircr. Engng. **32** (1960),

Jᴏʜɴsᴏɴ, A. E., Complex-stress creep of metals, Metallurgical Reviews **5** (1960), 447—506.

Jᴏʜɴsᴏɴ, A. E., Hᴇɴᴅᴇʀsᴏɴ, J. und Kʜᴀɴ, B., Behaviour of metallic thick-walled cylindrical vessels or tubes subject to high internal or external pressures at elevated temperatures, Inst. Mech. Engrs. London 1961.

Kᴀᴄʜᴀɴᴏᴠ, L. M., Zeitdauer des Bruchvorganges (in Russisch), Izv. Akad. Nauk SSSR, Otd. Tekh. Nauk No. 8 (1958), 26—31.

Kᴀᴄʜᴀɴᴏᴠ, L. M., Rupture time under creep conditions, Festschrift Mᴜsᴋʜᴇʟɪsᴠɪʟɪ (Problems of continuum mechanics), Soc. Ind. and Appl. Math., Philadelphia 1961, 306—310.

Kᴇᴍᴘɴᴇʀ, J. und Pᴏʜʟᴇ, F. V., On the non-existence of a finite critical time for linear viscoelastic columns, J Aer. Sci. **20** (1933), 572/573.

KEMPNER, J., Creep bending and buckling of linearly viscoelastic columns, NACA TN 3136, 1954a.

KEMPNER, J., Creep bending and buckling of nonlinearly viscoelastic columns, NACA TN 3137, 1954b.

KEMPNER, J. und PATEL, S. A., Creep buckling of columns, NACA TN 3138, 1954.

KHOSLA, G. und FINDLEY, W. N., Prediction of creep from tension tests at constant strain rate, IX Int. Congr. Appl. Mech., Brüssel 1956, Proc. 275—287.

KOCHENDÖRFER, A., A theory of brittle and ductile fracture, based on the dynamic behaviour of dislocations and condensation of vacancies, NPL Symposium on creep and fracture of metals at high temperatures 1954, 263—284.

KRÖNER, E., Kontinuumstheorie der Versetzungen und Eigenspannungen, Berlin: Springer 1958.

LARSON, F. R. und MILLER, J., A time-temperature relationship for rupture and creep stresses, Trans. ASME 74 (1952), 765—775.

LAZAN, B. J., Dynamic creep and rupture properties of temperature-resistant materials under tensile fatigue stress, Proc. ASTM 49 (1949), 757—787.

LIBOVE, C., Creep buckling of columns, J Aer. Sci. 19 (1952), 459—467.

LIBOVE, C., Creep-buckling analysis of rectangular section columns, NACA TN 2956, 1953.

LIN, T. H., Creep deflection of viscoelastic plates under uniform edge compression, J Aer. Sc. 23 (1956), 883—887.

LUDWIK, P., Elemente der technologischen Mechanik, Berlin: Springer 1909.

MA, B. M., A creep analysis of rotating solid disks, J Franklin Inst. 267 (1959), 149—165.

MAC CULLOUGH, G. H., An experimental and analytical investigation of creep in bending, Trans. ASME 55 (1933), 55—60.

MALININ, N. N., Stetiges Kriechen von kreisförmigen, symmetrisch belasteten Platten (in Russisch), Moskau vyss. tekh. uchil. Trudy 26 (1953), 26.

MARIN, J. und ZWISSLER, L. E., Creep of aluminium subjected to bending at normal temperature, Proc. ASTM 40 (1940), 937—946.

MARIN, J., Creep deflection in columns, J Appl. Phys. 18 (1947), 103—109.

MARIN, J., Determination of the creep deflection of a rivet in double shear, JAM 26 (1959), 285—290.

MATHAUSER, E. A. und BROOKS, W. A. jr., An investigation of the creep lifetime of 75S-T6 aluminium-alloy columns, NACA TN 3204, 1954.

Mc COMB, H. jr., Analysis of the creep behavior of a square plate loaded in edge compression, NACA TN 4398, 1958.

Mc VETTY, P. G., Working stresses for high temperature service, Mech. Eng. 56 (1934), 149—154.

MELLGREN, S. A., Measuring accuracy in creep tests, I: Influence of eccentricity of load, WADC TR 59—78, I, 1959a.

MELLGREN, S. A., Measuring accuracy in creep tests, II: Influence of thermal stresses, WADC TR 59—78, II, 1959b.

MELLGREN, S. A., Nonlinear thermal stresses in long cylinders with periodic surface temperature variation, X Int. Congr. Appl. Mech., Stresa 1960.

MILLER, J., Effect of temperature cycling on the rupture strength of some high-temperature alloys, ASTM Spec. Techn. Publ. Nr. 165, 1954.

MOORE, H. F., BETTY, B. B. und DOLLINS, C. W., The creep and fracture of lead and lead alloys, Univ. of Ill. Eng. Exp. Station, Bull. No. 272, 1935.

MOTT, N. F. und NABARRO, F. R. N., Dislocation theory and transient creep, Strength of solids-report of 1947 Bristol Conference, The Physical Society, London 1948, 1—19.

MURPHY, G., Stress-strain-time characteristics for metals, ASTM Bull. No. 101 (1939), 19—22.

NADAI, A., The influence of time upon creep. The hyperbolic sine creep law. S. TIMOSHENKO Anniversary Volume, New York: McMillan Co 1938.

NADAI, A., Theory of flow and fracture of solids, New York: McGraw-Hill 1950.

NEAL, B. G., Die Verfahren der plastischen Berechnung biegesteifer Stahlstabwerke, Berlin: Springer 1958.

ODING, I. A.: Eine kritische Übersicht einiger Theorien des Kriechens bei Metallen (in Russisch), Probleme der Metallurgie des Kessel- und Turbinenwerkstoffe, Moskau: Mashgiz 1955.

ODING, I. A. und BURDUKSKI, W. W., Der Beschädigungsprozeß in Metallen beim Kriechen, IUTAM Colloquium über Verformung und Fließen des Festkörpers 1955 (Herausgeber R. GRAMMEL), Berlin: Springer 1956.

ODQVIST, F. K. G., Plasticitetsteori med tillämpningar, Vorlesungen in der Vereinigung Schwedischer Ingenieure und Architekten 1933, Stockholm: IVA 1934.

ODQVIST, F. K. G., Creep stresses in a rotating disk, IV Int. Congr. Appl. Mech. Cambridge, England 1934, Proc. 228/229.

ODVIST, F. K. G., Theory of creep under the action of combined stresses with applications to high temperature machinery, IVA Handl. Nr. 141, 1936.

ODQVIST, F. K. G., Influence of primary creep on stresses in structural parts, VIII Int. Congr. Appl. Mech. Istanbul 1952, auch: KTH Handl. Nr. 66, Stockholm 1953.

ODQVIST, F. K. G., Influence of primary creep on column buckling, JAM 21 (1954), 295.

ODQVIST, F. K. G., Engineering theories of metallic creep, Symposium su la plasticita nella scienza delle costruzioni, Varenna 1956.

ODQVIST, F. K. G. und MELLGREN, S. A., Influence of non-homogeneity of the material on the results of creep tests, IUTAM Symposium on Non-homogeneity in elasticity and plasticity, Warschau 1958, Proc. (Herausgeber W. OLSZAK), London: Pergamon 1959, 303—310.

ODQVIST, F. K. G., Membrane creep of circular plates, Arkiv för fysik 16 (1959a), 113—118.

ODQVIST, F. K. G., Engineering theories of creep, Proc. V Congr. Theor. Appl. Mech. Roorkee 1959b.

ODQVIST, F. K. G., Non-steady membrane creep of circular plates, Arkiv för fysik 16 (1960a), 527—531.

ODQVIST, F. K. G., Applicability of the elastic analogue in creep problems for plates, membranes and beams, IUTAM Colloquium on creep in structures, Stanford 1960b, Proc. Berlin: Springer 1962.

ODQVIST, F. K. G. und HULT, J., Some aspects of creep rupture, Arkiv för fysik 19 (1961), 379—382.

OLSSON, K. G., Einrichtungen und Verfahren zur genauen Ermittlung des Kriech- und Bruchverlaufs bei erhöhten Temperaturen unter gleichbleibender oder wechselnder Beanspruchung und Temperatur, Arch. Eisenhüttenw. 28 (1957), 679—685.

OLSZAK, W. und PERZYNA, P., Variational theorems in general visco-elasticity, Ing. Arch. XXVIII (1959), 246—250.

ONAT, E. T. und WANG, T. T., The effect of incremental loading on creep behavior of metals, IUTAM Colloquium on creep in structures, Stanford 1960, Proc. Berlin: Springer 1962.

ONAT, E. T. und YÜKSEL, H., On the steady creep of shells, Proc. III US Nat. Congr. Appl. Mech. 1958, 625—630.

OROWAN, E., Zur Kristallplastizität, Z Phys. **89** (1934), 605—659.

ORR, R. L., SHERBY, O. D. und DORN, J. E., Correlations of rupture data for metals at elevated temperatures, Trans. ASM **46** (1954), 113—128.

PANDALAI, K. A. V. und PATEL, S. A., A note on shear centers of thin-walled closed sections in the presence of creep, PIBAL Rep. No. 487, 1959.

PAO, Y. H. und MARIN, J., Prediction of creep curves from stress-strain data, Proc. ASTM **52** (1952), 951.

PAO, Y. H. und MARIN, J., An analytical theory of the creep deformation of materials, JAM **20** (1953), 245—252.

PATEL, S. A., KEMPNER, J., ERICKSON, B. und MOBASSERY, A. H., Correlation of creep buckling tests with theory, NACA RM 56C20, 1956.

PATEL, S. A. und PANDALAI, K. A. V., Torsion of cylindrical and prismatic bars in the presence of primary creep, PIBAL Rep. No. 417, 1958.

PATEL, S. A., PANDALAI, K. A. V. und VENKATRAMAN, B., Creep-stress of thin-walled structures, PIBAL Rep. No. 497, 1959.

PATEL, S. A., VENKATRAMAN, B. und HODGE, P. G. jr., Torsion of cylindrical and prismatic bars in the presence of steady creep, JAM **25** (1958), 214—218.

PATEL, S. A., VENKATRAMAN, B. und VAFAKOS, W. P., Effects of compressibility on creep, PIBAL Rep. No. 496, 1959.

PATEL, S. A. und VENKATRAMAN, B., On the creep-stress analysis of some structures, IUTAM Colloquium on creep in structures, Stanford 1960, Proc. Berlin: Springer 1962.

PHILLIPS, A. J. und SMITH, A. A. jr., Effect of time on tensile properties of hard-drawn copperwire, Proc. ASTM **36** (1936), 263—273.

PHILLIPS, A., The shear center in creep of thin-walled open cross sections, IUTAM Colloquium on creep in structures, Stanford 1960, Proc. Berlin: Springer 1962.

PIAN, T. H. H., Creep buckling of a curved beam under lateral loading, Proc. III US Nat. Congr. Appl. Mech. 1958, Proc. 649—654.

PIAN, T. H. H. und CHOW, C. Y., Further studies of creep buckling of curved beam under lateral loading, Aeroelastic and Structures Research Lab. MIT, TR 25—28, 1958.

PIAN, T. H. H. und JOHNSON, R. I., On creep buckling of columns and plates, Aeroelastic and Structures Research Lab. MIT, TR 25—24, 1957.

POLANYI, M., Über eine Art Gitterstörung, die einen Kristall plastisch machen könnte, Z Phys. **89** (1934), 660—664.

POMP, A. und DAHMEN, A., Entwicklung eines abgekürzten Prüfverfahrens zur Ermittlung der Dauerstandfestigkeit von Stahl bei erhöhten Temperaturen, Mitt. KW Inst. Eisenf. **9** (1927), 38—52.

PORITSKY, H. und FEND, F. A., Relief of thermal stresses through creep, JAM **25** (1958), 589—597.

PRAGER, W., Strain hardening under combined stresses, J Appl. Phys. **16** (1945), 837—840.

PRAGER, W., On the use of singular yield conditions and associated flow rules, JAM **20** (1953), 317—320.

PRAGER, W. und HODGE, P. G. jr., Theorie ideal plastischer Körper, Wien: Springer 1954.

PRAGER, W., Probleme der Plastizitätstheorie, Basel: Birkhäuser 1955.

PRAGER, W., Total creep under varying loads, J Aer. Sci. **24** (1957), 153—155.

PRAGER, W., Einführung in die Kontinuumsmechanik, Basel: Birkhäuser 1961.

PRANDTL, L., Ein Gedankenmodell zur kinetischen Theorie der festen Körper, ZAMM **8** (1928), 85—106.

RABOTNOV, G. N., Some problems of the theory of creep (in Russisch),
Moskau 1948, Übersetzung: NACA TM 1353, 1953.

RABOTNOV, G. N., The effect of changing loads during creep, NPL Symposium on
creep and fracture of metals at high temperatures 1954, 221—225.

RABOTNOV, G. N. und SHESTERIKOV, S. A., Creep stability of columns and plates,
J Mech. Phys. Sol. 6 (1957), 27—34.

READ, W. T. jr., Dislocations in crystals, New York: McGraw-Hill 1953.

REINER, M., A mathematical theory of dilatancy, Am. J. Math. 67 (1945),
350—362.

REISSNER, E., On a variational theorem in elasticity, J. Math. a. Phys. 29 (1950),
90—95.

REISSNER, E., On a variational theorem for finite elastic deformations, J. Math.
a. Phys. 32 (1953), 129—135.

RICHARD, K., Bisherige Ergebnisse der Gemeinschaftsarbeit „Langzeitversuche",
Mitt. der Vereinigung der Großkesselbesitzer, Heft 39 (1955), 836—842.

RIMROTT, F. P. J., Versagenszeit beim Kriechen, Ing. Arch. 27 (1959a), 169—178.

RIMROTT, F. P. J., Creep of thick-walled tubes under internal pressure considering
large strains, JAM 26 (1959b), 271—275.

ROBERTS, I., Prediction of relaxation of metals from creep data, Proc. ASTM 51
(1951), 811—831.

ROBINSON, E. L., Effect of temperature variation on the long-time rupture strength
of steels, Trans. ASME 74 (1952), 777—780.

ROSS, A. D., The effects of creep on instability and indeterminacy investigated
by plastic models, The structural engineer 24 (1946), 413—428, Diskussion:
25 (1947), 179—200.

SANDERS, J. L. jr., McCOMB, H. G. und SCHLECHTE, F. R., A variational theorem
for creep with applications to plates and columns, NACA TN 4003, 1957.

SCHMIDT, R., Über den Zusammenhang von Spannungen und Formänderungen im
Verfestigungsgebiet, Ing. Arch. 3 (1932), 215—235.

SEEGER, A., Theorie der Gitterfehlstellen, Handbuch der Physik VII: 1 (1955),
383—665.

SEEGER, A., Kristallplastizität, Handbuch der Physik VII: 2 (1958), 1—210.

SEITZ, F., KOEHLER, J. S. und OROWAN, E., Dislocations in metals, New York:
AIME 1954.

SHERBY, O. D. und DORN, J. E., Analysis of phenomenon of high temperature creep,
Proc. SESA 12 (1954), 139—154.

SHERBY, O. D., ORR, R. L. und DORN, J. E., Creep correlations of metals at
elevated temperatures, J Metals, Trans. AIME (1954), 71—80.

SHESTERIKOV, S. A., Ein Variationsprinzip in der Theorie des Kriechens (in
Russisch), Izv. Akad. Nauk SSSR, Otd. Tekh. Nauk No. 2, (1957a), 122/123.

SHESTERIKOV, S. A., Über die Frage der Stabilität beim Kriechen (in Russisch),
Avtorefer. Diss. Kand. Fiz.-Matem. Nauk, MGU, Moskau 1957b.

SIEBEL, E., Hand buch der Werkstoffprüfung II, Berlin: Springer 1955, (A. POMP,
Festigkeitsuntersuchungen bei hohen Temperaturen, 273—365).

SMITH, G. V., MILLER, R. F. und BENZ, W. G., Creep and creep-rupture testing,
Proc. ASTM 47 (1947), 615—638.

SODERBERG, C. R., The interpretation of creep tests for machine design, Trans.
ASME 58 (1936), 733—743.

SOKOLOVSKIJ, V. V., Theorie der Plastizität, Berlin: VEB Verlag Technik
1950/55.

STODOLA, A., Die Kriecherscheinungen, ein neuer technisch wichtiger Aufgaben-
kreis der Elastizitätstheorie, ZAMM 13 (1933), 143—146.

Sundström, E., Creep buckling of cylindrical shells, KTH Handl. Nr. 115, 1957.

Tapsell, H. J. und Prosser, L. E., High-sensitivity creep testing equipment at NPL, Engng **137** (1934), 212—215.

Taylor, G. I., The mechanism of plastic deformation in crystals, Proc. Roy. Soc. London **A145** (1934), 362—415.

Tobolsky, A. V., Properties and structure of polymers, New York: Wiley & Sons 1960.

Tsien, H. S., A generalization of Alfrey's theorem for visco-elastic media, QAM **8** (1950), 104—106.

Venkatraman, B., Solutions of some problems in steady creep, PIBAL Rep. No. 402, 1957.

Venkatraman, B. und Hodge, P. G. jr., Creep behavior of circular plates, J Mech. Phys. Sol. **6** (1958), 163—176.

Vicat, L. J., Note sur l'allongement progressif du fil de fer soumis à diverses tensions, Ann. ponts et chaussées, Mem. et Doc. **7** (1834), 40.

Voorhees, H. R., Sliepcevitch, C. M. und Freeman, J. W., Thickwalled pressure vessels, Ind. Eng. Chem. **48** (1956), 872.

Wahl, A. M., Sankey, G. O., Manjoine, M. J. und Shoemaker, E., Creep tests of rotating disks at elevated temperature and comparison with theory, JAM **21** (1954), 225—235 und **22** (1955), 152—155.

Wahl, A. M., Analysis of creep in rotating disks based on the TRESCA criterion and associated flow rule, JAM **23** (1956), 231—238.

Wahl, A. M., Stress distribution in rotating disks subjected to creep, JAM **24** (1957), 299—305.

Wahl, A. M., Stress distribution on rotating disks and cylinders, JAM **25** (1958 a), 243—250.

Wahl, A. M., A comperative study of elevated temperature creep in long rotating cylinders based on various flow criteria, III US Nat. Congr. Appl. Mech. 1958 b, Proc. 685—691.

Wahl, A. M., A comparison of flow criteria applied to elevated temperature creep of rotating disks with consideration of the transient condition, IUTAM Colloquium on creep in structures, Stanford 1960, Proc. Berlin: Springer 1962.

Wallin, L., Large deflections of non-linear elastic rectangular plates, Arkiv för fysik **17** (1960), 89—95.

Wang, A. J. und Prager, W., Thermal and creep effects in workhardening elastic-plastic solids, J Aer. Sci. **21** (1954), 343/344, 360.

Weber, W., Über die Elastizität der Seidenfasern, Ann. Phys. Chem. (Poggendorf) **34** (1835), 247.

Weissman, G. F. Pao, Y. H. und Marin, J., Prediction of creep under fluctuating stress and damping from creep under constant stress, Proc. II US Nat. Congr. Appl. Mech. 1954, 577—583.

Zener, C. und Hollomon, J. H., Problems in non-elastic deformation of metals, J Appl. Phys. **17** (1946), 69—82.

Zhukov, A. M., Rabotnov, G. N. und Churnikov, F. S., Experimental testing of a few theories of creep (in Russisch), Ing. Sborn. **17** (1953), 163—170.

Zschokke, H., Creeping results and recovery at high temperatures, Brown Boveri Rev. **25** (1938), 247—261.

Zyczkowski, M., Geometrically non-linear creep buckling of bars, IUTAM Colloquium on creep in structures, Stanford 1960, Proc. Berlin: Springer 1962.

Sachverzeichnis

Berichtigungen

S. 102 8. Zeile v. u. statt $O(\varkappa_0\eta^2)$ **lies** $O(\varkappa_0^2\eta^2)$

S. 176 10. Zeile v. u. statt $^2/_4$ **lies** $L^2/4$

S. 177 15. Zeile v. o. statt genügten **lies** genügen

S. 205 Gl. (18. 8) statt $e\text{-}Ek$ **lies** $e\text{-}Ekt$

S. 209 Gl. (18. 34) statt $\dot{\varkappa}$ **lies** $\dot{x}$

S. 210 7. Zeile v. o. statt ODQUIST **lies** ODQVIST

S. 222 Gl. (19. 53) statt $[(F_r\,(\varrho, t) + \ldots$ **lies** $[F_r\,(\varrho, t) + \ldots$

S. 232 Abb. 20. 5 statt $\dot{\varepsilon}^0$ **lies** ε_0

S. 297 18. Zeile v. o. statt ODVIST **lies** ODQVIST

Odqvist-Hult, Kriechfestigkeit